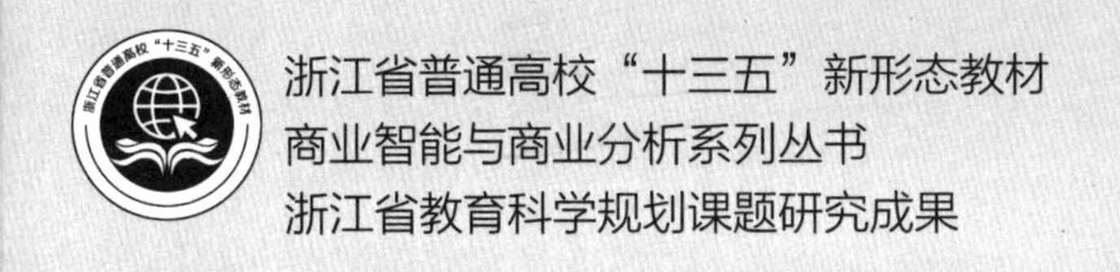

浙江省普通高校“十三五”新形态教材
商业智能与商业分析系列丛书
浙江省教育科学规划课题研究成果

Principles and Applications of Business Intelligence

商业智能原理与应用

（第二版）

鲍立威 蔡 颖 / 编著

ZHEJIANG UNIVERSITY PRESS
浙江大学出版社

第二版前言

“数据科学”已成为当前热门领域，运用IT技术解决经管领域中商业信息分析处理问题是当今社会对商科人才的现实要求。典型问题有客户行为与流失分析、交叉销售、风险管理、客户细分、广告定位、市场及趋势分析、企业生产计划与经营决策等。该学科的学科交叉特征非常明显，但由于其学科跨度较大，商科与IT在思维模式上的差异使得商科学生经常为IT领域的专业术语和思维方式所困惑，导致教师在教学过程中遇到一系列困难，这在“商业智能”或“数据挖掘”这类课程教学中表现得非常明显。所以，2011年针对经管类学生的特点我们编写出版了《商业智能原理与应用》一书。

本书在第一版基础上增加了实验并进行了新形态教材改造，按照“立方书”的形式，将演示案例和实验操作制作成视频，采用二维码印刷在教材相应的内容旁边，用手机扫描书上的二维码，即可自动链接到对应的视频，这对于指导学生操作、快速掌握教材内容具有突出的优势。在教学实践中，通过深入分析商科学生的知识结构、思维模式、学习习惯、认知方法，特别是“商业智能应用”课程的技术特点映射到授课对象时的反应，设计了“导航式”教学模式，教材与授课、实验、作业、学习考核紧密结合，以明确的教学目标、清晰的导引路径和里程碑指示，循序渐进地引导学生学习和实践，在实现学生知识和技能建构的同时，训练学生形成与相关学科领域相匹配的思维模式、学习习惯和认知方法，跨越了商科与IT思维模式的围栏，引导交叉复合应用人才的成长。

本书的特点：一是以数据挖掘技术应用于商业智能为主线，针对商科学生的知识结构、认知与学习的专业习惯，从基本的知识技能和思维模式的训练做起，在全面系统地介绍了商业智能的基本概念、方法和技术的基础上，进行了大量导航式的案例演示和实验操作，通过贯穿整个教学的数据挖掘工具的使用训练，使学生熟能生巧，触类旁通。借助“立方书”形态，通过手机扫描二维码链接到对应的视频和知识点，提升“导航”效果。二是提供了配套的课件、课后作业、主题实验，通过作业强化基本概念、知识和原理的掌握，结合教学内容设计了循序渐进的主题实验10次，主题实验的数据可以扫描二维码获得。通过“导航式”实验操作，调动了学生主动学习的积极性，掌握课程的全部知识和技能，适应和掌握IT领域的方法、习惯和思维模式。在实际操作过程中，有时学生会因为一个小问题而卡住，通过将操作过程制作成视频，学生遇到问题可以查看视频，然后再来操作，能大大提高学习效率。

本书在编写过程中参阅了大量的文献资料，在此对国内外有关作者表示衷心的感谢。

本书安排了与各章内容相对应的练习思考题、课堂演示及课后实验，通过实际的操作使读者加深对数据挖掘技术的理解和掌握。如需本书的课件和课堂演示实验数据，请与 baolw@zucc.edu.cn 联系。本书可以作为高等院校高年级本科生的教材，也可以作为 MBA 的教材，以及 IT 相关专业人员、市场营销人员、管理决策支持等实际经济管理领域实务工作者的参考用书。书中不当之处，敬请读者批评指正，我们将不断改进完善。

作　者

2019 年 3 月

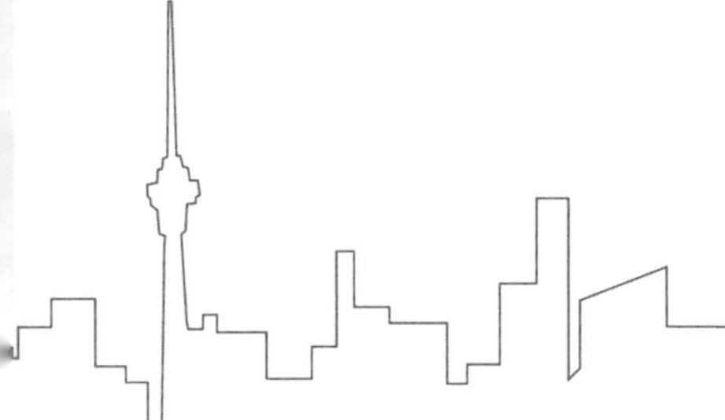

CONTENTS 目 录

第一章 数据挖掘和商业智能

第二章 数据仓库

第三章 数据预处理

第七章 关联挖掘

第八章 分类与预测

第九章 聚类分析

第十章　时序数据和序列数据挖掘

第十一章　基于多维数据集的数据挖掘

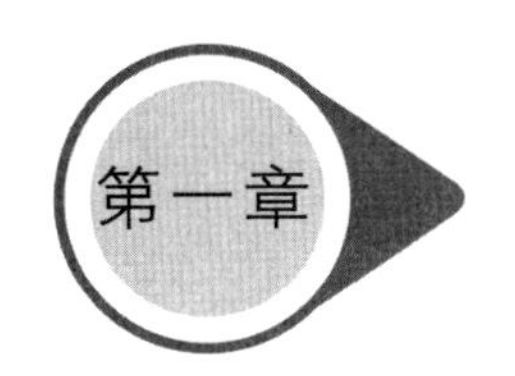

数据挖掘和商业智能

数据挖掘作为一个新兴的多学科交叉应用领域，正在各行各业的决策支持活动中扮演着越来越重要的角色。数据挖掘技术与普通的数据分析有质的区别，数据挖掘技术以高度精确和高度可靠的手段从海量数据中挖掘和产生新的知识。从商业角度看，数据挖掘是一种功能强大的商业信息处理技术，其主要特点是对商业数据库中的大量业务数据进行抽取、转换、分析和模型化处理，从中提取可用于辅助商业决策的关键性数据和知识。

本章将着重介绍以下内容：

- 数据挖掘的兴起
- 商业智能的概念
- 数据挖掘和商业智能工具
- 一些成功运用数据挖掘的案例

第一节　数据挖掘的兴起

一、数据丰富与知识匮乏

计算机与信息技术经历了半个多世纪的发展，使我们能以更快速、更容易、更廉价的方式获取和存储数据。早在 20 世纪 80 年代，据粗略估算，全球信息量每隔 20 个月就增加一倍。而进入 20 世纪 90 年代后，全世界所拥有的数据库及其所存储的数据规模增长更快。一个中等规模企业每天要产生 100MB 以上来自各生产经营等多方面的商业数据。美国政府部门的一个典型大数据库每天要接收约 5TB 数据量，在 15 秒到 1 分钟时间里，要维持的数据量达到 300TB，存档数据达 15～100PB。在科研方面，以美国宇航局的数据库为例，每天从卫星下载的数据量就达 3～4TB 之多；而为了研究的需要，这些数据要保存数年之久。20 世纪 90 年代互联网的出现与发展，以及随之而来的企业内部网和企业外部网以及虚拟网的产生和应用，使整个世界互联形成一个小小的地球村，人们可以跨越时空地在网上交换信息和协同工作。这样，展现在人们面前的已不是局限于本部门、本单位和本行业的庞大数据库，而是浩瀚无垠的信息海洋。据IDC（互联网数据中心）与EMC（提供全球信息存储及管理产品、服务和解决方案的公司）的研究报告指出：全球数字资源总量飞速增长，至2006年，所创建、存储、复制的数字信息总量达到161EB（1EB＝10亿GB），到2010年，数字信息总量达到1.2 ZB（1ZB＝10^{21} GB），而到2020年，全球数字信息总量将达到35ZB。面对这极度膨胀的数据信息量，人们深刻感受到"信息爆炸""混沌信息空间""数据过剩"的巨大压力。

然而，人类的各项活动都是基于人类的智慧和知识，通过对外部世界的观察和了解，做出正确的判断和决策以及采取正确的行动，而数据仅仅是人们用各种工具和手段观察外部世界所得到的原始材料，它本身没有任何意义。从数据到知识再到智慧，需要经过分析加工处理精炼的过程。如图1－1所示，数据是原材料，它只是描述发生了什么事情，并不能构成决策或行动的可靠基础。通过对数据进行分析找出其中关系，赋予数据以某种意义和关联，这就形成所谓的信息。信息虽给出了数据中一些有一定意义的东西，但它往往和人们需要完成的任务没有直接的联系，也还不能作为判断、决策和行动的依据。对信息进行再加工，即进行更深入的归纳分析，从信息中理解其模式和规律，方能获得更有用的信息，即知识。在大量知识积累基础上，总结出原理和法则，就形成所说的智慧。

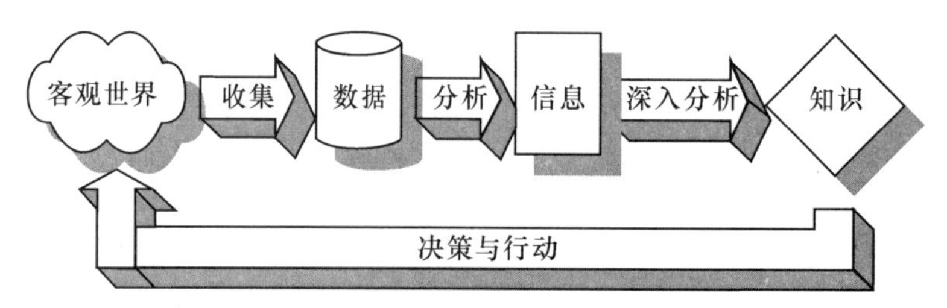

图1－1　人类活动所涉及的数据与知识之间的关系描述

计算机与信息技术的发展，加速了人类知识创造与交流的这种进程，据德国《世界报》的资料分析，如果说19世纪时科学定律（包括新的化学分子式，新的物理关系和新的医学认识）的认识数量100年增长1倍，到20世纪60年代中期以后，每5年就增加1倍。这其中知识起着关键的作用。当数据量极度增长时，如果没有有效的方法，由计算机及信息技术来帮助人们从中提取有用的信息和知识，人类显然就会感到像大海捞针一样束手无策。据估计，目前一个大型企业数据库中的数据，只有约10％得到很好应用。由此可见，目前人类陷入了一个尴尬的境地，即"丰富的数据"而"贫乏的知识"。

二、从数据到知识

早在20世纪80年代，人们在"物竞天择，适者生存"的大原则下，就认识到"谁最先从外部世界获得有用信息并加以利用，谁就可能成为赢家"。而今置身市场经济且面向全球性剧烈竞争的环境下，任何商家的优势不单纯地取决于如产品、服务、地区等方面因素，而在于创新。用知识作为创新的原动力，就能使商家长期持续地保持竞争优势。因此要能及时迅速地从日积月累庞大的数据库中，以及互联网上获取与经营决策相关的知识，自然而然就成为满足易变的客户需求以及因市场快速变化而引起激烈竞争局面的唯一武器。因此，如何对数据与信息快速有效地进行分析加工提炼以获取所需知识，就成为计算机及信息技术领域的重要研究课题。

事实上计算机及信息技术发展的历史，也是数据和信息加工手段不断更新和改善的历史。早年受技术条件限制，一般用人工方法进行统计分析和用批处理程序进行汇总和提出报告。在当时市场情况下，月度和季度报告已能满足决策所需信息要求。随着数据量的增长，多数据源所带来的各种数据格式不相容性，为了便于获得决策所需信息，就有必要将整个机构内的数据以统一形式集成存储在一起，这就形成了数据仓库(data warehouse，DW)。数据仓库不同于管理日常工作数据的数据库，它是为了便于分析针对特定主题的集成化的、提供存贮5～10年或更长时间的数据，这些数据一旦存入就不再发生变化。

数据仓库技术的出现，为更深入对数据进行分析提供了条件，针对市场变化的加速，人们提出了能进行实时分析和产生相应报表的联机分析处理 OLAP(online analytical processing)工具。OLAP 能帮助用户以交互方式浏览数据仓库内容，并对其中数据进行多维分析，例如：OLAP 能对不同时期、不同地域的商业数据中变化趋势进行对比分析。

OLAP 是数据分析手段的一大进步，以往的分析工具所得到的报告结果只能回答“是什么”，而 OLAP 的分析结果能回答“为什么”。但 OLAP 分析过程是建立在用户对隐藏在数据中的某种知识有预感和假设的前提下，是在用户指导下的信息分析与知识发现过程。由于数据仓库内容来源于多个数据源，因此其中蕴藏着丰富的不为用户所知的有用信息和知识，而要使企业能及时准确地做出科学的经营决策，以适应变化迅速的市场环境，就需要有基于计算机与信息技术的智能化自动工具，来帮助挖掘隐藏在数据中的各类知识。这类工具不应再基于用户假设，而应能自身生成多种假设，再用数据仓库(或大型数据库)中的数据进行检验或验证，然后返回用户最有价值的检验结果。此外这类工具还应能适应现实世界中数据的多种特性(即量大、含噪声、不完整、动态、稀疏性、异质、非线性等)。要达到上述要求，只借助于一般的数学工具和分析方法是很难成功的。多年来，数理统计技术方法以及人工智能和知识工程等领域的研究成果，诸如推理、机器学习、知识获取、模糊理论、神经网络、进化计算、模式识别、粗糙集理论等诸多研究分支，给开发满足这类要求的数据深度分析工具提供了坚实而丰富的理论和技术基础，这是从数据到知识演化过程中的一个重要里程碑。利用数据库技术和信息技术辅助从数据提取知识的演化过程如图 1-2 所示。

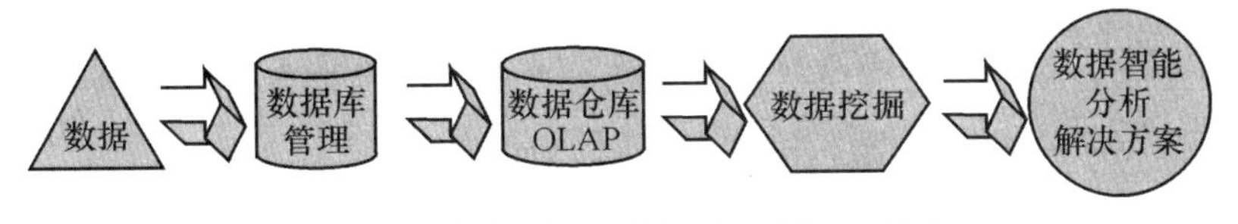

图 1-2 数据到知识的演化过程示意描述

三、数据挖掘产生

1989 年 8 月，在第 11 届国际人工智能联合会议的专题研讨会上首次提出了基于数据库的知识发现(knowledge discovery in database，KDD)技术。该技术涉及机器学习、模式识别、统计学、智能数据库、知识获取、专家系统、数据可视化、高性能计算等领域，技术难度较大，一时难以满足实际需要。到了 1995 年，在美国计算机年会上，提出了数据挖掘（data mining，DM）的概念，即通过数据库抽取隐含的、未知的、具有潜在使用价值信息的过程。

整个知识发现过程是由若干重要步骤组成，如图 1-3 所示，而数据挖掘仅仅是其中的一个重要步骤。

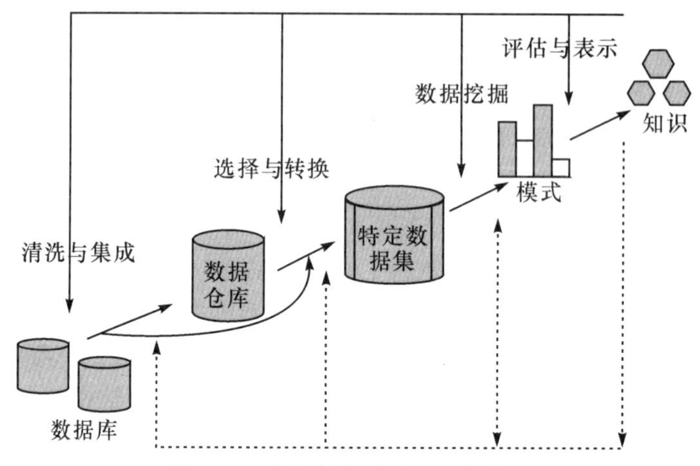

图 1-3　知识挖掘全过程示意描述

整个知识挖掘的主要步骤有：

（1）数据清洗，其作用就是清除数据噪声和与挖掘主题明显无关的数据。

（2）数据集成，其作用就是将来自多数据源中的相关数据组合到一起。

（3）数据转换，其作用就是将数据转换为易于进行数据挖掘的数据存储形式。

（4）数据挖掘，它是知识挖掘的一个重要步骤，其作用就是利用智能方法挖掘数据模式或规律知识。

（5）模式评估，其作用就是根据一定评估标准从挖掘结果筛选出有意义的模式知识。

（6）知识表示，其作用就是利用可视化和知识表达技术，向用户展示所挖掘出的相关知识。

尽管数据挖掘仅仅是整个知识挖掘过程中的一个重要步骤，但由于目前工业界、媒体、数据库研究领域中，“数据挖掘”一词已被广泛使用并被普遍接受，因此在实际应用中对数据挖掘和知识发现这两个术语的应用往往不加区别。即数据挖掘就是一个从数据库、数据仓库或其他信息资源库的大量数据中发掘出有用的知识。

四、数据挖掘解决的商业问题

下面主要介绍数据挖掘技术可以解决的一些典型商业问题。

客户行为分析：如选择正确时间销售就是基于顾客生活周期模型来实施的。数据挖掘还可以对商品进行购物篮分析，分析哪些商品最有希望被顾客一起购买，如被业界和商界传诵的经典案例——沃尔玛超市的“啤酒和尿布”的故事，就是数据挖掘透过数据找出人与物之间规律的典型。

客户流失分析：电信、银行和保险业如今正面临着激烈的竞争。平均每一个新的移动电话客户要花费电信公司超过200元的市场投资。每个公司应当留住尽可能多的客户。流失性分析能够帮助市场部经理了解客户流失的原因，还能够帮助改善与客户的关系，最终增加客户的忠诚度。

交叉销售：客户可能购买什么产品？对零售商来说，交叉销售是很重要的。许多零售商，特别是通过Internet销售的零售商，他们通过交叉销售来增加他们的销售量。例如在网上书店购买一本书，Web站点会推荐一些相关数据，这些推荐的书就来自于数据挖掘分析。

欺诈检测：这份保险存在欺诈吗？保险公司一天处理成千上万个投诉，因此保险公司不可能调查每一个投诉。数据挖掘能够帮助他们鉴别哪些投诉很可能具有欺诈性。

风险管理：给某客户的一项贷款应该批准吗？这在银行业是很常见的问题。数据挖掘技术能用来评价客户的风险，帮助管理者对每一项贷款做出合适的决定。

客户细分：谁是我的客户？客户细分能帮助市场部经理了解客户个人信息的区别，基于客户细分采取适当的市场策略。

广告定位：针对特定用户如何使用适当的广告标语？网络零售商和门户站点希望为他们的客户提供个性化广告的内容。通过使用客户的导航模式或者在线购买模式，这些站点利用数据挖掘解决方案，在客户的Web浏览器中显示个性化广告。

市场和趋势分析：利用分析数据仓库中近年来的销售数据，可预测出季节性、月销售量，对商品品种和库存的趋势进行分析，以确定下一个月的库存应该是多少。数据挖掘预测技术能够回答这种与时间相关的问题。

第二节 什么是商业智能

企业通过管理信息系统（management information system，MIS）快速收集和处理商业信息，通过企业资源计划系统（enterprise resource planning，ERP）准确监控信息流，从而对企业经营的各个方面进行管理。这些系统除了本身的应用外，还积累了大量的数据，如来自业务系统的订单、库存、交易账目、客户和供应商资料，来自企业所处行业和竞争对手的数据，以及来自企业所处的其他外部环境中的各种数据，这是一笔宝贵的财富。信息系统应该能够把这些庞大的数据转化为知识，进而辅助企业经营决策，这就是商业智能（business intelligence，BI）。信息系统正在经历着“MIS—ERP—BI”的演变过程。

一、企业决策实现过程的信息需求

管理就是决策，决策需要信息。决策过程实际上就是一个信息输入、信息输出及信息反馈的循环过程。原来的决策支持系统，现在流行的商业智能，其目的都是为了辅助决策，让管理者从拍脑袋做决策到依据数据和事实做决策。这些依赖的数据和事实来源于两个方面，一个来源于竞争环境，这包括内部信息源（主要是存在于决策主体的经验信息）和外部信息源（主要是决策主体和咨询机构从社会中通过各种渠道获取的信息），另一方面来源于企业多年信息化建设中积累的数据库信息。对于第一个方面，信息的非结构化特征决定了其随意性和不确定性，这是决策理论中研究的问题，而对于第二个方面的信息，即使用存在数据库中的信息来辅助决策的问题，就可以通过商业智能从技术上来得到很大程度的解决。

使用计算机辅助商业系统进行决策，需要经过 5 个步骤：

（1）提出决策信息请求（商务查询需求）。例如，现在某公司的决策层为了确定次年度在不同地区投资的力度，需要知道本年度和前五年华中、华北、华东和华南等区域的销售量和销售额，并且要有直观的图表来表达这些来源于数据库中的数据，这就为此决策发出了信息请求。

（2）调用商业智能应用程序。决策者可以直接使用原来的系统，如 ERP 来访问相关的销售数据，但是，这些数据往往分散在不同的数据库中，原来的系统也可能并没有提供十分富有个性化的查询需求。比如，在上述的决策中，原系统可能只提供了所有年度的销售数据，而不会具体到某一年甚至某一个月，那么这时候要满足决策信息需求就必须使用基于数据仓库技术的商业智能应用程序。

（3）基于已发布的模型、规则或是策略确定适当的决策。这一步是用计算机辅助决策的重要步骤，也是智能化体现的地方。决策（特别是结构化决策）是有一定规律的，这些规律可以从以往的决策过程或者从以往的数据中抽象获得，把抽象得到的这些规律放在经过特别组织的库中，可以构成模型库、规则库和策略库，智能决策可以在这些库的基础上进行。

（4）发布决策。决策最终取决于人的行为，计算机辅助了决策过程中信息的提取和规律性决策的结果，但最终的决策行为还是掌握在决策者自己的手中。

（5）采取行动。这是检验决策正确性的唯一途径。

商业智能系统建设的目标就是要为企业提供一个统一的分析平台，充分利用原有系统中积累的宝贵数据，对其进行深层次的发掘，并从不同的角度分析企业的各种业务指标和构建业务知识模型，进而满足决策的信息需求和实现通过技术辅助决策的功能。

二、企业信息化系统中的商业智能

商业智能的概念最早是加特纳集团（Gartner Group）于 1996 年提出来的。当时将商业智能定义为一类由数据仓库（或数据集市）、查询报表、联机分析、数据挖掘、数据备份和恢复等部分组成的，以帮助企业决策为目的的技术及其应用。

商业智能过程实际上包含两个层次。

第一个层次是在整合系统数据的基础上提供灵活的前端展现，例如，通过直方图等形式表现来自销售管理系统的地区销售情况报表，对复杂的计算则通过计算机的手段辅助完成。

商业智能的第二个层次是数据库中的知识发现。许多商业、政府和科学数据库的爆炸性增长已远远超出了传统方法能够解释和消化这些数据的能力，需要新一代的工具和技术对数据库进行自动和智能地分析，进而从数据中获取知识。这些工具和技术包括 OLAP、多种挖掘算法等。

因此，我们将商业智能定义为：将存储于各种商业信息系统中的数据转换成有用信息的技术。它帮助用户通过查询和分析数据库，得出影响商业活动的关键因素，最终帮助用户做出更好、更合理的决策，其中的报表、在线分析和数据挖掘等工具从不同的层面帮助企业实现这个目标。

比如，通过商业智能可以解决客户在不同地域分布的问题，可以对客户进行各个角度的分类，还可以把客户和订单联系起来，找出其变化趋势。

按照智能应用的范围，商业智能系统可以产生客户智能、营销智能、销售智能和财务智能。这些智能的产生包括 3 个部分的具体功能：信息处理、分析处理和知识发现。前两个部分是商业智能的前端展现对象，第三个部分则属于数据挖掘层次。

信息处理包括查询和基本的统计分析，如使用交叉表、图表等进行报表的展示。大多数 BI 初学者会感到疑惑：既然是“智能”的了，为什么还是报表的天下？实际上，统计和报表在很长一段时间内还是 BI 的重点，但这里的统计和报表与基于数据库的统计和报表有本质的区别，在 BI 系统中，报表的数据来源不是单一的业务数据库，而是从许多来自不同的企业运作系统的数据中提取出的有用数据，同时对这些数据进行清理以保证数据的正确性，然后经过抽取、转换和装载，合并到一个企业级的数据仓库里，再经过联机分析处理而获得的企业数据的一个全局视图。虽然都是报表，BI 系统中的报表往往有很强的自定义功能（如可以针对某一个统计值随意地深入到最低层数据或上升至各个级别的汇总值）和很强的表现能力（如可以在不同的图形表现形式上随意切换）。

还有一个智能应用问题就是数据挖掘，这是商业智能过程的第二个层次的应用，通过它可以找出数据中隐藏的模式和关联，例如对客户进行分类，或者对销售额进行预测等。

三、商业智能的体系结构

商业智能的实现包含了“数据—信息—知识—行动—智慧”这一过程所运用的技术和方法。BI 过程以来自业务系统的数据为基础，经过数据仓库技术的处理，整合数据并将其转化为有序的信息；这些信息经过联机分析处理（OLAP）技术的分析后，可以表达出数据内部的各种关联，这是对商业管理活动有很大帮助的知识；经营活动中很多时候还要进一步明确数据中隐藏的规则，这要靠数据挖掘技术的帮助，最后要采取行动时，可以用模型库和方法库等决策支持的相关技术来辅助决策；而决策和行动的结果又可以作为业务数据反应在业务环境中，为以后的决策提供数据源支持。如此循环往复，商务活动就在 BI 系统的支持下变得智能了。图 1-4 表达了这一过程。

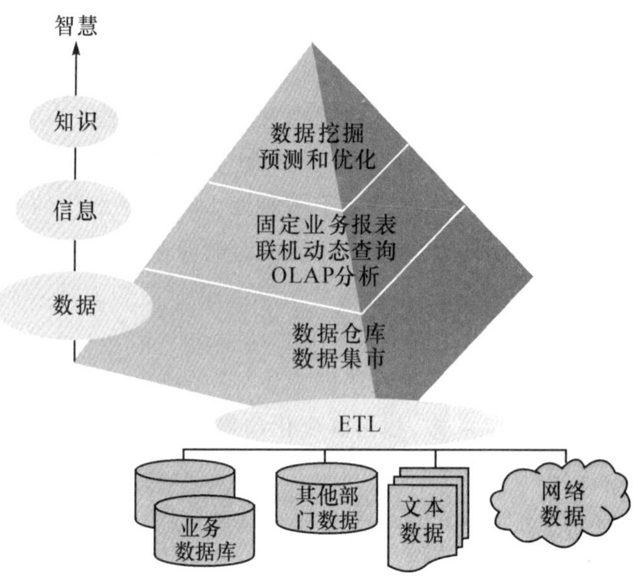

图 1－4　BI 过程及其对应的技术与方法

在图 1－4 中可以发现，商业智能系统是建立在数据仓库、OLAP 和数据挖掘等技术的基础之上的，通过收集、整理和分析企业内外部的各种数据，加深企业对客户及市场的了解，并使用一定的工具对企业运营状况、客户需求和市场动态等做出合理的评价及预测，为企业管理层提供科学的决策依据。

我们把商业智能系统工作的这一过程进行技术上的抽象，可以把商业智能的体系结构分为源数据层、数据转换层(ETL)、数据仓库(数据集市)层、OLAP 及数据挖掘层和用户展现层。这几层通过密切的协作完成商业智能的功能，它们的相互依赖关系如图 1－5 所示。

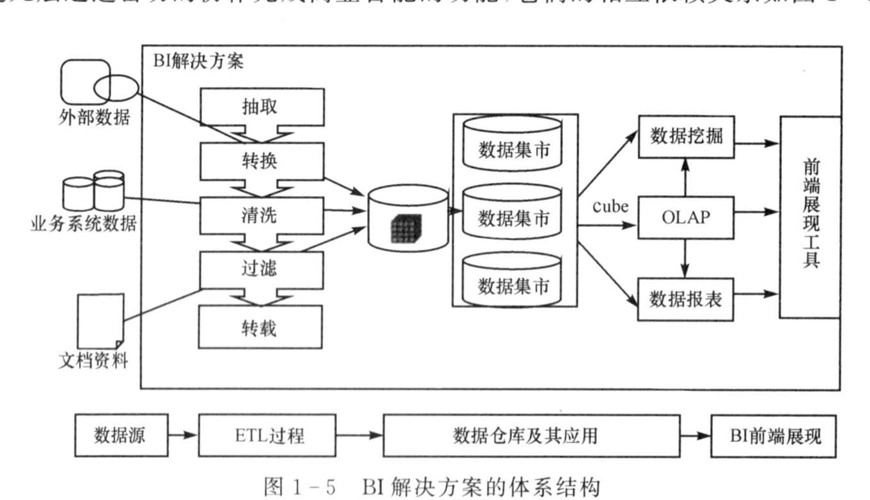

图 1－5　BI 解决方案的体系结构

在图 1－5 中可以看到，实现商业智能应用有 4 个十分关键的环节，包括：数据源、ETL 过程、数据仓库及其应用和 BI 前端展现。

数据源即数据仓库中的数据来源，既包含组织内部的业务数据、历史数据、办公数据等，也包括互联网络的相关 Web 数据，以及部分其他数据结构的数据。

ETL 过程即抽取(extract)、转换(transform)和装载(load)。ETL 过程负责将业务系统中各种关系型数据、外部数据、遗留数据和其他相关数据经过清洗、转化和整理后放进中心数据仓库。

数据仓库的应用包括联机分析处理(OLAP)和数据挖掘(DM)。通过对数据仓库中对多维数据分析操作，可以完成决策支持需要的查询及报表。通过数据挖掘，可以发现隐藏在数据中的潜在规则。

BI 前端展现可以提供各种能帮助人们快速理解数据内涵的可视化手段。它是数据仓库的数据展示窗口，包括各种报表工具、查询工具和数据分析工具以表格或图形化的手段对数据的展现。

第三节　数据挖掘和商业智能工具

商业智能具有极为广阔的应用前景，许多软件开发商，基于数理统计、人工智能、机器学习、神经网络、进化计算、模式识别等多种技术和市场需求，开发了许多数据挖掘与知识发现软件工具，从而形成了近年来软件开发市场的热点。其中包括在统计基础上发展起来的分析平台，如 SAS EM、SPSS Clementine 等，以数据库集成的挖掘平台如 IBM IM、Oracle、Microsoft SQL Server DM 等。

根据 BI 解决方案的体系结构，一个完整的 BI 应用需要 ETL 工具、数据仓库管理工具、OLAP 工具、数据挖掘工具和报表查询工具五种工具协同工作。表 1－1 列出了一些软件厂商在这些工具方面的主要产品。

表 1－1　一些厂商提供的数据仓库平台工具

公司名称	ETL 工具	数据仓库管理工具	OLAP 工具	数据挖掘工具	报表工具
IBM	IBM WebSphere DataStage	DB2	DB2 OLAP Server	Intelligent Miner	Cognos ReportNet
Oracle	Oracle Warehouse Builder	Oracle	Express/Discoverer	Oracle Data Miner	Oracle Reports
Sybase（被 SAP 收购）	Data Integration Suite	Sybase IQ	Power Dimension		InfoMaker
SAS	ETL Studio		SAS OLAP Server	SAS Enterprise Miner	Report Studio
Microsoft	Integration Services	SQL Server	Analysis Services	Analysis Services	Reporting Services
Business Objects（被 SAP 收购）	Data Integrator		OLAP Intelligence		Crystal Reports Server

一、商业智能工具的选择

通过表1-1,可以看到一些主要数据库厂商在ETL数据仓库管理、OLAP、数据挖掘和报表方面都提供了丰富的工具。各类产品各有其特点,并且有各自的适用环境,需要从商业需求和技术两个角度来选择。

一般来说,产品选择需要进行如下4个方面的基本工作。

(一)了解商业需求

了解商业需求首先要了解应用的范围和级别。这需要确定建立企业级数据仓库、部门级数据仓库和个人级数据仓库中的哪一级数据仓库。还需要了解系统预期使用的用户群体是哪些、预期的用户数量是多少、用户在地理上的位置怎样、是集中在一起还是分散在网络的不同位置,然后需要了解建立数据仓库的用途和功能。了解用户想利用数据仓库进行哪些领域的工作,需要哪些功能,是简单的多维查询,还是需要进行多维分析,甚至是复杂的数据挖掘。了解现在进行数据分析的工作人员是如何进行工作的,他们的工作流程是怎样的,在他们的工作过程中遇到了哪些比较棘手的问题和困难。

(二)了解信息系统需求

在商业需求的基础上,需要进一步了解信息系统本身的需求,估算系统的数据量,了解数据的稳定性,这是首要的工作。另外,元数据的维护要求也非常重要。如果元数据由专业的技术人员来维护,则可以注重工具的效率;如果元数据由非专业的用户群体来维护,则可以注重工具表达的直观性。还需要了解企业用户现有的技术情况,比如企业现在经常使用哪些工具进行数据处理。在选择工具时,需要考虑选择的工具是否能够同用户已经使用习惯了的工具互通。

(三)工具功能评估

在获取上述需求后,应当对各大数据仓库产品的工具进行客观的功能评估。功能评估可能包括:系统结构(操作系统平台、系统的跨平台性、系统的可靠性与安全性和系统备份恢复的能力等)、数据抽取能力(定时调度的能力、数据抽取的速度和数据转化功能的强弱等)、数据存取呈现能力(支持多维查询的能力、是否具有OLAP分析的功能和是否有良好的客户界面等)、应用支持(是否有良好应用程序开发语言、数据库对存储过程的支持情况、系统提供的可重用软件成分的多少和软件的跨平台性等)、用户接口(用户界面的美观性和对Web平台的支持情况)和工具的互操作性(数据库、数据仓库、OLAP分析、数据挖掘和前端展现工具间的互通情况)。

(四)工具组合和测试

在对各种产品进行客观评价后,可以选择某个厂商的产品或者选择多个厂商产品的组合。在选定产品后还需要对产品进行现场测试,看产品是否能够满足实际需求。需要特别注意的是数据仓库将随着时间的推移不断增大。因此,我们在进行产品选择和测试时,必须对将来的情况进行预测。

在选择数据挖掘软件产品时，要注意某些软件所采用的算法虽然名称可能完全一样，但它们的实现方法通常都不一样。这些算法的不同影响了软件对内存和硬盘的需求不同及性能上的差异。

二、SQL Server 2008 的商业智能构架

SQL Server 2008 商业智能体系包括两大体系，一是关于数据库管理，另一个则是关于商业智能应用，如图 1－6 所示。

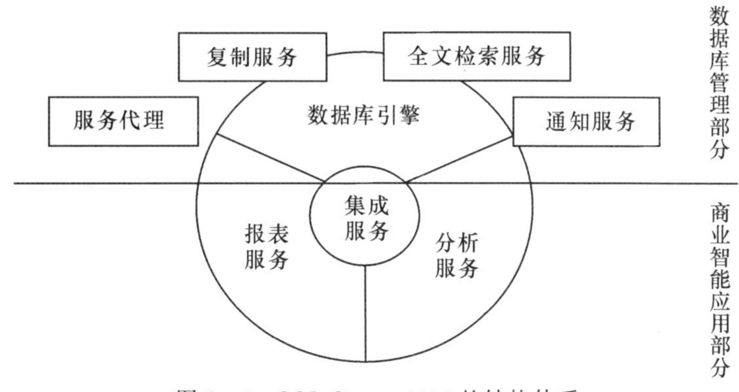

图 1－6　SQL Server 2008 的结构体系

SQL Server 2008 的数据库管理系统（RDBMS）不仅作为 Microsoft BI 数据的首选数据源，它也可以从各类关系源数据存储（如 Oracle、DB2 等）中检索数据。简单来讲，任何有数据源提供程序的数据都可以作为数据仓库或多维数据集的源数据，这意味着数据可以来自各个版本的 SQL Server，还可以使用来自其他 RDBMS 系统的数据。SQL Server Management Studio 作为通用管理平台，用来管理 OLTP 数据库、SSAS 中的多维数据集和数据挖掘模型、SSIS 包，如图 1－7 所示。

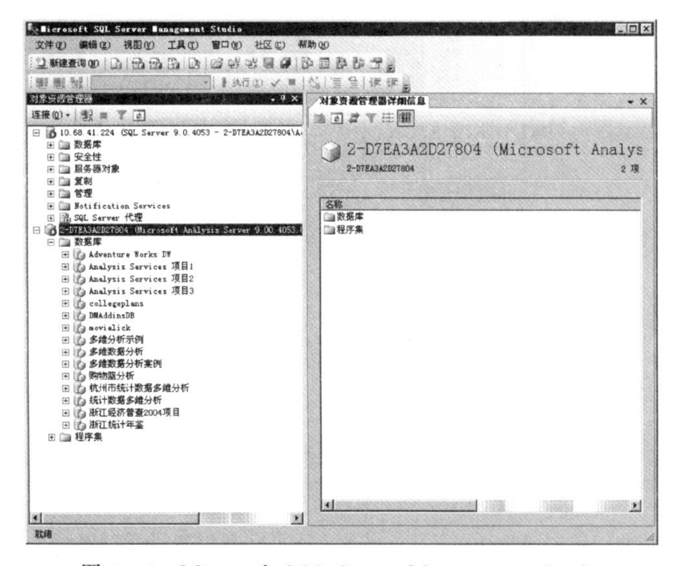

图 1－7　Microsoft SQL Server Management Studio

SQL Server 2008 在商业智能方面提供了三大服务和一个工具来实现系统的整合。三大服务是 SQL Server 2008 Analysis Services(SSAS)、SQL Server 2008 Integration Services (SSIS)和 SQL Server 2008 Reporting Services(SSRS)，一个工具是 Business Intelligence Development Studio。它们的关系如图 1－8 所示。

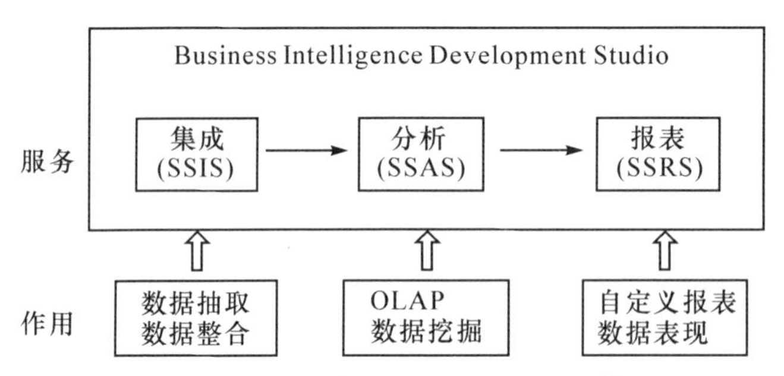

图 1－8　三大服务一个工具实现 BI 的体系

从图 1－8 中可以看出，三大服务都整合在 BI Studio 中，其中 SSIS 用于对数据仓库或多维数据集提供数据之前，对数据进行导入、清理以及验证，它能从各种异构数据源(如关系数据库、平面文件、XML 等)中整合 BI 需要的业务数据，同时可以实现与商务流程统一。图 1－9 是 Microsoft Visual Studio 中开发商业智能项目的界面。

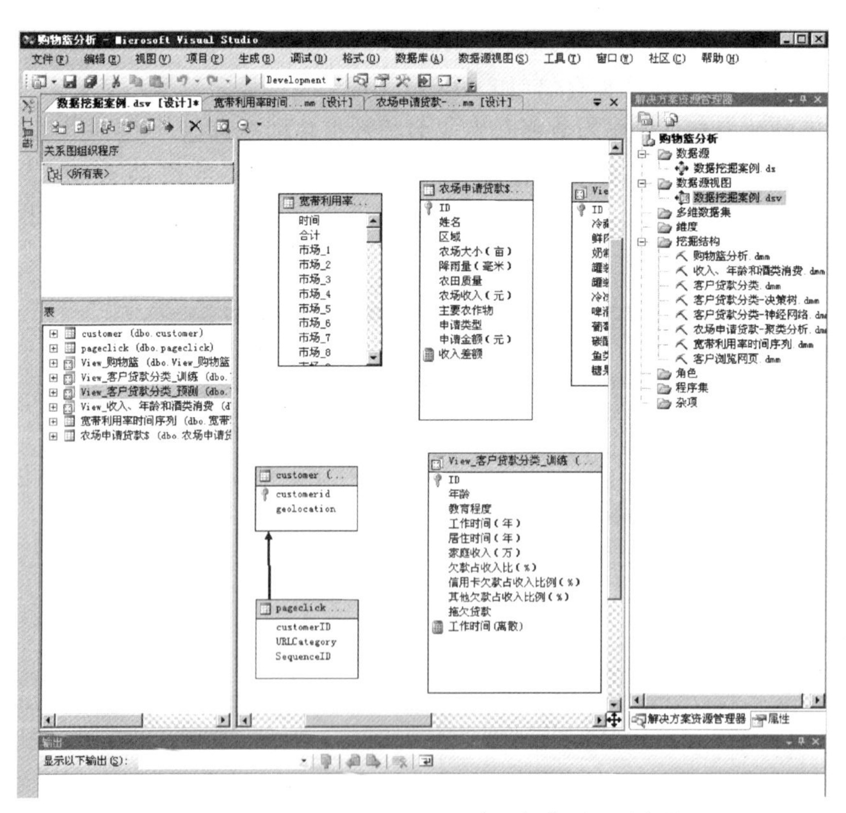

图 1－9　Microsoft Visual Studio 商业智能项目开发界面

注　意

> SQL Server Business Intelligence Development Studio 作为 Microsoft 公司进行商业智能项目开发平台集成在 Visual Studio 中，在安装 Visual Studio 2008 时作为一个组件进行安装。

SSAS 是 Microsoft BI 解决方案的核心服务，是从数据中产生智能的关键，通过这个服务，可以构建数据立方(cube)，也就是多维数据集，然后进行 OLAP 分析，SSAS 也提供数据挖掘的功能。

注　意

> SSAS 通常要安装在至少一台专用物理服务器上。Bussiness Intelligence Development Studio 是用来开发 SSAS 多维数据集和数据挖掘的主要工具，BIDS 在 Microsoft Visual Studio 环境中打开，如果开发机上没有 Visual Studio 环境，那么在安装 SSAS 时，BIDS 会作为独立组件安装。

一个 BI 项目一般要为不同的人提供不同特点的报表，如总经理和部门经理对报表的内容要求是完全不一样的，SSRS 服务为满足这一要求提供了一个可视多维数据集查询设计器，以方便报表的快速创建，另外，报表生成组件 Report Builder 为分析师提供了设计报表的强大功能，通过它可以对分析结果提供类型多样、美观且适合不同需求的图表和报表，如图 1-10 所示。

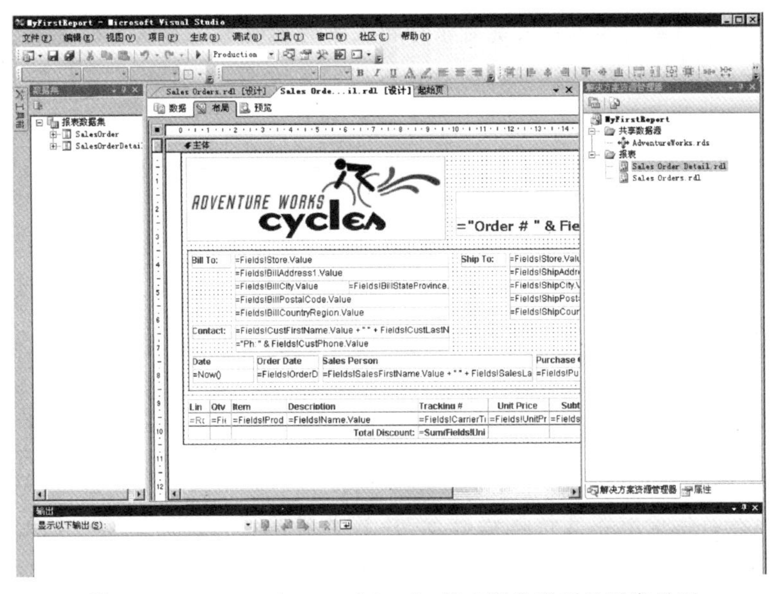

图 1-10　Microsoft Visual Studio 报表服务器项目开发界面

通过以上体系结构的设计，SQL Server 2008 可以实现建模、ETL、建立查询分析或图表、定制 KPI、建立报表和构造数据挖掘应用及发布等功能。

第四节　数据挖掘应用案例

案例一

客户关系管理(CRM)案例：善用数据挖掘

蒙特利尔银行是加拿大历史最为悠久的银行，也是加拿大的第三大银行。在20世纪90年代中期，行业竞争的加剧导致该银行需要通过交叉销售来锁定1800万客户，这反映了银行的一个新焦点——客户（而不是商品）。银行应该认识到客户需要什么产品以及如何推销这些产品，而不是等待人们来排队购买。然后，银行需要开发相应产品并进行营销活动，从而满足这些需求。

在应用数据挖掘之前，银行的销售代表必须于晚上6点至9点在特定地区通过电话向客户推销产品。但是，正如每个处于接收端的人所了解的那样，大多数人在工作结束后对于兜售并不感兴趣。因此，在晚餐时间进行电话推销的反馈率非常低。几年前，该银行开始采用IBM DB2 Intelligent Miner Scoring，基于银行账户余额、客户已拥有的银行产品以及所处地点和信贷风险等标准来评价记录档案。这些评价可用于确定客户购买某一具体产品的可能性。该系统能够通过浏览器窗口进行观察，使得管理人员不必分析基础数据，因此非常适合于非统计人员。

“我们对客户的财务行为习惯及其对银行收益率的影响有了更深入的了解。现在，当进行更具针对性的营销活动时，银行能够区别对待不同的客户群，以提升产品和服务质量，同时还能制订适当的价格和设计各种奖励方案，甚至确定利息费用。”蒙特利尔银行的数据挖掘工具为管理人员提供了大量信息，从而帮助他们对于从营销到产品设计的任何事情进行决策。

案例二

根据页面浏览量分析即时改进网站设计

许多数据挖掘配置旨在改进电子商务网站，从而使访问者停留足够长的时间来进行选购。

圣地亚哥的Proflowers.com通过采用HitBox，即WebSideStory的数据挖掘服务，使企业的计划者在业务高峰日也能够对销售情况做出迅速反应。由于鲜花极易枯萎，Proflowers不得不均匀地削减库存，否则可能导致一种商品过快地售罄或库存鲜花的凋谢。由于日交易量较高，管理人员需要对零售情况进行分析，比如转换率，也就是多少页面浏览量将导致销售产生。举例来说，如果100人中仅有5人看到玫瑰时就会购买，而盆景的转换率则为100比20，那么不是页面设计有问题，就是玫瑰的价格有问题。公司能够迅速对网站进行调整，比如在每个页面上都展示玫瑰或降低玫瑰的价格。对于可能过快售罄的商品，公司通常不得不在网页中弱化该商品或取消优惠价格，从而设法减缓该商品的销售。

采用HitBox的优势在于借助便于阅读的显示器来展现销售数据和转换率。

Proflowers 营销副总裁克里斯·狄昂(Chris d'Eon)说:"自己分析数据是浪费时间。我们需要一种浏览数据的方式,能够让我们即刻采取行动。"

案例三

通过分析客户需求提供个性化信息服务

对于许多公司而言,创建自动化虚拟决策者系统的第一步是为决策者提供信息,以帮助其设计更好的网站。丹佛的 eBags 旨在针对经常旅行的顾客销售手提箱、手提袋、钱包以及提供其他旅行服务。该公司采用 Kana 软件公司的 E-Marketing Suite 来整合其网站的 Oracle 数据库、J. D. Edwards 财务系统、客户服务电子邮件和呼叫中心,从而获得客户购买行为习惯方面的信息。数据分析能够帮助公司确定是哪个页面导致了客户的高采购率,并了解是什么内容推动了销售。

eBags 技术副总裁迈克·弗雷齐尼(Mike Frazini)说:"我们尝试展示不同的内容,来观察哪些内容的促销效果最好。我们最终的目标是完全个性化。"与设计页面以鼓励大部分消费者采购的做法不同,一个个性化的解决方案将不停地创建页面以适合每个具体的访问者。因此,如果访问者的浏览记录显示其对手提包感兴趣,网站将创建突出这些商品的客户化页面。Mike Frazini 指出,用于当前实施数据挖掘的分析方法也能用于部署自动化的网站定制规则。

寻找基于较少的数据和商业规则来创建个性化网页是客户化网站减少资源耗费的方法之一。开利(Carrier)公司是位于美国康涅狄格州法明顿(Farmington)的一家空调制造厂商,它声称,仅仅通过利用邮政编码数据,其升级版 B2C 网站的每位访问者所产生的平均收益在一个月内从 1.47 美元提高到了 37.42 美元。

当客户登录网站时,系统将指示他们提供邮政编码。这些邮政编码信息将被发送到 WebMiner 服务器,也就是一个数据挖掘后台。然后,WebMiner 的数据挖掘软件将对客户进行假设,并基于这些假设来展示商品。例如,如果客户来自富裕的郊外地区,网站将显示出带有遥控器的空调机,如果客户的邮政编码显示邻近大量公寓楼,则弹出式广告将展示窗式空调机。

通过采用这种相对简易的方法,该公司能够在数秒内生成网页。Carrier 全球电子商务经理保罗·伯曼(Paul Berman)说:"与通常的想法相反,客户化电子商务在创建有针对性的服务时并不需要询问客户八条或九条信息,我们只需要一条信息,而且实际证明效果确实不错。"

案例四

利用数据库进行跟踪营销

为了提高销售额,那些通过目录或直接邮寄广告进行销售的公司必须在合适的时间把合适的服务送到合适的客户手中。

学生贷款营销协会莎莉·梅(Sallie Mae)希望充分利用其 1200 万学生贷款持有者的数据成为一家数据库营销商。公司客户资源管理和数字智能总监凯南·赫兹(Kaenan Hertz)说:"我们拥有许多有价值的信息埋没于主机之中,如果我们能够发现这些信息,并将其应用于销售活动中，我们就能够在这个新业务领域中胜出。”

利用该数据库，该公司现在能够了解许多信息，比如，学生们何时毕业、何时偿清贷款、他们住在哪里和更换地址的频率以及他们是否打算按时支付账单等。所有这些信息可用于确定他们何时可能购买轿车、再次抵押或订购长途服务，乃至他们是否具有良好的信用卡风险率。

Sallie Mae通过和许多伙伴合作来提供长途服务、汽车保险和银行产品。该公司利用E.piphany的E.5从数据库中提取数据，生成直接邮寄广告，并进行其他类型的营销活动。Karnan Hertz希望该系统能够使Sallie Mae做到在收件人准备购买第一辆轿车时寄出汽车保险手册。

Karnan Hertz意识到Sallie Mae并不健全，没有太多的历史记录数据用于营销活动。“我们仍然不能确定什么起作用和什么不起作用。”但是他认为，有了庞大的数据库以及理解数据的工具，公司至少有了一个良好的开端。

小　结

数据库技术已经从原始的数据处理，发展到开发具有查询和事务处理能力的数据库管理系统。进一步的发展导致越来越需要有效的数据分析和数据理解工具。这种需要是各种应用收集的数据爆炸性增长的必然结果，数据挖掘就是在这种背景下应运而生的，并且是发现知识的有力工具。

商业智能就是将存储于各种商业信息系统中的数据转换成有用信息的技术。它允许用户通过查询和分析数据库，得出影响商业活动的关键因素，最终帮助用户做出更好、更合理的决策，其中的报表、在线分析和数据挖掘等工具从不同的层面帮助企业实现这个目标。

Microsoft BI解决方案的核心组件有SQL Server Analysis Services（SSAS）、SQL Server Reporting Services（SSRS）以及SQL Server 2008本身。SQL Server Integration Services（SSIS）作为ETL的工具集。BI项目的开发工具是Business Intelligence Development Studio，而SQL Server Management Studio则同时作为数据库引擎、分析服务、集成服务、报表服务的通用管理界面。

思考与练习

1. 知识发现包括哪些步骤？

2. 使用计算机辅助商业系统进行决策需要哪些步骤？

3. 商业智能有几个层次？都包含哪些内容？

4. SQL Server 2008商业智能包括哪些服务？

5. 给出一个例子，说明数据挖掘在商业活动中的应用。它们能够由数据查询处理或简单分析来实现吗？

第二章 数据仓库

作为商务智能三大核心技术之一的数据仓库发源于处理日常业务的数据库。传统数据库在日常的业务处理中获得了巨大的成功，但是对管理人员的决策分析要求却无法满足。管理人员常常希望能够通过对组织中的大量数据进行分析，了解业务的发展趋势；而传统数据库只保留了当前的业务处理信息，缺乏决策分析所需要的大量历史信息。为满足管理人员的决策分析需要，在数据库的基础上就产生了适应决策分析的数据环境：数据仓库。

本章将着重介绍以下内容：

- 数据仓库的概念
- 数据仓库的体系结构
- 元数据
- 数据仓库的设计与实施
- Microsoft 数据仓库和商务智能工具集

第一节　数据仓库的概念

一、从传统数据库到数据仓库

随着市场竞争的加剧，使用传统业务数据处理系统的用户已经不满足于仅仅用计算机去处理每天所发生的事务数据，而是需要能够支持决策的信息，去帮助管理决策。这就需要一种能够将日常业务处理中所收集到的各种数据转变为具有商业价值信息的技术，但是传统数据库系统无法承担起这一责任。因为传统数据库的处理方式与决策分析中的数据需求不相称，导致传统数据库无法支持决策分析活动。这些不相称主要表现在决策处理中的系统响应问题，决策数据需求的问题和决策数据的操作问题。

（一）决策处理的系统响应问题

在传统的事务处理系统中，用户对系统和数据库的要求是数据存取频率要高、操作时间要快。用户的业务处理操作请求往往在很短的时间内就能完成，这就使系统在多用户的情况下，也可以保持较高的系统响应时间。但在决策分析处理中，用户对系统和数据的要求发生了很大的变化，有的决策问题处理请求，可能会导致系统长达数小时的运行，比如在一个有上亿条记录的事例表上完成一次挖掘模型的建模过程。有的决策分析问题的解决，则需要遍历数据库中大部分数据。这些操作必然要消耗大量的系统资源，这是实时处理业务的事务联机处理系统所无法忍受的。

（二）决策数据需求的问题

在进行决策分析时，需要有全面、正确的集成数据，这些集成数据不仅包含企业内部各部门的有关数据，而且还包含企业外部的、甚至竞争对手的相关数据。但是在传统数据库中，只存储了本部门的事务处理数据，而没有与决策问题有关的集成数据，更没有企业外部数据。如果将数据的集成交给决策分析程序处理，将大大增加决策分析系统的负担，降低系统的运行效率。

在决策数据的集成中还需要解决数据混乱问题。企业数据混乱的原因多种多样，有的是企业经营活动造成的，如企业进行兼并活动后，被兼并企业的信息系统与兼并企业的系统不兼容，数据无法共享；有的是系统开发的历史原因所造成的，如在系统开发中，由于资金的缺乏，只考虑了一些关键系统的开发，而对其他系统未予考虑，使决策数据无法集成。面对这些混乱的数据，还可能在决策分析应用中发生数据的不一致性。如同一实体的属性在不同的应用系统中，可能有不同的数据类型、不同的字段名称。例如，职工的性别在人事系统中可能用逻辑值“M”和“F”表示，在财务系统中可能用数字“0”和“1”表示。或者同名的字段在不同的应用中有不同的含义，表示了不同实体的不同属性。例如，名称为“GH”的字段在人事系统中表示为职工的“工号”，但是在销售管理系统中却表示为“购货号”。这样在使用这些数据进行决策之前，都必须对这些数据进行分析，确认其真实含义。

数据的集成还涉及外部数据与非结构化数据的应用问题。决策分析中经常要用到系统外数据，如行业的统计报告、管理咨询公司的市场调查分析数据，这些数据必须经过格式化和类型转换才能被决策系统应用。

决策分析系统中要求外部数据能够进行定期的、及时的更新，数据的更新期可能是一天，也可能是一周等等。而传统的业务操作系统往往不具备相应的功能。为完成事务处理的需要，传统数据库中的数据一般只保留当前的数据。但是对于决策分析而言，历史上的、长期的数据却具有重要的意义。利用历史数据可以对未来的发展进行正确的预测，但是传统数据库却无法长期保留大量的历史数据。

在决策分析过程中，决策人员往往需要的并不是非常详细的数据，而是一些经过汇总、概括的数据。但在传统数据库中为支持日常的事务处理需要，只保留一些非常详细的数据，这对决策分析十分不利。

（三）决策数据操作的问题

在对数据的操作方式上，事务处理系统远远不能满足决策人员的需要。事务处理系统的结构设计是针对日常的业务需求，操作人员只能使用系统所提供的有限参数进行数据操作，用户对数据的访问受到很大限制。比如，电话缴费业务系统可以根据某个客户提供的电话号码来查找当月的电话费，而决策分析人员则往往希望得到的是某个地区一个月或者连续几个月的电话费用情况，包括长话费用、本地通话及特别号码服务费等。他们往往希望能够对数据进行多种形式的操作，比如在时间、区域不同角度的汇总和对比，希望数据操作的结果能以商务智能的方式表达出来。而传统的业务处理系统只能以标准的固定报表方式为用户提供信息，使用户很难理解信息的内涵，无法用于管理决策。

综上所述，由于系统响应，决策数据需求和决策数据操作三大问题的影响，使得企业无法使用现有的事务处理系统去解决决策分析的需要。因此，决策分析需要一个能够不受传统事务处理的约束，能够高效率处理决策分析数据的环境，由此而产生了可以满足这一要求的数据存储和数据组织技术——数据仓库。表 2－1 列出了事务处理系统中的操作型数据和数据仓库中的决策支持数据的主要区别。

表 2－1　操作型数据和决策支持数据的区别

操作型数据	决策支持数据
面向应用：数据服务于某个特定的商业过程或功能	面向主题：数据服务于某个特定的商业主题，例如客户信息等；它是非规范化数据
细节数据，例如包含了每笔交易的数据	对源数据进行摘要，或经过复杂的统计计算，例如一个月中交易收入和支出的总和
结构通常不变	结构是动态的，可根据需要增减
数据经常改变	数据一旦加入就不能改变，只定期添加
事务驱动	分析驱动
一般按记录存取，所以每个特定过程只操作少量数据	一般以记录集存取，所以一个过程能处理大批数据，例如从过去几年数据中发现趋势
反映当前情况	反映历史情况
通常只作为一个整体管理	可以分区管理
系统性能至关重要，因为可能有大量用户同时访问	对性能要求较低，同时访问的用户较少

从上述的业务数据库和数据仓库对比可以看出，传统联机事务处理系统中的数据库其重点在于完成业务处理，及时响应客户请求。而数据仓库应该具备极强的查询能力。数据仓库中存储的信息既多又广，并且完成的是联机分析处理，因此并不追求瞬时的响应时间，只要在有限的时间内给予响应即可。数据仓库与传统的数据库相比，其最大的区别是它们存储的数据。一般的数据库系统中的数据称为操作型数据，其值是不断变化的。而数据仓库中的数据通常被称作决策支持数据，其值保持相对稳定。

尽管数据仓库和传统的数据库之间存在很大的差异，但设计数据仓库并不是完全从头开始，而是利用现有的传统数据，并对其信息进行综合，从而构造出满足不同需求的数据仓库。也就是说，数据是从动态的、事务驱动的传统数据流向静态的、分析驱动的数据仓库。

二、数据仓库的定义与基本特性

数据仓库概念始于20世纪80年代中期，首次出现是在被称作“数据仓库之父”的威廉·H. 因蒙(William H. Inmon)的*Building the Data Warehouse*一书中。随着人们对大型数据库系统研究、管理、维护等方面的认识的深入和不断完善，在总结、丰富、集中多年企业信息的经验之后，对数据仓库给出了更为精确的定义，即“数据仓库是一个面向主题的(subject oriented)、集成的(integrate)、相对稳定的(non-volatile)、反映历史变化(time variant)的数据集合，用于支持管理决策”。

根据上述数据仓库的定义，可知其有以下几个主要特点。

（一）面向主题

在操作型系统中，我们使用独立的应用程序来存储数据，例如在一个订单处理应用程序里，我们为这个程序而保存数据。我们需要提供的数据包括输入订单的功能，检查存货，检验客户的信用，以及打印出货单。但是这些数据集合只是包含了与这种特定应用相关的功能数据。根据特定功能我们将会有一组数据集合，分别包含了独立的订单、客户、库存状态和详细交易信息等，但是所有这些都是围绕着订单处理来组织的。

在每一个行业中，操作型数据集合都是围绕独立的应用进行组织，来支持这些特定的操作型系统。这些数据集合为每个应用提供数据，才能使得这些应用程序能够有效地运行。因而，每个对应的数据集合需要为特定的应用而专门组织。

形成鲜明对比的是，在数据仓库中，数据是为主题而不是为应用存储的。因此，必须了解如何按照决策分析来抽取主题，所抽取的主题应该包含哪些数据内容，这些数据内容应该如何组织。例如，在企业销售管理中的管理人员所关心的是：哪些产品销售量大，利润高？哪些客户采购的产品数量多？竞争对手的哪些产品对本企业产品构成威胁？根据这些管理决策的分析对象，就可以抽取出：“产品”“客户”等主题。

在主题的划分中，必须保证每一个主题的独立性，也就是说每一个主题要有独立的内涵，明确的界限。在划分主题时，应该保证在对主题进行分析时所需要的数据都可以在此主题内找到。如果对主题进行分析时，涉及主题外的其他数据，就需要考虑将这些数据组织到主题中，以保证主题的完备性。

（二）数据的集成性

数据仓库中存储的数据是从原来分散在各个子系统中的数据提取出来的，但并不是原有数据的简单复制，而是经过统一和整合的。其原因有以下两点。

(1) 原始数据一般不适合用于分析处理，因为原始数据的结构是面向事务处理设计的，因此，在进入数据仓库之前必须经过综合、计算，抛弃分析处理不需要的数据项，增加一些可能涉及的外部数据。例如，某个银行在整合账户数据中，就会涉及储蓄账户、支票账户、贷款账户等不同事务处理中的数据。

(2) 数据仓库中的每个主题所对应的原始数据在原分散的数据库中很可能存在重复或不一致，因而必须对数据进行统一，消除不一致和错误的地方，以保证数据的质量。否则,对不准确甚至不正确的数据分析得出的结果将不能用于指导企业做出合理和科学的决策。

对原始数据的集成是构建数据仓库中最关键、最复杂的一步,主要包括编码转换、度量单位转换和字段转换等。为了更好地支持对数据的分析,一般还需要对数据结构进行重组以及适当增加一些数据冗余。

（三）数据的相对稳定性

数据仓库中的数据不像操作型系统中的数据那样,可以随时修改,数据仓库中的数据是用来查询和分析的,一旦数据进入数据仓库以后,就会保持一个相当长的时间。而操作型系统的数据根据分析的需要每隔一段时间就会被存储到数据仓库中。数据在追加以后,一般不再修改,因此数据仓库可以通过使用索引、预先计算等数据处理方式提高数据仓库的查询效率。

（四）数据反映时间变化

对于一个操作型系统来说,存储的数据包含了当前的值。例如在订单系统中,一个订单的状态是当前这个订单的状态,在客户贷款系统中,客户拥有的结余账目是当前账户的数额。当然,我们在操作型系统中也存储一些过去的交易数据,但是,这些数据是用于支持每天业务操作的。在一般情况下,所有操作型系统反映的都是当前的信息。

从另一方面来看,数据仓库中的数据是供分析和决策用的。如果一个分析人员希望发现某个客户的消费模式,他不仅需要当前交易的数据,而且还需要过去的交易数据。当分析人员想要知道东部地区销售额下降的原因,他需要这一段时间的所有交易数据。一个超市连锁店的分析人员想要同时提高两种或更多的产品销量,他必须要了解在过去几个季度里这几样产品的销售情况。

因此,一个数据仓库,除了包括当前数据之外,还必须包括很多历史数据。数据仓库中的每一个数据结构都包含了时间要素。例如,数据仓库中的销售数据,根据细节层次的不同,记录中的销售数据量可能与一个特定日期有关,如某个星期、月份或者季度、年。

另外,数据仓库也需要不断捕捉主题的变化数据,每隔一段固定的时间间隔后,需要再对源数据库中的数据进行抽取和转换,并集成到数据仓库中去。这就是说数据仓库中的数据随时间变化而定期地被更新,从而保证前端分析结论的时间有效性。例如,如果分析企业近几年的销售情况,可以每月添加一次数据,而如果是分析一个月中的畅销产品,则数据更新的间隔就需要为每天一次。

数据仓库数据的时变性,不仅反映在数据的追加方面,而且还反映在数据的删除上。尽管数据仓库中的数据可以长期保留,不像业务系统中的数据那样只保留数月。但是在数据仓库中的数据存储期限还是有限的,一般保留 5～10 年,在超过期限以后,也需要删除。

第二节　数据仓库的体系结构

一、数据仓库的物理结构

数据仓库是在原有关系型数据库的基础上发展形成的，但不同于普通数据库系统的组织形式，它将原有的业务数据库中的基本数据和综合数据分成一些不同的层次，一般数据仓库的结构组成如图 2－1 所示，包括历史基本数据层、当前基本数据层、轻度综合数据层、高度综合数据层。

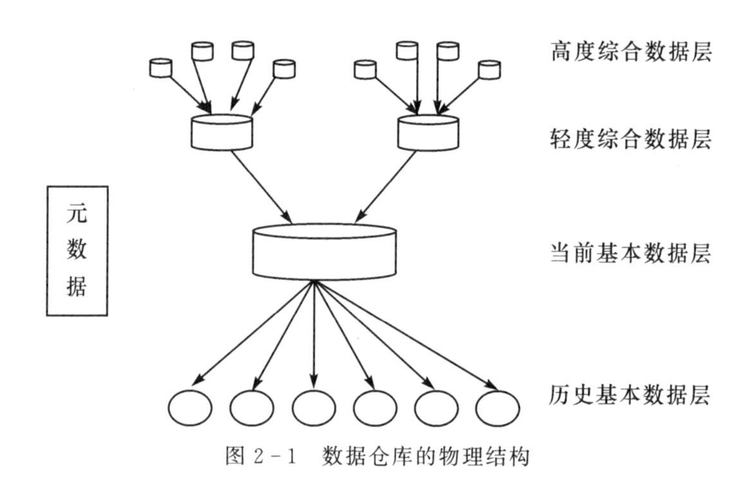

图 2－1　数据仓库的物理结构

历史基本数据是曾经的业务数据。当前基本数据是最近时期的业务数据，数据量大，是数据仓库用户最感兴趣的部分。当前基本数据随时间的推移，由数据仓库的时间控制机制转为历史基本数据，一般被转存于介质中，如磁带等。轻度综合数据是从当前基本数据中提取出来的，设计这层数据结构时会遇到“综合处理数据的时间段选取、综合数据包含哪些数据属性和内容”等问题。最高一层是高度综合数据层，这一层的数据十分精炼，是一种准决策数据。

整个数据仓库的结构是由元数据来组织的。元数据不包含任何与业务相关的实际数据信息，但对数据仓库中的各种数据进行详细的描述和说明。所以也称为“数据的数据”。元数据在数据仓库中扮演了重要的角色，它被用在以下几个方面：(1) 定位数据仓库的目录作用；(2) 数据从业务环境向数据仓库环境传送数据的目录内容；(3) 指导从当前基本数据到轻度综合数据，轻度综合数据到高度综合数据的综合算法的选择。所以元数据至少包含以下一些信息：数据结构、用于综合的算法、从业务环境到数据仓库的规划等。

二、数据仓库的系统结构

数据仓库系统由数据仓库、仓库管理和分析工具三大部分组成，其结构形式如图2－2所示。

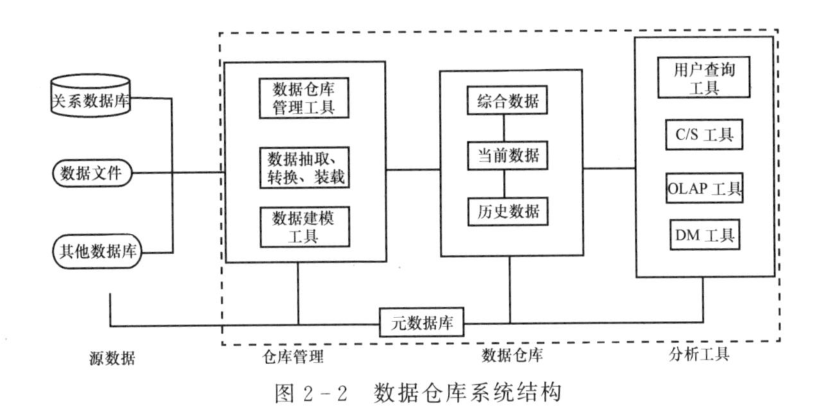

图 2-2 数据仓库系统结构

（一）数据仓库

数据仓库的源数据来自于多个数据源，一般有下列主要来源，这些数据存储在关系数据库、数据文件或其他数据库中。

(1) 生产数据：这类数据来源于企业的各种操作型系统。基于数据仓库的信息要求，需要从不同的操作型系统中选择数据。在处理这些数据的时候，会遇到很多不同的数据格式，以及这些数据被存储在很多不同的操作系统和硬件平台上等问题。

(2) 内部数据：每一个组织中的用户都有自己的电子表格、文档、客户信息。因为其中存储的细节信息对数据的分析和挖掘起着非常重要的作用。但同时，要从文档资料中将数据提取出来也给数据转换和整合的过程增加了很多的复杂性。

(3) 外部数据：指与企业本身业务无关的数据。例如，一家汽车租赁公司的数据仓库包含了主要汽车制造商的各种汽车数据。通常这种类型的数据无法从企业内部直接获得，你需要从外部数据源得到数据(比如互联网，或者专业的数据咨询机构)。通常从外部得到的信息与内部数据的格式是不同的，你需要对数据进行处理，使它们在数据格式和类型上与内部信息保持一致。

(4) 存档数据：指那些与业务相关的历史数据，已被独立保存在存档数据库中或者磁盘中。根据数据仓库的需求不同，要得到足够多的历史数据，这种数据对于识别模式和分析趋势非常有用。

（二）仓库管理

在确定数据仓库信息需求之后，首先进行数据建模，确定从源数据到数据仓库的数据抽取、清理和转换过程，划分维数(多维数据的每一维代表对数据的一个特定的观察视角，如时间、地域、产品等)以及确定数据仓库的物理存储结构。数据仓库的管理包括对数据的安全、归档、备份、维护以及恢复等工作，这些工作需通过数据仓库管理系统(DWMS)来完成。

（三）分析工具

由于数据仓库的数据量巨大，因此必须有一套功能很强的分析工具集来实现从数据仓库中提供辅助决策的信息，以完成决策支持系统的各种要求。

分析工具集按功能分以下两类。

(1) 查询工具：数据仓库的查询不是指对记录级数据的查询，而是指对分析要求的查询。一般包括可视化查询和多维分析这两种方式。可视化查询工具是以图形化方式展示数据，如仪表盘、柱状图、饼图等，可以帮助了解数据的结构、关系以及动态性。多维分析工具具有以下特点，首先可以提供数据的多维视图，使最终用户能从多种角度及各种层次上对复杂的数据进行操作，从而深入地理解包含在数据中的信息及其内涵；其次是快速响应用户的分析请求。查询工具同时还应提供强大的统计、分析和报表处理功能。

(2) 挖掘工具：从大量数据中挖掘具有规律性的知识，需要利用数据挖掘工具。

数据仓库中的元数据是数据仓库的核心，它用于存储数据模型，定义数据结构、数据转换规划以及业务规则等。

三、数据仓库的数据模型

数据仓库的数据模型是数据的多维视图，它将直接影响到前端工具、数据仓库的设计和OLAP的查询引擎。

在多维数据模型中，数据测量值(也称为度量值)是我们关注的对象，如销售量、销售额和利润等。而这些测量值是依赖于一组维的，如城市维、时间维、商品维等。这些维唯一确定了测量值的具体数值。例如，在2010年北京市，某个品牌某款型号的汽车销售了20万辆。因此，多维数据视图就是在这些有层次的维构成的多维空间中，存放着数据度量值。所谓维的层次，是指该维度所具有的级别，如日期维，由高到低的层次为：年—月—日。维的最低层次由具体的业务数据确定，而上面的层次则由分析的需要确定综合的程度。

图2-3所示的立方体为多维数据模型的示意图，其中小格内存储的数据是商品的销售量。

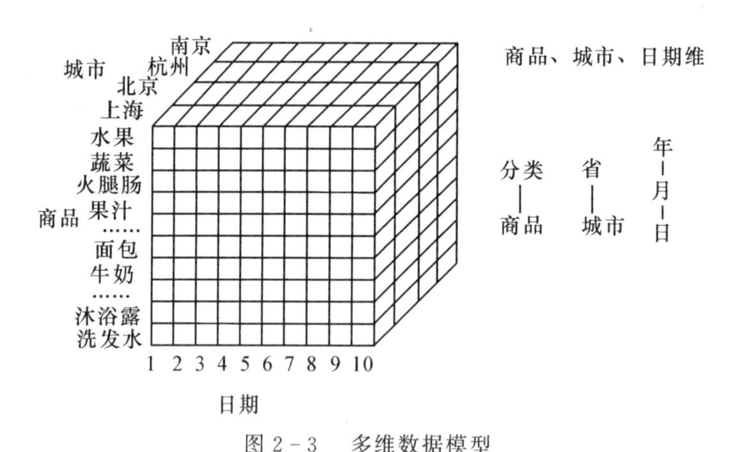

图2-3 多维数据模型

注 意

我们将各种分析的角度设定为相应的维度(其中度量值是一个特殊的维)，由这些维度和度量值的集合构成一个多维立方体，这些立方体可以是三维、四维甚至更多，但是在实际存放这些数据时，仍然是以二维表的形式保存这些数据。在浏览这些多维立方体时，也是以平面二维图表的形式实现。

对于逻辑上的多维数据模型，可以使用不同的存储机制和表示模式来实现。目前，使用的多维数据模型常用的有星形模型和雪花模型。

（一）星形模型

大多数的数据仓库都采用星形模型。星形模型是由一个事实表以及多个维度表组成(与星形符号“*”类似，所以得名)。事实表中存放大量关于业务的事实数据(即度量值)，这些数据通常都很大，而且非规范化程度很高，例如，多个时期的数据可能会出现在同一个表中。维度表是围绕事实表建立的较小的表，维度表中一般存放描述性数据，如时间维、产品维。图 2-4 所示是一个星形模型示例。

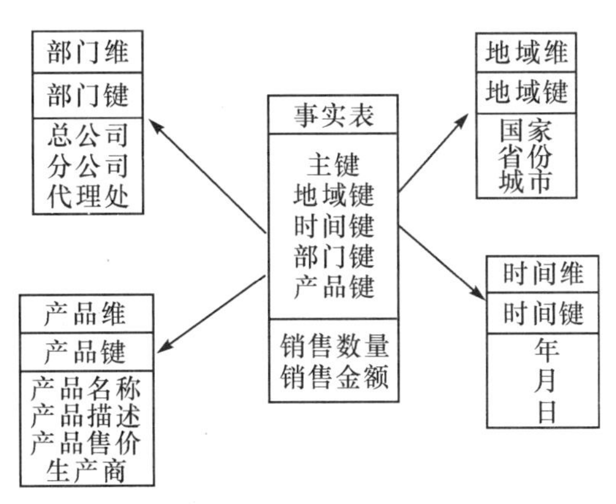

图 2-4 星形模型

事实表有大量的行(记录)，而维度表相对来说只有较少的行(记录)。星形模型存取数据速度快，主要在于对各个维做了大量的预处理，即按照维进行预先的统计、分类和排序等，如对订单的日期、客户所在区域和产品类别分别进行预先的销售量统计，这样在查询或做报表时速度会很快。

星形模型是一种非规范化的设计，存在以下几个显著特点。

(1) 维表和事实表用主、外键进行关联，即维表的主键是事实表的外键。如产品维表中的产品号为表中的主键，而在事实表中，产品号为外键。

(2) 星形模型以潜在的存储空间代价，使用了大量的非规范化来优化速度。如在地区维度表中，存在国家 A 省 B 的城市 C 以及国家 A 省 B 的城市 D 两条记录，那么国家 A 和省 B 的信息分别存储了两次，即存在冗余。

(3) 当业务问题发生变化，原来的维不能满足要求时，就需要增加新的维。由于事实表与维表之间的主、外键关系，这种维的变化带来的数据变化将是非常复杂、非常耗时的。

(4) 星形模型的数据冗余量很大，不适合大数据量的情况。

注 意

对于传统事务型数据库设计者而言，数据通常以高度规范化的方式建模，这样做的目的是为了快速地对数据进行“插入、更新和删除”，但这样做的结果是产生了很多彼此相互关联的表。而 OLAP 多维数据集是非规范化的 n 维结构，即人为地造成数据的冗余，从而减少所需要的表的数量，使得对多维数据集返回查询结果的速度要比包含许多连接的事务型数据库快很多。这也是如何将数据从规范化的事务型数据库转移至非规范化的数据仓库时所要面对的问题。

（二）雪花模型

雪花模型是对星形模型的规范化，通过对星形模型的维表进一步层次化，原来的各维表可能被扩展为小的事实表，形成一些局部的“层次”区域。它的优点是最大限度地减少数据存储量，以及把较小的维表联合在一起来改善查询性能。

雪花模型增加了用户必须处理的表的数量，也增加了某些查询的复杂性。但这种方式可以使系统更进一步专业化和实用化，但同时也降低了系统的通用程度。

在雪花模型中能够定义多重“父类”维来描述某些特殊的维表。比如，在时间维上增加了月和季度，通过查看与时间有关的父类维，能够定义特殊的时间统计信息，如销售月统计、销售季度统计等，这样便于 OLAP 的钻取。在前面的星形模型数据中，对“地域维”和“时间维”进行扩展，形成雪花模型数据，如图 2-5 所示。

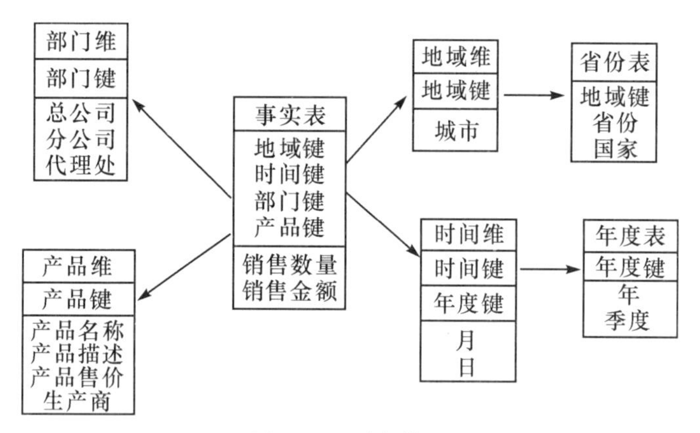

图 2-5 雪花模型

第三节 元数据

在介绍数据仓库的结构时，我们已经接触到了元数据。元数据在数据仓库的建造、管理和运行中起着极其重要的作用，它描述了数据仓库中的各个对象，遍及数据仓库的所有方面，是整个数据仓库的核心。

一、元数据的定义

元数据不包含任何业务数据库中的实际数据信息，但对数据仓库中的各种数据进行详细的描述和说明，因此，我们也常称元数据为“关于数据的数据”。就其功能而言，我们可以将其分为“后台元数据”和“前台元数据”。后台元数据与数据仓库的构建相关，它指导着数据抽取、净化和装载的过程，帮助数据库管理员将数据由业务数据库装入数据仓库；而前台元数据更具有描述性质，它主要针对终端用户的查询和决策需求，帮助查询工具和报表生成器更顺利地工作。

元数据在数据仓库中的地位是如此重要，不管是数据仓库的开发人员和管理人员，还是最终用户，如商业分析人员，他们对数据仓库的任何操作都离不开元数据，但对他们而言，元数据在很多时候又是以隐蔽的方式存在的，它更像是一个幕后工作者，将用户的命令迅速转变成让数据运转的指令，然后将结果呈现在用户的面前。因此，在构建数据仓库及终端查询工具时，元数据的创建、完善与维护都是非常重要的，因为它关系到整个数据仓库系统的正常运行。

随着越来越多的企业建立数据仓库，越来越多的用户使用数据仓库以及元数据标准的制定与完善，元数据及其管理工具将作为一种数据仓库商品出现在市场上。目前已有不少的著名软件公司正致力于这方面的开发。

二、元数据的分类及作用

数据仓库的元数据主要包含两类数据：第一种是为了从操作型环境向数据仓库环境转换而建立的元数据，它包括所有源数据项的名称、属性及其在提取至数据仓库中的转化规则；第二种元数据在数据仓库中是用来与最终用户的多维数据模型和前端工具之间建立映射的。这种数据称为决策支持系统元数据。根据它们的用途，我们可以具体地将元数据分为四类：数据源元数据、数据预处理元数据、数据仓库主题元数据和查询服务元数据。

（一）数据源元数据

这类元数据是现有业务系统的数据源的描述信息，包括数据源的物理结构和含义的描述。一般包括以下内容：

（1）数据源存储平台。

（2）数据源的数据格式。

（3）数据源的业务内容说明。

（4）数据源的所有者。

（5）数据源的访问方法及使用限制。

（6）实施数据抽取的工具及相应参数设置。

（7）数据抽取的进度安排。

（8）实际数据抽取的时间、内容及完成情况记录。

（二）数据预处理元数据

数据预处理时建立数据仓库的工作量很大，其涉及的元数据也比较复杂，包括：

（1）数据抽取、转换、装载过程中用到的各种定义。

（2）从数据源，包括各级中间视图到主题数据实际视图之间的数据映射关系。

（3）有关数据净化的详细规则。

（4）为了满足数据挖掘需要进行的数据处理的详细说明。

（5）数据聚集的定义。

（6）完成数据转换的工具及相应参数设置。

（7）实际数据转换与装载记录。

（三）数据仓库主题元数据

数据仓库主题元数据说明了数据仓库的主要结构，此类元数据包括以下内容：

（1）各种数据库表和视图的定义。

（2）表的主键、外键、索引的定义。

（3）数据库分区设置。

（4）数据库访问权限分配。

（5）数据库备份方案。

（四）查询服务元数据

查询服务元数据主要是为了满足用户方便灵活地访问数据仓库的需要，一般包括以下内容：

（1）数据库表及表中数据项的业务含义说明。

（2）与业务领域相关的概念、关系和规则定义，如业务术语、信息分类、指标定义和业务规则。

（3）可视化查询结果格式的定义。

（4）用户及其访问权限的定义。

（5）数据仓库使用情况的监控与统计。

图 2－6 展示了某公司为经营分析和决策构建的数据仓库系统，图中下方矩形方框部分展示了元数据库在该系统的各个组成部分中的应用。

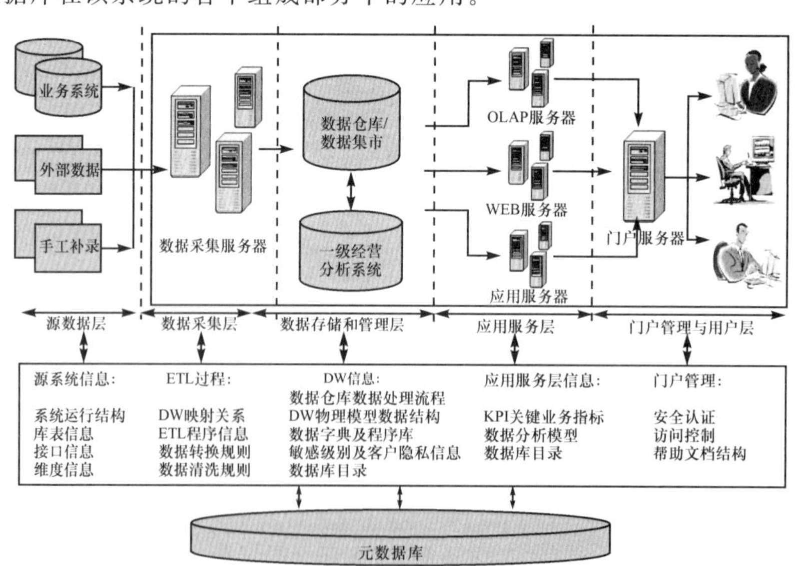

图 2－6 某公司经营分析数据仓库系统中的元数据库

第四节 数据集市

数据仓库是企业级的,能为整个企业各个部门的运作提供决策支持;而数据集市则是部门级的,一般只能为某个局部范围内的管理人员服务,因此也称之为部门级数据仓库。

数据集市按数据的来源分为两种,即从属的数据集市和独立的数据集市。

一、两种数据集市结构

(一)从属数据集市

从属数据集市的逻辑结构如图 2－7 所示。

所谓从属,是指它的数据直接来自于中央数据仓库。显然,这种结构仍能保持数据的一致性。一般会为那些访问数据仓库十分频繁的关键业务部门建立从属的数据集市,这样可以很好地提高查询的反应速度。

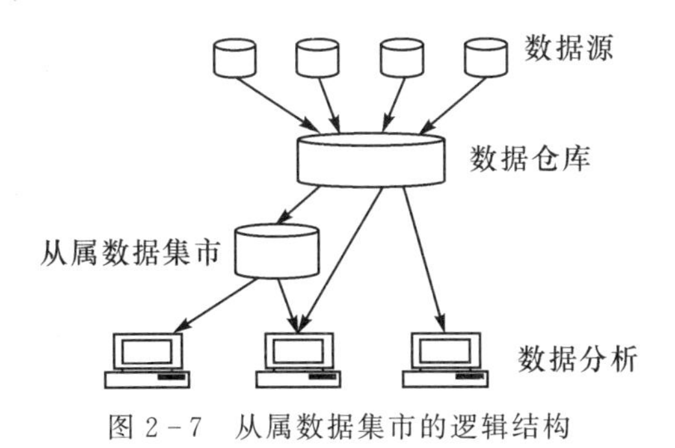

图 2－7 从属数据集市的逻辑结构

(二)独立数据集市

独立数据集市的逻辑结构如图 2－8 所示。

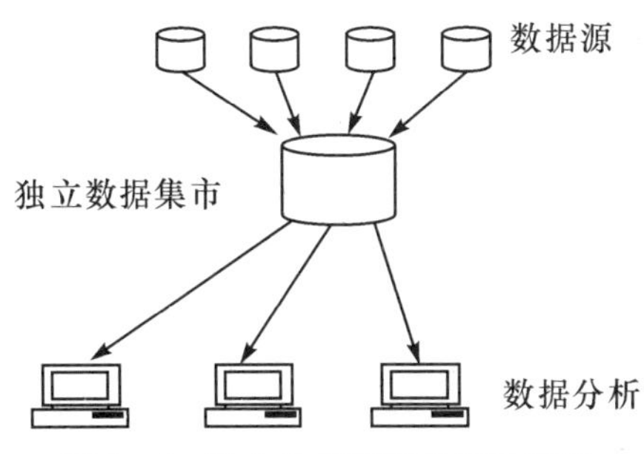

图 2－8 独立数据集市的逻辑结构

独立数据集市的数据子集来源于各生产系统,许多企业在计划实施数据仓库时,往往出于投资方面的考虑,首先建成独立数据集市,用来解决个别部门比较迫切的决策问题。从这个意义上讲,它和企业数据仓库除了在数据量大小和服务对象上有所区别外,逻辑结构并无多大区别，这是把数据集市称为部门数据仓库的主要原因。

二、数据集市与数据仓库的差别

数据仓库工作范围和成本常常是巨大的，开发数据仓库是代价很高、时间较长的大项目。因此，提供更紧密集成的数据集市就应运而生。数据集市与数据仓库的差别主要体现在以下几个方面。

（1）数据仓库是基于整个企业的数据模型建立的，它面向企业范围内的主题。而数据集市是按照某一特定部门的数据模型建立的，由于每个部门有自己特定的需求，因此，他们对数据集市的期望也不一样。部门的主题与企业的主题之间可能存在关联，也可能不存在关联。

（2）数据仓库中存储整个企业内非常详细的数据，而数据集市中数据的详细程度要低一些，包含概要和综合数据要多一些。

（3）数据集市的数据组织一般采用星形模型。大型数据仓库的数据组织，可以是星形或者雪花形型。

（4）数据集市较少保留历史数据，便于访问分析和快速查询，而数据仓库保留有较多的历史数据，可以进行海量数据的处理和数据探索。

三、关于数据集市的误区

数据集市是一个数据分支子集，它可以从一个数据仓库中找到，或者是为支持一个单独业务部门的决策支持而建立的，甚至企业的大部分战略可以由数据集市来完成，在这个过程中制定行动方针。但是在建立一个数据集市之前，企业应该知道几个关于数据集市的不切实际的看法。

（一）单纯用数据量大小来区分数据集市和数据仓库

用大小来判断一个企业是在实施数据仓库还是数据集市的做法是很片面的，一种定义为数据量小于 50GB 的数据仓库是数据集市，大于 50GB 的是数据仓库。事实上，数据集市集中解决的是某一种业务功能的特殊需要，并且通过维持数据和数据模型来满足这种要求。容量大小不是数据集市的本质特征，真正的问题在于，数据集市（它可能是一个数据仓库的子集）的数据模型一定是满足应用的特定需求的。

（二）简单地理解数据集市容易建立

一个单一的数据集市的确比数据仓库的复杂性要低一些，因为它只针对某一需要解决的特定的商业问题，但是围绕数据获取的很多复杂问题并没有减少。数据获取包括从过去使用的数据源中提取、确认和集成数据，并把它们输送到数据集市和数据仓库中。

数据集市往往要从多个数据源中提取数据，这就需要一个可以从多个数据源提取数据的应用程序。这个过程很耗时，因为这个过程与建立一个数据仓库一样，需要相同的计划和管理，并且需要把数据模型化。

（三）数据集市很容易升级成数据仓库

数据集市针对特殊的业务需要，不可能很容易地伸缩。它们采取特定应用的数据模型，如果没有事先建立能伸缩的数据模型，追加数据是非常困难的。而且，因为在实施数据集市时，忽略了很多结构问题，所以，当试图扩展数据宽度时很困难。例如，一个数据集市可以很快地找到最畅销款式的鞋的销售数据，但是要增加购买这种鞋的客户信息，比如，新顾客的百分比，该数据集市的扩充就很困难。

第五节　数据仓库设计与实施

一、自上而下还是自下而上的设计方法

在开始决定建立数据仓库之前，需要考虑以下这些问题：

(1) 采取自上而下还是自下而上的方法？

(2) 企业范围还是部门范围？

(3) 先建立数据仓库还是数据集市？

(4) 这些数据集市是否相对独立？

(一) 自上而下的设计方法

如果采取自上而下的方法，你必须了解整个组织的整体情况，然后建立一个巨大的数据仓库，并将数据存储在部门的数据集市中。或者采用自下而上的方法，根据具体部门的要求，先建立一个部门级的数据集市，然后将它们组合起来建立整个企业的数据仓库。

自上而下方法的优点是：

(1) 可以从整个企业的角度来看数据。

(2) 体系结构完整，因其不是由不同的数据集市组成的。

(3) 对数据内容的唯一、集中的存储。

(4) 中央控制和集中的规则。

(5) 对反复的查询能够做出快速的反应。

这种方法的缺点是：

(1) 需要花更多的时间来建造。

(2) 失败的风险很高。

(3) 费用很高。

(二) 自下而上的设计方法

而如果采用自下而上的方法，则必须一个又一个地建立部门数据集市，这种方法最大的问题在于数据的不完整性，每一个独立的数据集市都不了解整个组织的需求。

自下而上设计方法的优点是：

(1) 实施快速而方便。

(2) 良好的投资回报。

(3) 失败的风险较小。

(4) 渐进的，可以先建立重要的数据集市。

(5) 项目团队可以从中学习和成长。

而这种方法的缺点是：

（1）每一个数据集市对数据的视角都比较窄。

（2）每个数据集市会有冗余数据。

（3）总是有矛盾和不一致的数据。

（4）管理接口的增加。

一个折中的方法是首先从整个公司的角度来计划和定义需求，为完整的数据仓库创造一个体系结构，使得数据内容一致而且标准化，然后，决定每一个数据集市的数据内容。在实施之前，必须确定这些不同数据集市中的数据内容有统一的数据类型，字段长度，精度和语义。在每个数据集市中，一个确定的数据元素必须表达一个相同的意思，这样就会避免几个数据集市之间的数据不统一。

在这种实现方法中，一个数据集市就是整个数据仓库系统的一个逻辑子集。因而，数据仓库就是所有数据集市的集合。企业中单独的数据集市是以一个特定的商业行为作为目的，但是所有这些数据集市的集合就组成了企业的数据仓库。

二、数据仓库的设计步骤

数据仓库的设计是分析驱动的，这是因为数据仓库是在现存业务数据库系统基础上进行开发，它着眼于有效地抽取、综合、集成和挖掘已有数据库的数据资源，服务于企业高层领导管理决策分析的需要。数据仓库系统开发是一个经过不断循环、反馈而使系统不断增长与完善的过程，因此，在数据仓库开发的整个过程中，自始至终要求决策人员和开发者的共同参与和密切协作。数据仓库的设计过程如图 2－9 所示。

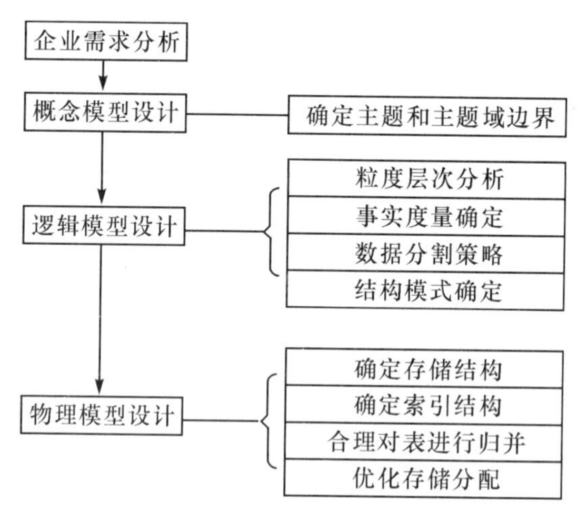

图 2－9　数据仓库设计步骤

（一）企业需求分析

需求是项目的动力，使用则是项目的根本。构建数据仓库归根到底是应用于企业数据分析，辅助管理决策，这是设计人员应该在数据仓库的整个生命周期都牢记于心的。我们需要从企业的角度对其数据分析需求加以挖掘，发现企业需要的（或可以构造的）主题，为需求到数据仓库的映射打下基础。确定用户的需求可以从以下两大方面着手：

1. 对用户需求分类

分类是认识事物的一种好方法。要真正清楚地理解用户的需求，根据一定的标准对需求划分类别是很有必要的。

实际上，企业每个部门对企业业务观察的不同视角是需求多样性的一个方面。例如，来自企业的销售部门、采购部门和仓库管理部门的需求必然有所不同。

创建企业级数据仓库是一个应全面考虑的工程，但它的需求是相当模糊的，对需求按照其业务视角进行分类以后，可以对用户报表的需求、历史数据的保留、要包括的数据本质、要排除的数据本质、获取数据的地方、数据的迁移和数据的复制等方面的需求进行明确。

为完成分类的任务，一般在分类前需要明确的有以下两个问题：

(1)在公司中，用户所在的部门承担的任务是什么？

(2)用户在部门中承担的任务是什么？

在具体分类时，由于涉及部门信息的使用方式，需要回答 3 个问题：

(1)目前从何处获取这些信息？

(2)得到信息后，如何处理它？

(3)用户希望得到什么样的报表形式？

2. 确定需求提问

对于需求分析的问题，可以按照商务目标、当前信息源、主题领域、关键性能指标和信息频率等 5 个方面进行需求提问。

(1)商务目标。

①企业部门的目标是什么？怎样将这些目标融进整个公司的目标之中？要达到这些目标有哪些需要？

②商业策略是什么？商务活动的领域有哪些？这些领域是怎样联系在一起从而达到商务活动目的的？

(2)当前信息源。

①在现有报表过程中，当前传递了哪些信息？

②这些信息的详细程度怎样？

③提供数据和信息的地区有计算机系统支持吗？

④这些计算机系统中数据的质量、可靠性、一致性和完整性等商务评价指标指的是什么？

⑤是否需要购买外部数据？从哪里购买？

(3)主题领域。

①哪些维度或者领域对数据的分析是非常有价值的？这些维度具有固定的层次吗？

②做出商务决策仅仅需要当地的有关信息吗？

③是否有用于制定决策的自然商务分区？

(4)关键性能指标。

①商业环境中机构的表现是怎样监控的？

②要监控机构内部哪些关键的指标？

③所有的市场被平等地衡量吗？

例如，数据仓库的用户需要得到有关产品的详细统计信息，同时还包括过去5年中销售对象的年龄、组别、性别、地理位置和经济状况等信息。那么根据用户的信息需求，可以抽取以下词语来表达信息包所要求的指标和维度，对于需要观察的产品收入，可以确定其指标和维度如下。

指标：包括产品销售的实际收入、产品销售的预算及产品销售的估计收入。

维度：包括销售对象的信息，如顾客的地理位置，还有年龄组别、性别、位置和经济状况等；产品的信息，包括产品类别、名称；销售表中与时间相关的信息，比如订单时间、发货时间等。

(5)信息频率。

①用户需要多长时间对数据更新一次？适当的时间结构是什么？

②在数据仓库中，信息的实时性需求是什么？

③对数据进行分析时，如何进行比较？

（二）概念模型设计

数据仓库概念模型设计主要是确定数据仓库中应该包含的数据类型及其相互关系。概念模型设计的最终成果是在原有的数据库的基础上建立一个较为稳固的概念模型。由于概念模型的设计是在较高的抽象层次上的设计，因此建立概念模型时不用考虑具体技术条件的限制。

进行概念模型设计所要完成的工作是：明确数据仓库的对象，即界定系统边界和主题域，并确定各主题的要素及其描述属性。

1.界定系统的边界

数据仓库是面向决策分析的数据库，我们无法在数据仓库设计的最初就得到详细而明确的需求，但是一些基本的方向性的需求还是摆在了设计人员的面前：

(1)要做的决策类型有哪些？

(2)决策者感兴趣的是什么问题？

(3)这些问题需要什么样的信息？

(4)要得到这些信息需要包含原有数据库系统的哪些部分的数据？

这样，我们可以划定一个当前的大致的系统边界，集中精力进行最需要的部分的开发。因而，从某种意义上讲，界定系统边界的工作也可以看作是数据仓库系统设计的需求分析，因为它将决策者的需求用系统边界的定义形式反映出来。

2.确定主要的主题域

主题是在一个较高层次上将企业信息系统中的数据进行综合、归类和分析利用的一个抽象概念，每一个主题基本对应一个宏观的分析领域，包含该领域所涉及的各种对象。例如“销售分析”就是一个分析领域。在进行数据仓库设计时，一般是一次先建立一个主题或企

业全部主题中的一部分。

在这一步中，要确定系统所包含的主题域，然后对每个主题域的内容进行较明确的描述，描述的内容包括：

(1)分析主题时所关心的事实。

(2)分析主题时的各种观察角度。

(3)主题域之间的联系。

(4)事实及观察主题的属性组，公共码键。

由于数据仓库是面向分析的应用，进行分析时关心的是一个个分析领域，包括各种观察角度和从相应角度观察到的事实数据。在传统的操作型数据库的概念模型设计方法中，实体—关系模型就不是很适合，因为分析的各种要素分散在密如蛛网的各种实体及其联系中。多维数据模型是一种能够清楚表达分析领域的一种数据模型。它非常直观，容易理解，与人们分析问题时的思维方式一致。因此，数据仓库的概念模型一般采用多维数据模型来建模。在多维数据模型中，包含两种建模要素：观察事物的角度和观察得到的事实数据，前者被称作维度，后者被称作事实(或度量)。一个分析领域或主题表达为一个由一组事实数据和多个维度构成的一个星形模型。多维数据模型的星形模型的形式如图 2-10 所示。

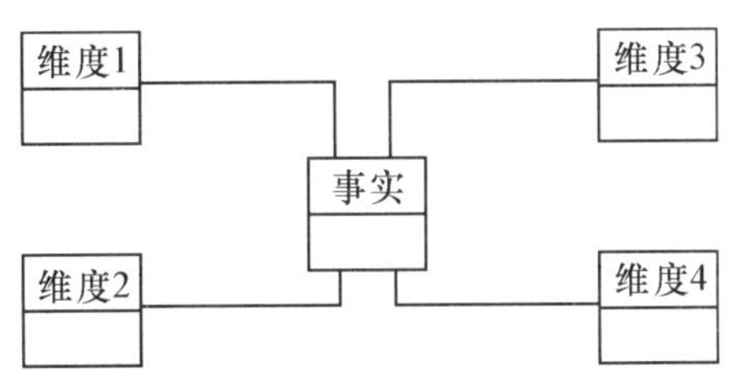

图 2-10 多维数据模型

一个数据仓库通常包含多个主题，其概念模型也就由多个星形模型构成。许多维度在各个主题中都会用到。

维度和事实数据很多都来自原有的业务数据库，因此，在对数据仓库进行概念模型设计时，首先要对原有数据库系统加以分析理解，了解在原有的数据库系统中“有什么”“怎样组织的”“如何分布的”等，然后再来考虑应当如何建立数据仓库系统的概念模型。一方面，通过原有的数据库设计文档以及在数据字典中的数据库关系模式，可以对企业现有的数据库中的内容有一个完整而清晰的认识；另一方面，数据仓库的概念模型是面向企业全局建立的，它为集成来自各个面向应用的数据库的数据提供了统一的概念视图。

(三) 逻辑模型设计

逻辑模型设计是用来指定数据仓库的物理实施。由于数据仓库目前大多是用关系数据库来实现的，所以数据仓库的逻辑模型的描述也采用关系模型，具体就是用一系列的关系模式来表达数据仓库概念模型中的事实实体和维度实体。在这一步里进行的主要工作有：

(1)分析主题域，确定当前要装载的主题。

(2)确定粒度层次划分。

（3）确定聚合的设计。

（4）确定数据分割策略。

（5）关系模式定义。

1.分析主题域

在概念模型设计中，我们确定了几个基本的主题域，但是，数据仓库的设计方法是一个逐步求精的过程，在进行设计时，一般是一次一个主题或一次若干个主题地逐步完成的。所以，我们必须对概念模型设计步骤中确定的几个基本主题域进行分析，并选择首先要实施的主题域。选择第一个主题域所要考虑的是它要足够大，以便使得该主题域能建设成为一个可应用的系统；它还要足够小，以便于开发和较快地实施。如果所选择的主题域很大并且很复杂，我们甚至可以针对它的一个有意义的子集来进行开发。在每一次的反馈过程中，都要进行主题域的分析。

2.粒度层次划分

粒度是指数据仓库中数据单元的详细程度和级别。数据越详细，粒度越小，级别就越低；数据综合度越高，粒度越大，级别就越高。如区域粒度：国家、地区、城市；时间粒度：年、季度、月、日。

数据仓库逻辑设计中要解决的一个重要问题是决定数据仓库的粒度层次，粒度层次划分适当与否直接影响到数据仓库中的数据量和所适合的查询类型。比如中等到低级粒度可以定义成数据仓库中数据细节的最低层次，如事务层次。这种数据层次是高度细节化的，这样就能使用户按所需的任何层次进行汇总。在传统的业务处理环境中，对数据的处理和操作都是在详细数据级别上的，即最低级的粒度。在数据仓库环境中用户使用的目的在于得到决策分析支持，因此需要在低级别的粒度基础上进行不同级别的汇总或聚合。

根据粒度的划分标准可以将数据划分为：详细数据、轻度总结和高度总结三级或更多级粒度。不同粒度级别的数据用于不同类型的分析处理，如先分析某个商品在某个城市月销售额的变化，再上升到在某个地区的月销售额的变化。如果数据粒度定义不当，将会影响数据仓库的使用效果，使之达不到设计数据仓库的目的。

在利用数据仓库开始进行分析时，就需要确定合理的数据粒度，建立合适的数据粒度模型，指导数据仓库的设计和其他问题的解决。一般粒度的划分可以参考两个方面：细节数据的数据量和多维分析的最低要求。

（1）根据表的总行数进行粒度划分。

要划分数据粒度，首先要估算数据仓库中需要建立的表数目，估算每个表的大致行数，通常需要估计行数的上、下限。由于数据仓库的数据存取是通过索引来实现的，而索引是对应表中的行来组织的，即在某一索引中每一行总有一个索引项，索引的大小只与表的总行数有关而与表的数据量无关。所以，粒度的划分是由表的总行数而不是总数据量来决定的。

在估算数据仓库所需要的存储空间时，可以对每一个表估算其一年所需要的存储空间，然后，估算其最长的保留年数所需要的存储空间，假设每一个表需要在数据仓库中保留5年，那么就需要计算出每个表在数据仓库中保留5年的存储空间总和。

每个表的存储空间，应该是每一个表的数据存储空间和索引存储空间之和。精确计算表的每年实际存储空间往往是很难的，只能给出表的最大估算空间和最小估算空间。为此需要估算每个表每年需要最多的行数和最少的行数，然后，估算出每行占用空间的最大字节数和最小字节数。至于每个表的索引存储空间，则只要估算出键码的占用字节数与索引的行数，就可以算出。这样每个表每年的存储空间就可以用表的存储空间与相应的索引空间之和表示。

在计算出数据仓库所需要占用的存储空间后，就可以根据所需要的存储空间大小确定是否需要划分粒度。表 2－2 列出了一般情况下根据数据行数所做的粒度划分策略。

表 2－2　数据仓库的存储空间与数据粒度划分策略对照表

1 年数据		5 年数据	
数据量(行数)	粒度划分策略	数据量(行数)	粒度划分策略
10000000	多重粒度并仔细设计	20000000	多重粒度并仔细设计
1000000	双重粒度	10000000	双重粒度
100000	仔细设计	1000000	仔细设计
10000	不考虑	100000	不考虑

表中的双重粒度是指增加一个综合级别，多重粒度是指增加多个综合级别。

(2)根据分析类型确定粒度级别。

计划到数据仓库中进行的分析类型也将直接影响数据仓库的粒度划分。将粒度的层次定义越高，就越不能在仓库中进行更细致的分析。例如，将粒度的层次定义为月份时，就不可能利用数据仓库进行按日汇总的信息分析。

数据仓库通常在同一模式中使用多重粒度。在数据仓库中，可以有今天创建的数据粒度和以前创建的数据粒度。这是以数据仓库中所需的最低粒度级别为基础设置的。例如，可以用低粒度数据保存近期的财务数据和汇总数据，对时间较远的财务数据只保留粒度较大的汇总数据。这样既可以对财务近况进行细节分析，又可以利用汇总数据对财务趋势进行分析，这里的数据粒度划分策略就需要采用双重数据粒度。

3.聚合的设计

在事实表中存放的度量值，根据其实际意义可分成可加性度量值和非可加性度量值。这个相加的结果就是聚合。比如每个月的销售金额，通过将 3 个月的销售金额相加，就可以得到 1 个季度的销售金额；通过将 12 个月的销售金额相加，可以得到全年的销售总金额。

确定了数据仓库的粒度模型以后，为提高数据仓库的使用性能，还需要根据用户的要求设计聚合。数据仓库中各种各样的聚合数据主要是为了使用户获得更好的查询性能，因此，聚合模型的好坏将在很大程度上影响到数据仓库的最终使用效果。

数据仓库的聚合模型的设计与数据仓库的粒度模型紧密相关。如果数据仓库的粒度模型只考虑了细节数据，那么就可能需要多设计一些聚合；如果粒度模型为多层数据则在聚合模型设计中可以少考虑一些聚合。

在建立聚合模型时还需要考虑作为聚合属性的数量因素。例如，在数据仓库中有1000000个值用于描述商品信息的最底层信息，如果用户在使用数据仓库时用500000个值描述商品最底层的上一层次的信息，此时进行聚合处理并不能明显提高数据仓库的使用性能。但是如果商品上一层次的信息用75000个值描述，那么就应该使用聚合表提高数据仓库的使用性能。

4.确定数据分割策略

数据分割是指把逻辑统一的数据分割成较小的、可以独立管理的物理单元进行存储，以便重构、重组和恢复。数据分割使数据仓库的开发人员和用户具有更大的灵活性，对应用级的分割通常是按日期、业务、机构和地址等进行的。

在这一步，要选择适当的数据分割的标准，一般要考虑以下几方面因素：数据量（而非记录行数）、数据分析处理的实际情况、简单易行以及粒度划分策略等。数据量的大小是决定是否进行数据分割和如何分割的主要因素；数据分析处理的要求是选择数据分割标准的一个主要依据，因为数据分割是跟数据分析处理的对象紧密联系的。我们还要考虑到所选择的数据分割标准应是自然的、易于实施的，同时也要考虑数据分割的标准与粒度划分层次是适应的。

为什么分割如此重要呢？因为小的物理单位能为操作者和设计者在管理数据时提供比大的物理单元更大的灵活性。数据仓库的本质之一就是灵活地访问数据。如果是大块的数据，就达不到这一要求。因而，对所有当前细节的数据仓库都要进行分割。分割的原理类似如图2-11所示，由于全部销售记录过于庞大，可以按照不同的年度把它分为5个小的物理单元。

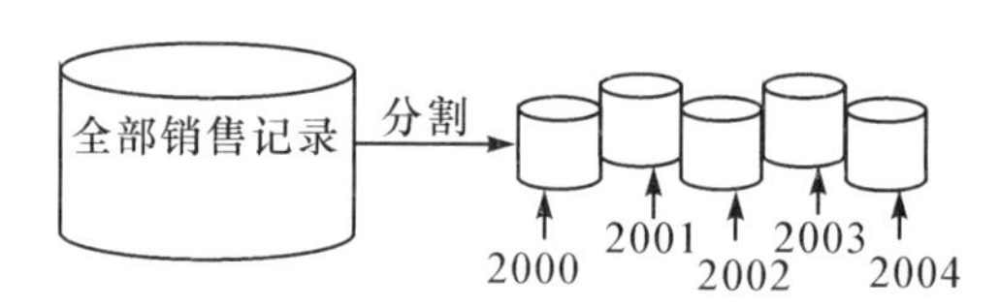

图2-11　数据按年份进行分割处理

5.关系模式定义

数据仓库的每个主题都是由多个表来实现的，这些表之间依靠主题的公共码键联系在一起，形成一个完整的主题。在概念模型设计时，我们就确定了数据仓库的基本主题，并对每个主题的公共码键、基本内容等做了描述。在这一步，我们将对选定的当前实施的主题进行模式划分，形成多个表，并确定各个表的关系模式。

如对“销售分析”主题，考虑粒度和聚合，可以产生如下关系表：

公共码键：产品键。

商品信息表（产品键，产品名称，产品描述，产品售价，生产商，…）——维度表。

商品销售表1（主键，产品键，客户键，时间键，销售数量，销售金额，…）——事实表，细节级。

商品销售表2(主键,产品键,时间段1,销售总量,…)——事实表,综合级。

……

商品销售表 n(主键,产品键,时间段 n,销售总量,…)——事实表,综合级。

……

图2-12显示了利用维关键字制定的销售分析主题的逻辑模型示意图。

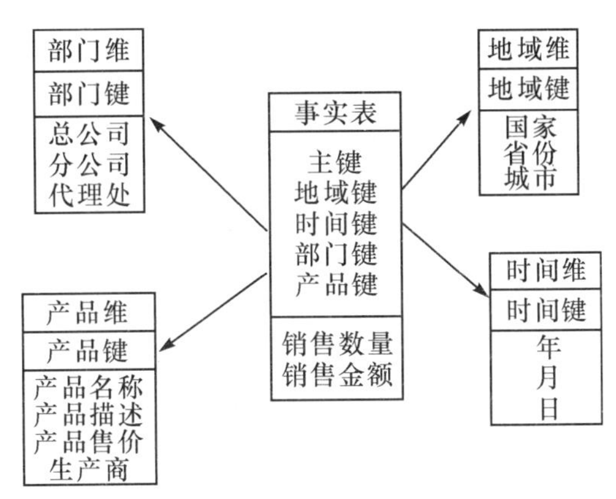

图2-12 销售事实表和维度表星形结构模型

(四)物理模型设计

数据仓库的物理模型设计是为逻辑模型设计结果确定一个最适合应用要求的物理结构,包括存储结构和存取方法。

这一步所做的工作是确定存储容量,确定数据的存储结构,确定索引策略,确定数据存放位置,确定存储分配。

确定数据仓库实现的物理模型,要求设计人员必须做到以下几个方面:

(1)要全面了解所选用的数据库管理系统,特别是存储结构和存取方法。

(2)了解数据环境、数据的使用频度、使用方式、数据规模以及响应时间要求等,这些是对时间和空间效率进行平衡和优化的重要依据。

(3)了解外部存储设备的特性,如分块原则,块大小的规定,设备的I/O特性等。

1.估计存储容量

影响到数据仓库系统硬件选购的首要的也是最明显的特性是数据容量。在完成逻辑模型和初始数据记录时,应该有足够的信息评估该系统应该会有多大。一般情况下,你可以只考虑事实表的行数,除非维度表有大约0.5亿～1亿行记录,否则维度规模不是问题。

将事实表的记录行乘以100字节,这是估计事实表规模的经验方法,这样可以大致算出事实表所占用的空间。在关系数据库中,1亿条事实行需要大约10GB的存储空间,这一数据仅是用原始数据计算的,不包括索引。当增加关系索引,分析服务索引和存储结构时,把前面的基数乘以2到4之间的因子。在设计的早期阶段,还没有详细设计之前,可以使用因子3。

需要注意的是，1个有10亿行记录的事实表将比10个1亿行的事实表消耗更多的系统资源，所以我们需要按事实表列出每个事实表的规模大小，然后计算它们的总和。

日积月累、不断增加的数据卷也十分重要。从这些增加的数据卷上，可以计算出1年、3年、5年后每一个事实表可能的数据卷，这将对决定购买何种存储系统很有帮助。

一般来说，小型系统的特征被界定为拥有少于5亿行的事实数据，或者按照前面介绍的简单计算方法为50GB。一个大型系统由超过50亿行的事实数据，其存储规模将达到TB数量级甚至更多。

2.确定数据的存储结构

一个数据库管理系统往往都提供多种存储结构供设计人员选用，不同的存储结构有不同的实现方式，各有各的适用范围和优缺点，设计人员在选择合适的存储结构时应该权衡3个方面的主要因素：存取时间、存储空间利用率和维护代价。多维数据的存储结构将在后面章节中介绍。

3.确定索引策略

数据仓库的数据量很大，因而需要对数据的存取路径进行仔细的设计和选择，建立专用的复杂的索引，以获得最高的存取效率，因为数据仓库的数据都是不常更新的，也就是说，每个数据存储是稳定的。虽然建立索引有一定的代价，但是一旦建立就几乎不需要再维护索引，因而可以设计多种多样的索引结构来提高数据读取效率。

4.确定数据存放位置

数据仓库中，同一个主题的数据并不要求存放在相同的介质上。在物理设计时，我们常常要按照数据的重要程度、使用频率以及对响应时间的要求进行分类，并将不同类的数据分别存储在不同的存储设备中。重要程度高、经常存取并对响应时间要求高的数据就存放在高速存储设备上，如硬盘；存储频率低或对存取响应时间要求低的数据则可以放在低速存储设备上，如磁盘或磁带。

数据存放位置的确定还要考虑一些其他方法，如：决定是否进行合并表；是否对一些经常性的营业建立数据序列；对常用的、不常修改的表或属性是否允许冗余存储。所有这一切的考虑，都是基于提高访问速度。

5.确定存储分配

物理存储中以文件、块和记录来实现。一个文件包括很多块，每个块包括若干条记录。文件中的块是数据库的数据和内存之间传输的基本单位，在这里对数据进行操作。

增大文件中的块大小，即将更多的记录和行可以放入一个块中，因为一次读操作可以读入更多的记录，大块减少了读操作的次数。但是，大块结构对读数据记录少时，操作系统也将读入很多不必要的信息到内存中，反而使性能下降。

许多数据库管理系统提供了一些存储分配的参数供设计者进行物理优化处理，如：块的尺寸、缓冲区的大小和个数等等，它们都要在物理设计时确定。表2-3显示了图2-12逻辑模型对应的物理表内容。

表 2-3 销售订单事实表及维度表结构

名称	类型	长度	注释
订单事实表			公司所有的订单
订单键	Integer		主键
地域键	Integer		外键,与地域维表关联
时间键	Integer		外键,与时间维表关联
部门键	Integer		外键,与部门维表关联
商品键	Integer		外键,与商品维表关联
销售数量	Integer		度量值
销售金额	Float		度量值
时间维表			从订单开始日期到最终日期
时间键	Integer		主键
日期	Integer		取值范围：1—31
月份	Integer		取值范围：1—12
年	Integer		
产品维表			订单中所销售的产品信息
产品键	Integer		主键
产品名称	字符	50	
产品描述	字符	255	
商品售价	Float		
生产商	字符	50	
部门维表			销售部门信息
部门键	Integer		主键
总公司	字符	50	
分公司	字符	50	
代理处	字符	50	
地域维表			订单中产品销售的地点
地域键	Integer		主键
国家	字符	20	
省份	字符	20	
城市	字符	20	

三、数据仓库的实施

数据仓库在设计完毕后，所要做的实施工作包括接口编程，数据装入。这一步的工作完成后，数据已经装入到数据仓库中，就可以在其上建立报表和多维数据分析、数据挖掘等。

（一）设计接口

将操作型环境下的数据装载进入数据仓库环境，需要在两个不同环境的记录系统之间建立一个接口。乍一看，建立和设计这个接口，似乎只要编制一个抽取程序就可以了，事实上，在这一阶段的工作中，的确对数据进行了抽取，但抽取并不是全部的工作，这一接口还应具有以下的功能。

（1）从面向应用和操作的环境生成完整的数据。

（2）数据的基于时间的转换。

（3）数据的凝聚。

（4）对现有记录系统的有效扫描，以便以后进行追加。

当然，考虑这些因素的同时，还要考虑到物理设计的一些因素和技术条件限制，根据这些内容，严格地制定规格说明，然后根据规格说明，进行接口编程，从操作型环境到数据仓库环境的数据接口编程的过程，要注意以下几个方面。

（1）保持高效性。

（2）要保持完整的文档记录。

（3）要灵活，易于改动。

（4）要能完整、准确地完成从操作型环境到数据仓库环境的数据抽取、转换与集成。

（二）数据装入

在这一步所进行的就是运行接口程序，将数据装入到数据仓库中。主要的工作是：

（1）确定数据装入的次序。

（2）清除无效或错误数据。

（3）数据粒度管理。

（4）数据刷新等。

四、数据仓库的使用和维护

在这一步中所要做的工作是建立数据分析、数据挖掘的辅助决策系统。数据仓库装入数据之后，一方面，使用数据仓库中的数据服务于决策分析；另一方面，需要根据用户使用情况和反馈来的新的需求，开发人员进一步完善系统，并管理数据仓库的一些日常活动，如刷新数据仓库的当前详细数据、将过时的数据转化成历史数据、清除不再使用的数据、调整粒度级别等。

数据仓库的开发是逐步完善的原型法的开发方法，它要求：要尽快地让系统运行起来，尽早产生效益；要在系统运行或使用中，不断地理解需求，改善系统；不断地考虑新的需求，完善系统。

第六节 Microsoft 数据仓库和商业智能工具

一、SQL Server 2008

SQL Server 2008 是 Microsoft 公司销售的核心数据仓库(DW)和商务智能(BI)工具集。其中最主要的组件包括：

(1) 关系数据库引擎(RDBMS),用于管理和存储数据仓库数据。

(2) 集成服务(integration services),用于构建 ETL 系统。

(3) 分析服务器(analysis services)中的 OLAP 数据库,用于支持用户分析查询,特别是特定查询的使用。

(4) 分析服务器中的数据挖掘,用于开发数据挖掘模型。

(5) 报表服务器(reporting services),用于构建预定义的报表,它提供的特性足以满足一般数据统计的需求,同时还可以提供报表生成器,为用户提供特别的报表功能。

(6) 开发和管理工具(SQL Server BI Development Studio 和 SQL Server Management Studio),用于构建和管理 DW/BI 系统。

其他 Microsoft 公司的产品也可以开展数据分析和挖掘的工作,如 Excel、Office Web Compoments、SharePoint Services、Data Analyzer。

二、Microsoft 工具集优势

使用 Microsoft 工具集具有以下的一些优势：

(1) 完整性：从操作系统、数据库引擎和开发环境到 Office 的 Excel 桌面产品,可以只用这些组件能够有效地协同工作,Microsoft 软件产品就构建完整的 DW/BI 系统。

(2) 开放性：Microsoft DW/BI 构架中的任何一个组件都可以用第三方产品来替换,并具有良好的兼容性。

(3) 高性能和大规模：SQL Server 支持 TB 级的数据量。

(4) 成本较低：Microsoft 公司的 SQL Server 许可证的成本已经低于来自其他供应商相关的产品套件,同时其软件的易操作性也得到了广泛的认可。

图 2－13 为 Microsoft DW/BI 系统体系结构的示意图。有两个工具集是作为客户端工具的一部分被安装在系统中的。一个是 SQL Server Management Studio(SSMS),可用于操作和管理数据仓库系统;另一个是 Business Intelligence Development Studio(BIDS),可用于设计和开发商业智能系统。图 2－14 和图 2－15 分别为这两个工具集的运行界面。

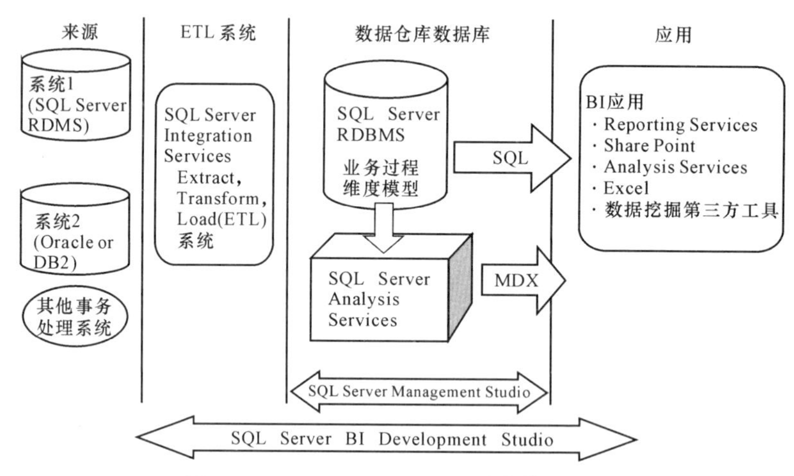

图 2－13　Microsoft DW/BI 系统体系结构

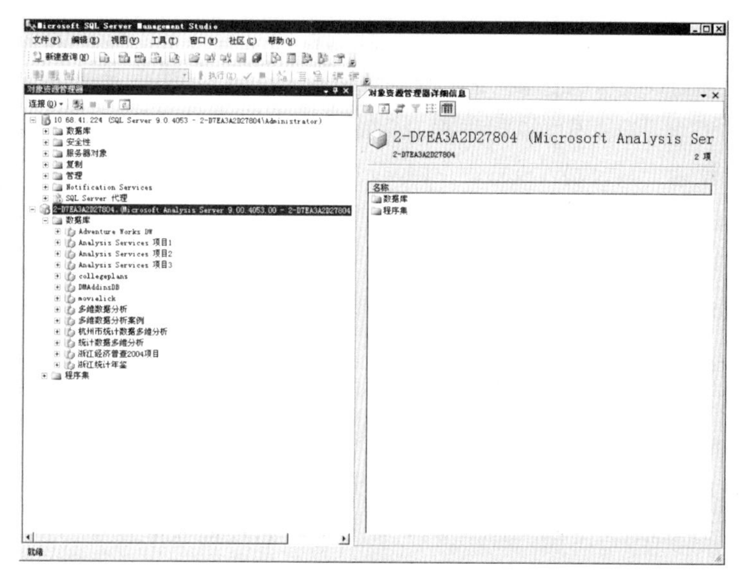

图 2－14　SQL Server Management Studio 运行主界面

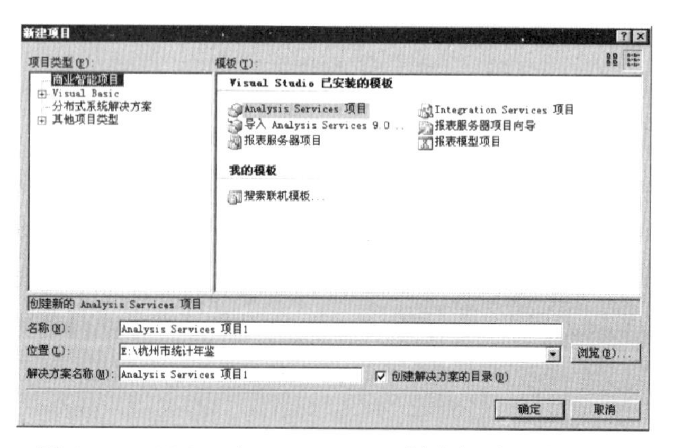

图 2－15　BI Development Studio 创建新项目时的界面

SQL Server Management Studio 是数据库管理员的主要工具。主要用于创建和管理数据仓库中的数据，包括创建数据库、创建表、执行查询语言等等。同时，它也可以查看多维数据库中的多维数据集和数据挖掘模型，为其中相关的任何对象（包括所有表、多维数据集、数据挖掘模型、报表）编写脚本（script），并生成 XML 文件。

Microsoft 公司已经将 BI Development Studio 集成在了 Visual Studio 中，开发小组可以使用集成的资源控制来管理项目文件，需要开发的任何代码都集成在相同的环境中，这对于开发人员来说，是非常方便和高效的。比如，在调试 BI 项目时，Visual Studio 所特有的调试窗口，如观察窗口、错误列表窗口和输出窗口也同样显示在底部（默认状态），这给调试程序带来了非常大的便利。

第七节　数据仓库设计案例

一、背景知识

Adventure Works Cycles 公司是一家虚拟的大型跨国生产公司。公司生产金属和复合材料的自行车，产品远销北美、欧洲和亚洲市场。公司总部设在华盛顿州的伯瑟尔市，拥有 299 名雇员，而且拥有多个活跃在世界各地的地区性销售团队。Adventure Works Cycles 希望通过销售和营销方案、产品方案、采购和供应商方案和扩大生产等方法扩大市场份额，专注于向高端客户提供产品、通过 Internet 网站扩展其产品的销售渠道、通过降低生产成本来削减其销售成本。

Adventure Works Cycles 公司的业务数据库为 AdventureWorks，作为示例数据库安装在 SQL Server 上，该数据库保存了从 2001 年 1 月 1 日到 2004 年 6 月 30 日的数据。

在做 DW/BI 设计之前，我们应该首先收集关于 Adventure Works Cycles 公司的信息，包括它们的年度报表、市场计划、竞争分析等等（因为这是一个虚拟公司，所以不能真正去做这类必须预先完成的研究）。在本节中，首先我们简单分析其业务数据库的结构和内容，然后再提出一些设想的业务需求，最后根据这些需求，设计数据仓库。在该示例中，我们将分析主题设定为销售分析。

注　意

AdventureWorks 和 AdventureWorksDW 均为 SQL Server 示例数据库，在安装 SQL Server 过程中可选择安装。其中 AdventureWorks 为业务数据库，AdventureWorksDW 为数据仓库。

二、业务数据库 AdventureWorks

数据库 AdventureWorks 与销售有关的主要有：客户与销售信息、产品信息、采购和供应商信息。

（一）客户与销售信息

作为自行车生产公司，AdventureWorks Cycles 拥有两种客户：

（1）个人：从公司在线商店（Internet）购买产品的消费者。

（2）分销商：从公司销售代表处购买产品后进行转售的零售店或批发店。

每位客户在 Customer 表中都有一条记录。CustomerType 列指示客户是个人消费者（CustomerType = 'I'）还是分销商（CustomerType = 'S'）。这些客户类型所特有的数据分别在 Individual 表和 Store 表中进行维护。示例数据库中的客户和销售信息如表 2-4 所示。

表 2-4　客户及销售信息表

表内容	相关表名	备注
客户信息（个人，分销商）	Person.Contact Person.Address Sales.Customer Sales.StoreContact Sales.Individual Sales.Store	数据库已对客户信息进行预处理，以应用于数据挖掘方案。统计数据（收入、爱好、车辆数目等）以 xml 格式存储在 Individual 表的 Demographics 列中
销售信息	Sales.SalesOrderHeader Sales.SalesOrderDetail	

表中包含了个人客户的姓名和地址，所在城市、国家地区，分销商的名称，雇员姓名和职位；所有客户的销售订单。

（二）产品信息

作为自行车生产公司，AdventureWorks Cycles 提供以下几类产品：

（1）AdventureWorks Cycles 公司生产的自行车。

（2）自行车组件（替换零件），例如，车轮、踏板或刹车部件。

（3）从供应商处购买的转售给 AdventureWorks Cycles 客户的自行车装饰和附件。

表 2-5 简要说明了与产品相关的表。可以通过类别、子类别和型号进行产品查询。

表 2-5　产品信息表

表名称	包含内容
Production.BillOfMaterials	用于制造自行车和自行车子部件的所有组件的列表
Production.Culture	列出使用了哪些语言来本地化产品说明
Production.Location	列出产品和零件的库存位置。例如，油漆既贮藏在仓库的 Paint Storage 处，又储藏在制造中心 Paint Shop（自行车骨架在这里上漆）
Production.Product	由 Adventure Works Cycles 销售或用来制造 Adventure Works Cycles 自行车和自行车组件的各种产品的信息

续 表

表名称	包含内容
Production.ProductCategory	产品最常规的分类。例如，自行车或附件
Production.ProductCostHistory	不同时间点的产品成本
Production.ProductDescription	各种语言的详细产品说明
Production.ProductInventory	按地点统计的产品库存量
Production.ProductListPriceHistory	列出不同时间点的产品价格
Production.ProductModel	与产品关联的产品型号。例如，Mountain - 100 或 LL Touring Frame
ProductModelProductDescriptionCulture	产品型号、产品说明和及其本地化后的语言之间的交叉引用
Production.ProductPhoto	列出 Adventure Works Cycles 所售产品的图像
Production.ProductReview	给出客户对 Adventure Works Cycles 产品的评价
Production.ProductSubcategory	产品类别的子类别。例如，“山地自行车”“平地自行车”“旅行登山车”是“自行车”类别的子类别

（三）采购和供应商信息

采购部门需要购买自行车生产中使用的原材料和零件。同时公司也购买一些产品以进行转售。例如，自行车装饰件和自行车附件，像水瓶和打气筒。表 2 - 6 列出了有关这些产品及其供应商的信息。

表 2 - 6　供应商和采购表

表名称	包含内容
Production.ProductVendor	将供应商映射到其提供的产品。一种产品可能由多个供应商提供，一个供应商也可能提供多种产品
Purchasing.PurchaseOrderDetail	采购订单的详细信息，例如订购的产品、数量和单价
Purchasing.PurchaseOrderHeader	采购订单的摘要信息，例如应付款总计、订购日期和订单状态
Purchasing.ShipMethod	用于维护产品标准发货方法的查找表
Purchasing.Vendor	供应商的详细信息，例如，供应商的名称和账号
Purchasing.VendorAddress	将客户链接到 Address 表中的地址信息
Purchasing.VendorContact	所有供应商的通信地址信息。可能会有多个地址。例如，供应商可能有一个账单地址和一个不同的发货地址

通过这些表，我们可以查询到供应商及其地址、他们所提供的产品、供应商联系人姓名，以及供应商的采购清单。

三、业务数据分析

首先我们需要对业务数据库进行数据分析，以进一步了解公司的经营状况。表 2－7 对产品的四个类别的销售额进行汇总，显示了自行车订单占总量的 80％以上，而服装和配件合在一起占了大约 4％。

表 2－7　按类别汇总的产品订单　（单位：美元）

类别	2001 年	2002 年	2003 年	2004 年
自行车	10985	28854	38026	24160
组件	708	4230	6418	2477
服装	35	501	1031	589
附件	19	88	549	531
总计	11747	33673	46024	27757

Adventure Works Cycles 公司销售了大量的自行车，通过数据库查询我们可以了解自行车订单来自何方。表 2－8 显示了订单在 6 个国家都有销售，大约 60％的订单来自美国，来自美国以外国家的订单百分率已经从 2001 年大约 24％上升到 2004 年的 47％。

表 2－8　按国家/地区汇总的产品订单　（单位：美元）

国家	2001 年	2002 年	2003 年	2004 年
美国	8980	23717	27265	14631
英国	467	2348	5683	4232
加拿大	1340	4359	4721	2278
法国	27	1542	3915	2576
澳大利亚	814	1186	2142	1917
德国	119	521	2298	2123
总计	11747	33673	46024	27757

根据不同的销售方式，表 2－9 显示大部分订单来自分销商，Adventure Works Cycles 在 20 世纪 90 年代后期通过 Internet 上开设面向消费者的直销渠道，拓展了业务。数据显示在 2001—2004 年的 4 年中，Internet 订单销量都相当稳定地增长。

表 2－9　按客户类别和年份统计的销售金额　（单位：美元）

销售渠道	2001 年	2002 年	2003 年	2004 年
分销商	9119	27992	37318	180715
Internet	2627	5681	8705	9041
合计	11746	33673	46023	189756

从上面的数据分析中，我们已经大致了解了 Adventure Works Cycles 公司销售的产品、销售地点及销售渠道。但是，它们还没有提供构建 DW/BI 系统的足够信息，还需要了解更多的在业务、策略和计划、竞争环境和关键参与者方面的信息。

四、项目需求分析

需求分析，最直接的方法是从一系列的企业需求采访开始。通过采访来获得对重要业务过程及其业务价值的广泛认识，并将个体的需求分组为通用分析主题。对每次采访做出摘要，每个摘要应该包括业务叙述，并有示例分析潜在的数据问题。采访的对象可以是 CEO（公司的主要决策者）、产品控制经理、市场拓展经理、Internet 渠道分析员、财务经理等。

因为这是一个虚拟公司，所以我们假设了一些可能会遇到的问题。下面以销售部门的需求分析为例，针对销售部门的调研可以围绕以下内容来进行。

（一）销售规划

在采访过程中了解到，过去当销售部门经理需要报表的时候，可能要花几天或者几周的时间才能得到信息。销售部门经理需要制订销售规划，当年的年度规划开始于前一年的秋季。销售部门地域按照地理位置划分，所有的新客户根据他们所在的地区被分配到相应的销售区域。销售经理需要查看下述信息：增长分析、客户分析、地域分析。在过去，为了完成销售部门预测和配额分配过程，销售经理需要用电子表格对全部数据进行分析，该电子表格包括地域增长因素、位置和手工的调整。该规划过程全部都是手工完成的。每个月一般要花费 1 周时间，而如果是针对年度计划，则需要大约 1 个月的时间。

（二）销售业绩及销售报表

销售经理需要随时查看销售额和较早的历史数据，以便能够知道产品销售的状况。在任何时候，销售部门必须能够基于订单的情况迅速得到销售额和佣金报表。销售经理还希望能够按年和客户地域查看分销商客户订单，同时他也需要从销售代表的角度查看订单，如果他在较高级别的数据中发现了问题，他就需要能够深入到独立的销售代表级别提取详细的订单信息来了解情况。

（三）客户信息

销售经理还想要更好地利用隐藏在订单事务处理系统内的客户信息，因为多数销售只占分销商很小的百分率，所以他们更关注确保使那些重要客户感到满意。另外，有大约 17％的客户在 2002 年到 2003 年没有再下订单，销售人员希望能够通过客户信息尽可能多地把这些客户争取过来。

（四）促销活动

这是一个强大的销售工具。该公司刚刚完成了一次银色 Mountain 200s 自行车的清仓销售。这个颜色的自行车不如其他颜色的卖得好，导致型号转换时有大量的库存。公司通过 40％的折扣优惠，大大刺激了需求。销售人员对订单报表中有哪些客户特别喜欢购买促销产品的信息非常感兴趣。这样在以后可以更有针对性地发布促销信息。

（五）客户满意度

销售经理希望能够按照投诉类型、产品、销售区域和客户跟踪电话，以便了解客户满意度和产品质量。他认为通过比较下单日期和发货日期的时间间隔，以确定退货的百分率可能是客户满意度的指示器。

（六）其他信息

在业务需求采访期间，公司的领导层认为 Internet 的业务应该有更加令人注目的利润空间，因为其售价将更接近零售价而不是批发价，并且因为人员的成本较低将使其销售成本更低。他们希望研究 Internet 客户，因为客户的统计信息可以告诉他们客户是谁，购买了什么产品以及客户来自哪里。

五、构建数据仓库

根据需求分析，我们可以得到销售主题数据仓库所涉及的内容包括：销售规划、订单报告和分析、订单预测、销售业绩报表、促销、客户满意度。而这些内容可以通过来自业务过程的订单数据满足。因此业务数据库中的销售表将作为核心的事实表（包括分销商的销售表和 Internet 客户销售表），而需要考虑的各个方面则成为相应的维度。

已建成的数据仓库名为 AdventureWorksDW，它从业务数据库 AdventureWorks 中提取了关键的数据，建立了事实表和维度表。这些数据通过 SSIS 包（将在第三章示例中详细讲解）与业务数据库 AdventureWorks 保持同步。

图 2－16 显示了 Internet 客户销售数据逻辑关系视图。Internet 的销售记录表（FactInternetSales）作为事实表，维度表包括：时间、客户、产品、销售地区、结算的货币（因为该公司为跨国公司）以及促销活动维度。通过这些维度，我们可以对所确立的主题，进行数据的分析和挖掘，从而更全面地把握网络销售的状况。

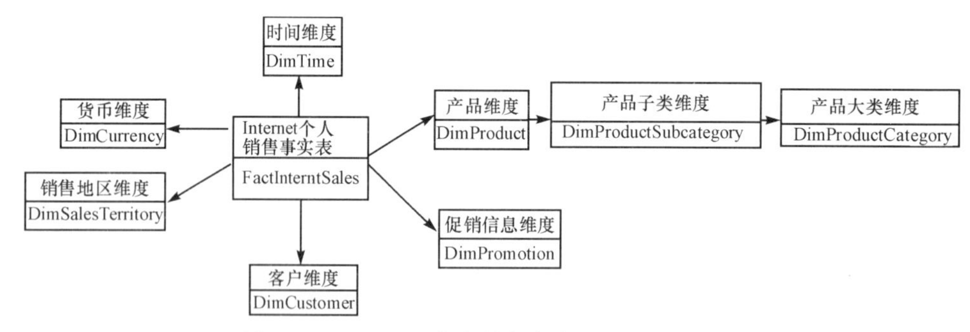

图 2－16　Internet 客户销售事实及维度逻辑视图

图 2－17 显示的是分销商销售订单事实表及相关维度表的逻辑视图，它与网络销售的区别在于它增加了分销商的维度和这些分销商联系的员工维度。

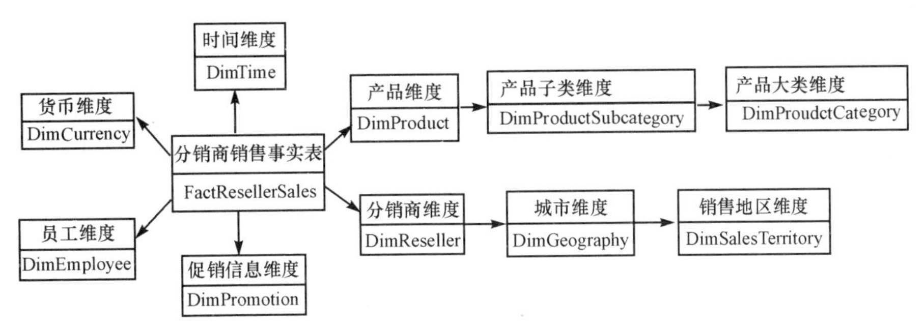

图 2-17 分销商销售事实及维度逻辑视图

图 2-18 显示了销售业绩汇总事实表及维度，通过预先汇总的销售业绩，可以快速地得到在不同时间段和销售地区的销售业绩情况。

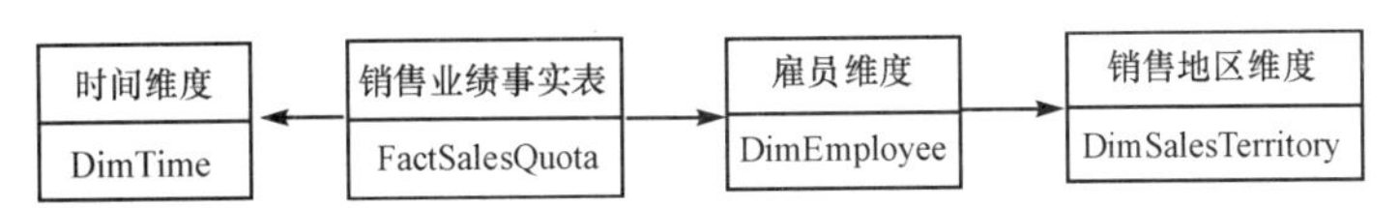

图 2-18 销售业绩事实表及维度表逻辑视图

图 2-19 为数据仓库中已创建的 Internet 客户销售事实表和维度表，图 2-20 为数据仓库中已创建的分销商销售事实表和维度表。图 2-19 和图 2-20 中表头为浅色代表事实表，深色代表维度表。

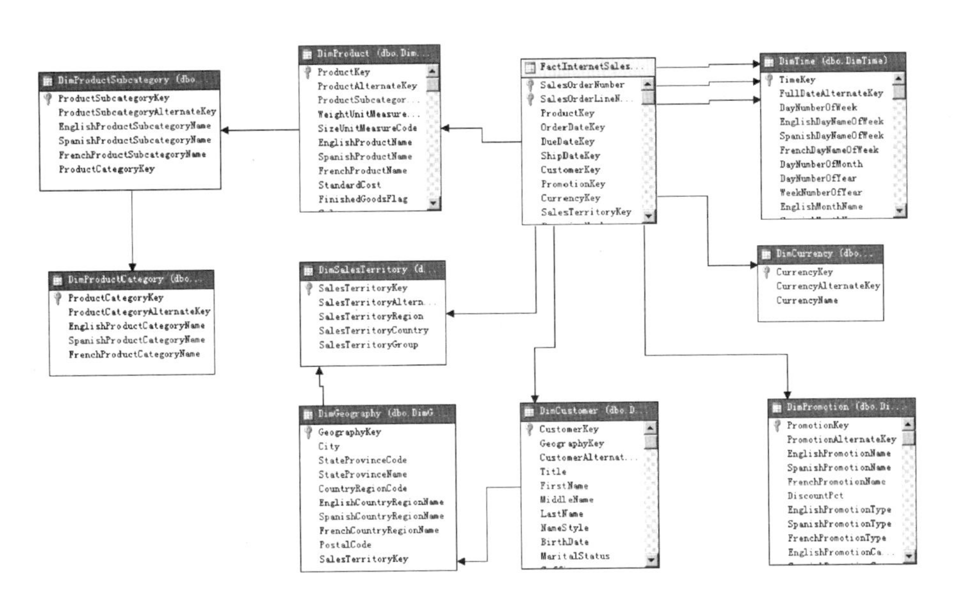

图 2-19 Internet 客户销售事实表和维度表

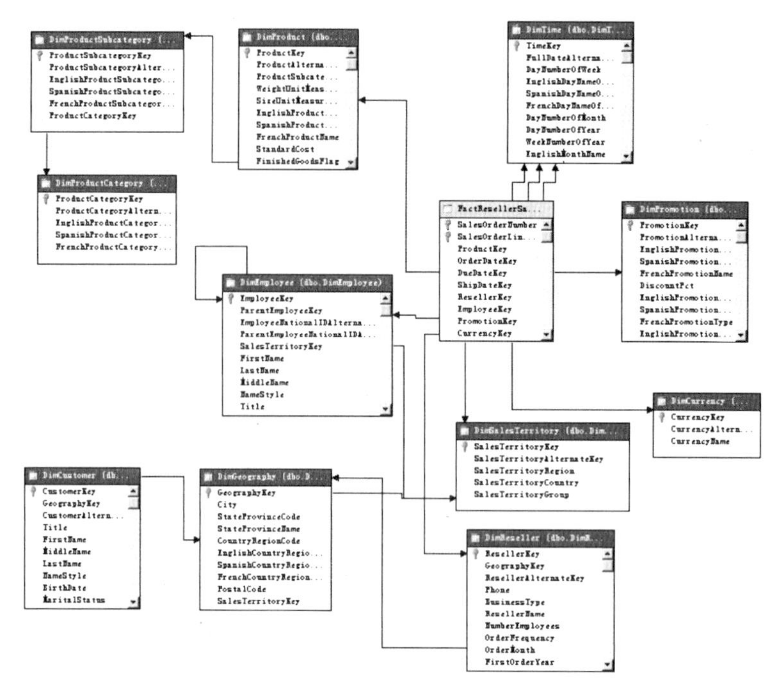

图 2－20　分销商销售事实表和维度表

小　结

数据仓库是从业务数据库发展起来，用于支持管理决策的一种面向主题的、集成的、相对稳定的、随时间变化的数据的集合。

数据仓库系统由后台数据预处理、数据仓库数据管理和前台应用服务三大部分构成。数据仓库中，数据是以多维数据集的形式进行存储的，而根据维度表结构的不同，又将其物理结构分为星形模型和雪花模型。在数据仓库中，元数据起着非常重要的作用，它帮助建立、管理和使用数据仓库。

数据集市作为一个规模较小的数据仓库，有易实现、见效快的特点，当受到时间、财力等条件的约束，或者仅需要对某个部门级别构建数据仓库时，数据集市是一个不错的选择。

数据仓库系统开发是一个需要经过不断循环、反馈而使系统不断增长与完善的过程，是以分析作为驱动的，同时又是用于分析的。在具体的设计开发过程中，涉及一系列的模型设计，包括概念模型、逻辑模型、物理模型。在进行数据仓库的逻辑模型设计时必须处理两个重要的问题：粒度级别的划分以及数据分割，这将影响到数据仓库的查询能力和查询效率，必须慎重对待。数据仓库的设计与开发是一项复杂的工程，一般须经过数据仓库的规划与分析、数据仓库的设计与实施以及数据仓库的应用3个阶段。

思考与练习

1. 什么是数据仓库,它有哪些特点?
2. 简述事务数据库与数据仓库之间的区别。
3. 简述数据仓库系统包括哪些部分及它们的功能。
4. 简述数据仓库的主要存储模型及特点。
5. 简述数据集市与数据仓库的区别。
6. 构建一个数据仓库通常需要经过哪些步骤?
7. 在设计数据仓库逻辑模型时,需要考虑哪些因素?
8. 使用 SQL 语句在数据库 AdventureWorks 中查找表 2-7 中所示的数据。
9. 使用 SQL 语句在数据库 AdventureWorksDW 中查找表 2-9 中所示的数据。

扫描二维码 2-1,查看第二章思考与练习 8 的操作演示。

扫描二维码 2-2,查看第二章思考与练习 9 的操作演示。

练习8
操作演示

二维码 2-1

练习9
操作演示

二维码 2-2

实　验

实验一　预备实验一

一、实验目的

熟悉或复习 SQL Server 2008 基本操作,数据表的创建和查询。

二、实验内容

(1) 打开和关闭 SQL Server 数据库服务。

(2) 在指定目录创建新的数据库,每个学生按自己的学号创建一个空的数据库。

(3) 在已创建的数据库中新建两个表,“班级表”(见表 2-10)、“学生信息表”(见表 2-11)。

表 2-10　班级表结构

字段名称	字段类型	备注
班级 ID	Int	自动增长，主键
班级	Varchar(50)	班级名称
分院	Varchar(50)	班级所属学院/分院
系别	Varchar(50)	班级所属系别
年级	Int	

对创建的班级表结构截图保存。

表 2-11　学生信息表结构

字段名称	字段类型	备注
学号	Int	唯一，主键
姓名	Varchar(50)	
性别	Varchar(2)	
班级 ID	Int	班级表中班级 ID 外键

对创建的学生信息表结构截图保存。

(4) 分别在两个表中输入数据，每个表中的数据不少于 5 行。

对表中的数据进行截图保存。

(5) 单表查询，要求有查询语句和查询结果。

在查询窗口输入查询语句，找出指定学院/分院的所有班级信息。

在查询窗口输入查询语句，找出指定学号学生的所有信息。

(6) 关联查询，要求有查询语句和查询结果。

二维码 2-3

在查询窗口输入查询语句，找出指定学号的学生姓名、所在的班级和学院/分院、系别、年级。

(7) 备份数据库或数据库文件。

(8) 恢复数据库。

扫描二维码 2-3，查看实验一操作演示。

实验二 预备实验二

一、实验目的

熟悉或复习 SQL Server 2008 数据库操作。通过数据库查询语言 SQL，对商学院选课情况表进行分析。

二、实验内容

(1) 创建一个以自己学号命名的数据库。

(2) 将选课清单.xls 文件导入至 SQL Server 数据库中，检查数据是否正确；扫描二维码 2-4，查看“选课清单.xls”数据文件。

二维码 2-4

(3) 查询商学院开设的所有课程(注意，不能有重复的课程名称)，字段内容包括课程代码、课程名称、学分，按课程代码排序。

(4) 将上步操作的查询创建一个视图：view_开课清单。

(5) 建立一个视图：view_课程性质，显示所有的课程类别，字段内容包括课程类别、课程性质，按课程性质排序(不能重复)。

(6) 查询显示所有公选课程有哪些(不能重复)，字段包括课程代码、课程名称、学分、课程性质、课程类别。

(7) 建立一个视图：view_开课次数，统计每门课程的开课次数，按次数由低到高排序，字段包括课程代码、课程名称、课程性质、课程类别、开课次数。

(8) 在 view_开课次数中，查询“公选”课的开课数量情况，按次数由低到高排序，结果中显示有些课程开课次数很多，有些则只开 1 次，具体分析这种情况。

(9) 为了分析学生选课与开设课程之间的供需情况，建立一个视图：view_选课率，新字段[选课率%]公式为：已选人数/计划人数×100%，字段为课程代码、课程名称、选课课号、课程性质、课程类别、计划人数、已选人数、选课率%、学分、教师姓名。

(10) 分别对公选、限选、必修 3 种课程查看其选课率，分析它们的选课情况，找出几个代表性阈值进行分段统计，结果用表 2-12 表示(低于 10%、10%～49%、49%～100%、高于 100%)。

表 2-12 选课率

课程性质	低于 10%	10%～49%	49%～100%	高于 100%
公选				
限选				
必修				

(11) 对“限选”课中选课率低于 10%和高于 100%的课程，各任选一门，进行分析，发生这种情况可能的原因，及解决的对策。可从以下几方面：课程的难度、开课的时间、开课地

点、讲课老师的评价、学分等。

（12）最后对本学期商学院的开课情况做一个总的统计（按每个年级统计），包括总开课数目、三大类课程（必修、公选、限选）的数目、总讲课学时、总实验学时、总计划人数、总已选人数，统计数据以表 2－13 方式显示。

表 2－13　商学院开课情况统计

年级	总开课数目	总讲课学时	总实验学时	总计划人数	总已选人数	必修课数目	公选课数目	限选课数目
2010								
2011								
2012								

（13）针对以上分析，对商学院开设的课程做一个总结说明，并给出自己的意见和建议。

扫描二维码 2－5，查看实验二操作演示。

二维码 2－5

数据预处理

数据质量是数据仓库的成功关键。完整而准确的数据能够大大提高客户服务的质量，减少成本和风险，提高效率，完成实时的信息分析。而业务数据或其他外部数据中常常包含许多含有噪声、不完整，甚至是不一致的数据。因此在数据仓库的开发中、数据的抽取和转换过程中会发现数据质量问题，要及时找出数据污染的原因，进行有效的数据清洗，确保数据的高质量。

数据预处理主要包括：数据清洗（data cleaning）、数据集成（data integration）、数据转换（data transformation）和数据消减（data reduction）。

本章将着重介绍以下内容：

- 数据预处理的重要性
- 数据预处理的方法
- 数据的离散化和泛化处理
- 使用 Microsoft SSIS 进行 ETL 操作

第一节　数据预处理的重要性

数据预处理是数据挖掘过程中的一个重要步骤，尤其是在对包含有噪声、不完整，甚至是不一致数据进行数据挖掘时，更需要进行数据的预处理，以提高数据挖掘对象的质量，并最终达到提高获取挖掘到的知识质量的目的。例如，对于一个负责进行公司销售数据分析的分析人员，他会仔细检查公司数据库或数据仓库内容，精心挑选与销售相关的描述特征或数据仓库的维度，包括商品类型、价格、销售量等，但这时他或许会发现数据库中有几条记录的一些特征值没有被记录下来，甚至数据库中的数据记录还存在着一些错误、遗漏，甚至是不一致情况。对于这样的数据对象进行数据挖掘，显然就首先必须进行数据的预处理，然后才能进行正式的数据挖掘工作。

所谓噪声数据是指数据中存在着错误或异常（偏离期望值）的数据；不完整数据是指感兴趣的属性没有值；而不一致数据则是指数据内涵出现不一致情况（如作为关键字的同一部门编码在不同的表中出现不同值）。而数据清洗是指消除数据中所存在的噪声以及纠正其不一致的错误,数据集成则是指将来自多个数据源的数据合并到一起构成一个完整的数据集,数据转换是指将一种格式的数据转换为另一种格式的数据,最后数据消减是指通过删除冗余特征或聚类消除多余数据。

不完整、有噪声和不一致对大规模现实世界的数据库来讲是非常普遍的情况。不完整数据的产生有以下几个原因:(1)有些属性的内容有时没有,如参与销售事务数据中的顾客信息;(2)有些数据当时被认为是不必要的;(3)由于数据录入时疏忽或检测设备失灵导致相关数据没有记录下来;(4)与其他记录内容不一致而被删除;(5)历史记录或对数据的修改被忽略了。遗失数据,尤其是一些关键属性的遗失数据或许需要推导出来。噪声数据的产生原因有:(1)数据采集设备有问题;(2)在数据录入过程发生了人为或计算机错误;(3)数据传输过程中发生错误,如远程数据在通过网络上传时产生错误;(4)由于命名规则或数据代码不同而引起的不一致。

数据清洗处理过程通常包括:填补遗漏的数据值、平滑有噪声数据、识别或除去异常值,以及解决不一致问题。数据清洗还将删去重复的记录行。有问题的数据将会误导数据挖掘的搜索过程。尽管大多数数据挖掘过程均包含有对不完全或噪声数据的处理,但预先的防范是非常有必要的。因此使用一些数据清洗例程对挖掘的数据进行预处理是十分必要的。

数据集成就是将来自多个数据源(如关系数据库、文本文件等)数据合并到一起。由于描述同一个概念的属性可能在不同数据库取不同的名字,在进行数据集成时就常常会引起数据的不一致或冗余。例如,在一个数据库中一个顾客的身份编码为“custom_id”,而在另一个数据库则为“cust_id”。命名的不一致常常也会导致同一属性值的内容不同,如:在一个数据库中一个人的姓取值“Bill”,而在另一个数据库中则取缩写“B”。同样大量的数据冗余不仅会降低挖掘速度,而且也会误导挖掘进程。因此除了进行数据清洗之外,在数据集成中还需要注意消除数据的冗余。此外在完成数据集成之后,有时还需要再进行数据清洗以便消除可能存在的数据冗余。

数据转换主要是对数据进行规格化操作。在正式进行数据挖掘之前,尤其是使用基于对象距离的挖掘算法时,如神经网络、最近邻分类等,必须进行数据规格化。也就是将其缩至特定的范围之内,比如[0,10]。例如,对于一个顾客信息数据库中的年龄属性和工资属性,由于工资属性的取值比年龄属性的取值要大许多,如果不进行规格化处理,基于工资属性的距离计算值显然将远超过基于年龄属性的距离计算值,这就意味着工资属性的作用在整个数据对象的距离计算中被不经意地放大了。

数据消减的目的就是缩小所挖掘数据的规模,但不会影响(或基本不影响)最终的挖掘结果。现有的数据消减包括:(1)数据聚合,如在维度的高级别上对度量值进行汇总计算;(2)消减维数,如通过相关分析消除多余属性;(3)数据压缩,如利用编码方法进行数据压缩;(4)数据块消减,如利用聚类或参数模型替代原有数据。此外利用基于概念树的泛化也可以实现对数据规模的消减,有关概念树的详情将在稍后介绍。

这里需要强调的是以上所提及的各种数据预处理方法,并不是相互独立的,而是相互关联的。例如，消除数据冗余既可以看成是一种形式的数据清洗，也可以认为是一种数据消减。

由于现实世界数据常常是含有噪声、不完全的和不一致的，数据预处理能够帮助改善数据的质量，进而帮助提高数据挖掘进程的有效性和准确性。高质量的决策来自高质量的数据。因此数据预处理是整个数据挖掘与知识发现过程中一个重要步骤。

第二节 数据清洗

现实世界的数据常常是有噪声、不完全的和不一致的。数据清洗过程包括填补遗漏数据、消除异常数据、平滑噪声数据，以及纠正不一致的数据。下面详细介绍数据清洗的主要处理方法。

一、遗漏数据处理

假设在分析一个商场销售数据时，发现有多个记录中的属性值为空，如顾客的收入属性，对于为空的属性值，可以采用以下方法进行遗漏数据处理。

(1) 忽略该条记录。若一条记录中有属性值被遗漏了，则将此条记录排除在数据挖掘过程之外，尤其当类别属性的值没有而又要进行分类数据挖掘时。当然这种方法并不很有效，尤其是在某个属性遗漏值的记录比例较大时。

(2) 手工填补遗漏值。一般讲这种方法比较耗时，而且对于存在许多遗漏情况的大规模数据集而言，显然可行性较差。

(3) 利用缺省值填补遗漏值。对一个属性的所有遗漏的值均利用一个事先确定好的值来填补。例如，都用 OK 来填补。但当一个属性遗漏值较多，若采用这种方法，就可能误导挖掘进程。因此这种方法虽然简单，但并不推荐使用，或使用时需要仔细分析填补后的情况，以尽量避免对最终挖掘结果产生较大误差。

(4) 利用均值填补遗漏值。计算一个属性(值)的平均值，并用此值填补该属性所有遗漏的值。例如，若计算得到当前顾客的年均收入为 20000 元，则用此值填补属性中所有被遗漏的值。

(5) 利用同类别均值填补遗漏值。这种方法尤其在进行分类挖掘时使用。例如，若要对商场顾客按信用风险进行分类挖掘时，就可以用在同一信用风险类别下(如良好)的收入属性的平均值，来填补所有在同一信用风险类别下属性的遗漏值。

(6) 利用最可能的值填补遗漏值。可以利用回归分析、贝叶斯计算公式或决策树推断出该条记录特定属性的最大可能的取值。例如，利用数据集中其他顾客的属性值，可以构造一个决策树来预测属性的遗漏值。或者通过利用其他属性的值来帮助预测属性的值。

最后一种方法是一种较常用的方法，与其他方法相比，它最大程度地利用了当前数据所包含的信息来帮助预测所遗漏的数据。

二、噪声数据处理

噪声是指被测变量的一个随机错误和变化。给定一个数值型属性，如价格，则平滑去噪的具体方法如下。

（一）bin 方法

bin 方法通过利用被平滑数据点的周围（近邻）点，对一组排序数据进行平滑。排序后数据分配到若干桶（称为 buckets 或 bins）中。图 3－1 示意描述了一些 bin 方法技术。首先对价格数据进行排序，然后将其划分为若干等高度的 bin（即每个 bin 包含三个数值，两种典型 bin 方法示意描述如图 3－2 所示）；这时可以利用每个 bin 的均值进行平滑，即对每个 bin 中所有值均用该 bin 的均值替换。在图 3－1 中，第一个 bin 中 4，8，15 均用该 bin 的均值 9 替换，这种方法称为 bin 均值平滑。与之类似，对于给定的 bin，其最大与最小值就构成了该 bin 的边界。可以利用每个 bin 的边界值（最大值或最小值），替换该 bin 中的所有值。一般讲每个 bin 的宽度越宽，其平滑效果越明显。也可以按照等宽划分 bin，即每个 bin 的取值间距（左右边界之差）相同，如图 3－2 所示。此外 bin 方法也可以用于属性的离散化处理。

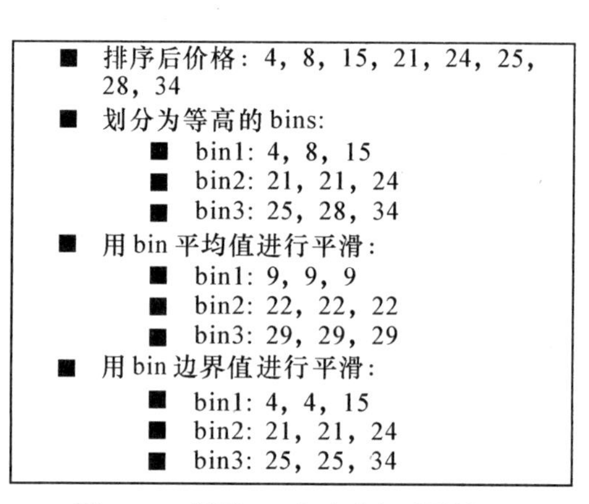

- 排序后价格：4，8，15，21，24，25，28，34
- 划分为等高的 bins:
  - bin1：4，8，15
  - bin2：21，21，24
  - bin3：25，28，34
- 用 bin 平均值进行平滑：
  - bin1：9，9，9
  - bin2：22，22，22
  - bin3：29，29，29
- 用 bin 边界值进行平滑：
  - bin1：4，4，15
  - bin2：21，21，24
  - bin3：25，25，34

图 3－1　利用 bin 方法进行平滑描述

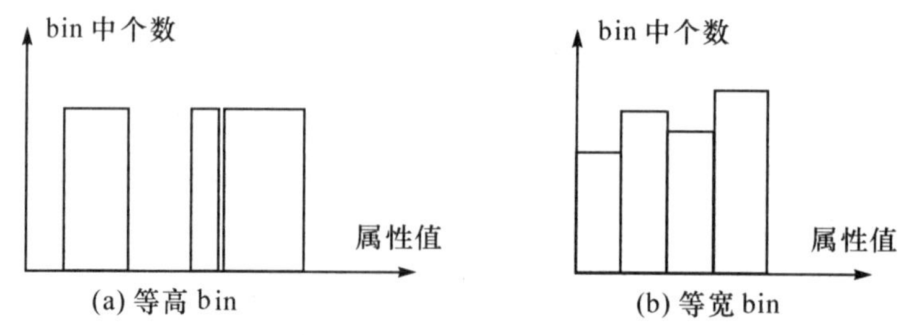

图 3－2　两种典型 bin 方法

（二）聚类方法

通过聚类分析可帮助发现异常数据。道理很简单，相似或相邻近的数据聚合在一起形成了各个聚类集合，而那些位于这些聚类集合之外的数据对象，自然而然就被认为是异常数据，如图 3－3 所示。

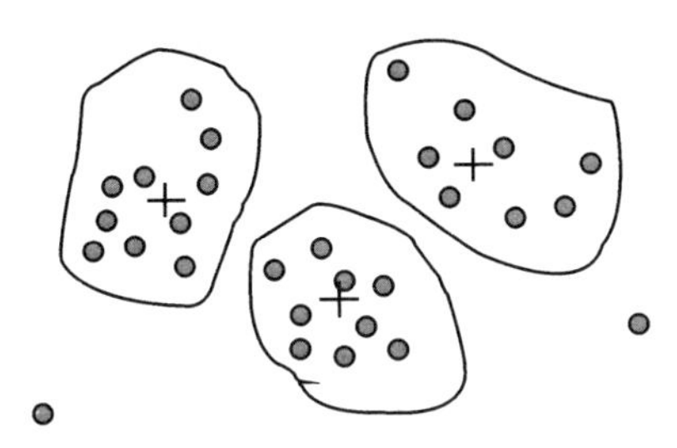

图 3－3　基于聚类分析的异常数据

（三）人机结合检查方法

通过人与计算机检查相结合方法，可以帮助发现异常数据。例如，利用基于信息论方法可帮助识别手写符号库中的异常模式，所识别出的异常模式可输出到一个列表中，然后由人对这一列表中的各异常模式进行检查，并最终确认无用的模式（真正异常的模式）。这种人机结合检查方法比单纯利用手工方法手写符号库进行检查要快许多。

（四）回归方法

可以利用拟合函数对数据进行平滑。例如，借助线性回归方法，包括多变量回归方法，就可以获得的多个变量之间的一个拟合关系，从而达到利用一个（或一组）变量值来帮助预测另一个变量取值的目的。如图 3－4 所示，A 点纵坐标值由原来的 Y_1 修正为 Y_1'。利用回归分析方法所获得的拟合函数，能够帮助平滑数据及除去其中的噪声。

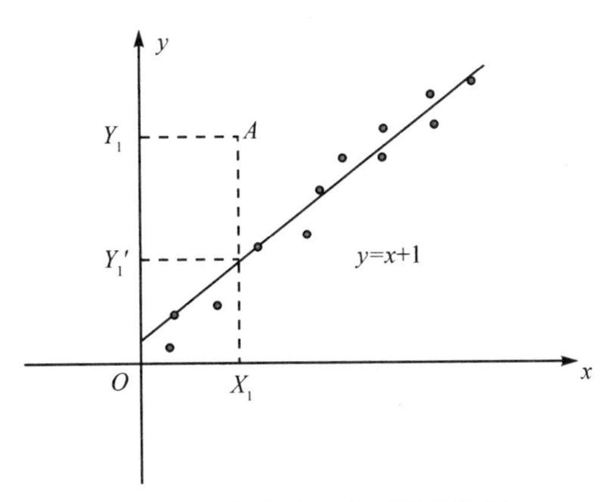

图 3－4　回归方法修正异常数据

许多数据平滑方法，同时也是数据消减方法。例如，以上描述的 bin 方法可以帮助消减一个属性中不同取值，这也就意味着 bin 方法可以作为基于逻辑挖掘方法中的数据消减处理。

三、不一致数据处理

现实世界的数据库常出现数据记录内容的不一致，其中一些数据不一致可以利用它们与外部的关联手工加以解决。例如：输入发生的数据录入错误一般可以与原稿进行对比来加以纠正。此外还有一些程序可以帮助纠正使用编码时所发生的不一致问题。

由于同一属性在不同数据库中的取名不规范，常常使得在进行数据集成时，导致不一致情况的发生。

第三节　数据集成与转换

一、数据集成处理

数据挖掘任务常常涉及数据集成操作，即将来自多个数据源的数据，如关系数据库、数据立方、普通文件等，结合在一起并形成一个统一数据集合，以便为数据挖掘工作的顺利完成提供完整的数据基础。

在数据集成过程中，需要考虑解决以下几个问题：

(1) 模式集成问题，即如何使来自多个数据源的现实世界的实体相互匹配，这其中就涉及实体识别问题。此外属性命名的不一致也会导致集成后的数据集出现不一致情况。例如，如何确定一个数据库中的“custom_id”与另一个数据库中的“cust_number”是否表示同一实体。业务数据库与数据仓库通常包含元数据，通过这些元数据可以帮助理解数据的真实含义，避免在模式集成时发生错误。

(2) 冗余问题，这是数据集成中经常发生的另一个问题。若一个属性可以从其他属性中推演出来，那这个属性就是冗余属性。例如，一个顾客数据表中的平均月收入属性，就是冗余属性，显然它可以根据月收入属性计算出来。

利用相关分析可以帮助发现一些数据冗余情况。例如：给定两个属性，则可以根据这两个属性的数值分析出这两个属性间的相互关系。属性 A，B 之间的相互关系可以表示为：

$$r_{A,B}=\frac{\sum(A-\overline{A})(B-\overline{B})}{(n-1)\sigma_A\sigma_B} \tag{3.1}$$

其中 $\overline{A}$ 和 $\overline{B}$ 分别代表属性 A 和 B 的平均值；σ_A 和 σ_B 分别表示属性 A 和 B 的标准方差。若有 $r_{A,B}>0$，则属性 A、B 之间是正关联，也就是说若 A 增加，B 也增加；$r_{A,B}$ 值越大，说明属性 A、B 正关联关系越密。若有 $r_{A,B}=0$，就有属性 A、B 相互独立，两者之间没有关系。最后若有 $r_{A,B}<0$，则属性 A、B 之间是负关联，也就是说若 A 增加，B 就减少；$r_{A,B}$ 绝对值越大，说明属性 A、B 负关联关系越密。利用公式(3.1)可以分析以上提及的两属性“custom_id”与“cust_number”之间的关系。

除了检查属性是否冗余之外，还需要检查记录行的冗余。

(3) 数据值冲突检测与消除。如对于一个现实世界实体，其来自不同数据源的属性值或许不同。产生这样问题的原因可能是表示的差异、比例尺度不同，或编码的差异等。例如：重量属性在一个系统中采用公制，而在另一个系统中却采用英制。同样价格属性不同地点采用不同货币单位。这些语义的差异为数据集成提出许多问题。

二、数据转换处理

(一) 数据转换

所谓数据转换就是将数据转换或归并以构成一个适合数据挖掘的描述形式。数据转换包含以下处理内容。

(1) 平滑处理。帮助除去数据中的噪声，主要技术方法有：bin 方法、聚类方法和回归方法。

(2) 合计处理。对数据进行总结或合计操作。例如：每天的数据(销售额)可以进行合计操作以获得每月或每年的总额。这一操作常用于构造数据立方或对数据进行多层次分析。

(3) 数据泛化处理。所谓泛化处理就是用更抽象(更高层次)的概念来取代低层次或数据层的数据对象。例如：街道属性，就可以泛化到更高层次的概念，诸如城市、国家。同样对于数值型的属性，如年龄属性，就可以映射到更高层次概念，譬如年轻、中年和老年。

(4) 规格化。规格化就是将有关属性数据按比例投射到特定小范围之中。如将工资收入属性值映射到−1.0 到 1.0 范围内。

(5) 属性构造。根据已有属性集构造新的属性，以帮助数据挖掘过程。

平滑是一种数据清洗方法。合计和泛化也可以作为数据消减的方法。这些方法前面已分别做过介绍，因此下面将着重介绍规格化和属性构造方法。

(二) 规格化与属性构造

(1) 规格化：就是将一个属性取值范围投射到一个特定范围之内，以消除数值型属性因大小不一而造成挖掘结果的偏差。规格化处理常常用于神经网络、基于距离计算的最近邻分类和聚类挖掘的数据预处理。对于神经网络，采用规格化后的数据不仅有助于确保学习结果的正确性，而且也会帮助提高学习的速度。对于基于距离计算的挖掘，规格化方法可以帮助消除因属性取值范围不同而影响挖掘结果的公正性。下面介绍 3 种规格化方法。

①最大最小规格化方法。该方法对被初始数据进行一种线性转换。设 $\min_A$ 和 $\max_A$ 为属性 A 的最小和最大值。最大最小规格化方法将属性 A 的一个值 v 映射为 v' 且有 $v' \in [\text{new\_min}_A, \text{new\_max}_A]$，具体映射计算公式为：

$$v' = \frac{v - \min_A}{\max_A - \min_A}(\text{new\_max}_A - \text{new\_min}_A) + \text{new\_min}_A \tag{3.2}$$

最大最小规格化方法保留了原来数据中存在的关系。但若将来遇到超过目前属性 A 取值范围的数值，将会引起系统出错。

例 3.1 假设属性年收入的最大最小值分别是 12000 元和 98000 元，若要利用最大最小规格化方法将属性年收入的值映射到 0 至 1 的范围内，那么一个属性年收入值为 73600 元将被转化为$\frac{73600-12000}{98000-12000}(1.0-0.0)=0.716$。

②零均值规格化方法。该方法是根据属性 A 的均值和偏差来对 A 进行规格化。属性 A 的 v 值可以通过以下计算公式获得其映射值 v'。

$$v'=\frac{v-\overline{A}}{\sigma_A} \tag{3.3}$$

其中$\overline{A}$ 和σ_A 分别为属性 A 的均值和方差。这种规格化方法常用于属性 A 最大值与最小值未知；或使用最大最小规格化方法时会出现异常数据的情况。

例 3.2 假设属性年收入的均值与方差分别为 54000 元和 16000 元，使用零均值规格化方法对年收入值为 73600 元计算其映射值的计算式为：$\frac{73600-54000}{16000}=1.225$

③十基数变换规格化方法。该方法通过移动属性 A 值的小数位置来达到规格化的目的。所移动的小数位数取决于属性 A 绝对值的最大值。属性 A 的 v 值可以通过以下计算公式获得其映射值 v'，即

$$v'=\frac{v}{10^j} \tag{3.4}$$

其中的 j 为使 $\max(|v'|)<1$ 成立的最小值。

例 3.3 假设属性 A 的取值范围是从−986 到 917。属性 A 绝对值的最大值为 986。采用十基数变换规格化方法，就是将属性 A 的每个值除以 1000（即 $j=3$）即可，因此−986 映射为−0.986。

（2）属性构造：对于属性构造方法，它可以利用已有属性集构造出新的属性，并加入到现有属性集合中以帮助挖掘更深层次的模式知识，提高挖掘结果准确性。例如：根据宽、高属性，可以构造一个新属性——面积。构造合适的属性能够帮助减少构造决策树时所出现的碎块情况。此外通过属性结合可以帮助发现所遗漏的属性间相互联系，而这常常对于数据挖掘过程是十分重要的。当然从另一方面来说，属性构造方法是一种使数据产生冗余的方法。但如果对今后的数据挖掘有利，我们仍然可以采用。

第四节　数据消减

对大规模数据库内容进行复杂的数据分析通常需要耗费大量的时间，这就常常使得这样的分析变得不现实和不可行，尤其是需要交互式数据挖掘时。数据消减技术正是用于帮助从原有庞大数据集中获得一个精简的数据集合，并使这一精简数据集保持原有数据集的完整性，这样在精简数据集上进行数据挖掘显然效率更高，并且挖掘出来的结果与使用原有数据集所获得结果基本相同。

数据消减的主要策略有以下几种：

(1) 数据立方合计，这类合计操作主要用于构造数据立方（多维数据分析）。如图 3－5 所示，将按季度的销售额数据合并到按年的销售额数据。

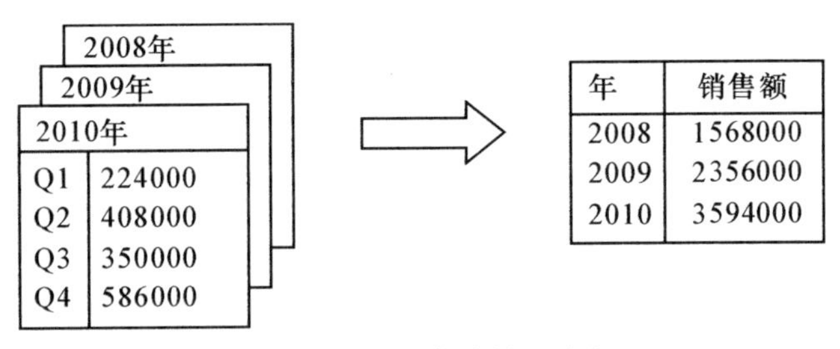

图 3－5 数据合计描述示意

(2) 维数消减，主要用于检测和消除无关、弱相关，或冗余的属性或维（表中属性）。

(3) 数据压缩，利用编码技术压缩数据集的大小。

(4) 数据块消减，利用更简单的数据表达形式，如参数模型、非参数模型（聚类、采样、直方图等），来取代原有的数据。

(5) 离散化与概念层次生成。所谓离散化就是利用取值范围或更高层次概念来替换初始数据。利用概念层次可以帮助挖掘不同抽象层次的模式知识。稍后我们专门介绍概念层次树。

最后需要提醒大家的是，数据消减所花费的时间不应超过由于数据消减而节约的数据挖掘时间。

一、数据立方合计

图 3－5 所示是某公司 3 年销售额的合计处理示意描述，而图 3－6 则描述在 3 个维度上对某公司原始销售数据进行合计所获得的数据立方。

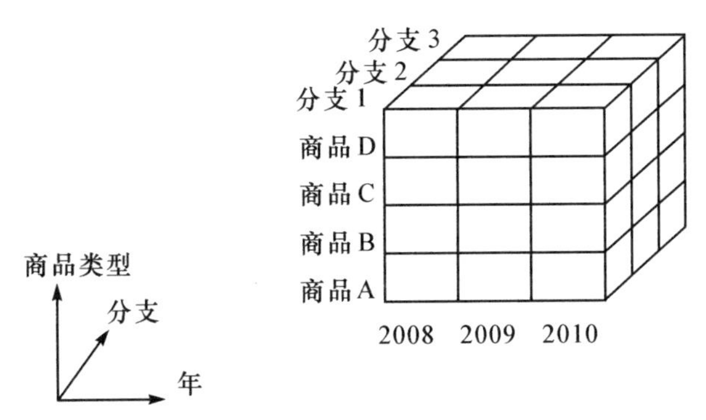

图 3－6 数据立方合计描述示意

图 3－6 所示的是一个三维数据立方。它从时间（年份）、公司分支，以及商品类型 3 个角度（维）描述相应的销售额（对应一个小立方块）。每个属性都可对应一个概念层次树，以帮助进行多抽象层次的数据分析。例如，一个公司分支的层次树，可以提升到更高一层的区域概念，这样就可以将同一区域的多个分支合并到一起。比如将在各个城市的分支机构合

并成为东、南、西、北四大区域。

在最低层次所建立的数据立方称为基立方，而最高抽象层次的数据立方称为顶立方。顶立方代表整个公司3年、所有分支、所有类型商品的销售总额。显然每一层次的数据立方都是对其低一层数据的进一步抽象，因此它也是一种有效的数据消减。

二、维数消减

由于数据集包含的属性达到成百上千，这些属性中的许多是与挖掘任务无关的或冗余的。例如：挖掘顾客是否会在商场购买数码相机的分类规则时，顾客的电话号码很可能与挖掘任务无关。但如果利用人工来帮助挑选有用的属性，则是一件困难和费时费力的工作，特别是当数据内涵并不十分清楚的时候。无论是漏掉相关属性，还是选择了无关属性参加数据挖掘工作，都将严重影响数据挖掘最终结果的正确性和有效性。此外多余或无关的属性也将影响数据挖掘的挖掘效率。

维数消减就是通过消除多余和无关的属性而有效消减数据集的规模。这里通常采用属性子集的选择方法。属性子集选择方法的目标就是寻找出最小的属性子集并确保新数据子集的概率分布尽可能接近原来数据集的概率分布。利用筛选后的属性集进行数据挖掘所获结果，由于使用了较少的属性，从而使得用户更加容易理解挖掘结果。

包含 d 个属性的集合共有 2^d 个不同子集，从初始属性集中发现较好的属性子集的过程就是一个最优穷尽搜索的过程，显然随着 d 不断增加，搜索的可能将会增加到难以实现的地步。因此一般利用启发搜索来帮助有效缩小搜索空间。这类启发式搜索通常都是基于可能获得全局最优的局部最优来指导并帮助获得相应的属性子集。

一般利用统计重要性的测试来帮助选择“最优”或“最差”属性。这里假设各属性之间都是相互独立的。

构造属性子集的基本启发式方法有以下4种：

(1) 逐步添加方法。该方法从一个空属性集(作为属性子集初始值)开始，每次从原来属性集合中选择一个当前最优的属性添加到当前属性子集中。直到无法选择出最优属性或满足一定阈值约束为止。

(2) 逐步消减方法。该方法从一个全属性集(作为属性子集初始值)开始，每次从当前属性子集中选择一个当前最差的属性并将其从当前属性子集中消去。直到无法选择出最差属性为止或满足一定阈值约束为止。

(3) 消减与添加结合方法。该方法将逐步添加方法与逐步消减方法结合在一起，每次从当前属性子集中选择一个当前最差的属性并将其从当前属性子集中消去，以及从原来属性集合中选择一个当前最优的属性添加到当前属性子集中。直到无法选择出最优属性且无法选择出最差属性为止，或满足一定阈值约束为止。

(4) 决策树归纳方法。通常用于分类的决策树算法也可以用于构造属性子集。具体方法就是：利用决策树的归纳方法对初始数据进行分类归纳学习，获得一个初始决策树，所有没有出现这个决策树上的属性均认为是无关属性，因此将这些属性从初始属性集合删除掉，就可以获得一个较优的属性子集。

我们还可以利用属性类别来帮助进行属性的选择，以使它们能够更加适合概念描述和分类挖掘。由于在冗余属性与相关属性之间没有绝对界线，因此利用无监督学习方法进行属性选择是一个较新研究领域。

三、数据块消减

数据块消减方法主要包含参数与非参数两种基本方法。所谓参数方法就是利用一个模型来计算获得原来的数据，因此只需要存储模型的参数即可（当然异常数据也需要存储）。例如：线性回归模型就可以根据一组变量预测计算另一个变量。而非参数方法则是存储利用直方图、聚类或取样而获得的消减后数据集。以下介绍几种主要数据块消减方法。

（一）回归与线性对数模型

回归与线性对数模型可用于拟合所给定的数据集。线性回归方法是利用一条直线模型对数据进行拟合。例如：利用自变量 X 的一个线性函数可以拟合因变量 Y 的输出，其线性函数模型为：

$$Y = \alpha + \beta X \tag{3.5}$$

其中系数 α 和 β 称为回归系数，也是直线的截距和斜率。这两个系数可以通过最小二乘法计算获得。多变量回归则是利用多个自变量的一个线性函数拟合因变量 Y 的输出，其主要计算方法与单变量线性函数计算方法类似。

对数线性模型则是拟合多维离散概率分布。该方法能够根据构成数据立方的较小数据块，对其一组属性的基本单元分布概率进行估计。并且利用低阶的数据立方构造高阶的数据立方。对数回归模型可用于数据压缩和数据平滑。

回归与对数线性模型均可用于稀疏数据以及异常数据的处理。但是回归模型对异常数据的处理结果要好许多。应用回归方法处理高维数据时计算复杂度较大，而对数线性模型则具有较好可扩展性（在处理 10 个左右的属性维度时）。

（二）直方图

直方图是利用 bin 方法对数据分布情况进行近似，它是一种常用的数据消减方法。一个属性 A 的直方图就是根据属性 A 的数据分布将其划分为若干不相交的子集（buckets）。这些子集沿水平轴显示，其高度（或面积）与该子集所代表的数值平均（出现）频率成正比。若每个子集仅代表一偶对属性值（出现的频率），则这一子集就称为单子集。通常子集代表某个属性的一段连续值。

例 3.4 以下是一个商场所销售商品的价格清单（按递增顺序排列，括号中的数表示前面数字出现次数）：1(2)、5(5)、8(2)、10(4)、12、14(3)、15(5)、18(8)、20(7)、21(4)、25(5)、28、30(3)。

上述数据所形成属性值一频率对的直方图如图 3－7 所示。

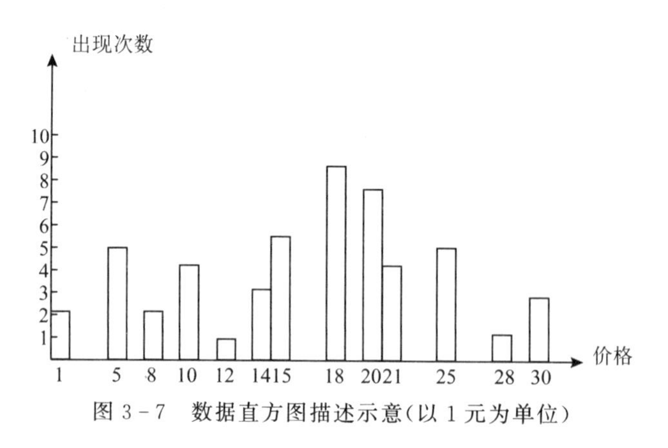

图 3－7　数据直方图描述示意(以 1 元为单位)

构造直方图所涉及的数据集划分方法有以下几种。

(1) 等宽方法：在一个等宽的直方图中，每个子集的宽度(范围)是相同的(如图 3－7 所示)。

(2) 等高方法：在一个等高的直方图中，每个子集中数据个数是相同的。

(3) V-Optimal 方法：若对指定子集个数的所有可能直方图进行考虑，V-Optimal 方法所获得的直方图就这些直方图中变化最小。而所谓直方图变化最小就是指每个子集所代表数值的加权之和；其权值为相应子集的数据个数。

(4) MaxDiff 方法：MaxDiff 方法以相邻数值(对)之差为基础，一个子集的边界则是由包含有 $\beta-1$ 个最大差距的数值对所确定，其中的 β 为用户指定的阈值。

V-Optimal 方法和 MaxDiff 方法一般来说更准确和实用。直方图在拟合稀疏和异常数据时具有较高的效能。此外直方图方法也可以用于处理多维的情况，多维直方图能够描述出属性间的相互关系。研究发现直方图在对多达五个属性维的数据进行近似时也是有效的。这方面仍然有较大的研究空间。

(三) 聚类

聚类技术将数据行视为对象。对于聚类分析所获得的组或类则有性质：同一组或类中的对象彼此相似而不同组或类中的对象彼此不相似。所谓相似通常利用多维空间中的距离来表示。一个组或类的“质量”可以用其所含对象间的最大距离(称为半径)来衡量；也可以用中心距离，即以类中各对象与中心点距离的平均值，来作为类的“质量”。

在数据消减中，数据的聚类表示用于替换原来的数据。当然这一技术的有效性依赖于实际数据内在规律。在处理带有较强噪声数据时采用数据聚类方法常常是非常有效的。有关聚类方法的具体内容将在第九章详细介绍。

(四) 采样

采样方法是指利用一子集来代表一个大数据集，从而可以作为数据消减的一个技术方法。假设一个大数据集为 D，其中包括 N 条数据行。几种主要采样方法说明如下：

(1) 无替换简单随机采样方法(简称 SRSWOR)。该方法从 N 条数据行中随机(每一数据行被选中的概率为 1/N)抽取出 n 个数据行,以构成由 n 个数据行组成的采样数据子集,如图 3－8 所示。

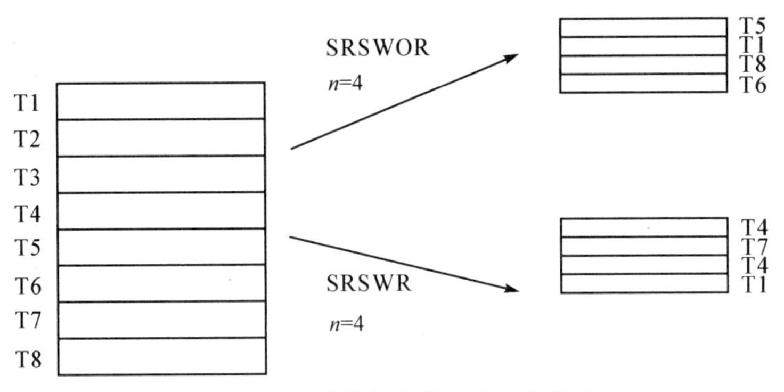

图 3－8　两种随机采样方法示意描述

(2) 有替换简单随机采样方法(简称 SRSWR)。该方法与无替换简单随机采样方法类似。该方法也是从 N 条数据行中每次随机抽取一数据行,但该数据行被选中后它仍将留在大数据集 D 中,这样最后获得由 n 个数据行组成的采样数据子集中可能会出现相同的数据行,如图 3－8 所示。

(3) 聚类采样方法。首先将大数据集 D 划分为 M 个不相交的“类”,然后再分别从这 M 个类中进行随机抽取,这样就可以最终获得聚类采样数据子集,如图 3－9 所示。

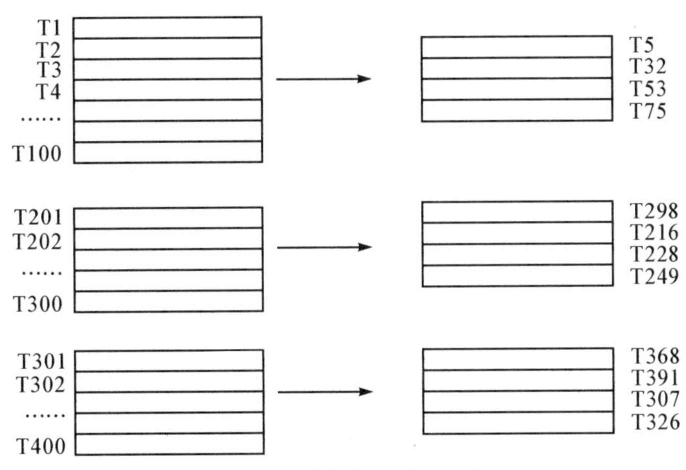

图 3－9　聚类采样方法示意描述

(4) 分层采样方法。若首先将大数据集 D 划分为若干不相交的“层”,然后再分别从这些“层“中随机抽取数据对象,从而获得具有代表性的采样数据子集。如图 3－10 所示,例如：可以对一个顾客数据集按照年龄进行分层,然后再在每个年龄组中进行随机选择,从而确保了最终获得分层采样数据子集中的年龄分布具有代表性。

利用采样方法进行数据消减的一个突出优点就是：这样获取样本的时间仅与样本规模成正比。

T38	Young
T256	Young
T307	Young
T391	Young
T96	Middle-aged
T117	Middle-aged
T138	Middle-aged
T263	Middle-aged
T290	Middle-aged
T308	Middle-aged
T326	Middle-aged
T69	Senior
T284	Senior

→

Young	T38
Young	T391
Middle-aged	T117
Middle-aged	T138
Middle-aged	T290
Middle-aged	T326
Senior	T69

图 3－10　分层采样方法示意描述

第五节　离散化和概念层次树生成

离散化技术指通过将连续取值的属性值范围分为若干区间，用一个标签来表示一个区间内的实际数据值，从而来帮助消减一个连续取值属性的取值个数。在基于决策树的分类挖掘中，对一个属性的离散化处理是一个极为有效的数据预处理步骤。

如图 3－11 所示，就是一个年龄属性的概念层次树。概念层次树利用较高层次概念替换低层次概念（如年龄的数值）而减少原来数据集。虽然一些细节在数据泛化过程中消失了，但这样所获得的泛化数据或许会更易于理解、更有意义。在消减后的数据集上进行数据挖掘显然效率更高。

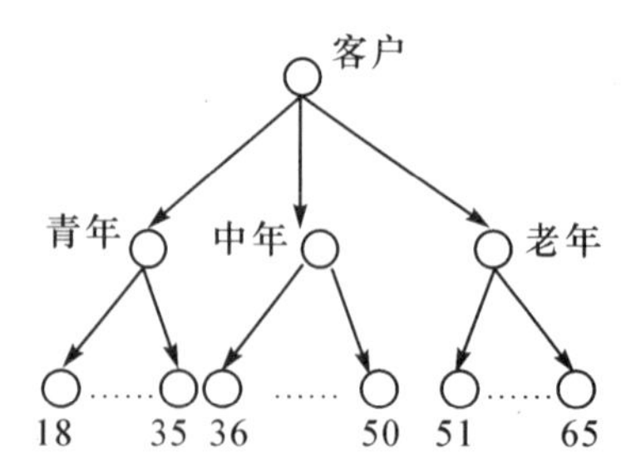

图 3－11　客户年龄属性的概念层次树描述示意（从青年到老年）

手工构造概念层次树是一个费时费力的工作，庆幸的是在数据库模式定义中隐含着许多层次描述。此外也可以通过对数据分布的统计分析自动构造或动态完善出概念层次树。

一、数值概念层次树生成

由于数据范围变化较大，构造数值属性的概念层次树是一件较为困难的事情。利用数据分布分析，可以自动构造数值属性的概念层次树。其中主要有五种构造方法。

（一）bin 方法

本章第二节讨论用于数据平滑的 bin 方法。这些应用也是一种形式的离散化。例如：属性的值可以通过将其分配到各 bin 中，然后利用每个 bin 的均值替换每个 bin 中的值。循环应用这些操作处理每次操作结果，就可以获得一个概念层次树。

（二）直方图方法

本章第四节所讨论的直方图方法也可以用于离散化处理。例如，在等宽直方图中，数值被划分为等大小的区间，如(0,100)，(100,200)，…，(900,1000]。循环应用直方图分析方法处理每次划分结果，从而最终自动获得多层次概念树，而当达到用户指定层次水平后划分结束。最小间隔大小也可以帮助控制循环过程，其中包括指定一个划分的最小宽度或每一个层次每一划分中数值个数等。

（三）聚类分析方法

聚类算法可以将数据集划分为若干类或组。每个类构成了概念层次树的一个节点。每个类还可以进一步分解为若干子类，从而构成更低水平的层次。当然类也可以合并起来构成更高层次的概念水平。

（四）自然划分分段方法

尽管 bin 方法、直方图方法、聚类方法均可以帮助构造数值概念层次树，但许多时候用户仍然使用将数值区间划分为易读懂的间隔，以使这些间隔看起来更加自然直观。例如，将年收入数值属性取值区域分解为[50000，60000]区间要比利用复杂聚类分析所获得的[51263，60872]区间要直观的多。

（五）利用“3－4－5”规则

利用“3－4－5”规则可以将数值量分解为相对统一、自然的区间，“3－4－5”规则通常将一个数值范围划分为 3、4 或 5 个相对等宽的区间；并确定其重要数值位数(基本分解单位)，然后逐层不断循环分解直到均为基本分解单位为止。3－4－5 规则内容描述如下。

(1) 若一个区间包含 3、6、7、9 个不同值，则将该区间(包含 3、6、9 不同值)分解为 3 个等宽小区间；而将包含 7 个不同值分解为分别包含 2 个、3 个和 2 个不同值的小区间(总共也是 3 个)。

(2) 若一个区间包含 2、4、8 个不同值，则将该区间分解为 4 个等宽小区间。

(3) 若一个区间包含 1、5、10 个不同值，则将该区间分解为 5 个等宽小区间。

对指定数值属性的取值范围不断循环应用(上述)3－4－5 规则，就可以构造出相应数值属性的概念层次树。由于数据集中或许存在较大的正数或负数，因此若最初的分解仅依赖数值的最大值与最小值就有可能获得与实际情况相悖的结果。例如：一些人的资产可能比另一些人的资产高几个数量级，而若仅依赖资产最大值进行区间分解，就会得到带有较大偏差的区间划分结果。因此最初的区间分解需要根据包含属性大多数取值的区间（如包含取值从 5％到 95％之间的区域）进行，而将比这一区域边界大或者小的数值分别归入（新增的）左右两个边界区间中。下面将以一个例子来解释说明利用 3－4－5 规则构造数值属性概念层次树的具体操作过程。

例 3.5 假设某个时期内一个商场不同柜面的利润数从－＄351 到＄4700，要求利用 3－4－5规则自动构造利润属性的一个概念层次树，如图 3－12 所示。

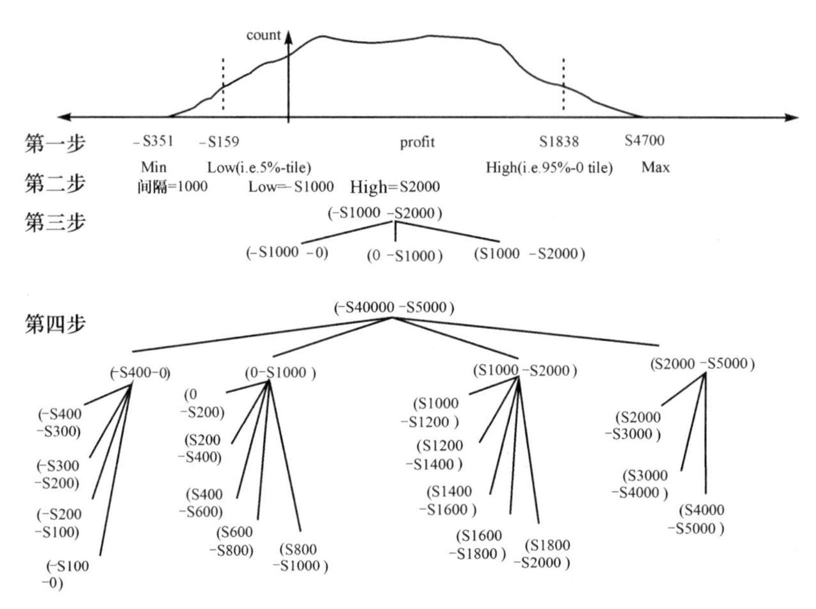

图 3－12 利用 3－4－5 规则自动构造利润属性的一个概念层次树

设在上述范围取值为 5％至 95％的区间为：＄159 至＄1838。而应用 3－4－5 规则具体步骤如下：

（1）属性的最小最大值分别为：MIN＝－＄351、MAX＝＄4700。而根据以上计算结果，取值 5％至 95％的区间范围应为：LOW＝－＄159、HIGH＝＄1838。

（2）依据 LOW 和 HIGH 及其取值范围，确定该取值范围应按 1,000 单位进行区间分解，从而得到：LOW′＝－＄1000、HIGH＝＄2000。

（3）由于 LOW′与 HIGH′之间有 3 个不同值，即［2000－（－1000）］/1000＝3。将 LOW′与 HIGH′之间区间分解为 3 个等宽小区间，它们分别是（－＄1000～0］、（0～＄1000］、（＄1000～＄2000］，并作为概念树的最高层组成。

（4）现在检查原来属性的 MIN 和 MAX 值与最高层区间的联系。MIN 值落入（－＄1000～0］，因此调整左边界，对 MIN 取整后得＄400，所以第一个区间（最左边区间）调整为（－＄400～0］。而由于 MAX 值不在最后一个区间（＄1000～＄2000］，因此需要新建一个区间（最右边区间），对 MAX 值取整后得＄5000，因此新区间就为（＄2000～＄5000］，这样概念树最高层就最终包含 4 个区间，它们分别是：（－＄400～0］、（0～＄1000］、（＄1000～＄2000］、

(\$2000～\$5000]。

(5) 对上述分解所获得的区间继续应用 3－4－5 规则进行分解，以构成概念树的第二层区间组成内容。即：

－5－第一个区间(－\$400～0]分解 4 个子区间，它们分别是(－\$400 ～－\$300]、(－\$300 ～－\$200]、(－\$200 ～－\$100]和(－\$100～0]。

－6－第二个区间(0～\$1000]分解 5 个子区间，它们分别是(0～\$200]、(\$200～\$400]、(\$400～\$600]、(\$600～\$800]和(\$800～\$1000]。

－7－第三个区间(\$1000～\$2000]分解 5 个子区间，它们分别是(\$1000～\$1200]、(\$1200～\$1400]、(\$1400～\$1600]、(\$1600～\$1800] 和(\$1800～\$2000]。

－8－第四个区间(\$2000～\$5000]分解 3 个子区间，它们分别是(\$2000～\$3000]、(\$3000～\$ 4000]和(\$4000～\$5000]。

如果不满足停止条件的话，可以继续应用 3－4－5 规则以产生概念层次树种更低层次的区间内容。

二、类别概念层次树生成

类别数据是一种离散数据。类别属性可取有限个不同的值且这些值之间无大小和顺序。这样的属性有：国家、工作、商品类别等。构造类别属性的概念层次树的主要方法有：

(1) 属性值的顺序关系已在用户或专家指定的模式定义说明。构造属性(或维)的概念层次树涉及一组属性，通过在数据库模式定义时指定各属性的有序关系，可以帮助轻松构造出相应的概念层次树。例如：一个关系数据库中的地点属性将会涉及以下属性：街道、城市、省和国家。根据数据库模式定义时的描述，可以很容易地构造出层次树，即街道＜城市＜省＜国家。

(2) 通过数据聚合来描述层次树。这是概念层次树的一个主要手工构造方法。在大规模数据库中，想要通过穷举所有值而构造一个完整概念层次树是不切实际的，但可以对其中一部分数据进行聚合说明。例如：在模式定义基础构造了省和国家的层次树，这时可以手工加入：{安徽、江苏、山东}⊂华东地区；{广东、福建}⊂华南地区等"地区"中间层次。

(3) 定义一组属性但不说明其顺序。用户可以简单将一组属性组织在一起以便构成一个层次树，但没有说明这些属性相互关系。这就需要自动产生属性顺序以便构造一个有意义的概念层次树。没有数据语义的知识，想要获得任意一组属性的顺序关系是很困难的。有一个重要线索就是：高水平概念通常包含了若干低层次概念。一个高水平概念通常包含了比低层次概念所包含要少一些的不同值。根据这一观察，就可以通过给定属性集中每个属性的一些不同值自动构造一个概念层次树。拥有最多不同值的属性被放到层次树最低层；拥有的不同值数目越少在概念层次树上所放的层次越高。这条启发知识在许多情况下工作效果都很好。在必要时，可以对所获得的概念层次树进行局部调整。

例 3.6 假设用户针对商场地点属性选择了一组属性：街道、城市、省和国家。但没有说明这些属性层次顺序关系。

地点的概念层次树可以通过以下步骤自动产生：

①首先根据每个属性不同值的数目从小到大进行排序，从而获得这样的顺序：国家(15)，省份(65)，城市(3567)，街道(674339)，其中括号内容为相应属性不同值的数目。

②根据所排顺序自顶而下构造层次树，即第一个属性在最高层，最后一个属性在最低层。所获得的概念层次树如图3-13所示。

③最后用户对自动生成的概念层次树进行检查，必要时进行修改以使其能够反映所期望的属性间相互关系。

值得注意的是，上述启发知识并非始终正确。例如，在一个带有时间描述的数据库中，属性涉及不同年(超过12个年份)、不同月和7个不同星期的值，则根据上述自动产生概念层次树的启发知识，可以获得：年<月<星期。星期在概念层次树的最顶层，这显然是不符合实际的。

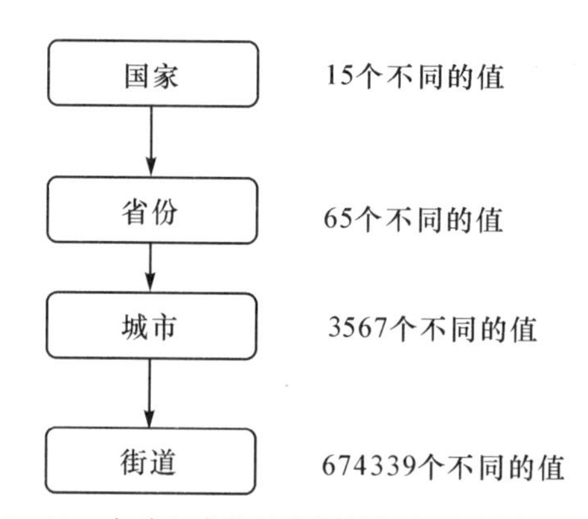

图3-13　自动生成的地点属性概念层次树示意描述

(4) 仅说明一部分属性。有时用户仅能够提供概念层次树所涉及的一部分属性。例如：用户仅能提供与地点属性有关部分属性——街道和城市。在这种情况下就必须利用数据库模式定义中有关属性间的语义联系，来帮助获得构造层次树所涉及的所有属性。必要时用户可以对所获的相关属性集内容进行修改完善。

第六节　使用SSIS对数据进行ETL操作

SQL Server Integration Services(SSIS)是SQL Server商业智能解决方案中非常重要的组成部分，用于生成高性能数据集成和工作流解决方案的平台，可以针对数据仓库进行提取、转换和加载(ETL)操作，这些操作是业务数据转化为分析数据最重要的一步。

SSIS具有企业级数据整合工具的高性能，支持复杂数据流程设计；支持各类复杂数据源；支持Web Services和XML等高级技术；可以动态调试和断点设置等，其功能相当强大。

一、SSIS 的主要功能

SSIS 提供一系列支持业务应用程序开发的内置任务、容器、转换和数据适配器。你无须编写一行代码，就可以创建 SSIS 解决方案来使用 ETL 和商业智能解决复杂的业务问题，管理 SQL Server 数据库以及在 SQL Server 实例之间复制 SQL Server 对象。它的主要功能包括：

（一）合并来自异类数据存储区的数据

数据通常存储在很多个不同的数据存储系统中，从所有源中提取数据并将其合并到单个一致的数据集中确实有一定的难度。这种情况的出现有多个原因。例如：许多单位要对存储在早期数据存储系统中的信息进行归档。这些数据在日常操作中可能不重要，但对于需要收集过去很长一段时间内的数据的趋势分析来说很重要。

单位的各个部门可能会使用不同的数据存储技术来存储操作数据。可能需要先从电子表格以及关系数据库中提取数据；数据也可能存储在不同架构的数据库中，可能需要先更改列的数据类型或将多个列的数据组合到一列中，然后才能合并数据。

Integration Services 可以连接到各种各样的数据源，包括单个包（执行 ETL 的一个任务组合）中的多个源。包可以使用 .NET 和 OLE DB 访问接口连接到关系数据库，还可以使用 ODBC 驱动程序连接到多个早期数据库。包还可以连接到平面文件、Excel 文件和 Analysis Services 项目。

Integration Services 包含一些源组件，这些组件负责从包所连接的数据源中的平面文件、Excel 电子表格、XML 文档和关系数据库中的表及视图提取数据。然后，通常要用 Integration Services 包含的转换功能对数据进行转换。数据转换为兼容格式后，就可以将其物理合并到一个数据集中。

数据在合并成功且应用转换后，通常会被加载到一个或多个目标。Integration Services 包含将数据加载到平面文件、原始文件和关系数据库时所用的目标。数据也可以加载到内存中的记录集中，供其他包元素访问。

（二）填充数据仓库和数据集市

数据仓库和数据集市中的数据通常会定期更新，因此数据加载量通常会很大。Integration Services 包含一个可直接将数据从平面文件大容量加载到 SQL Server 表和视图中的任务，还包含一个目标组件，该组件可以在数据转换过程的最后一步将数据大容量加载到 SQL Server 数据库中。

SSIS 包可配置为可重新启动。这意味着可以从某个预先确定的检查点（包中的某个任务或容器）重新运行包。重新启动包这一功能可节省很多时间，尤其是包需要处理来自一大批源的数据时。

可以用 SSIS 包加载数据库中的维度表和事实数据表。如果维度表的源数据存储在多个数据源中，包可以将该数据合并到一个数据集中，并在单个进程中加载维度表，而不是为每个数据源使用单独的进程。

Integration Services 还可以在数据加载到其目标之前计算函数。如果数据仓库和数据集市存储了聚合信息，那么 SSIS 包可以计算 SUM、AVERAGE 和 COUNT 之类的函数。SSIS 转换还可以透视关系数据，并将其转换为不太规范的格式，以便更好地与数据仓库中的表结构相兼容。

（三）清除数据和将数据标准化

无论数据是加载到联机事务处理、联机分析处理数据库、Excel 电子表格还是加载到文件，都需要在加载前将数据进行清理和标准化。

Integration Services 包含一些内置转换，可将其添加到包中以清理数据和将数据标准化、更改数据的大小写、将数据转换为不同类型或格式或者根据表达式创建新列值。例如，包可将姓列和名列连接成单个全名列，然后将字符更改为大写(针对英文姓名情况)。

Integration Services 包还可以使用精确查找或模糊查找来找到引用表中的值，通过将列中的值替换为引用表中的值来清理数据。通常，包首先使用精确查找，如果该查找方式失败，再使用模糊查找。例如，包首先尝试通过使用产品的主键值来查找引用表中的产品名。如果此搜索无法找到产品名，包再尝试使用产品名模糊匹配方式进行搜索。

另一种转换通过将数据集中相似的值分组到一起来清理数据。有些记录可能是重复的，所以不应未经进一步计算就将其插入到数据库中。这种转换对识别此类记录很有用。例如，通过比较客户记录中的地址可以识别许多重复的客户。

（四）将商业智能置入数据转换过程

数据转换过程需要内置逻辑来动态响应其访问和处理的数据。可能需要根据数据值对数据进行汇总、转换和分发。根据对列值的评估，该过程甚至可能需要拒绝数据。若要满足此需求，SSIS 包中的逻辑可能需要执行以下类型的任务：

(1) 合并来自多个数据源的数据。

(2) 计算数据并应用数据转换。

(3) 根据数据值将一个数据集拆分为多个数据集。

(4) 将不同的聚合应用到一个数据集的不同子集。

(5) 将数据的子集加载到不同目标或多个目标。

Integration Services 提供了用于将商业智能置入 SSIS 包的容器、任务和转换。容器通过枚举文件或对象和计算表达式来支持重复运行工作流。包可以计算数据并根据结果重复运行工作流。例如，如果日期在当月，则包执行某一组任务；如果不在，则包执行另一组任务。使用输入参数的任务也可以将商业智能置入包中。例如，输入参数的值可以筛选任务检索的数据。

转换可以计算表达式，然后根据结果将数据集中的行发送到不同的目标。数据划分完成后，包可以对数据集的每个子集应用不同的转换。例如，表达式可以计算日期列，添加相应期间的销售数据，然后仅存储摘要信息。

还可以将一个数据集发送到多个目标，然后对此相同数据应用不同的转换集。例如，一组转换可以汇总此数据，而另一组转换通过查找引用表中的值并添加其他源的数据来扩展此数据。

（五）使管理功能和数据加载自动化

管理员经常希望将管理功能自动化，如备份和还原数据库、复制 SQL Server 数据库及其包含的对象、复制 SQL Server 对象和加载数据。Integration Services 包可以执行这些功能。Integration Services 包含专为以下目的设计的任务：

（1）复制 SQL Server 数据库对象，例如表、视图和存储过程。

（2）复制 SQL Server 对象，例如数据库、登录和统计信息。

（3）使用 Transact-SQL 语句添加、更改和删除 SQL Server 对象和数据。

OLTP 或 OLAP 数据库环境的管理通常包括数据的加载。Integration Services 包含几个使数据大容量加载更加便利的任务。可以使用某个任务将文本文件中的数据直接加载到 SQL Server 表和视图中，还可以在对列数据应用转换后使用目标组件将数据加载到 SQL Server 表和视图。

Integration Services 包可运行其他的包。包含多个管理功能的数据转换解决方案可分为多个包，使管理和重用包更为容易。

如果需要在不同的服务器上执行相同的管理功能，可以使用包。包可以使用循环对服务器进行枚举并在多台计算机上执行相同的功能。为了支持 SQL Server 的管理，Integration Services 提供了可以遍历 SQL 管理对象（SMO）的对象的枚举器。例如，包可使用 SMO 枚举器对某个 SQL Server 安装中的 Jobs 集合中的每个作业执行相同的管理功能。

二、SSIS 的体系结构

（一）SSIS 平台组件

SSIS 平台包括许多组件，在最高层次上，它由以下 4 个关键部分组成：

（1）Integration Services 服务，是一种 Windows 服务，提供了存储和管理 SSIS 包的功能。

（2）Integration Services 对象模型，是一个托管.NET 应用程序编程接口（API），支持工具、实用工具和组件与 SSIS 运行时和数据流引擎交互。

（3）Integration Services 运行时，提供了 SSIS 包所需的核心功能，包括执行、记录、配置、调试等。运行时的可执行文件包括包、容器、任务、事件处理程序以及自定义任务。

（4）数据流引擎，也称为管道，提供了将数据从源移动到 SSIS 包中的目标所需的核心 ETL 功能，包括管理管道所基于的内存缓冲区，以及组成包的数据流逻辑的源、转换和目标。数据流引擎还管理修改数据的转换及加载数据。

各关键部分之间的关系如图 3－14 所示。

要运行 SSIS，首先需要在 SQL Server 配置管理器中开启其服务。我们可以通过 SQL Server Management Studio 监视 Integration Services 包的运行并管理包的存储。

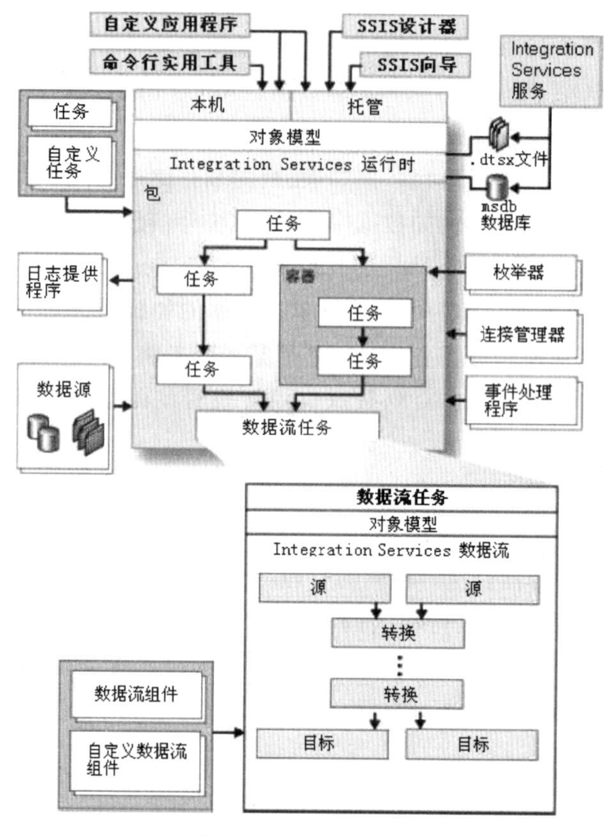

图 3－14　SSIS 结构

从图 3－14 中我们可以看到，SSIS 是通过包来管理复杂的数据整合任务，通过控制流、数据流和事件处理程序等组件来处理这些任务。控制流由容器、任务和优先约束等控制流元素构造而成。容器提供包中的结构并给任务提供服务，任务在包中提供功能，优先约束将容器和任务连接成一个控制流。数据流由提取数据的源、修改和聚合数据的转换、加载数据的目标，以及将数据流组件的输出和输入连接为数据流的路径等元素构造而成。

注　意

我们必须通过 Business Intelligence Development Studio（BIDS）平台设计和执行 SSIS 包，此时并不需要启动 SSIS 服务。可以在 SQL Server Management Studio 使用导入和导出向导，通过用鼠标右键点击某个数据库，然后单击“导入数据”或“导出数据”，快速地将数据从数据源导入或导出至目标。在这个向导中，可以选择整个对象（表或者视图），也可以编写一个查询来检索一个子集。可以将此向导的结果保存为 SSIS 包，然后在 BIDS 开发环境中编辑此包。包的运行可以在 BIDS 环境中运行，由于在包执行时更新图形的开销很大，因此 BIDS 执行包的速度非常慢，因此可以使用 dtexec.exe 命令行工具运行包。Dtexec 提供了广泛的选项和开关，支持配置高级执行设置，幸运的是，我们无须记住并编写这些选项，可以通过图形化工具 DtexecUI.exe 来自动完成。

图 3－15 为 SSIS 项目的工作环境，它可以执行下列任务：

（1）在包中构造控制流。

（2）在包中构造数据流。

（3）将事件处理程序添加到包和包对象。

（4）查看包内容。

（5）在运行时查看包的执行进度。

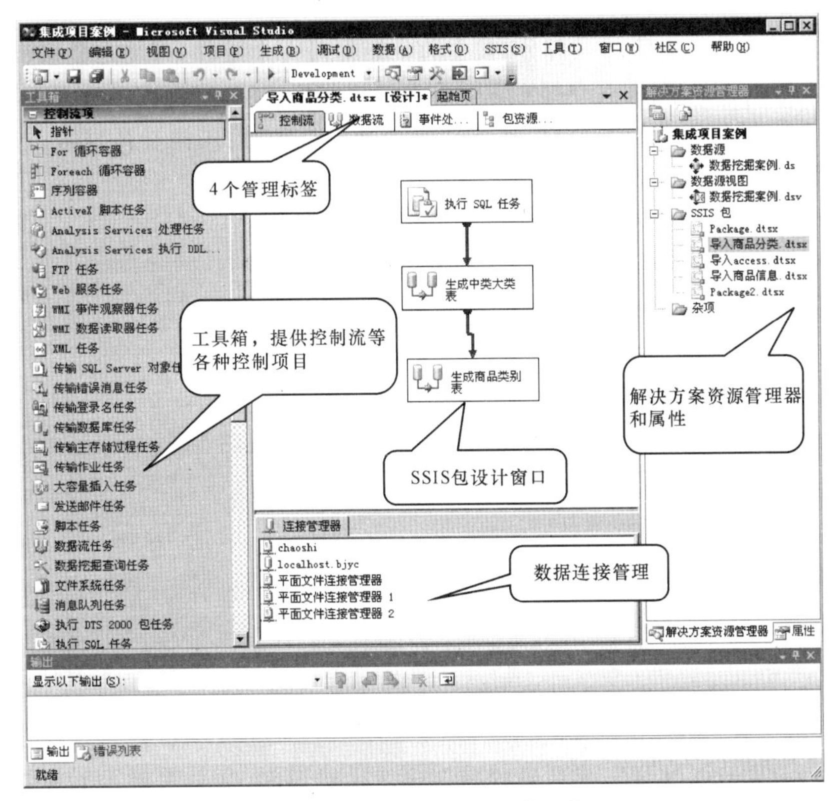

图 3－15　SSIS 项目的工作环境

（二）SSIS 设计器

SSIS 设计器有 4 个管理标签，分别用于生成控制流、数据流、事件处理程序和包资源管理器，运行时将出现第五个管理标签，显示包在运行时的执行进度，以及完成后的执行结果。

下面从左到右，从上往下分别介绍其功能。

（1）工具箱：图 3－15 窗口左边的工具箱包含了在设计过程中所需要的组件，对“控制流”和“数据流”都有不同的组件。在设计 SSIS 包的时候，主要的工作就是把相关的组件从“工具箱”中拖拽到设计窗口，再设置相应的属性。

（2）控制流：控制流选项卡是定义包的执行逻辑的地方。包的控制流包括需要完成的某一具体任务、提供循环和分组功能的容器，以及确定任务执行顺序的优先约束。图 3－15

中间显示的就是由 3 个任务组成一个控制流。从图 3-15 中可以看出，每个矩形是一个单独的任务，任务通过箭头连接起来，这些箭头就是优先约束。可以使用选项来配置任务之间的优先约束，这些选项包括条件执行（如成功、失败或完成）和基于表达式结果的执行。

（3）数据流：数据流是实现包的核心功能的地方。一般一个包至少需要包含一个控制流，但可以没有数据流，或者有一个或多个数据流。每个数据流包含一些数据源组件、数据转换组件，以及加载到目标系统的数据目标组件。SSIS 尝试完全在内存中执行所有数据转换，因此所有数据转换执行速度非常快。

图 3－16 显示了数据流的一部分，其中每个矩形是一个组件，可能是数据源组件、数据转换组件或者数据目标组件，各个矩形通过彩色箭头连接，这些箭头标识数据从源流向目标的数据流路径。在实际软件中绿色箭头为成功的数据行的路径，而红色箭头表示失败的数据行的路径，因图 3－16 为黑白图而无法显示相应颜色。

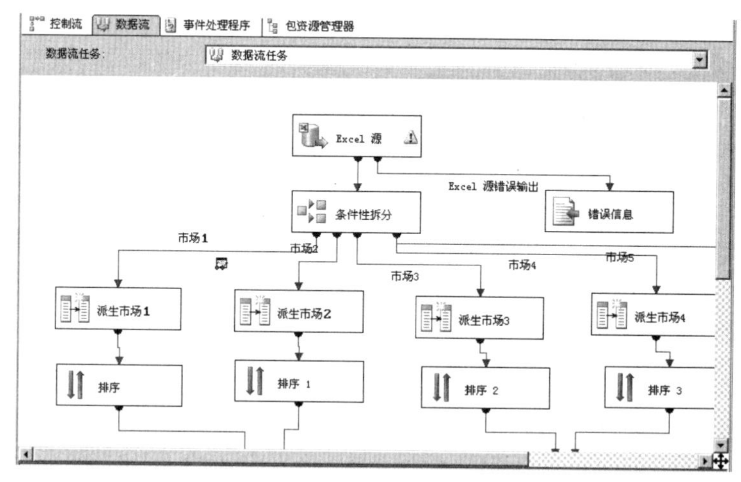

图 3－16　数据流

在数据流中我们可以预先设定当数据处理发生错误时，那些失败的数据流向哪个目标，如在图 3－16 中双击 Excel 源组件，可以设置它的错误输出。如图 3－17 所示，当组件运行发生错误时，可以有 3 种处理方式：组件失败、忽略失败、重定向行。“组件失败”是指当该组件运行失败时，包的运行会立即停止，而这个组件会以红色标记显示发生失败。“忽略失败”是指当该组件运行发生错误时，包仍会继续往下运行，而如果选择“重定向行”，则需要在数据流中配置一个输出目标作为存放错误行的地方以便运行后查看哪些错误记录。

（4）事件处理程序：每个包可以有多个事件处理程序，每个事件处理程序都被附加到特定任务、容器或者包本身的特定事件上（如 OnError 或 OnPreExecute）。图 3－18 可以看到一组可用的 SSIS 事件处理程序，其中最常用的事件处理程序是 OnError。选择一种触发的事件，点击屏幕中间的“创建”文字，即可创建一个事件处理程序，事件处理程序的流程和数据流的创建类似。

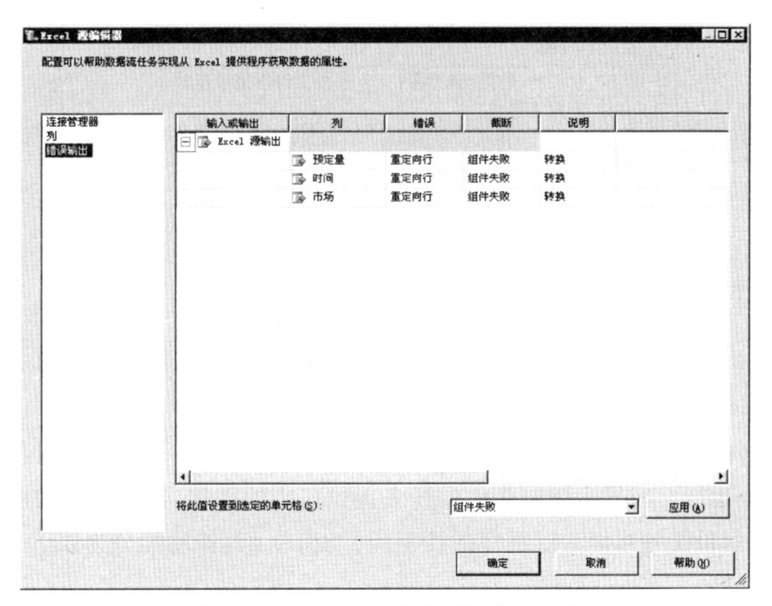

图 3-17　OLE DB 数据源的错误输出

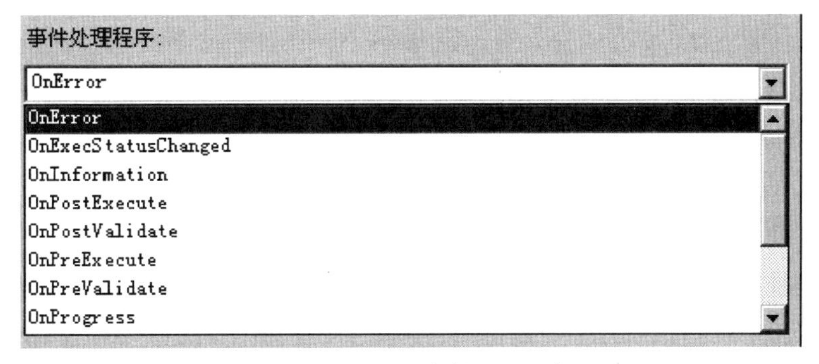

图 3-18　SSIS 事件处理程序

(5) 包资源管理器：包可以很复杂，包括多项任务、连接管理器、变量和其他元素。点击“包资源管理器”选项卡，在包的资源管理器视图中，可以查看完整的包元素列表。

(6) 进度/执行结果(运行包时出现)：在包运行过程中，“进度”选项卡显示包的执行进度。在包运行完毕后，“执行结果”选项卡上就会显示执行结果。

(7) 连接管理器区域：连接管理器是连接的逻辑表示，它充当着围绕物理数据库连接(如关系数据库连接、文件连接、FTP 连接等)的包装器，任务和组件通过它访问包外部的资源。例如，当“执行 SQL”任务需要执行存储过程时，它必须使用连接管理器连接到目标数据库。当 FTP 任务需要从 FTP 服务器下载任务时，它必须使用一个连接管理器连接到该 FTP 服务器。总之，只要 SSIS 包中的任务或组件需要访问包外部的资源，它就会通过连接管理器来实现。“连接管理器”区域位于设计器的下方，如图 3-19 所示。

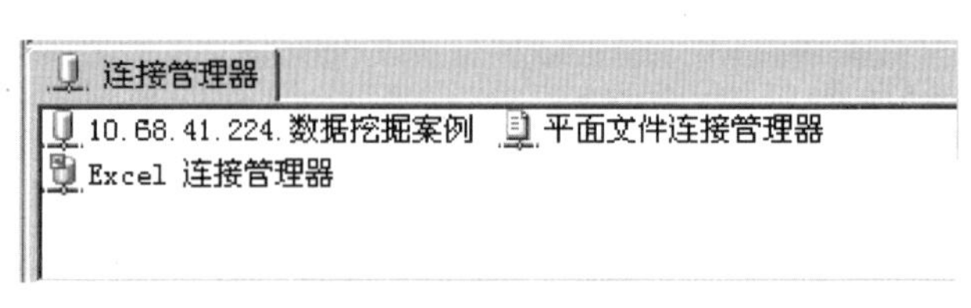

图 3-19　连接管理器

三、SSIS 包主要对象

一个 SSIS 包的创建过程，会用到任务、容器、数据源和目标，以及转换等 SSIS 元素。其中，任务有数据流任务和文件系统任务，它们分别完成数据流控制和将文件复制到备份文件夹；序列容器组件是把数据流和文件系统任务打包成一个整体。只有这些组件协同运作，一个包才能顺利地运行。容器为控制流中的任务提供包中的结构，任务提供功能，优先约束将可执行文件、容器和任务连接为已排序的控制流。SSIS 工具按功能分为以下几种。

（一）包

包(package)是最重要的 SSIS 对象。包是一个有组织的集合，其中可包括连接、控制流元素、数据流元素、事件处理程序、变量和配置。包有 3 种创建方式，包括使用 SQL Server 导入和导出向导、使用 SSIS 设计器及编程实现。

首次创建包后，包是一个空对象，通过向包内添加任务组件，如执行 SQL 任务、数据流任务及相关的任务组件，来完成一个特定的工作。

（二）容器

容器、任务及优先约束都属于控制流元素。SSIS 主要包括 3 类容器。一个是 Foreach 容器，其作用是枚举一个集合，并对该集合的每个成员重复其控制流；另一个是 For 循环容器，用于重复其控制流，直到指定表达式的计算结果为 False 为止；第三个是序列容器，它可以在容器内定义控制流的子集，并将任务和容器作为一个单元来管理。

（三）任务

任务是一些控制流元素，它定义包控制流中执行的工作单元。工具箱中含有很多任务组件，按完成的功能分为以下 5 种。

(1) 数据流任务：用于运行数据流以提取数据、应用列及转换和加载数据。数据流任务的完成需要很多数据流组件。由于 SSIS 的主要作用是对数据进行 ETL 操作，因此数据流任务使用得相当频繁。

(2) 数据准备任务：用于复制文件和目录、下载文件和数据、执行 Web 方法和对 XML 文档应用操作。数据准备任务主要包括文件系统任务、FTP 任务、Web 服务任务和 XML 任务等。

(3) 工作流任务：工作流任务与其他进程通信以运行包、程序或批处理文件的形式，在包之间发送和接收消息、发送电子邮件、读取 Windows Management Instrumentation (WMI)数据和监视 WMI 事件。

工作流任务按照对象可以分为执行包任务、执行进程任务(Windows 系统中安装的可执行程序)、消息队列任务、发送邮件任务、WMI 数据读取器和 WMI 事件观察器任务。

(4) SQL Server 任务：用于访问、复制插入、删除和修改 SQL Server 对象和数据。作为数据提取、转换和加载的工具。其中包括大容量插入任务、执行 SQL 任务、传输数据库任务、传输错误消息任务、传输作业任务、传输登录名任务、传输主存储过程任务和传输 SQL Server 对象任务。

(5) 维护任务：用于执行管理功能，如备份和收缩 SQL Server 数据库。

(四) 优先约束

优先约束将包中的可执行文件、容器和任务链接成控制流，并指定可执行文件是否允许的条件。例如，第一个 SQL 任务是加载一个维度表，第二个 SQL 任务是加载事实数据表，但是如果维度表任务未能成功完成，可能不希望加载事实表，而是向操作人员发送一封电子邮件，通知他加载过程失败。

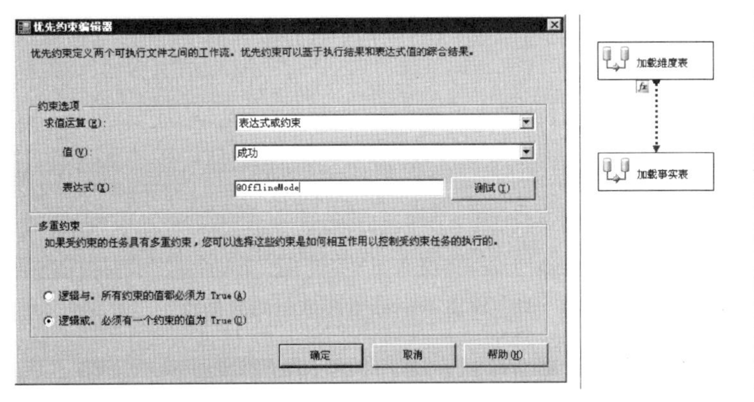

图 3-20　SSIS 控制流和“优先约束编辑器”

如图 3-20 所示，优先约束链接了两个数据流任务，其中“加载维度表”是优先可执行文件，而“加载事实表”是受约束的可执行文件，优先可执行文件先于受约束的可执行文件运行，而优先可执行文件的执行结果决定受约束的可执行文件是否允许。

优先约束的属性可以通过属性窗口进行修改。

四、创建并运行一个简单的包

在这节中将了解如何在 Integration Services 项目中创建包，并学习如何使用 Integration Services 工具。

(一) 使用 SQL Server 导入和导出向导

SQL Server 导入和导出向导为构造基本包在数据源之间复制数据提供了一种最为简单的方法。SQL Server Management Studio 可提供 SQL Server 导入和导出向导，用于生成执行数据传输的包。

运行 SQL Server Management Studio，连接到数据库实例，选中“AdventureWorks”数

据库，点击鼠标右键，在弹出的菜单中选择“任务”——“导出数据...”，出现导入/导出向导。如图 3-21 所示。我们需要将客户信息从数据库导出至 Excel 文件中，所以单击“下一步”，在目标中选择 Microsoft Excel，并输入保存的文件名“客户信息.xls”，如图 3-22 所示。

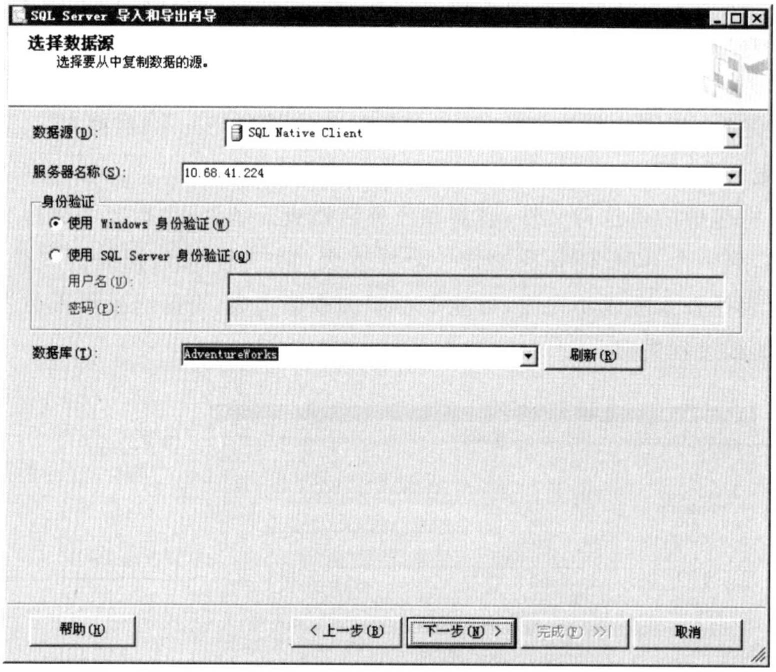

SQL Server 导入和导出向导
选择数据源
选择要从中复制数据的源。
数据源(D):
SQL Native Client
服务器名称(S):
10.68.41.224
身份验证
使用 Windows 身份验证(W)
使用 SQL Server 身份验证(Q)
用户名(U):
密码(P):
数据库(T):
AdventureWorks
刷新(R)
帮助(H)
< 上一步(B)
下一步(N) >
完成(F) >>|
取消

图 3-21　SQL Server 导出数据的数据源

SQL Server 导入和导出向导
选择目标
指定要将数据复制到何处。
目标(D):
Microsoft Excel
Excel 连接设置
Excel 文件路径(X):
E:\实验\客户信息.xls
浏览(W)...
Excel 版本(V):
Microsoft Excel 97-2005
首行包含列名称(F)
帮助(H)
< 上一步(B)
下一步(N) >
完成(F) >>|
取消

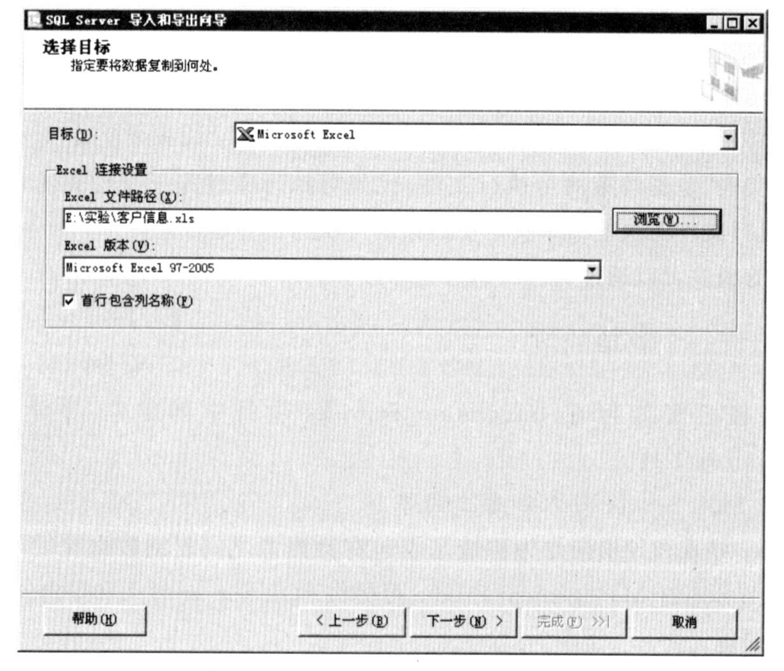

图 3-22　SQL Server 导出数据的目标

点击下一步，从源数据库 AdventureWorks 中选择需要导出的表，在选择源表和视图界面中，找到[Sales].[Customer]表，选中后点击下一步。如图 3－23 所示。在最后一步，我们可以把这次的导出任务保存为一个 SSIS 包，以便在今后继续使用，或者进行修改后使用。设置结束后，系统就开始执行导出任务，将 Customer 表中的数据导出至客户信息.xls 文件中。

图 3－24 显示导出数据成功，共传输了 19185 行数据。

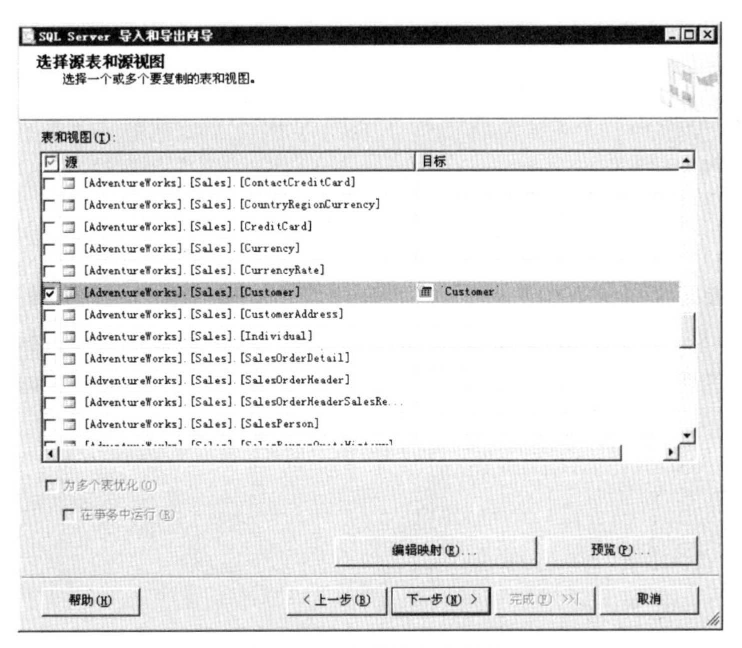

图 3－23 选择要导出的表

图 3－24 导出数据成功

二维码 3－1

导入导出向导为我们提供了简便的数据转移方法，但如果需要很复杂的数据处理，就需要在 SSIS 设计器中对包进行增强，或者直接通过 SSIS 创建一个包。

扫描二维码 3－1，查看第三章中使用 SQL Server 导入和导出向导的操作演示。

（二）创建一个简单 ETL 包

我们将创建一个 ETL 包，首先读取文本文件 Sample Currency Data. txt 中的数据，然后将其中的两列数据进行转换，最终将其导入至 Adbenture Works DW 数据库中的 Fact Currency Rate 表中。

1.理解源数据和目标数据

创建包之前，需要充分了解源数据和目标数据中的内容和使用的格式。了解了这两种数据格式后，才能定义将源数据映射到目标数据所需的转换。对于本例，源数据是一组包含在平面文件 Sample Currency Data. txt 中的历史货币数据。源数据有四列，分别是：货币的平均汇率、货币代码、日期和当天汇率（美元兑该货币），每列以 tab 键作为分隔。下面是 Sample Currency Data. txt 文件中所包含的源数据示例：

1 USD 7/1/2001 0：00 0.99980004

1 USD 7/2/2001 0：00 1.000900811

1 USD 7/3/2001 0：00 0.99960016

1 USD 7/4/2001 0：00 1

1 USD 7/5/2001 0：00 0.99960016

我们的任务是将源数据导入至数据仓库 AdventureWorksDW 中的事实数据表 Fact Currency Rate 中。Fact Currency Rate 事实数据表也有四列，其中两列与两个维度表有关系，如表 3－1 所示。

表 3－1　事实数据表 Fact Currency Rate 结构说明

列名	数据类型	查找表	查找列
CurrencyKey	Int（外键）	DimCurrency	CurrencyKey（主键）
TimeKey	Int（外键）	DimTime	TimeKey（主键）
AverageRate	Float	无	无
EndOfDayRate	Float	无	无

通过对源数据和目标数据的分析，源数据中的货币代码、日期两列数据和目标表中的 CurrencyKey、TimeKey 两列数据内容不相符，因此源数据不能直接导入至目标表中，而是需要通过查找两张维度表 DimCurrency 和 DimTime 来获取 CurrencyKey 和 TimeKey 值，然后才能导入数据。表 3－2 显示了源文件和目标表及维度表对应列之间的映射关系。

表 3-2 源文件和相关表列的映射关系

平面文件列	相关表名称	对应列名称	数据类型
0	FactCurrencyRate(目标表)	AverageRate	Float
1	DimCurrency(查找表)	CurrencyAlternateKey	nchar(3)
2	DimTime(查找表)	FullDateAlternateKey	Datetime
3	FactCurrencyRate(目标表)	EndOfDayRate	Float

2.创建一个新的 Integration Services 项目

运行 SQL Server Business Intelligence Development Studio。在"文件"菜单上,指向"新建",再单击"项目",以创建一个新的 Integration Services 项目。在"新建项目"对话框的"模板"窗格中,选择"Integration Services 项目"。在"名称"框中,将默认名称更改为"货币兑换数据导入"。单击"确定"。如图 3-25 所示。

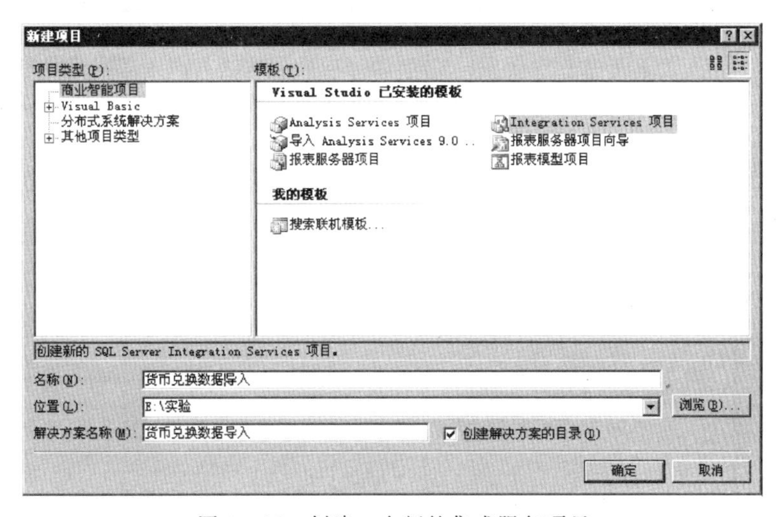

图 3-25 创建一个新的集成服务项目

项目创建后,在默认情况下,将自动创建一个名为 Package.dtsx 的空包,并将该包添加到项目中。在解决方案资源管理器工具栏上,右键单击 Package.dtsx,再单击"重命名",将默认包重命名为"货币兑换数据导入.dtsx"。在系统提示是否重命名包对象时,单击"是"。

3.添加和配置平面文件连接管理器

由于我们将读取.txt 文件,所以我们首先需要创建一个平面文件连接管理器。通过平面文件连接管理器,可以指定包从平面文件中提取数据时要应用的文件的名称与位置、区域设置与代码页以及文件格式,其中包括列分隔符。另外,还可以为各个列手动指定数据类型。

注 意

在使用平面文件源数据时，需要了解平面文件连接管理器如何解释平面文件数据，这一点很重要。如果平面文件源是 Unicode 编码的，则平面文件连接管理器将所有列定义为 [DT_WSTR]，默认列宽为 50。如果平面文件源是 ANSI 编码的，则将列定义为 [DT_STR]，默认列宽为 50。

平面文件连接管理器创建的步骤如下。

步骤 1：添加平面文件连接管理器。

右键单击"连接管理器"区域中的任意位置，再单击"新建平面文件连接..."。在"平面文件连接管理器编辑器"对话框的"连接管理器名称"空格中，键入"货币兑换数据平面文件"。单击"浏览"，找到示例文件所在目录，并打开 SampleCurrencyData.txt 文件，如图 3-26 所示。

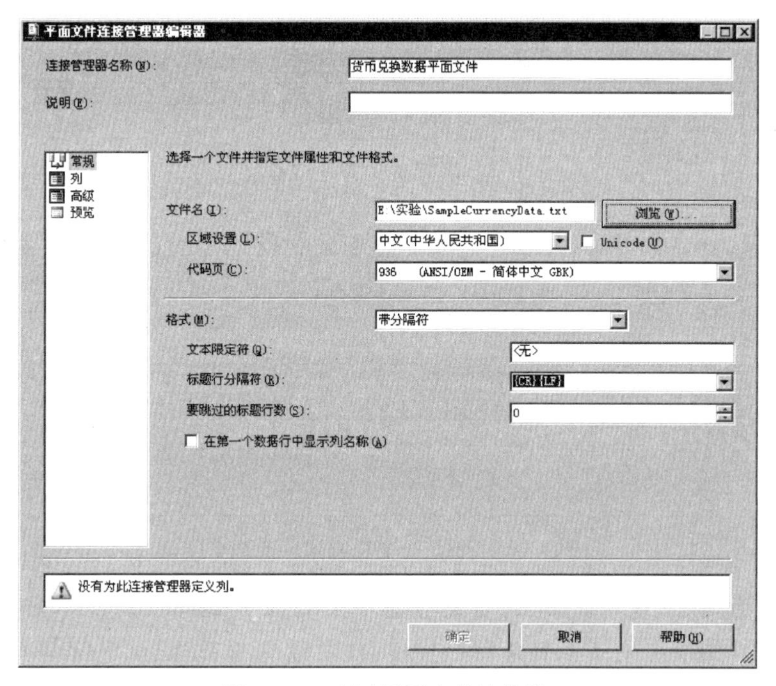

图 3-26　创建平面文件连接器

步骤 2：重命名平面文件连接管理器中的列。

在"平面文件连接管理器编辑器"对话框左侧列表中，单击"高级"。在"属性"窗格中，按照表 3-3 进行如下更改。（在默认情况下，系统会自动检测到有 4 列，列名为：列 0，列 1，列 2，列 3。）

表 3-3 平面文件列名称修改

平面文件缺省列名	新列名
列 0	AverageRate
列 1	CurrencyID
列 2	CurrencyDate
列 3	EndOfDayRate

步骤 3：重新映射列数据类型。

系统为每列设置的缺省数据类型为 string [DT_STR]，宽度为 50。但是与目标表中的列要求的数据类型却不尽相同(显示在表 3-4 的最后一列)。因此，对每列的数据类型按照表 3-4 的第二列进行修改。

表 3-4 平面文件列的数据类型

平面文件列名	设置新的数据类型	目标列	目标类型
AverageRate	Float [DT_R4]	FactCurrencyRate.AverageRate	Float
CurrencyID	String [DT_WSTR]	DimCurrency，CurrencyAlternateKey	nchar(3)
CurrencyDate	Date [DT_DBTIMESTAMP]	DimTime.FullDateAlternateKey	datetime
EndOfDayRate	Float [DT_R4]	FactCurrencyRate.EndOfDayRate	Float

修改完毕后，单击“确定”。

4.添加和配置 OLE DB 连接管理器

数据的导入目标是 SQL Server 数据库，所以我们需要添加用于连接到目标的 OLE DB 连接管理器，以连接到数据仓库 AdventureWorksDW 的本地实例。只要是访问同一个数据库，这个 OLE DB 连接管理器都可以重复地被引用。

按照以下步骤添加和配置 OLE DB 连接管理器

步骤 1：右键单击连接管理器区域中的任意位置，再单击“新建 OLE DB 连接...”。

步骤 2：在弹出的“配置 OLE DB 连接管理器”对话框中，单击“新建”。

步骤 3：在“服务器名称”中，输入 localhost。localhost 指定为本地计算机上 Microsoft SQL Server 的默认实例。若要使用 SQL Server 的远程实例，请将 localhost 替换为要连接到的服务器的名称或 IP 地址。

步骤 4：在“登录到服务器”组中，确认选择了“使用 Windows 身份验证”。

步骤 5：在“连接到数据库”组的“选择或输入数据库名称”框中，键入或选择 AdventureWorksDW。

步骤 6：单击“测试连接”，验证指定的连接设置是否有效。

步骤 7：单击“确定”。

步骤 8：在“配置 OLE DB 连接管理器”对话框的“数据连接”窗格中，确认选择了 localhost.AdventureWorksDW。

步骤 9：单击“确定”。

5.在包中添加数据流任务

为源数据和目标数据创建了连接管理器后，下一个任务是在包中添加一个数据流任务。数据流任务将完成数据源和目标之间移动数据的数据流引擎，并提供在移动数据时转换、清除和修改数据的功能。大部分的数据提取、转换和加载(ETL)进程均在数据流任务中完成。

按以下步骤添加一个数据流任务。

步骤 1：单击“控制流”选项卡。

步骤 2：在“工具箱”中，展开“控制流项”，并将一个数据流任务拖到“控制流”选项卡的设计图面上。

步骤 3：在“控制流”设计图面中，右键单击新添加的数据流任务，再在弹出的菜单中单击“重命名”，将名称更改为“导入货币兑换数据”。考虑到易用性和可维护性，名称应说明每个任务执行的功能。给添加到设计图面的所有组件命名唯一且明确的名称是一个好习惯。

创建的数据流任务如图 3－27 所示。

导入货币兑换数据

图 3－27　数据流任务

6.添加并配置平面文件源

在此任务中，将向 SSIS 包中添加一个平面文件源并对其进行配置。平面文件源是一个数据流组件，它使用平面文件连接管理器定义的元数据来指定转换过程中要从此平面文件提取的数据的格式和结构。

按以下步骤添加平面文件源组件。

步骤 1：打开“数据流”设计器，可以通过双击前面创建的“导入货币兑换数据”数据流任务或单击“数据流”选项卡进行切换。

步骤 2：在“工具箱”中，展开“数据流源”，然后将“平面文件源”拖动到“数据流”选项卡的设计图面上。右键单击新添加的“平面文件源”，单击“重命名”，然后将该名称更改为“打开货币兑换数据文件”，如图 3－28 所示。

图 3－28　平面文件源

步骤 3：右键单击此“打开货币兑换数据文件”的平面文件源，在弹出的菜单中打开“平面文件源编辑器”对话框。在“平面文件连接管理器”框中选择前面创建的平面文件连接器名“货币兑换数据平面文件”。可以“预览”察看文件中的数据。

步骤 4：单击“列”并验证列名是否正确。

步骤 5：单击“确定”。

7.添加并配置查找转换

这一步任务是定义获取 CurrencyKey 和 TimeKey 的值所需的查找转换。查找转换通过将指定输入列中的数据连接到引用数据集中的列来执行查找。引用数据集可以是现有表或视图、新表或 SQL 语句的结果。查找转换使用 OLE DB 连接管理器连接到包含引用数据集源数据的数据库。

在本例中，我们将向包中添加以下两个查找转换组件并对其进行配置。

一个转换是根据平面文件中匹配的 CurrencyID 列值对 DimCurrency 维度表的 CurrencyKey 列中的值执行查找。

另一个转换是根据平面文件中匹配的 CurrencyDate 列值对 DimTime 维度表的 TimeKey 列中的值执行查找。

按以下步骤添加并配置 CurrencyKey 查找转换。

步骤 1：在“工具箱”中，展开“数据流转换”，然后将“查找”拖动到“数据流”选项卡的设计图面上。

步骤 2：单击前面创建的“打开货币兑换数据文件”平面文件源，并将绿色箭头拖动到新添加的“查找”转换中，以连接这两个组件。

步骤 3：在“数据流”设计图面上，右键单击新添加的“查找”转换，单击“重命名”，然后将该名称更改为“查找 Currency Key”。

步骤 4：双击“查找 Currency Key”转换组件，在“查找转换编辑器”对话框的“OLE DB 连接管理器”框中，确保显示 localhost.AdventureWorksDW。在“使用表或视图”框中，选择表 [dbo].[DimCurrency]。

步骤 5：单击“列”选项卡，在“可用输入列”面板中，将 CurrencyID 拖放到“可用查找列”面板的 CurrencyAlternateKey 上（会显示有一根线相连接，表示这两列的数据关联）。

步骤 6：点击 CurrencyKey 前的选择框，单击“确定”，如图 3－29 所示。

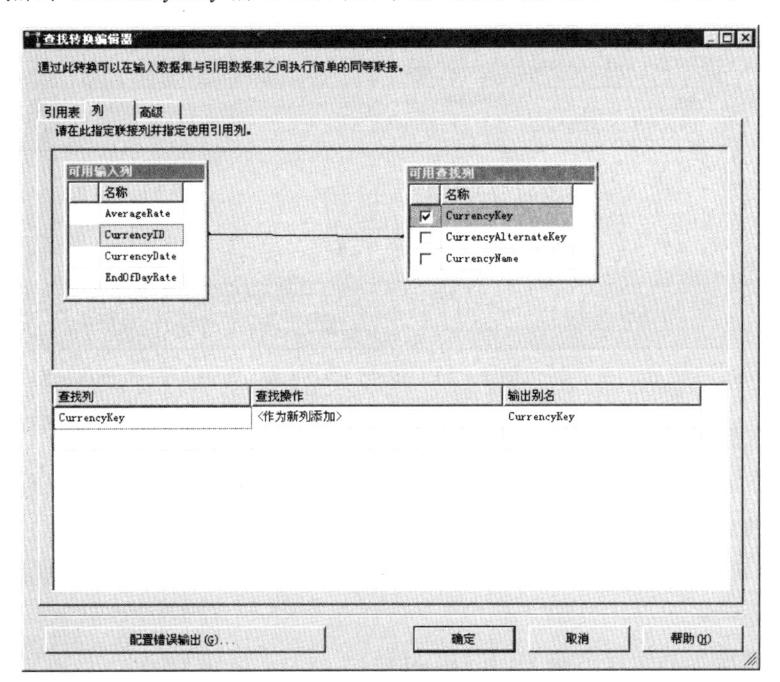

图 3－29　查找列 CurrencyKey

按以下步骤添加并配置 DateKey 查找转换。

步骤 1：在“工具箱”中，将“查找”拖动到“数据流”设计图面上。然后将该名称更改为“查找 Time Key”。

步骤 2：单击前面创建的“查找 Currency Key”组件，并将绿色箭头拖动到新添加的“查找 Time Key”转换中，以连接这两个组件。

步骤 3：双击“查找 Time Key”，在“查找转换编辑器”对话框的“OLE DB 连接管理器”框中，确保显示了 localhost. AdventureWorksDW。在“使用表或视图”框中，选择 [dbo]. [DimTime]。

步骤 4：单击“列”选项卡，在“可用输入列”面板中，将 CurrencyDate 拖放到“可用查找列”面板的 FullDateAlternateKey 上（你会发现，可用输入列中已经添加了新的一列：CurrencyKey，这是在上一个查找任务中实现的）。

步骤 5：选择 TimeKey 左侧的选择框，单击“确定”，如图 3－30 所示。

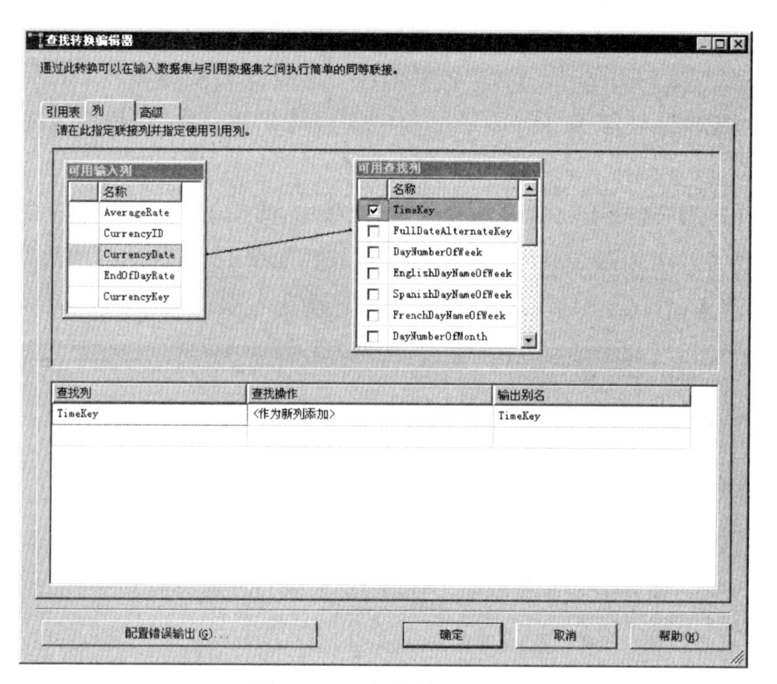

图 3－30　查找 TimeKey

8.添加和配置 OLE DB 目标

前面完成的包现在可以从平面文件源提取数据，并将数据转换为与目标兼容的格式。下一个任务是将已转换的数据实际加载到目标。若要加载数据，你必须将 OLE DB 目标添加到数据流。OLE DB 目标可以使用数据库表、视图或 SQL 命令将数据加载到各种 OLE DB 兼容的数据库中。

按以下步骤添加和配置示例 OLE DB 目标。

步骤 1：在“工具箱”中，展开“数据流目标”，并将“OLE DB 目标”拖到“数据流”选项卡的设计图面上。将名称更改为“导入至 OLE DB 目标表”。

步骤 2：单击“查找 TimeKey”转换，并将绿色箭头拖到新添加的“OLE DB 目标”上，以便将两个组件连接在一起。

步骤 3：双击“导入至 OLE DB 目标表”，在“OLE DB 目标编辑器”对话框中，确保已在“OLE DB 连接管理器”框中选中 localhost.AdventureWorksDW，在“表或视图的名称”框中，选择 [dbo].[FactCurrencyRate]。

步骤 4：单击左边的“映射”，确保输入列已正确映射到目标列，单击“确定”，如图 3 - 31 所示。

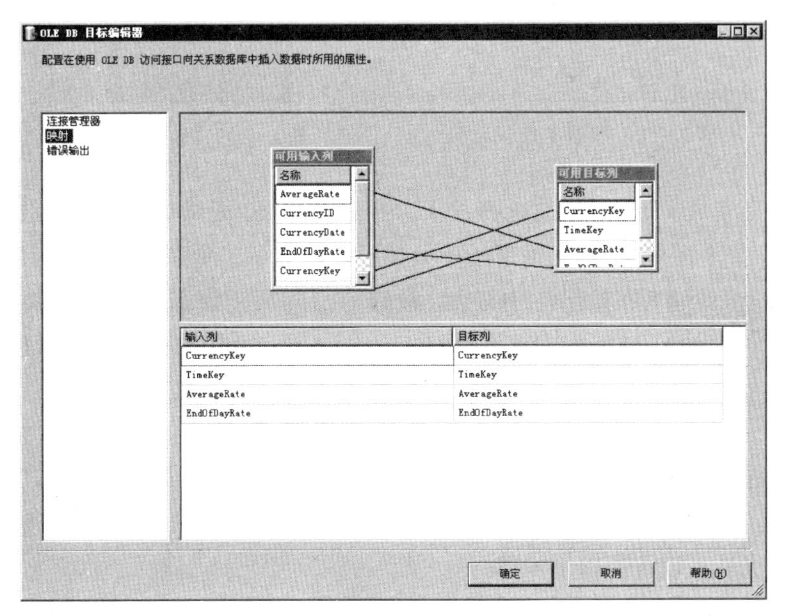

图 3 - 31 源文件列和目标表列之间的映射

9.运行包

到现在为止，已经完成了下列任务：

(1)创建了一个新的 SSIS 项目。

(2)配置了包连接到源数据和目标数据所需的连接管理器。

(3)添加了一个数据流，该数据流从平面文件源提取数据，对数据执行必要的查找转换，并为目标配置数据。

整个包的数据流如图 3 - 32 所示。

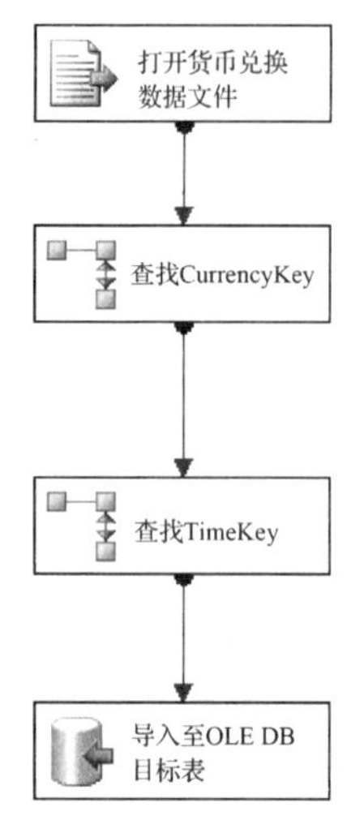

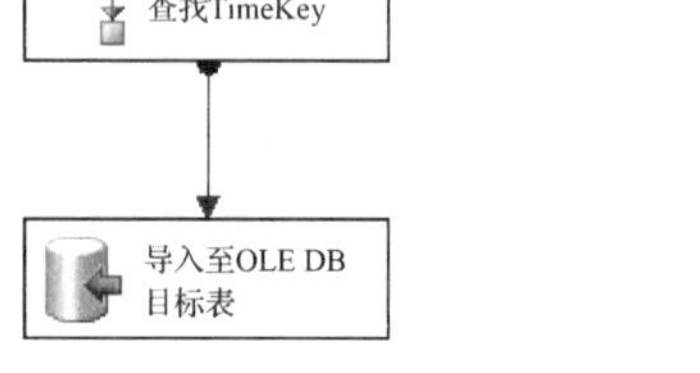

图 3－32　数据流任务流程

打开货币兑换
数据文件
1097 行
查找CurrencyKey
1097 行
查找TimeKey
1097 行
导入至OLE DB
目标表

图 3－33　包成功运行

包现在已经完成了，该对包进行测试了。在最上面的“调试”菜单上，单击“启动调试”。包将开始运行，如果运行成功，则每个任务框都以绿色表示。如图 3－33 所示。执行结果会在输出栏中显示，最终有 1097 行数据被成功添加到 Adventure Works DW 中的 Fact Currency 事实数据表中。当包运行完毕后，在“调试”菜单上，单击“停止调试”。扫描二维码 3－2，查看第三章中创建一个简单 ETL 包的操作演示。

二维码 3－2

为了了解包的运行情况，可以使用日志文件来记录包运行时的信息，如运行包的操作员姓名，包开始运行和结束的时间。

配置日志文件可以按照以下步骤。

步骤 1：选择菜单栏中的“SSIS”——“日志记录”命令，系统弹出“配置 SSIS 日志”窗口，如图 3－34 所示。

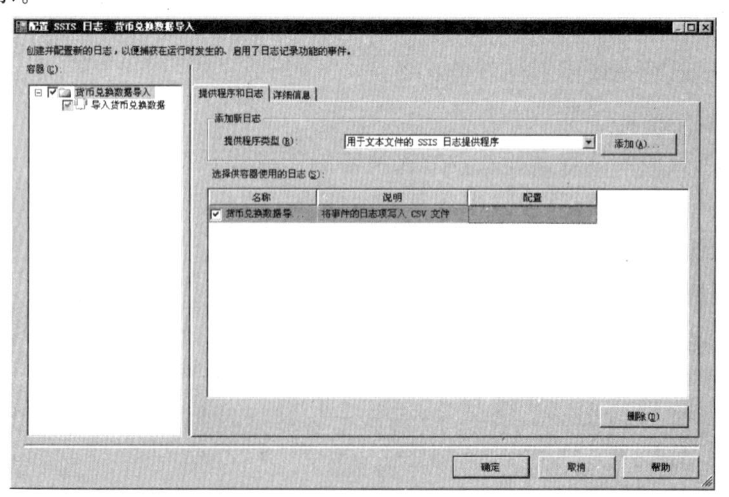

图 3－34　配置 SSIS 日志窗口

步骤 2：展开左侧的容器栏，可以选择创建包级别的日志，也可以选择要单独配置日志的容器(由于上例中只有一个控制任务，所以在此只有一个选项)。如果前面的复选框为灰色，则容器将使用父容器的日志记录。

步骤 3：在“提供程序类型”列表框，选择一个日志类型，单击“添加”。在下面的表格中则会添加一个日志信息，点击“配置”一栏，配置文件连接属性，确定日志文件所在的目录和文件名，如图 3－35 所示。

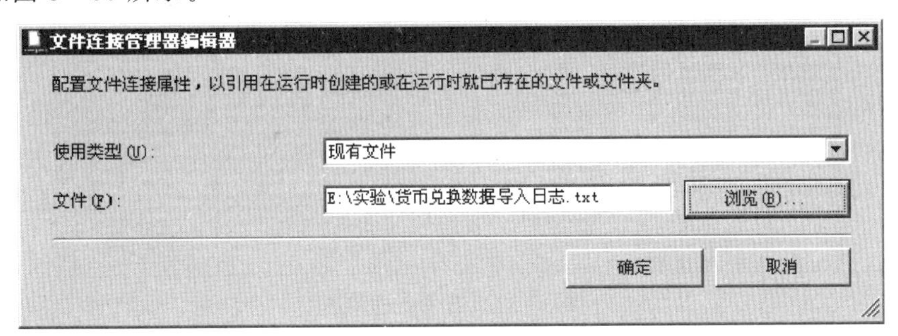

图 3－35　配置日志文件

步骤 4：切换到“详细信息”选项卡，选择日志要记录的事件，所有的事件列表如图 3－36 所示。

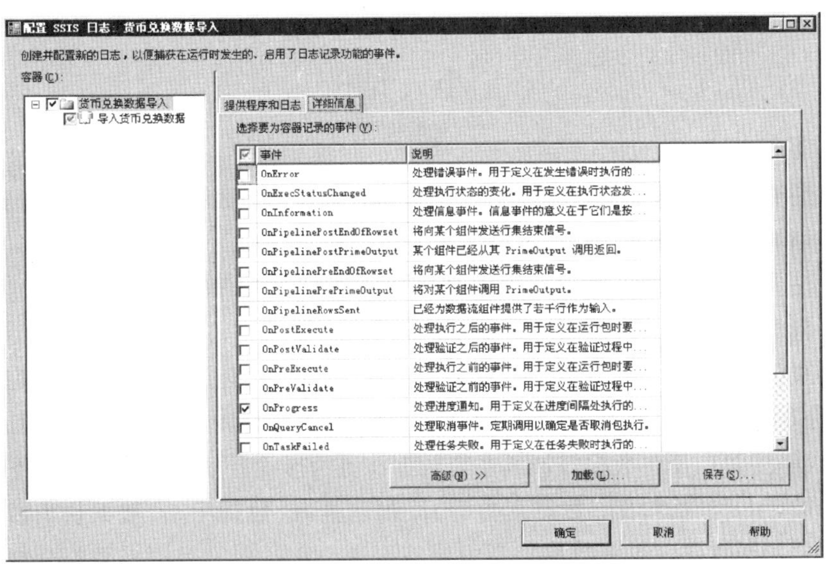

图 3－36　日志详细信息选项卡

在本例中，只需记录包的运行情况，所以选中“OnProgress”复选框，单击“确定”。

这样，以后每次运行这个包，系统都会将运行时的信息记录到日志文件中。图 3－37 为日志内容：

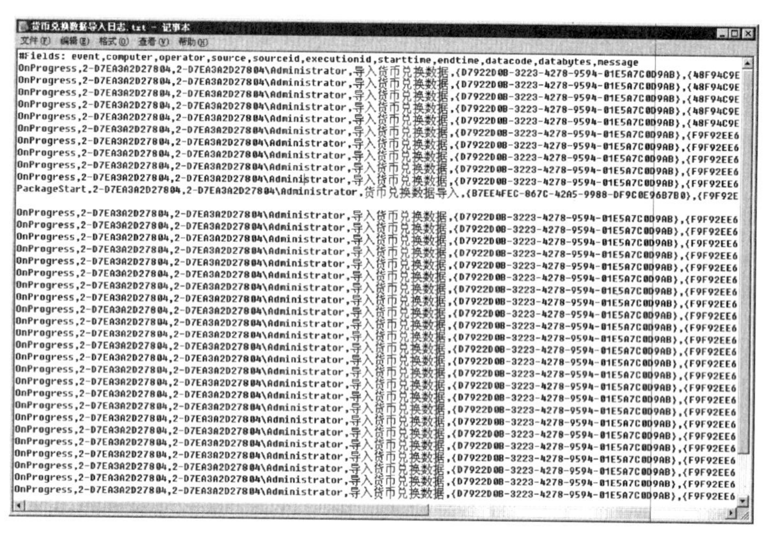

图 3－37　日志文件内容

二维码 3－3

扫描二维码 3－3,查看第三章为 SSIS 包配置日志文件的操作演示。

小　结

本章主要介绍了数据挖掘过程中第一个重要处理步骤：数据预处理。数据预处理包括数据清洗、数据集成、数据转换和数据消减等主要处理方法。

数据清洗，主要用于填补数据记录中各属性的遗漏数据，识别异常数据，以及纠正数据中的不一致问题。

数据集成，主要用于将来自多个数据源的数据合并到一起并形成完整的数据集合。元数据、相关分析、数据冲突检测，以及不同语义整合，以便最终完成平滑数据的集成。

数据转换，主要用于将数据转换成适合数据挖掘的形式。如：规格化数据处理。

数据消减，主要方法包括：数据立方合计、维度消减、数据压缩、数据块消减和离散化。这些方法主要用于在保证原来数据信息内涵减少最小化的同时对原来数据规模进行消减，并提出一个简洁的数据表示。

自动生成概念层次树，对于数值属性，可以利用划分规则、直方图分析和聚类分析方法对数据进行分段并构造相应的概念层次树；而对于类别属性，则可以利用概念层次树所涉及属性的不同值个数，构造相应的概念层次树。

SSIS 是 BI 解决方案的主要 ETL 工具，它提供一系列支持业务应用程序开发的内置任务、容器、转换和数据适配器。你无须编写一行代码，就可以创建 SSIS 解决方案来使用 ETL 和商业智能解决复杂的业务问题，管理 SQL Server 数据库以及在 SQL Server 实例之间复制 SQL Server 对象。它具有极易操作的图形化设计界面,能够自编文档的可视化输出,完善的错误处理以及灵活的编程。

思考与练习

1. 简述在数据挖掘前要进行数据预处理的理由及其解决的主要问题?
2. 数据清洗方法包括哪些?

实　验

实验三　数据仓库构建实验

一、实验目的

在 SQL Server 2008 上构建数据仓库。

二、实验内容

(1) 每个学生用自己的学号创建一个空的数据库。

(2) 将"浙江经济普查数据"目录下的 11 个城市的生产总值构成表导入该数据库。要求表中列的名称为 Excel 表中表头的名称,表的名称分别为对应的 Excel 文件名。

浙江经济普查数据

二维码 3-4

扫描二维码 3-4,查看"浙江经济普查数据.zip"数据包文件。

(3) 检查导入表的列名和对应的数据类型是否正确,如不符合,需手工修改。要求如表 3-5 所示。

表 3-5　导入表

字段名称	数据类型
指标	字符
总产出	带两位小数的数值型
增加值	带两位小数的数值型
劳动者报酬	带两位小数的数值型
生产净税额	带两位小数的数值型
固定资产折旧	带两位小数的数值型
营业盈余	带两位小数的数值型

（4）创建一个城市表，表的结构如表 3-6 所示。

表 3-6　城市表

字段名称	数据类型
城市 ID	整型，主键
城市名称	字符

向城市表中输入前面导入的 11 个城市名称和城市 ID(注意不能重复)。

（5）仔细阅读 Excel 表格，分析产业结构的层次，找出产业、行业大类、行业中类的关系。有些行业的指标值为几个子行业的累加。比如：

第一产业→农林牧渔业

第二产业→工业→采矿业、制造业、电力、燃气及水的生产和供应业。

（6）创建一个行业门类表，表的结构如表 3-7 所示。

表 3-7　行业门类表

字段名称	数据类型
行业中类 ID	整型，主键
行业中类	字符
行业大类	字符
产业名称	字符

（7）将 Excel 表中分析出的产业、行业大类和行业中类输入到“行业门类表中”，其中行业中类 ID 可按顺序编写。

（8）创建一个新表，汇总 11 个城市的生产总值，表的名称为“按城市和行业分组的生产总值表”。表中的列名和第二步导入表的列名相同，同时添加一个新列（放在第一列），列名为“城市 ID”，数据类型为整型；再添加一个新列（放在第二列），列名为“行业中类 ID”，数据类型为整型。

（9）将 11 个城市的生产总值构成表导入到第 8 步创建的新表中，注意不同的城市，要用不同的城市 ID 代入，行业中类 ID 可暂时为空值。

（10）将行业门类表中的行业中类 ID 值输入至表“按城市和行业分组的生产总值表”中的“行业中类 ID”列上。

（11）检查三个表：“按城市和行业分组的生产总值表”“城市表”“行业门类表”中主键和外键是否一致（可通过关联查询检查）。

（12）删除“按城市和行业分组的生产总值表”中除了行业中类纪录以外的其他高层次的记录，如指标为“第一产业”的行等（如果不删除，将在汇总中出错）。

（13）删除“按城市和行业分组的生产总值表”中原有的“指标”列（由于这列在行业门类表中已存在，因此是冗余的）。

(14) 建立以下查询，与原 Excel 文件中的数据对比。

①查询杭州市第二产业工业大类下各行业中类的总产出、增加值、劳动者报酬、营业盈余。

②查询 11 个城市的第二产业总产出汇总值(在一个查询中同时显示 11 个城市)。

③查询 11 个城市的工业劳动者报酬汇总值(在一个查询中同时显示 11 个城市)。

④查询 11 个城市的第三产业增加值(在一个查询中同时显示 11 个城市)。

三、实验报告

所有的结果以截图形式放在实验报告中，对每张截图都必须做简要说明。截图要求大小适中，内容清晰，居中放置。

扫描二维码 3-5，查看实验三的操作演示。

二维码 3-5

多维数据分析

多维数据分析，也称作联机分析处理是以海量数据为基础的复杂数据分析技术。它是专门为支持复杂的分析操作而设计的，侧重于决策人员和高层管理人员的决策支持，可以应分析人员的要求快速、灵活地进行大数据量的复杂处理，并且以一种直观易懂的形式将查询结果提供给决策人员，以便他们准确掌握企业的经验状况，了解市场需求，制定正确方案，增加效益。

本章将着重介绍以下内容：

- 多维数据分析的基础
- 多维数据分析方法
- 多维数据的存储模式
- 访问多维数据语言 MDX
- 使用 SSAS 构建和分析多维数据集

第一节　多维数据分析基础

多维数据分析是以数据库或数据仓库为基础的，其数据来源与 OLTP 一样均来自底层的业务数据库系统，但由于两者面对的用户不同，数据的特点与处理方法也明显不同。表 4－1列出了多维数据分析和联机事务分析的区别。

由于其自身特点和应用层面的不同，多维数据分析领域有自身的一套体系及相关的基础概念。下面先介绍几个与多维数据分析相关的概念。

表 4-1 联机事务分析和多维数据分析的区别

项目	联机事务分析(OLTP)	多维数据分析(OLAP)
面向人群	业务软件操作人员,底层管理人员	决策人员和高层管理人员
操作对象	对基本数据的查询、增加、删除和修改操作,以数据库为基础	以数据仓库为基础的数据分析处理
依赖的数据	每日的业务数据录入	来自业务数据库的导出及经过综合提炼,要进行多维化或综合处理的操作。例如,对一些统计数据,首先进行预综合处理,建立不同级别的统计数据,从而满足快速统计分析和查询的要求
前端人机界面	为满足业务需求的各种录入、修改、报表操作	便于非数据处理专业人员理解的方式,如多维报表,统计图形,用户可以方便地进行逐层细化及切片、切块、旋转等操作

一、维度(dimension)

维度,也简称为维,是人们观察数据的角度。例如,企业常常关心产品销售数据随时间的变化情况,这是从时间的角度来观察产品的销售,因此时间就是一个维(时间维)。又例如银行会给不同经济性质的企业贷款,如国有企业、集体企业等,若从企业性质的角度来分析贷款数据,那么经济性质也就成了一个维度。

包含维度信息的表是维度表,维度表包含描述事实数据表中的事实记录的特性。有些特性提供描述性信息,有些特性则用于指定如何汇总事实数据表数据以便为分析者提供有用的信息。

二、维的级别或层次(dimension level)

人们观察数据的某个特定角度(即某个维)还可以存在不同的细节程度,我们称这些维度的不同的细节程度为维的级别。一个维往往具有多个级别,例如描述时间维,可以从月、季度、年等不同级别来描述,那么月、季度、年等就是时间维度的级别。在图 4-1 中,如果将时间维度的第 1 季度和第 2 季度进一步合并为上半年,而将第 3 季度和第 4 季度合并为下半年,那么,该维度就存在“半年”和“季度”两个级别。很明显,“季度”级别的细节程度要大于“半年”级别。

在 SSAS 中支持两种层次结构:导航层次结构和自然层次结构。事实上,在维度的任意属性之间均可创建导航层次结构。这些属性背后的数据之间不需要存在任何关系,之所以创建这些层次结构,是为了让最终用户在浏览时更方便。例如对“客户”维度进行层次结构设计时,我们可以设定“婚姻状况—性别—年龄段”的层次结构。而自然层次结构的属性之间确实存在基于公共属性值的层次结构关系,例如年—月—日就是自然层次结构的一个示例。

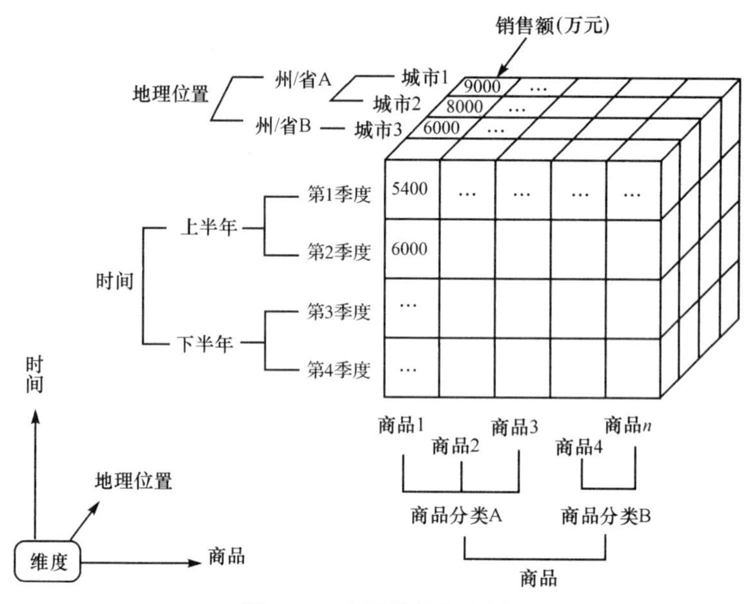

图 4-1　多维数据集示例

三、维度成员(dimension member)

维的一个取值称为维的一个维度成员，简称维成员。如果一个维是多级别的，那么该维的维度成员是在不同维级别的取值的组合。例如，考虑时间维具有日、月、年这 3 个级别，分别在日、月、年上各取一个值组合起来，就得到了时间维的一个维成员，即“2011 年 1 月 2 日”。一个维成员并不一定在每个维级别上都要取值，例如“2011 年 1 月”“1 月 2 日”“2011 年”等都是时间维的成员。

四、度量值(measure)

度量值是决策者所关心的具有实际意义的数值。例如，销售量、库存量、银行贷款金额等。度量值所在的表称为事实数据表，事实数据表中存放的事实数据通常包含大量的数据行。事实数据表的主要特点是包含数值数据，而这些数值数据可以统计汇总以提供有关单位运作历史的信息。除了包含数值数据之外，每个事实数据表还包括一个或多个列，这些列作为引用相关维度表的外码(外键)，事实数据表一般不包含描述性信息。在多维分析中，通常对度量值进行聚合计算和分析。

注　意

度量数据通过事实数据表的行加载到多维数据集中，这些数据是按照最低粒度级别加载的。SSAS 查询处理引擎专门为使用或计算维度层次结构中的所有级别的度量进行聚合计算(通常是汇总计算)，这样大大提高了浏览任何层次级别度量值的速度。

五、多维数据集(cube)

多维数据集是一个数据集合，通常由数据仓库的子集构造，并组织和汇总成一个由一组维度和度量值定义的多维结构。多维数据集由于其多维的特性通常被形象地称作立方体，它是联机分析处理中的主要对象，通过它可对数据仓库中的数据进行快速访问。1 个多维数据集最多可包含 128 个维度(每个维度中可包含数百万个成员)和 1024 个度量值。具有适当数目的维度和度量值的多维数据集通常能够满足最终用户的要求。

多维数据集提供了一种便于使用的查询数据的机制，不但快速，而且响应时间一致。最终用户使用客户端应用程序连接到分析服务器，并查询该服务器上的多维数据集。在大多数客户端应用程序中，最终用户通过使用用户界面控件对多维数据集进行查询，这使得最终用户不必编写基于语言的查询。

在多维数据集中，通常对基于该多维数据集的事实数据表中某个列或某些列的度量值进行聚合和分析，度量值是所分析的多维数据集的核心，它是最终用户浏览多维数据集时重点查看的数值数据。

图 4－1 所示的多维数据集描述的是某公司产品的销售情况，该图显示了多维数据集中的相关概念。

从图 4－1 中可以看到，该多维数据集有 3 个维度：地理位置、时间和商品以及 1 个度量值——销售额。这给管理者提供了 3 个观察销售额的角度。从图中可以得知该公司在第 1 季度城市 1 中销售商品 1 的销售额为 9000 万元。

第二节 多维数据分析方法

多维数据分析可以对多维数据集进行上卷、下钻、切片、切块、旋转等各种分析操作，以便剖析数据，使分析者能从多个角度、多个层次观察数据库中的数据，从而深入了解包含在数据中的信息和内涵。多维分析方式迎合了人的思维模式，减少了混淆，并降低了出现错误解释的可能性。

多维数据分析通常包含以下几种分析方法。

一、上卷(roll-up)

上卷是在数据立方体中执行聚合操作，通过在维级别中上升或通过消除某个或某些维来观察更概括的数据。例如，如果将图 4－1 所示的数据立方体沿着时间维的层次上卷，由季度上升到半年，则得到图 4－2 所示的立方体。

从图 4－2 中可以看出，销售额不再是按照“季度”分组求值，而是按照“半年”分组求值了。通过这样的上卷操作，决策人员能方便地查看立方体中更概括的统计数据，便于掌握商品销售的整体状态。

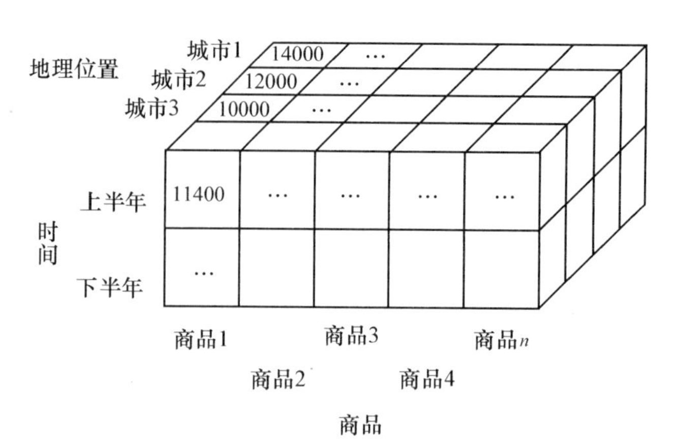

图 4－2　上卷操作后的多维立方体

上卷的另外一种情况是通过消除一个或多个维来观察更加概括的数据。例如，图 4－3 所示的二维立方体就是通过将图 4－1 所示的三维立方体中消除了“地理位置”维后得到的结果，这里将各商品在所有城市的销售额全都累计在一起了。

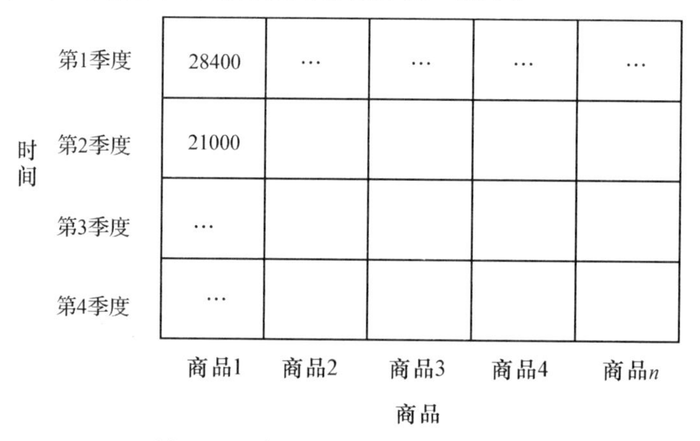

图 4－3　消除“地理位置”维后的结果

二、下钻(drill-down)

下钻是通过在维级别中下降或通过引入某个或某些维来更细致地观察数据。例如，对图 4－1 所示的数据立方体经过沿时间维进行下钻，将第 1 季度下降到月，就得到了如图4－4所示的数据立方体。

从图 4－4 中可以看出，时间维度的第 1 季度细化为 1 月、2 月和 3 月，其销售额也随之按照“月份”分组求值了。通过这样的下钻操作，决策人员能查看立方体中更详细的统计数据，便于了解商品在销售过程中的细节状态。

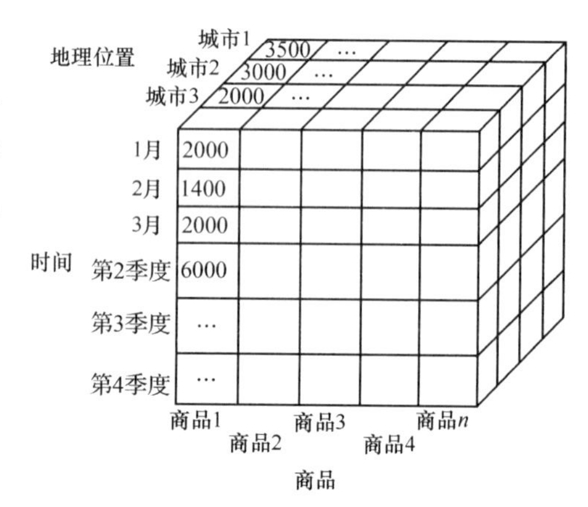

图 4－4　对多维立方体下钻后的结果

同样，下钻操作也存在另一种形式，即通过添加某个或某些维度来实现。例如，在图 4－3 所示的二维立方体中重新添加“地理位置”维度，那么该立方体就重新回到了图 4－1 所示的立方体形式。

三、切片(slice)

在给定的数据立方体一个维上进行的选择操作就是切片，如对三维立方体切片的结果是得到一个二维的平面数据。例如，对图 4－1 所示数据立方体，使用条件：“时间＝1 季度”进行选择，就相当于在原来的立方体中切出一片，结果如图 4－5 所示。

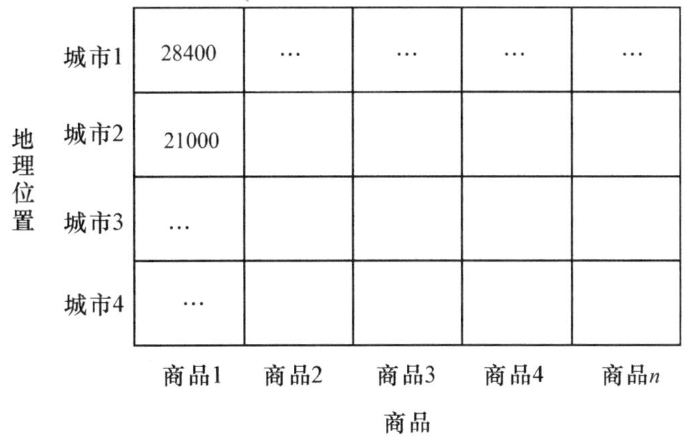

图 4－5 “时间＝1 季度”切片后的结果

四、切块(dice)

在给定的数据立方体的两个或多个维上进行的选择操作就是切块，切块的结果是得到一个子立方体。例如，对图 4－1 所示的数据立方体，使用条件：

(商品＝“商品 1”or“商品 2”)，

And(时间＝“1 季度”or“2 季度”)，

And(地理位置＝“城市 2”or“城市 3”or“城市 4”)。

进行选择，就相当于在原立方体中切出一小块，结果如图 4－6 所示。

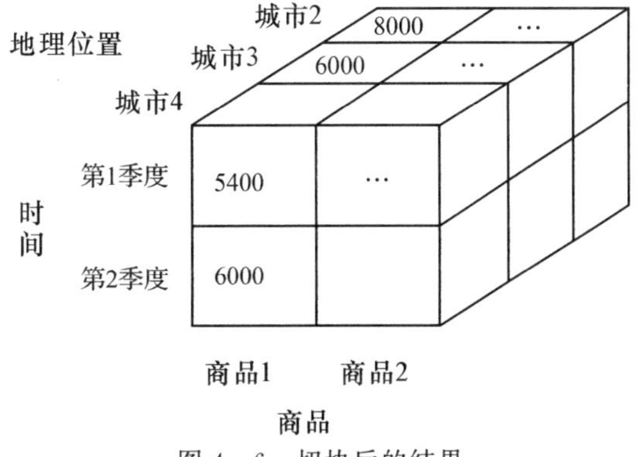

图 4－6 切块后的结果

五、旋转(pivot rotate)

旋转就是改变维的方向，例如，图 4－7 所示的立方体就是将图 4－1 所示立方体的“时间”和“地理位置”两个轴交换位置的结果。

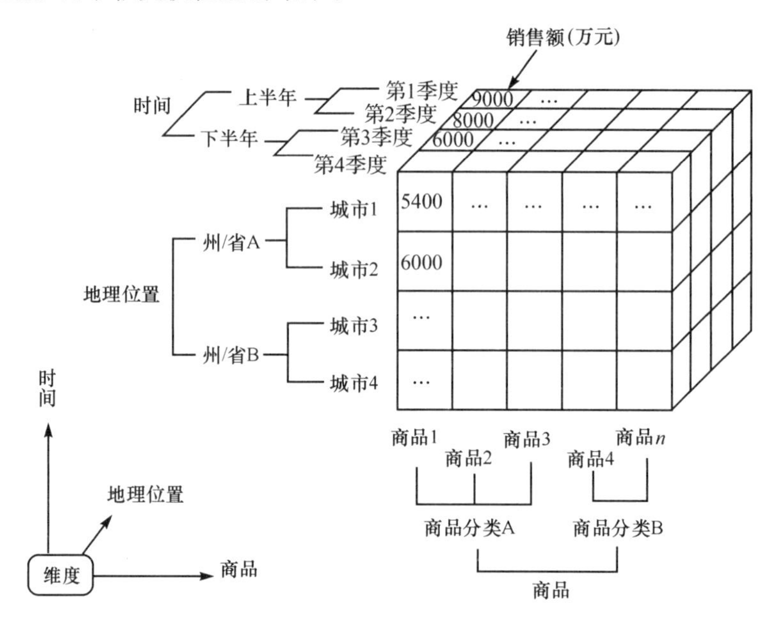

图 4－7　对多维立方体转轴后的结果

第三节　多维数据的存储方式

在传统的 OLTP 系统中，为了适合传统数据查询的需求，数据是以实体—关系(E-R)结构存储的。但在多维数据集中，由于其数据主要是用于分析和辅助决策支持的，因此它的存储比 OLTP 系统中的数据的存储复杂得多。SQL Server 分析服务器支持三种多维数据存储方式，这三种方式分别为 MOLAP(多维 OLAP)，ROLAP(关系 OLAP)以及 HOLAP(混合 OLAP)。

一、三种存储方式

在介绍 OLAP 物理存储模型之前，简单介绍一下 Microsoft Analysis 多维数据集的物理存储术语。

叶子数据：在多维数据集的度量中，叶子数据是指最小粒度的数据。通常，叶子数据主要与事实表相关，而事实表是度量组的来源。

聚合：指度量值在某个维度上的累计值，预先计算的聚合与关系数据库中的汇总表很相似。用户可以把它们想成 SELECT SUM(销售额)AS 1 季度总销售额…GROUP BY 1

季度…的 SQL 语句。

分区：表分区指的是可以将同一个表中的数据放在不同的物理位置(磁盘)上，而从最终用户的角度来看，这些数据仍然是来自同一个逻辑表。表分区简化了对非常巨大数据库的管理，尤其是对非常巨大的表(如超过 40 亿行)的管理。对于 OLAP 项目来说，这些巨大的表通常是事实数据表。用户可以按照任意维度进行分区，或者多个维度进行分区。例如，针对月份或者年份的分区。

多维数据集中包含的每个度量值组都有一个或多个分区。默认情况下，每个度量组只建立一个分区。而分区存储类型，根据数据库的大小和多维数据使用方法的不同，有以下三种存储方式：ROLAP、MOLAP 和 HOLAP。

(一) ROLAP

ROLAP 是基于关系数据库的 OLAP 实现(Relational OLAP)，其数据以及计算结果均直接由关系数据库获得，并且以关系型的结果进行多维数据的表示和存储。也就是说叶子数据和聚合都存储在源关系数据库中。

具体来说，ROLAP 将支撑多维数据的原始数据、多维数据集数据、汇总数据和维度数据都存储在现有的关系数据库中，并用独立的关系表来存放聚集数据。

ROLAP 不存储源数据副本，占用的磁盘空间最小，但也使其存取速度大大降低。因此，这种存储方式适合于不常被查询的大数据。它的最大障碍是从数据库中产生报表或处理多维数据时会影响操作型数据库的使用，降低了事务执行的性能。如图 4－8 所示。

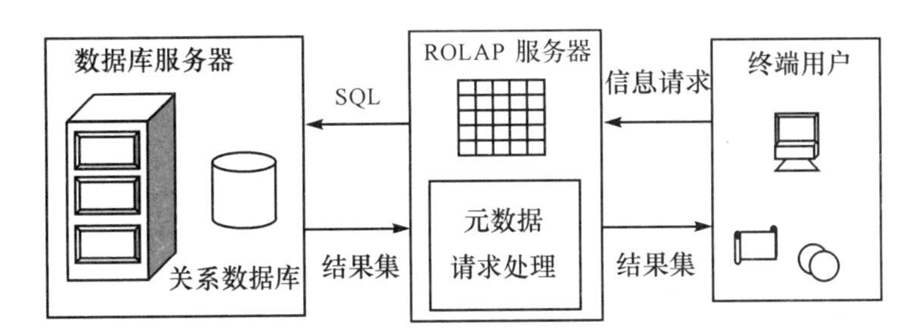

图 4－8　ROLAP 查询结构

(二) MOLAP

MOLAP 表示基于多维数据组织的 OLAP 实现(Multidimensional OLAP)，使用多维数组存储数据，它是一种高性能的多维数据存储格式。其叶子数据和聚合以 Analysis Services 的 MOLAP 格式存储。多维数据在存储中将形成“立方体”的结构，MOLAP 存储模式将数据与聚合数据都存储在立方体结构中，即将多维数据集的聚合、维度、汇总数据以及源数据的副本等信息均以多维结构存储在分析服务器上。该结构在处理维度时创建。

MOLAP 存取速度最快，查询性能最好，但由于需要存储副本，因此需要额外占用一些磁盘空间。MOLAP 适合于服务器存储空间较大，数据频繁使用且需要快速查询响应的中小型数据集，如图 4－9 所示。

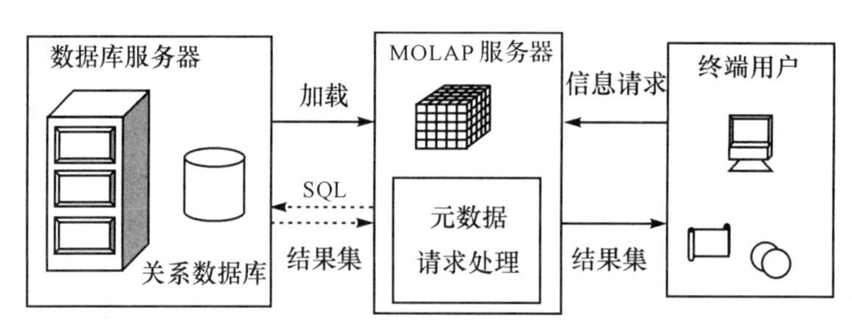

图 4-9　MOLAP 查询结构

（三）HOLAP

HOLAP 是基于混合数据组织的 OLAP 实现（Hybird OLAP）。在 HOLAP 中，叶子数据和 ROLAP 一样存储在原来的关系数据库中，而聚合数据则以多维的形式存储。这样它既能与关系数据库建立连接，同时又利用了多维数据库的性能优势。这种方式的缺点是在 ROLAP 和 MOLAP 系统之间的切换会影响它的效率。

一般情况下，HOLAP 存储模式适合于对源数据的查询性能没有特殊要求，但对汇总数据要求能够实现快速查询响应的多维数据集中，如图 4-10 所示。

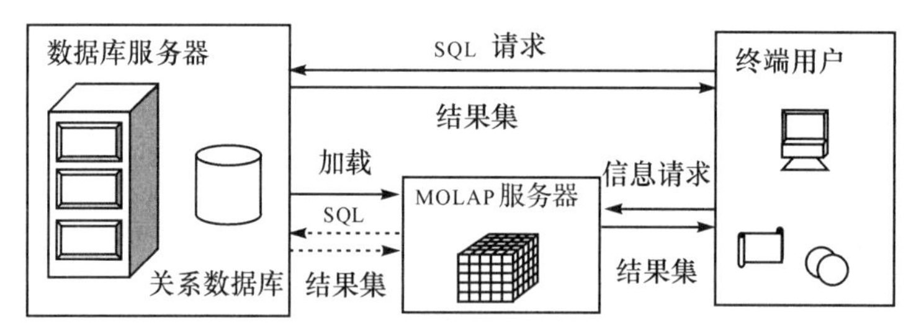

图 4-10　HOLAP 查询结构

二、存储方式的比较

表 4-2 比较了 OLAP 的 3 种存储方式各自的特点和对不同应用的查询效率。

表 4-2　OLAP 的 3 种存储方式的特点

内容	MOLAP	ROLAP	HOLAP
源数据的副本	有	无	无
占用分析服务器存储空间	大	小	小
使用多维数据集	小	较大	大
数据查询	快	慢	慢
聚合数据的查询	快	慢	快
使用查询频度	经常	不经常	经常

从表中可以看出，MOLAP 存储是一种高效的存储方式，MOLAP 模式下的叶子数据（包括数据和索引）的存储空间需求和单个关系索引相当。而由于 ROLAP 的存储模式需要将聚合写入到关系数据库中，它的效率将会更低。HOLAP 的处理速度比 MOLAP 稍快一些，但它们之间的差别并不明显。

在一般情况下，我们会选择 MOLAP 来进行物理设计，因为 Analysis Services 的 MOLAP 格式是为保持维度数据而设计的。它利用先进的压缩和索引技术来获得高效的查询性能。在其他条件相同的情况下，MOLAP 存储的查询性能要远远高于 HOLAP 存储或者 ROLAP 存储的性能。但是在一些特殊场合下，我们也会选择 ROLAP 存储方式，比如规模多达数 TB 的海量源数据，或者需要访问的数据接近实时数据（获取数据的滞后以秒为单位）。

第四节　多维表达式

结构化查询语言（SQL）是最常见的查询语言，用于读取关系型数据库数据，但不适用于多维数据库的多信息数据模型。要访问联机分析处理（OLAP）系统中存储的数据，微软公司提供了多维表达式（Multidimensional Expression，MDX）语言。目前 MDX 已成为行业标准，得到许多一流 OLAP 服务器支持。它还广泛应用于各种客户端软件，借助于它用户可以快速浏览和分析多维数据。

OLAP 应用程序使用 MDX 从多维数据集获取数据，创建存储和可重用的计算或结果集。MDX 查询通常由以下内容构成：

（1）语言语句（如 SELECT、FROM、WHERE）。

（2）OLAP 维度（产品、日期或地理，日期层次结构）。

（3）度量值（如销售额、库存）。

（4）MDX 函数（如 Sum、Avg、Filter）。

（5）集合（排序的成员集合）。

一、MDX 中的重要概念

由于 MDX 是用于多维数据查询操作的，所以 MDX 概念体系中会涉及多维数据分析中的一些基本术语，例如维度、级别（层次）、成员等。这些概念在前面的章节中已经介绍过，MDX 除了使用这些基本多维概念以外，还有其他一些重要的概念。

图 4－11 显示了从多维立方体中查询 2002 年所有州的 Internet 销售额的 MDX 语言。而表 4－3 则是 MDX 的查询结果。

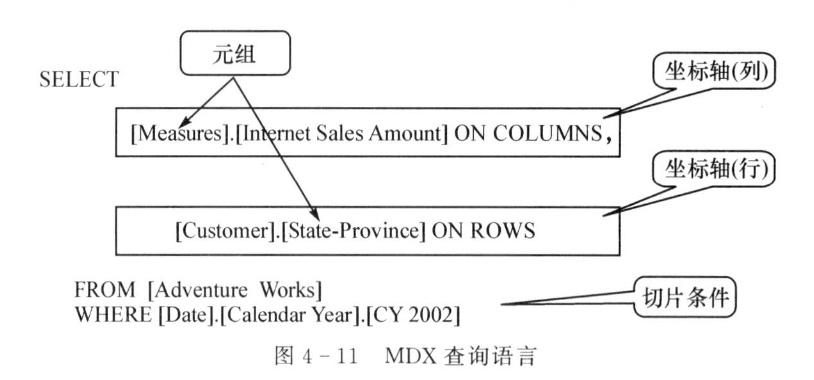

图 4-11 MDX 查询语言

表 4-3 2002 年度 Internet 销售额(万元)

	Internet Sales Amount
All Customers	$ 29288842.22

（一）元组(tuple)和集

元组是多维数据集中度量组或维度中的某个属性的某个成员，一个元组可以由一个维度中某个属性的一个成员组成，通常称为“简单元组”。例如表示时间维度中年份属性的成员 2010 年，则可表示为：[时间维度].[年份].&[2010](成员值前用“&”符号表示)。如果元组由多个维度中的多个属性的成员组成，则将所有元组用逗号分隔，括在圆括号内，如([时间维度].[年份].&[2010],[地理维度].[国家].&[Canada])。

集则是一个或多个元组的有序集合，集最常用于定义 MDX 查询中的查询轴和切片轴。一个集中的多个元祖之间用逗号分隔，并用一对花括号“{}”来包装这些元祖。例如要查询度量组中的销售额和销售量，则可以表示为{[measures].[销售额],[measures].[销售量]}。

元组和集的区别在于，一个元组中多个成员必须来自不同的维度，或者同一维度下的不同属性的成员，而集中包含的元组则是同一个维度同一个属性中的成员。例如，时间维度下的 2010 年 1 季度，则可以用元组表示为([时间维度];[年份].&[2010],[时间维度].[季度].&[1 季度])；而要显示 2010 年和 2011 年，则必须用集来表示：{[时间维度].[年份].&[2010],[时间维度].[年份].&[2011]}。

（二）坐标轴(axis)

MDX 查询得到多维数据集，可能包含许多维，为了区别原多维数据集的维度与查询所得到子集的维度，我们把多维结果中的维度称为轴。虽然 Analysis Services 支持一个多维数据集中除了一个度量维外，最多还可以有 128 个维，然而在 MDX 查询得到的单元集中，通常只有两个坐标轴，因为客户端显示工具只能显示一个平面的二维结构，坐标轴就对应二维表的横坐标和纵坐标。因此，在 MDX 查询中，需要先指定 COLUMNS 轴的值再指定 ROWS 的值。

每个坐标轴是不同维的成员组成的元组的集合。多维数据集根据坐标轴所代表的维来定位和过滤某个特定的值。例如，查询 1 季度的销售额时，可以将纵坐标设定为度量值中的销售金额，而将横坐标设定为时间维度中的成员：1 季度。

（三）切片条件（slice condition）

切片条件用于对多维数据集的数据进行过滤。没有显示到坐标轴的维都可以作为切片条件。也可以指定维的某个成员作为切片条件，如图 4－11 中的切片条件为日期维度中的年份属性成员：2002 年。

（四）MDX 对象名称规范

每个对象名称都可放在方括号内。如果对象名称中有以下情况则必须放在方括号内：

(1)对象名称中包含空格。

(2)对象名称与 MDX 关键词相同。

(3)对象名称以数字而不是字符开头。

(4)对象名称中包含标号。

如果对象由多个部分的名称组成，则 MDX 使用点号来分隔这些部分。例如，为了引用时间维度中年份属性的 2002 年度，应该这样表达(其中 CY 2002 是年度中的某个值)：

[Date].[Calendar Year].[CY 2002]

在引用对象名称时，名称应该是唯一的，下面分五种情况说明如何确定名称的唯一性：

1.维度和度量值

维度和度量值的名称在同一个多维数据集中是唯一的，因此可以在多维数据集中直接使用它们的名称来表达它们。例如，[时间]和[商品]是唯一标识当前多维数据集中的时间维和商品维。

2.层次结构

层次结构是这样定义的：它所属于的维(包含在方括号中)作为前缀，跟着一个点号，再加上层次结构的名称。

例如，要引用时间维度上的月结算层次结构，应该这样写：

[时间].[月结算层次结构]

3.级别(层次)

级别的名称由在方括号中的维度的名称，加上在方括号中层次结构的名称，最后是级别的名称来构成。并用句点符号来分隔维度、层次结构和级别。例如，为了引用时间维的月结算层次结构中的月份级别，应该这样写：

[时间].[月结算层次结构].[年].[季度].[月份]

4.成员

标识成员的名称比前面介绍的几个名称要棘手一点。这是因为必须沿着维度的层次体系逐一添加上将要访问的成员所属的级别之上的所有级别的成员名称。例如，为了标识时间维度的月结算层次结构中 2003 年的 10 月份，应该这样写：

[时间].[月结算层次结构].[所有时间].[2003 年].[4 季度].[October]

5.成员属性

为了标识唯一一个成员属性，需要将其名称加在它所属的级别之后，并用点号分隔两个名称。例如，为了得到商品维度中A商品的生产商属性，需要这样写：

［商品］.［A商品］.Properties（“生产商”）

二、MDX基本语法

MDX语法的设计以SQL为原型，但引入了新概念和新语义，使其在查询多维数据时更直观。和SQL中相似，MDX也是文本查询语言，最重要的语句是读取数据的SELECT语句。MDX的基本语法形式如下：

```
SELECT <纵轴信息> on axis0
    [,< 横轴信息> on axis1 >]
    [,…]
FROM <多维数据集>
[WHERE <切片条件>]
```

其中：

（1）SELECT子句定义作为查询结果的多维空间。

（2）FROM子句定义数据源，可以是包含数据的多维数据集名或另一个查询。

（3）WHERE子句指定规则，将查询结果限制在数据的子空间。限制结果的过程称为切片。WHERE子句是可选的，可以省略。

创建多维查询时，要列出放置结果的轴。理论上，MDX查询可以请求的轴数没有限制。但实际上这个轴数不仅受多维模型的维度限制，还受计算机物理限制，更重要的是受用户界面功能限制，用户界面要以用户可读的格式显示结果。SELECT语句中用ON子句列出轴，轴与轴之间用逗号分开。

可以用不同方法命名轴，最常见的轴有名称，可以按名称引用，我们把0号轴称为COLUMNS（列），1号轴称为ROWS（行），2号轴称为PAGES（页）。所以我们可以将查询改写成如下格式：

```
SELECT <content of the axis> ON COLUMNS,
       <content of the axis> ON ROWS,
       <content of the axis> ON PAGES
FROM <cube_name>
```

例4.1 执行MDX查询语句，分别返回Internet和分销商的历年销售额。

```
SELECT
    {[Measures]. [Reseller Sales Amount], [Measures]. [Internet Sales Amount] } on columns,
    [Date].[Calendar Year].Members on rows
FROM[Adventure Works]
```

得到的查询结果如图 4－12 所示。

	Reseller Sales Amount	Internet Sales Amount
All Periods	¥80 450 596.98	¥29 358 677.22
CY 2001	¥8 065 435.31	¥3 266 373.66
CY 2002	¥24 144 429.65	¥6 530 343.53
CY 2003	¥32 202 669.43	¥9 791 060.30
CY 2004	¥16 038 062.60	¥9 770 899.74

图 4－12　Internet 销售和分销商的历年销售额

三、MDX 与 SQL 的区别

多维表达式(MDX)语法乍看起来与 SQL 语言中的 SELECT 的语法非常相似，这两种查询都使用 SELECT... FROM... WHERE 结构，而且在很多方面，MDX 所提供的功能也与 SQL 相似。但 SQL 和 MDX 之间也存在一些显著的区别，并且用户应当从概念上认清这些区别。

（一）维度意义的差别

SQL 处理查询时仅涉及列和行这两个维度，MDX 在查询中则可以处理多个维度。

（二）语句含义的差别

在 SQL 语言中，SELECT 语句中的列用于指定查询的列布局，而 WHERE 子句用于过滤返回的数据行。在 MDX 中，SELECT 子句可用于定义几个轴维度，而 WHERE 子句可对查询限制特定的维度或成员。

（三）创建查询过程的差别

在 SQL 语言中，查询的创建者将二维行集的结构形象化并且加以定义，通过编写对一个或多个表的查询来对该结构的内容进行填充。MDX 查询的创建者通常将多维数据集的结构形象化并且加以定义，通过编写对单个多维数据集的查询来对该结构的内容进行填充。

（四）查询结果集的差别

SQL 语言中查询结果集是行与列组成的二维表。MDX 的结果集可以有 3 个以上的维度，所以将该结构形象化比较困难。

四、MDX 核心函数

（一）使用 Members 和 Children 返回属性的所有成员

Members 函数返回某个维度属性下的所有成员，如 State 维度级别的全部成员列表。

如果想查看每个州的销售额，则我们可以在 Customer 维度的 State-Province 属性后添加 Members，如图 4－13 所示。

```
SELECT {[Measures].[Internet Sales Amount]} ON COLUMNS,
  [Customer].[State-Province].MEMBERS ON ROWS
FROM [Adventure Works]
```

消息　结果

	Internet Sales Amount
All Customers	¥ 29 358 677.22
Alabama	¥ 37.29
Alberta	¥ 22 467.80
Arizona	¥ 2 104.02
Bayern	¥ 399 966.78
Brandenburg	¥ 119 571.08
British Columbia	¥ 1 955 340.10
Brunswick	(null)
California	¥ 5 714 257.69
Charente-Maritime	¥ 34 441.73
Colorado	(null)
Connecticut	(null)
England	¥ 3 391 712.21
Essonne	¥ 279 297.18
Florida	¥ 7 760.91
Garonne (Haute)	¥ 54 641.72
Georgia	¥ 1 658.92
Gers	(null)
Hamburg	¥ 467 219.04
Hauts de Seine	¥ 263 416.19
Hessen	¥ 794 876.08
Idaho	(null)
Illinois	¥ 2 828.09
Indiana	(null)

图 4－13　返回各州的 Internet 销售额

注意返回结果的第一行是“All Customers”，为所有客户成员值。每个维度默认都包含一个 all(全部成员)，在没有指明某个具体的成员时，该属性默认返回的是这个 all 值。

在返回结果中，我们注意到有些州或省包含 null 值，表明对应的单元格没有值。可以用 NON EMPTY 关键字筛选掉 null 值，增加 NON EMPTY 关键字使得生成的结果更紧凑，从而使查询变得更高效，如图 4－14 所示。

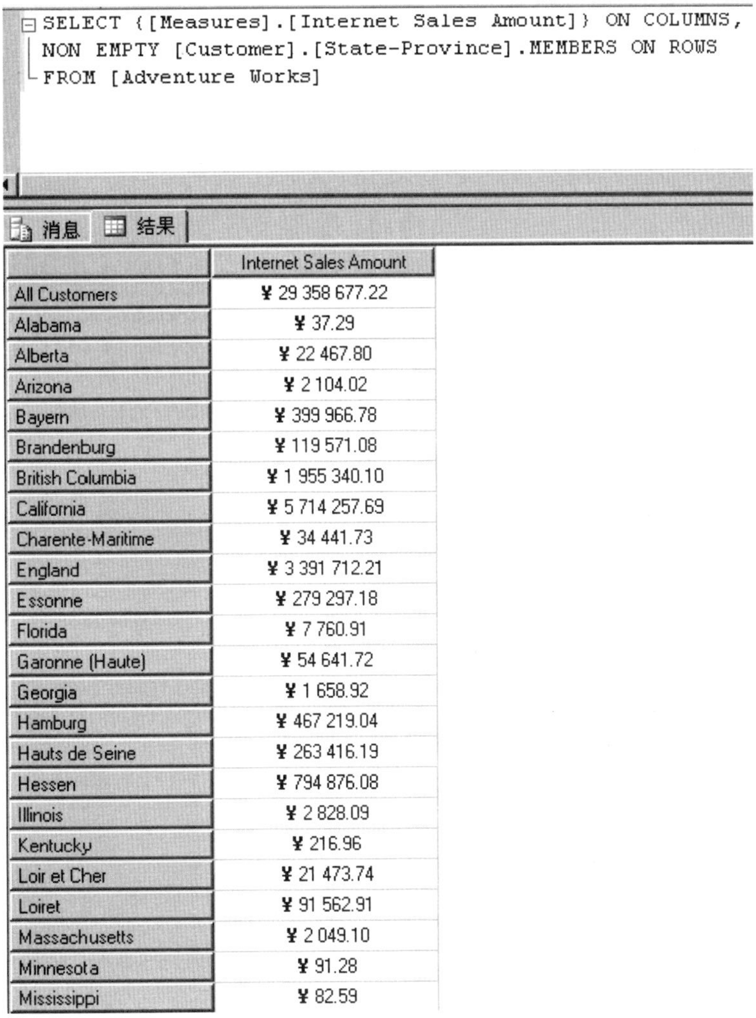

```
SELECT {[Measures].[Internet Sales Amount]} ON COLUMNS,
NON EMPTY [Customer].[State-Province].MEMBERS ON ROWS
FROM [Adventure Works]
```

消息 结果

	Internet Sales Amount
All Customers	¥ 29 358 677.22
Alabama	¥ 37.29
Alberta	¥ 22 467.80
Arizona	¥ 2 104.02
Bayern	¥ 399 966.78
Brandenburg	¥ 119 571.08
British Columbia	¥ 1 955 340.10
California	¥ 5 714 257.69
Charente-Maritime	¥ 34 441.73
England	¥ 3 391 712.21
Essonne	¥ 279 297.18
Florida	¥ 7 760.91
Garonne (Haute)	¥ 54 641.72
Georgia	¥ 1 658.92
Hamburg	¥ 467 219.04
Hauts de Seine	¥ 263 416.19
Hessen	¥ 794 876.08
Illinois	¥ 2 828.09
Kentucky	¥ 216.96
Loir et Cher	¥ 21 473.74
Loiret	¥ 91 562.91
Massachusetts	¥ 2 049.10
Minnesota	¥ 91.28
Mississippi	¥ 82.59

图 4-14　去掉空值(NULL)后的结果

注　意

在设计维度时可以修改默认成员，也可将特定的默认成员与指定的安全组管理，比如位于 WestRegion 安全组的成员默认看到的返回成员是 WestRegion，而 EastRegion 安全组的成员默认看到的返回成员是 EastRegion。

如果只想显示各州的销售额，而不显示 All Customers 值，可以将 Members 换成 Children，如图 4－15 所示。

```
SELECT {[Measures].[Internet Sales Amount]} ON COLUMNS,
NON EMPTY [Customer].[State-Province].Children ON ROWS
FROM [Adventure Works]
```

消息　结果

	Internet Sales Amount
Alabama	¥37.29
Alberta	¥22,467.80
Arizona	¥2,104.02
Bayern	¥399,966.78
Brandenburg	¥119,571.08
British Columbia	¥1,955,340.10
California	¥5,714,257.69
Charente-Maritime	¥34,441.73
England	¥3,391,712.21
Essonne	¥279,297.18
Florida	¥7,760.91
Garonne (Haute)	¥54,641.72
Georgia	¥1,658.92
Hamburg	¥467,219.04
Hauts de Seine	¥263,416.19
Hessen	¥794,876.08
Illinois	¥2,828.09
Kentucky	¥216.96
Loir et Cher	¥21,473.74
Loiret	¥91,562.91
Massachusetts	¥2,049.10
Minnesota	¥91.28
Mississippi	¥82.59
Missouri	¥81.46
Montana	¥92.08
Moselle	¥94,046.23
New South Wales	¥3,934,485.73

图 4－15　不显示 all 值的结果

（二）使用 order 函数对查询结果的排序

order 函数有 3 个参数：要显示的成员集合、排序的度量值、排序顺序。例如，如果对同一个州客户的 Internet 销售额进行降序排序，可以编写如下查询，生成的输出如图 4－16 所示。

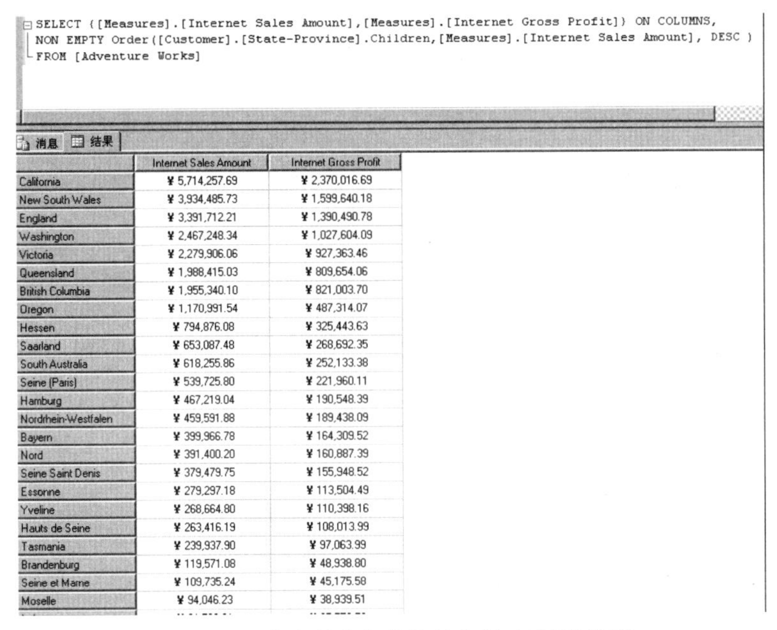

```
SELECT ([Measures].[Internet Sales Amount],[Measures].[Internet Gross Profit]) ON COLUMNS,
NON EMPTY Order([Customer].[State-Province].Children,[Measures].[Internet Sales Amount], DESC )
FROM [Adventure Works]
```

消息 结果

	Internet Sales Amount	Internet Gross Profit
California	¥ 5,714,257.69	¥ 2,370,016.69
New South Wales	¥ 3,934,485.73	¥ 1,599,640.18
England	¥ 3,391,712.21	¥ 1,390,490.78
Washington	¥ 2,467,248.34	¥ 1,027,604.09
Victoria	¥ 2,279,906.06	¥ 927,363.46
Queensland	¥ 1,988,415.03	¥ 809,654.06
British Columbia	¥ 1,955,340.10	¥ 821,003.70
Oregon	¥ 1,170,991.54	¥ 487,314.07
Hessen	¥ 794,876.08	¥ 325,443.63
Saarland	¥ 653,087.48	¥ 268,692.35
South Australia	¥ 618,255.86	¥ 252,133.38
Seine (Paris)	¥ 539,725.80	¥ 221,960.11
Hamburg	¥ 467,219.04	¥ 190,548.39
Nordrhein-Westfalen	¥ 459,591.88	¥ 189,438.09
Bayern	¥ 399,966.78	¥ 164,309.52
Nord	¥ 391,400.20	¥ 160,887.39
Seine Saint Denis	¥ 379,479.75	¥ 155,948.52
Essonne	¥ 279,297.18	¥ 113,504.49
Yveline	¥ 268,664.80	¥ 110,398.16
Hauts de Seine	¥ 263,416.19	¥ 108,013.99
Tasmania	¥ 239,937.90	¥ 97,063.99
Brandenburg	¥ 119,571.08	¥ 48,938.80
Seine et Marne	¥ 109,735.24	¥ 45,175.58
Moselle	¥ 94,046.23	¥ 38,939.51

图 4－16　客户所在各州的销售额，按降序排列

如果需要在地理维度和商品维度同时查看 Internet 销售额和毛利，则可以将产品类别和地区属性同时放置在行轴上，查询结果如图 4－17 所示。

```
SELECT ([Measures].[Internet Sales Amount],[Measures].[Internet Gross Profit]) ON COLUMNS,
NON EMPTY ([Customer].[State-Province].Children, [Product].[Category].Children ) ON ROWS
FROM [Adventure Works]
```

消息 结果

		Internet Sales Amount	Internet Gross Profit
Alabama	Accessories	¥ 37.29	¥ 23.34
Alberta	Accessories	¥ 414.46	¥ 259.45
Alberta	Bikes	¥ 21,827.91	¥ 8,542.39
Alberta	Clothing	¥ 225.43	¥ 92.82
Arizona	Accessories	¥ 32.60	¥ 20.41
Arizona	Bikes	¥ 2,071.42	¥ 953.56
Bayern	Accessories	¥ 7,849.53	¥ 4,913.79
Bayern	Bikes	¥ 389,335.66	¥ 158,538.41
Bayern	Clothing	¥ 2,781.59	¥ 857.31
Brandenburg	Accessories	¥ 2,553.13	¥ 1,598.25
Brandenburg	Bikes	¥ 115,832.83	¥ 46,954.95
Brandenburg	Clothing	¥ 1,185.12	¥ 385.60
British Columbia	Accessories	¥ 102,926.43	¥ 64,431.78
British Columbia	Bikes	¥ 1,799,474.48	¥ 732,908.83
British Columbia	Clothing	¥ 52,939.19	¥ 23,663.09
California	Accessories	¥ 144,910.19	¥ 90,713.55
California	Bikes	¥ 5,494,687.88	¥ 2,247,277.44
California	Clothing	¥ 74,659.62	¥ 32,025.69
Charente-Maritime	Accessories	¥ 693.50	¥ 434.13
Charente-Maritime	Bikes	¥ 33,515.83	¥ 14,051.42

图 4－17　按客户所在州和商品类别显示的销售额和毛利

从图 4－17 返回结果可以看到，默认的顺序是按照维度中该属性的成员默认顺序显示，即首先按 Customer 维度的 State-province 属性成员排序，然后按 Product 维度的 Category 属性成员排序。我们可以用 Order 函数对结果重新进行排序。

在 MDX 语句中，Order 函数的第一个参数由于涉及两个维度的成员，因此，可以用 * 连接两个维度，如图 4－18 所示。

```
SELECT ([Measures].[Internet Sales Amount],[Measures].[Internet Gross Profit]) ON COLUMNS,
NON EMPTY Order([Product].[Subcategory].Children*[Customer].[State-Province].Children,
[Measures].[Internet Sales Amount], DESC ) ON ROWS
FROM [Adventure Works]
```

消息　结果

		Internet Sales Amount	Internet Gross Profit
Bike Racks	California	¥ 9,240.00	¥ 5,784.24
Bike Racks	British Columbia	¥ 6,840.00	¥ 4,281.84
Bike Racks	Washington	¥ 4,560.00	¥ 2,854.56
Bike Racks	England	¥ 3,480.00	¥ 2,178.48
Bike Racks	Oregon	¥ 3,000.00	¥ 1,878.00
Bike Racks	New South Wales	¥ 2,040.00	¥ 1,277.04
Bike Racks	Victoria	¥ 1,800.00	¥ 1,126.80
Bike Racks	Queensland	¥ 1,560.00	¥ 976.56
Bike Racks	Hessen	¥ 960.00	¥ 600.96
Bike Racks	Nord	¥ 720.00	¥ 450.72
Bike Racks	Saarland	¥ 720.00	¥ 450.72
Bike Racks	Seine (Paris)	¥ 720.00	¥ 450.72
Bike Racks	South Australia	¥ 600.00	¥ 375.60
Bike Racks	Nordrhein-Westfalen	¥ 480.00	¥ 300.48
Bike Racks	Seine Saint Denis	¥ 480.00	¥ 300.48
Bike Racks	Bayern	¥ 360.00	¥ 225.36
Bike Racks	Yveline	¥ 360.00	¥ 225.36
Bike Racks	Alberta	¥ 240.00	¥ 150.24
Bike Racks	Hamburg	¥ 240.00	¥ 150.24
Bike Racks	Hauts de Seine	¥ 240.00	¥ 150.24
Bike Racks	Brandenburg	¥ 120.00	¥ 75.12
Bike Racks	Essonne	¥ 120.00	¥ 75.12
Bike Racks	Kentucky	¥ 120.00	¥ 75.12
Bike Racks	Loir et Cher	¥ 120.00	¥ 75.12
Bike Racks	Loiret	¥ 120.00	¥ 75.12
Bike Racks	Moselle	¥ 120.00	¥ 75.12
Bike Stands	California	¥ 7,791.00	¥ 4,877.17
Bike Stands	British Columbia	¥ 5,088.00	¥ 3,185.09
Bike Stands	New South Wales	¥ 5,088.00	¥ 3,185.09
Bike Stands	Washington	¥ 4,770.00	¥ 2,986.02

图 4－18　对地理维度和商品类别维度分别按降序查看销售额

从图 4－18 的查询结果中我们可以看到，首先按 Product 维度的 Subcategory 属性成员排序，对同一商品类别的地区，则按销售额由高往低（DESC 为降序排列）显示客户所在的州。如果想对所有返回结果均按照销售额由高往低排序，则须用 BDESC 关键字替换 DESC 关键字。BDESC 关键字可以将维度或层次结构的定义拆开，仅根据度量排序。

（三）使用冒号（：）返回属性成员中连续的几个成员值

当我们需要显示属性中某几个连续的成员时，我们可以在第一个成员和最后一个成员之间用"："连接，如 Caps、Cleaners、Fenders 和 Gloves 这几个成员在商品分类属性上是连续的，则可以用 Caps：Gloves 来获取两个成员之间的全部成员，如图 4－19 所示。

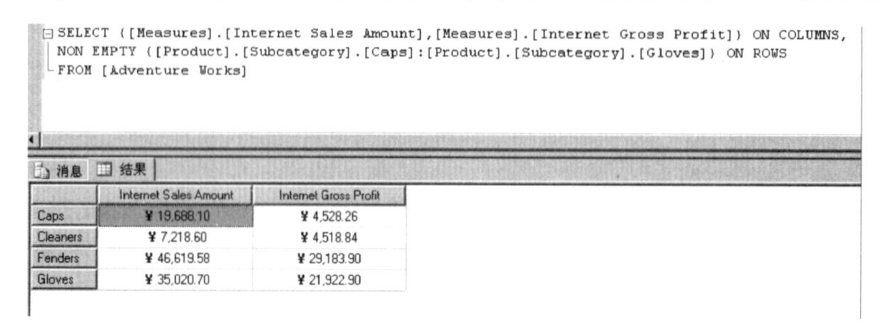

```
SELECT ([Measures].[Internet Sales Amount],[Measures].[Internet Gross Profit]) ON COLUMNS,
NON EMPTY ([Product].[Subcategory].[Caps]:[Product].[Subcategory].[Gloves]) ON ROWS
FROM [Adventure Works]
```

消息　结果

	Internet Sales Amount	Internet Gross Profit
Caps	¥ 19,688.10	¥ 4,528.26
Cleaners	¥ 7,218.60	¥ 4,518.84
Fenders	¥ 46,619.58	¥ 29,183.90
Gloves	¥ 35,020.70	¥ 21,922.90

图 4－19　使用冒号显示部分成员

冒号(:)也主要用在日期范围上。图 4-20 是显示 2002 年 6 月到 2002 年 12 月之间的 Internet 销售额数据。

```
SELECT {[Measures].[Internet Sales Amount],[Measures].[Internet Gross Profit]} ON COLUMNS,
{[Date].[Calendar].[Month].[June 2002]:[Date].[Calendar].[Month].[December 2002]} ON ROWS
FROM [Adventure Works]
```

消息 结果

	Internet Sales Amount	Internet Gross Profit
June 2002	¥676,763.65	¥273,032.24
July 2002	¥500,365.16	¥202,013.05
August 2002	¥546,001.47	¥221,445.75
September 2002	¥350,466.99	¥142,096.90
October 2002	¥415,390.23	¥172,136.18
November 2002	¥335,095.09	¥136,436.67
December 2002	¥577,314.00	¥241,171.90

图 4-20 2002 年 6 月到 2002 年 12 月销售额

(四) 使用 Filter 函数过滤度量值

我们知道,WHERE 子句可以对结果集进行切片,即对维度成员进行筛选。如果需要对度量进行筛选则可以使用 Filter。例如,要显示销售额大于 10000 美元及销售毛利大于1000 美元的结果集,如图 4-21 所示。

```
SELECT {[Measures].[Internet Sales Amount],[Measures].[Internet Gross Profit]} ON COLUMNS,
Filter ([Product].[Subcategory].Children,
[Measures].[Internet Sales Amount] > 100000 AND
[Measures].[Internet Gross Profit] > 1000) ON ROWS
FROM [Adventure Works]
```

消息 结果

	Internet Sales Amount	Internet Gross Profit
Helmets	¥225,335.60	¥141,059.83
Jerseys	¥172,950.68	¥39,778.66
Mountain Bikes	¥9,952,759.56	¥4,513,624.11
Road Bikes	¥14,520,584.04	¥5,537,299.70
Tires and Tubes	¥245,529.32	¥153,700.75
Touring Bikes	¥3,844,801.05	¥1,454,872.70

图 4-21 销售额大于 10000 美元及销售毛利大于 1000 美元的结果集

(五) 使用 Crossjoin 函数返回多个集的叉集

Crossjoin 函数返回指定的集的叉积,所得集中元组的顺序取决于要连接的集的顺序以及其成员的顺序。例如,Set1 由 {x1, x2, …, xn} 组成,Set2 由 {y1, y2, …, yn} 组成。这两个集使用 Crossjoin(Set1, Set2)得出的叉积为:{(x1, y1),(x1, y2),…,(x1, yn),(x2, y1),(x2, y2),…,(x2, yn),…,(xn, y1),(xn, y2),…,(xn, yn)}。

例如我们需要查询 2003 年和 2004 年在 Australia、Canada、United States3 个国家的 Internet 销售情况,则如图 4-22 所示。

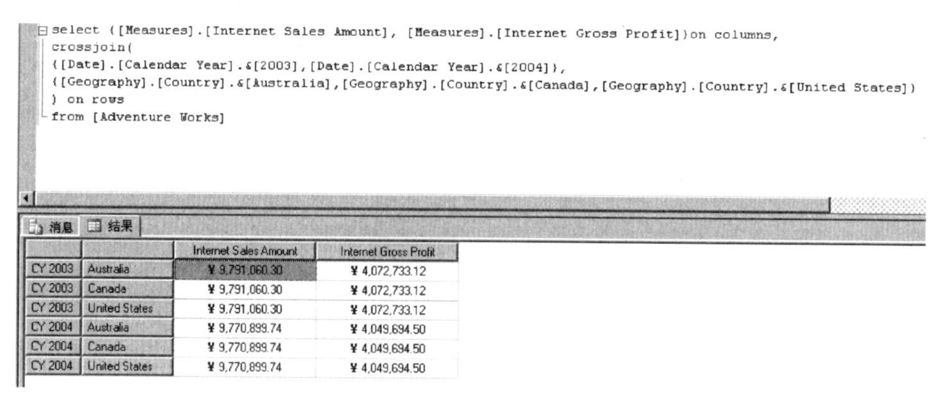

```
select {[Measures].[Internet Sales Amount], [Measures].[Internet Gross Profit]}on columns,
crossjoin(
{[Date].[Calendar Year].&[2003],[Date].[Calendar Year].&[2004]},
{[Geography].[Country].&[Australia],[Geography].[Country].&[Canada],[Geography].[Country].&[United States]}
) on rows
from [Adventure Works]
```

		Internet Sales Amount	Internet Gross Profit
CY 2003	Australia	¥ 9,791,060.30	¥ 4,072,733.12
CY 2003	Canada	¥ 9,791,060.30	¥ 4,072,733.12
CY 2003	United States	¥ 9,791,060.30	¥ 4,072,733.12
CY 2004	Australia	¥ 9,770,899.74	¥ 4,049,694.50
CY 2004	Canada	¥ 9,770,899.74	¥ 4,049,694.50
CY 2004	United States	¥ 9,770,899.74	¥ 4,049,694.50

图 4-22　使用 Crossjoin 返回多个集的叉集

二维码 4-1

扫描二维码 4-1，查看使用 MDX 语句的操作演示。

第五节　使用 SQL Server Analysis Server 构建维度和多维数据集

Microsoft SQL Server Analysis Services（SSAS）为商业智能应用程序提供了联机分析处理（OLAP）和数据挖掘功能。SSAS 可以设计、创建和管理包含从其他数据源（如关系数据库）聚合的数据的多维结构，从而实现对 OLAP 的支持，同时它还集成了数据挖掘建模、管理和查询数据的功能。

SSAS 分析服务主要有以下特点。

（1）易用性：操作中的任何一个步骤都有很多向导、编辑器和帮助材料，用户通过 SQL Server Management Studio 提供的操作界面，可以方便地访问元数据和多维数据集。

（2）灵活的数据存储模型：SSAS 为维度、分区以及多维数据集提供了多种存储模式。可以将多维数据集存放在多维立方文件（MOLAP）中，或者关系型数据库中，或者是这两种存储方式的混合。多维数据集还可以被分区，并且以不同的模式存放分区。

（3）伸缩性：SSAS 同时支持基于 Intel 的服务器和 DEL Alpha 服务器。OLAP 客户端可以在 Windows XP、Windows NT 和 Windows 2000 平台上运行。Analysis Services 还解决了很多数据仓库中的问题，例如，自定义聚集选项、基于应用的优化、数据压缩以及分布计算等。这一切使 SSAS 具有很强的伸缩性。

（4）集成性：SSAS 与微软管理控制台（Microsoft Management Console，MMC）集成在一起，可以将 Analysis Services 作为 MMC 的一个部件。SSAS 的安全性也集成在 SQL Server 和 Windows NT 的安全机制中。

（5）支持大量的 API 和函数：SSAS 带有 3 个库，可以用于建立客户端程序：OLE DB

for OLAP 提供者、ADOMD.NET(ActiveX Data Objects MultiDimensional)和 Analysis Management Objects(AMO)。

(6) 分布式处理能力：通过分区(partition)不仅可以调整多维数据集的大小，还可以把多维数据集分布在多个服务器上，以便并行处理。

(7) 服务器端结构的高速缓存：对于服务器端，可以利用分析服务的高速缓存来查询多维数据以及元数据。这样就可以根据内存中的数据查询，而不用访问磁盘上的数据，从而减轻网络流量，并加快查询的响应速度。

一、SSAS 的体系结构

SSAS 通过服务器和客户端技术的组合提供联机分析处理(OLAP)和数据挖掘功能。SSAS 服务器和客户端结构图如图 4-23 所示。

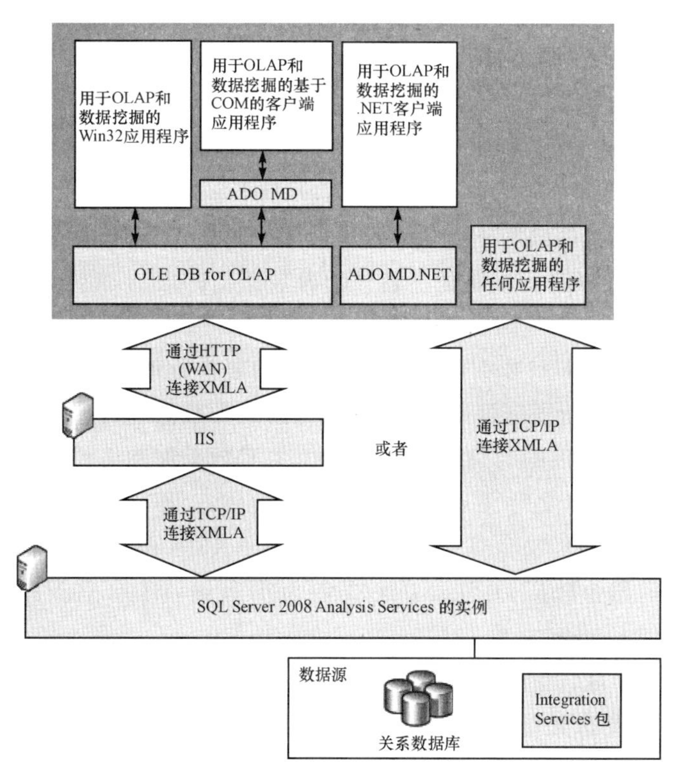

图 4-23 SSAS 服务器/客户端结构模型

SSAS 的服务器组件为 msmdsrv.exe 应用程序，该程序通常作为 Microsoft Windows 服务来实现。该应用程序包含安全组件、一个 XML for Analysis(XMLA)侦听器组件、一个查询处理器组件以及多个其他内部组件。它支持同一台计算机中的多个实例，每个 SSAS 实例作为单独的 Windows 服务实例来实现。

而客户端则使用公用标准 XML for Analysis(XMLA)与 SSAS 进行通信，作为一项 Web 服务，XMLA 是基于 SOAP 的协议，用于发出命令和接收响应。还可以通过 XMLA 提供客户端对象模型，或者使用托管提供程序（例如，ADOMD.NET）或本机 OLE DB 访问接口来访问该模型。客户端可以使用以下语言发出查询命令：SQL、多维表达式（MDX）、或数据挖掘扩展插件（DMX，一种面向数据挖掘的行业标准查询语言）。还可以使用脚本语言（ASSL）来管理 SSAS 数据库对象。所有这些组件都使用 XML for Analysis 与 SSAS 实例进行通信。

SSAS 支持瘦客户端体系结构，它的计算引擎完全基于服务器，因此，所有查询都在服务器上进行解析，每个查询只需在客户端和服务器之间进行一次来回行程，从而使得性能可以随着查询复杂性的增加而伸缩。

二、SSAS 的统一维度模型(UDM)

直接从诸如企业资源管理系统（ERP）数据库这样的数据源中检索信息的用户会遇到以下几个问题。

（1）此类数据源的内容通常非常难于理解，因为它们的设计初衷是针对系统和开发人员，而不是用户。

（2）用户所关心的信息通常分布在多个异类数据源中。即使只是使用其他关系数据库，用户也必须了解每个数据库的详细信息。更糟糕的是，这些数据源的类型可能各不相同，不仅包括关系数据库，而且还包括文件和 Web 服务。

（3）尽管许多数据源都倾向于包含大量事务级别的详细信息，但是，支持业务决策制定所需的查询经常涉及汇总信息和聚合信息。随着数据量的增加，最终用户为进行交互式分析而检索此类汇总值所需的时间也会过长。

（4）业务规则通常并不封装在数据源中。用户需要自行理解数据。

SSAS 引入了统一维度模型（UDM），UDM 为用户和数据源提供了两者之间的桥梁，使不同类型的客户端程序可以同时访问数据仓库中关系数据库和多维数据库中的数据，如不同类型的关系数据库、文本文件、Excel 和 OLAP 立方体，而不必分别使用不同模型。

客户的应用程序（例如 Microsoft Excel）可以通过 XML for Analysis 协议来访问 SSAS 的 UDM。客户端的指令包括 DMX、MDX 或者 SQL 查询，UDM 获得这些查询，然后根据查询的类型和 UDM 包含的数据，直接执行针对它自己的查询，或者将该查询转发给其他的源，比如 RDBMS 或者文本文件。查询结果将会以 XML 行集的格式映射回客户端应用程序。通过这种方式，不同的客户端应用程序可以使用相同的 API 来查询同一个数据模型，从而获得关系查询结果或者多维查询结果，如图 4 - 24所示。

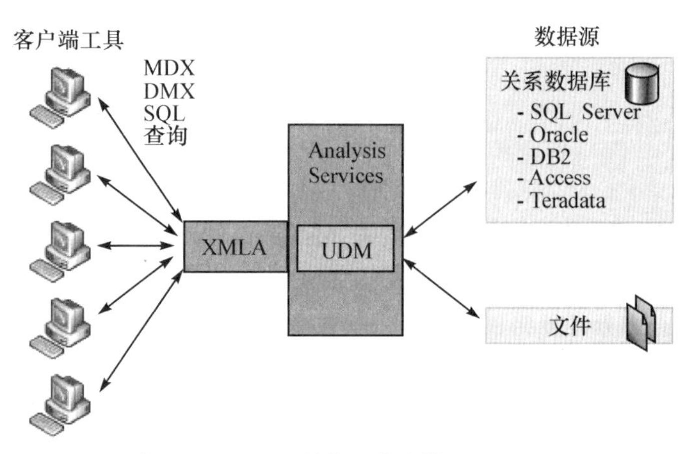

图 4 - 24 SSAS 的统一维度模型 UDM

下面列出 UDM 带来的一些重要好处。

（1）为所有的 BI 应用程序提供标准的模型：对于企业的应用程序，存在不同类型的 BI 组件，如数据仓库、OLAP、数据挖掘和报告等。UDM 提供了标准的模型，所有这些 BI 技术都可以理解该模型，并且该模型的丰富性给所有这些技术都带来了好处。再者减少了企业中的数据模型的数目。

（2）提供丰富的数据建模工具：维包含层次，UDM 支持对这些层次进行定义。每个层次是维度属性的序列，在查询中可以使用这些属性来使这些下钻/上钻等操作变得容易。一个维可以包含多个层次结构，例如，时间维可以包含两个层次结构：财政时间和日历时间。

（3）提供高效的查询性能：UDM 可以包含一个或者多个立方体。在大多数情况下，会预处理立方体的聚集。这使得用户的查询能够快速执行。

（4）提供高级的分析技术：UDM 不仅提供了简单的聚集，而且支持基于强大的 MDX 和 DMX 来定义高级的计算。在许多情况下，我们希望知道的不仅仅是聚集，例如，希望知道对于每个时间周期的三个月移动平均值、在每个周期中每年的增长额、对销售额和库存量的预测等。通过 MDX 和 DMX，可以在 UDM 上执行复杂的计算。

三、SSAS 示例

（一）创建多维数据集

1.创建多维数据集项目

步骤 1：单击“开始”，指向“所有程序”，再指向 Microsoft SQL Server 2008，再单击 SQL Server Business Intelligence Development Studio，打开 Microsoft Visual Studio 2008 开发环境。

步骤 2：在 Visual Studio 的“文件”菜单上，指向“新建”，再单击“项目”。在“新建项目”对话框中，从“项目类型”窗格中选择“商业智能项目”，再在“模板”窗格中选择“Analysis Services 项目”。

步骤 3：将项目名称更改为“多维分析示例”，这也将更改解决方案名称，然后单击“确定”。

2.定义新的数据源

步骤 1：在解决方案资源管理器中，右键单击“数据源”，然后单击“新建数据源”。将打开数据源向导。

步骤 2：在“欢迎使用数据源向导”页上，单击“下一步”。将显示“选择如何定义连接”页。在该页上，可以基于新连接、现有连接或以前定义的数据源对象来定义数据源。在“选择如何定义连接”页上，单击“新建”。将显示“连接管理器”对话框。在此对话框中，可定义数据源的连接属性，包括一个在设计时设置的服务器名、登录用户名、密码、访问的数据库等字符串，在运行时，将通过使用连接字符串属性中的值创建一个物理连接。

步骤 3：在“提供程序”列表中，选中“本机 OLE DB\Microsoft OLE DB Provider for SQL Server”。在“服务器名称”文本框中，键入 localhost。（要连接到本地计算机上的命名实例，请键入 localhost\＜实例名＞。）如果在定义数据源时指定特定的计算机名或 IP 地址，则项目或部署的应用程序将与指定计算机而不是本地计算机建立连接。选择“使用

Windows 身份验证”。在“选择或输入数据库名称”列表中，选择 AdventureWorksDW。

图 4－25 显示了已设置的“连接管理器”。

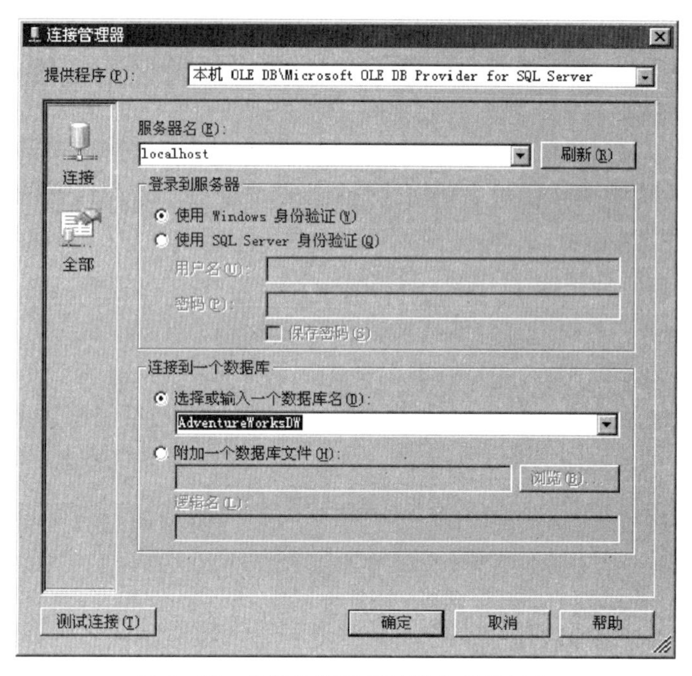

图 4－25　为数据源设置连接数据库属性

步骤 4：单击“确定”，然后单击“下一步”，将显示“模拟信息”页。在该向导的此页上，可以定义 Analysis Services 用于连接数据源的安全凭据。选择“使用服务账户（V）”，因为该账户具有访问 Adventure Works DW 数据库所需的权限，然后单击“下一步”。图 4－26 显示了随后出现的“完成向导”页。在连接字符串一栏中显示了我们访问数据库的属性值。

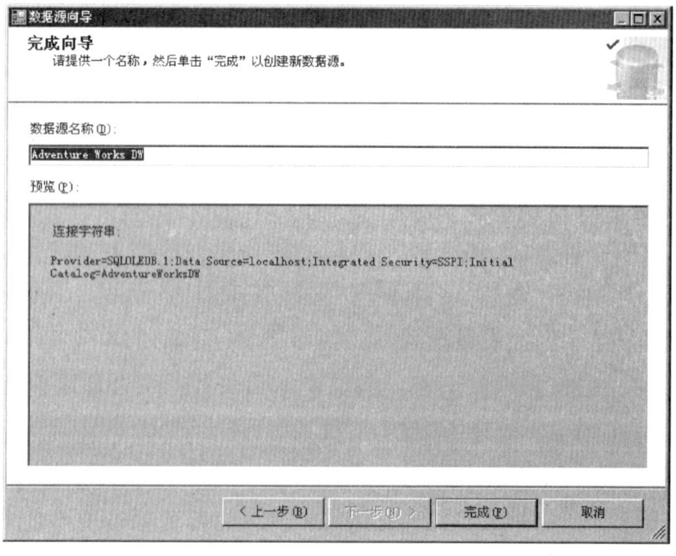

图 4－26　数据源向导完成页

在“完成向导”页上，单击“完成”以创建名为 AdventureWorksDW.ds 的新数据源。如果要修改数据的属性，可以在“数据源”文件夹中双击该数据源，即可在“数据源设计器”中进行数据源属性的修改。

3.定义一个新的数据源视图

定义了数据源后，下一步定义项目的数据源视图。数据源视图是一个元数据的单一统一视图，该元数据来自指定的表以及数据源在项目中定义的视图。通过在数据源视图中存储元数据，可以在开发过程中直接使用这些数据，而无须打开与任何基础数据源的连接。

按照以下步骤，定义一个数据源视图，其中包括来自 Adventure Works DW 数据源的五个表。

步骤 1：在解决方案资源管理器中，右键单击“数据源视图”，再单击“新建数据源视图”。打开数据源视图向导。

步骤 2：在“欢迎使用数据源视图向导”页中，单击“下一步”，将显示“选择数据源”页。选中“关系数据源”页下的 Adventure Works DW 数据源，单击“下一步”。

步骤 3：此时将显示“选择表和视图”页。在此页中，可以从选定的数据源提供的对象列表中选择表和视图。在“可用对象”列表中，选择下列表(同时按下 Ctrl 键可选择多个表)：

DimCustomer(dbo)

DimGeography(dbo)

DimProduct(dbo)

DimTime(dbo)

FactInternetSales(dbo)

单击 “>”按钮，将选中的表添加到“包含的对象”列表中。图 4 - 27 显示了将表添加到“包含的对象”列表后的“选择表和视图”页。

图 4 - 27 选择表和视图

步骤 4：单击“下一步”，再单击“完成”以定义 Adventure Works DW 数据源视图。

此时，数据源视图 Adventure Works DW.dsv 将在解决方案资源管理器的“数据源视

图”文件夹中显示。双击该数据源视图,其中的内容将在数据源视图设计器中显示。此设计器包含以下元素:

(1)“关系图”窗格,其中将以图形方式显示各个表及其相互关系。

(2)“表”窗格,其中将以树的形式显示各个表及其架构元素。

(3)“关系图组织程序”窗格,可在其中创建子关系图,用于查看数据源视图的子集。

图 4-28 显示了数据源视图设计器中的 Adventure Works DW 数据源视图。若要向现有数据源视图添加表,可右键单击“关系图”窗格或“表”窗格,再单击“添加/删除表”。一般为了简便起见,仅将要在项目中使用的表和视图添加到数据源视图中。

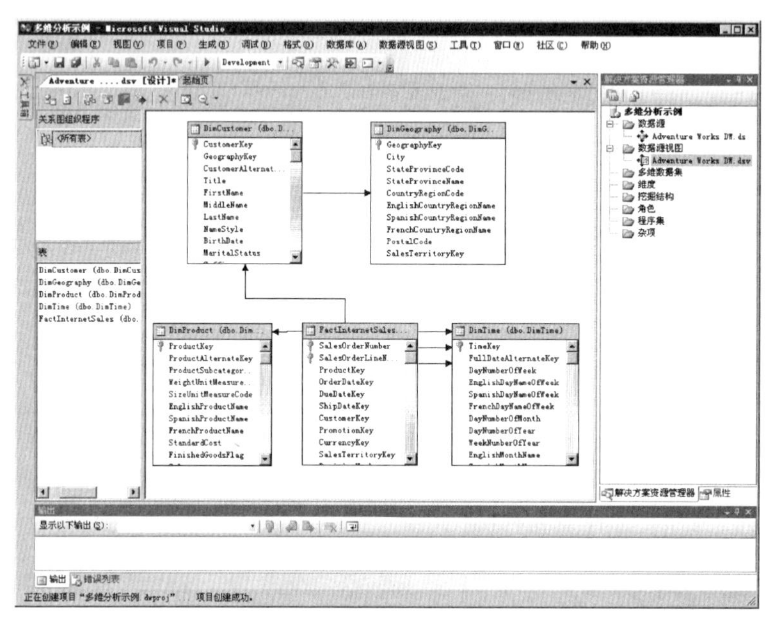

图 4-28 数据源视图界面

我们可以通过“关系图”窗格轻松查看所有表及其相互关系。请注意,在 FactInternetSales 表和 DimTime 表之间存在三种关系,因为每条销售记录都有三个日期与其关联:订单日期、到期日期和发货日期。若要查看某种关系的详细信息,可双击“关系图”窗格中的关系箭头。

SSAS 使用数据源视图中这些对象的元数据来定义维度、属性和度量值组。可以通过更改数据源视图中表的 FriendlyName 属性的值,以便可以更清楚地理解这些对象。我们将数据源视图中表名的前缀“dim”和“fact”去除,方法如下:

步骤 1:在数据源视图设计器的“关系图”窗格中,右键单击 FactInternetSales 表(注意是点击表名称的位置,而不要点击表中的列名),再单击“属性”。

步骤 2:在“属性”窗口显示了数据源视图中 FactInternetSales 对象的属性。将 FactInternetSales 对象的 FriendlyName 属性更改为 InternetSales。然后敲回车键或者在 FriendlyName 属性单元格外单击,使此更改生效。

同样地，将 DimProduct 的 FriendlyName 属性更改为 Product；将 DimCustomer 的 FriendlyName 属性更改为 Customer；将 DimTime 的 FriendlyName 属性更改为 Time；将 DimGeography 的 FriendlyName 属性更改为 Geography。

步骤 3：在“文件”菜单上，或者在 BI Development Studio 的工具栏上，单击“全部保存”，保存所有的修改。

图 4－29 显示了数据源视图设计器中的数据源视图，以及新修改的对象名称。

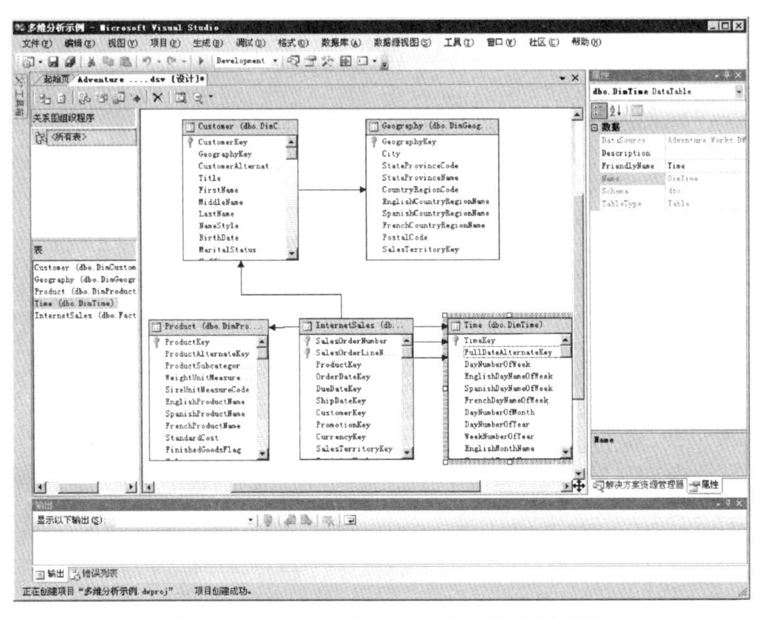

图 4－29　修改完表的别名后的数据源视图

4.定义多维数据集及其属性

步骤 1：在解决方案资源管理器中，右键单击“多维数据集”，然后单击“新建多维数据集”。在“欢迎使用多维数据集向导”页上，单击“下一步”。

步骤 2：在“选择创建方法”页上，选择“使用现有表(U)”选项，这样多维数据集向导将自动创建基于数据源中一个或多个表的多维数据集。然后单击“下一步”。

步骤 3：在“选择度量值组表”页上，在“数据源视图(D)”栏中，确认已选中“Adventure Works DW”；在“度量值组表(M)”栏，直接点击“建议”按钮，或手工勾选“InternetSales”度量值表，然后单击“下一步”。

步骤 4：在多维数据集向导的“选择度量值”页，向导显示了用户选择的“InternetSales”度量值的各项维度。在本示例中，去掉其中四个与本示例无关的维度：Promotion Key、Currency Key、Sales Territory Key、Revision Number。图 4－30 显示了“选择度量值”页上已清除的复选框和其余选定维度。

图 4－30　去除度量值中无关维度

步骤 5：单击“下一步”。进入“选择新维度”页，向导默认勾选了 Product、Time、Customer、Internet Sales 维度表，由于 Internet Sales 是事实表，需将其勾除，如图 4－31 所示。单击“下一步”。

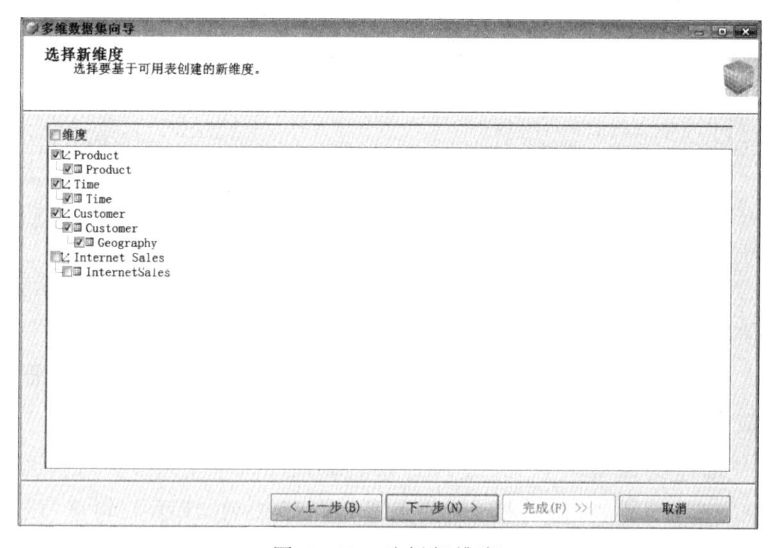

图 4－31　选择新维度

步骤 6：在“完成向导”页上，将多维数据集的名称更改为“多维数据集示例”。在该页上，也可以查看多维数据集的度量值组、度量值、维度、层次结构和属性，如图 4－32 所示。

单击“完成”按钮以完成向导。第一个多维数据集创建完毕。在解决方案资源管理器中，“多维数据集示例.cube”多维数据集显示在“多维数据集”文件夹中，而 3 个数据库维度则显示在“维度”文件夹中。

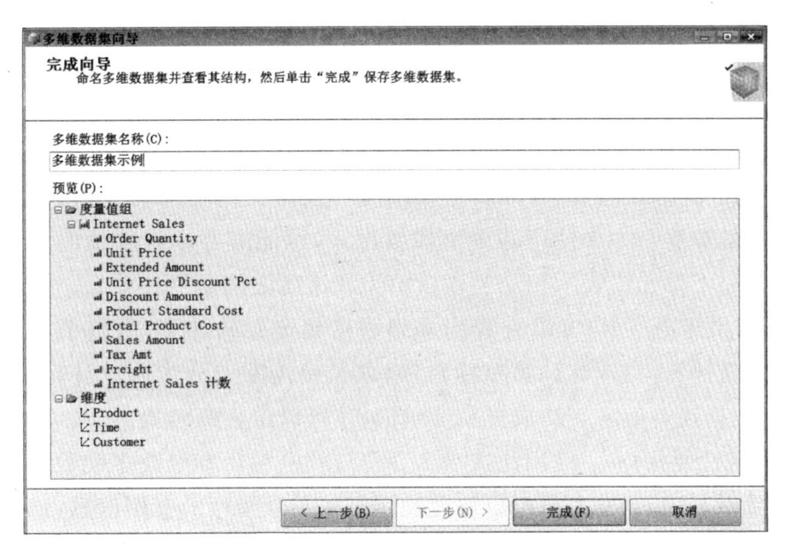

图 4-32　多维数据集完成预览

图 4-33 显示了该设计器中的维度表和事实数据表。请注意，在实际视图中，事实数据表是黄色的，维度表是蓝色的（因图 4-33 为黑白图，故无法显示颜色区别）。

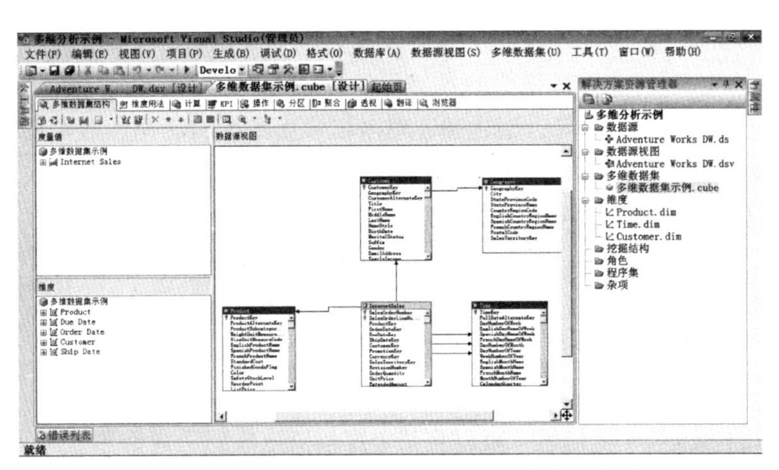

图 4-33　多维数据集中的事实表和维度表关系

二维码 4-2

在“文件”菜单上，或者在 BI Development Studio 的工具栏上，单击“全部保存”，保存所做的更改。

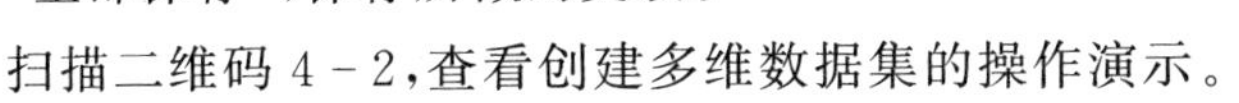
扫描二维码 4-2，查看创建多维数据集的操作演示。

（二）部署和浏览多维数据集

使用多维数据集向导定义了多维数据集后，就可以在多维数据集设计器中检查结果了。我们来查看多维数据集下多维数据集示例的结构，从而了解多维数据集向导定义的维度和多维数据集的属性。双击“多维数据集示例”，或右键单击“多维数据集示例”，在弹出的菜单中点击打开，出现多维数据集设计器界面。

1.了解多维数据集设计器选项卡

如图 4－33 所示，在多维数据集设计器中，可以查看和编辑多维数据集的各种属性。设计器包含下列选项卡，这些选项卡可显示多维数据集的不同视图。

（1）多维数据集结构：使用此选项卡，可以修改多维数据集的体系结构。

（2）维度用法：使用此选项卡，可以定义维度和度量值组之间的关系，以及每个维度在每个度量值组中的粒度。如果使用多个事实数据表，可能需要标识度量值是否不适用于一个或多个维度。每个单元格表示相交的度量值组和维度之间的潜在关系。

（3）计算：使用此选项卡，可以查看为多维数据集定义的计算，为整个多维数据集或子多维数据集定义新计算，为现有计算重新排序，以及使用断点分步调试计算。使用计算（如利润计算）可以根据现有值定义新成员和度量值，还可以定义命名集。

（4）KPI（关键性能指标）：使用此选项卡，可以创建、编辑和修改多维数据集中的关键性能指标。通过使用 KPI，开发人员可以快速确定有关某个指标的有用信息，如定义的值是超过目标还是未达到目标，或者定义的指标值的走势是在变好还是变差。

（5）操作：使用此选项卡，可以创建或修改针对选定的多维数据集的钻取、报告和其他操作。操作可以向客户端应用程序提供最终用户可以访问的上下文相关信息、命令和报告。

（6）分区：使用此选项卡，可以创建和管理多维数据集的分区。通过分区，可以使用不同的属性（如聚合定义）将多维数据集的各部分存在不同的位置。

（7）透视：使用此选项卡，可以创建和管理多维数据集中的透视。透视是多维数据集的一个定义的子集，用于降低多维数据集对于业务用户的主观复杂性。

（8）翻译：使用此选项卡，可以创建和管理多维数据集对象的翻译名称（如月份名或产品名称）。

（9）浏览器：使用此选项卡，可以查看多维数据集中的数据。

2.在多维数据集设计器中检查多维数据集和维度的属性

如图 4－33 所示，在多维数据集设计器中，在“多维数据集结构”选项卡的“度量值”窗格中，展开“Internet Sales”度量值组。可以将某个度量值拖放到所需的位置上，以此更改这些度量值的排列顺序。度量值组及其包含的每个度量值都有属性，可以在“属性”窗格中编辑这些属性。

在多维数据集设计器中，在“多维数据集结构”选项卡的“维度”窗格中，可以查看“多维数据集示例.cube”多维数据集中的多维数据集维度。尽管在数据库级别只创建了 3 个维度（如解决方案资源管理器所示），但在多维数据集示例中却有五个多维数据集维度。该多维数据集包含的维度比数据库多，其原因是，根据事实数据表中与时间相关的不同事实数据，“Time”维度表被用作 3 个与时间相关的单独多维数据集维度的基础。这些与时间相关的维度也称为“角色扮演维度”。使用 3 个与时间相关的多维数据集维度，用户可以按照下列 3 个与每个产品销售相关的单独事实数据在多维数据集中组织维度：产品订单日期、履行订单的到期日期和订单发货日期。通过将一个数据库维度表重复用于多个多维数据集维度，Analysis Services 简化了维度管理，降低了磁盘空间使用量，并减少了总体处理时间。

在“多维数据集结构”选项卡的“维度”窗格中，展开“Customer”，再单击“编辑 Customer”。此时，在维度设计器中显示 Customer 维度。或者在解决方案资源管理器的维度下双击“Customer.dim”，显示“Customer.dim [设计]”维度设计器。

维度设计器包含下列四个选项卡：“维度结构”“属性关系”“翻译”“浏览器”。“维度结构”选项卡包含下列3个窗格：“属性”“层次结构”“数据源视图”。如图4-34所示，“属性”窗格显示维度中的属性，“层次结构”窗格显示用户定义的层次结构。在维度设计器的“维度结构”选项卡上，可以添加、删除和编辑维度的属性和层次结构。在“维度结构”选项卡的“数据源视图”窗格中，在维度表中单击要选中的属性条目（按住 Ctrl 键单击属性条目可实现连选），将选中的属性条目拖放到“属性”窗格中，实现维度结构属性的添加；在“属性”窗格中右键单击某个属性条目可以选择删除该属性条目。

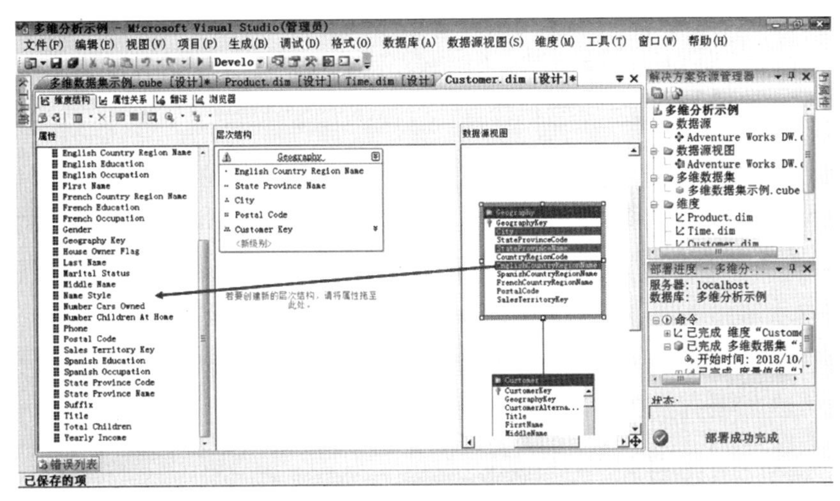

图4-34 把维度表中属性条目拖放添加到维度属性结构中

在“层次结构”窗格中，有“若要创建新的层次结构，请将属性拖至此处。”的提示信息，例如，将“属性”窗格中的“English Country Region Name”属性拖至“层次结构”窗格，出现“层次结构”列表，再将“State Province Name”属性拖至“层次结构”列表的最后一行“＜新层次＞”中，再将“City”属性拖至“＜新层次＞”中，直至完成用户定义的层次结构。右键单击“层次结构”列表的表头进行重命名（比如 Geography）。注意在 Geography“层次结构”列表中每个属性前面的小圆点个数，它代表该属性所处的层次。切换到“属性关系”选项卡，显示属性关系如图4-35所示。

在工具栏中点击全部保存按钮，在维度设计器的工具栏中点击 “处理”按钮，如图4-36所示，或在顶部菜单条的“生成(B)”菜单中点击“处理(P)...”。

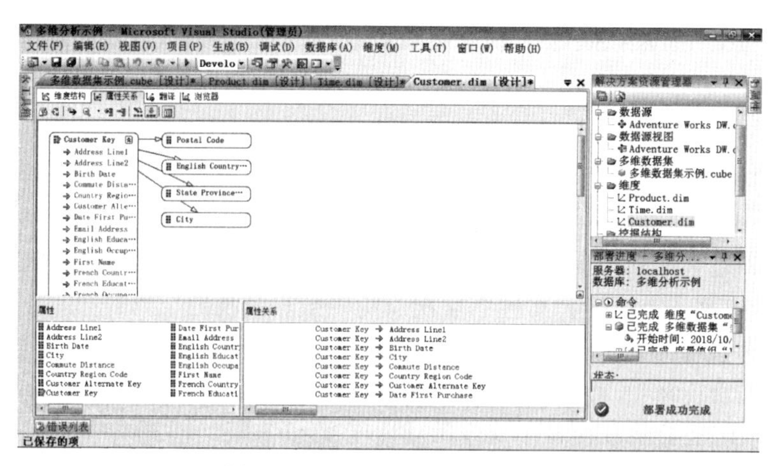

图 4－35　用户定义的属性关系

图 4－36　维度设计器的工具栏中的“处理”按钮

Visual Studio 询问“服务器内容似乎已过时。是否先生成和部署项目?”点击“是(Y)”按钮。显示“处理 维度- Customer”窗口，点击“运行(U)...”按钮，显示“处理已成功”，如图 4－37所示。

图 4－37　处理已成功信息显示

点击“关闭(C)”再点击“关闭(C)”退出处理信息显示窗口，单击“浏览器”选项卡，单击“处理”按钮旁边的“重新连接”按钮和“刷新”按钮，显示前面用户定义的重命名为“Geography”的“English Country Region Name-State Province Name-City”的属性层次结构的实例化，如图 4－38 所示。

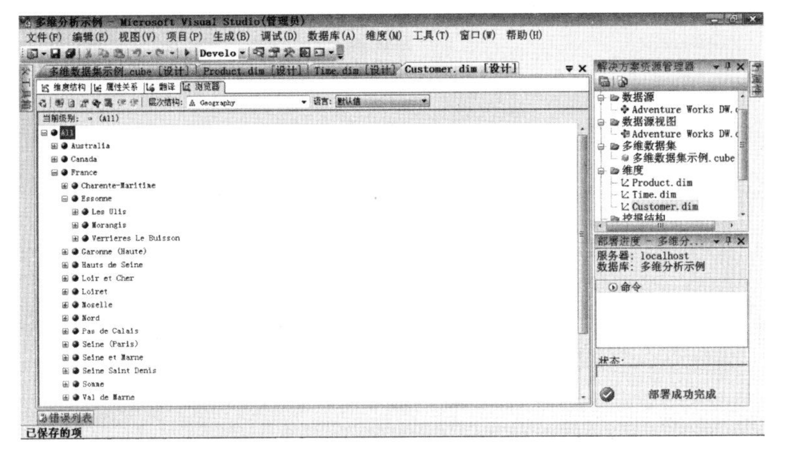

图 4-38 在“浏览器”中显示用户定义的属性层次结构的实例

同样地对每个维度进行上述操作,包括添加属性条目、定义属性层次结构、保存和处理,重新连接和刷新后就可以浏览多维数据集的内部结构了。如果用户没有定义层次结构,则维度的每个属性都只包含以下两个级别的层次结构:“all”级别和包含每个属性成员的级别,第二个级别的名称是属性名本身。

在解决方案资源管理器的多维数据集下双击多维数据集示例.cube,在打开的多维数据集设计器中,单击“维度用法”选项卡。可以看到“Internet Sales”度量值组所用的多维数据集维度。可以定义每个维度及使用该维度的每个度量值组之间的关系类型。图 4-39 显示了多维数据集设计器的“维度用法”选项卡。

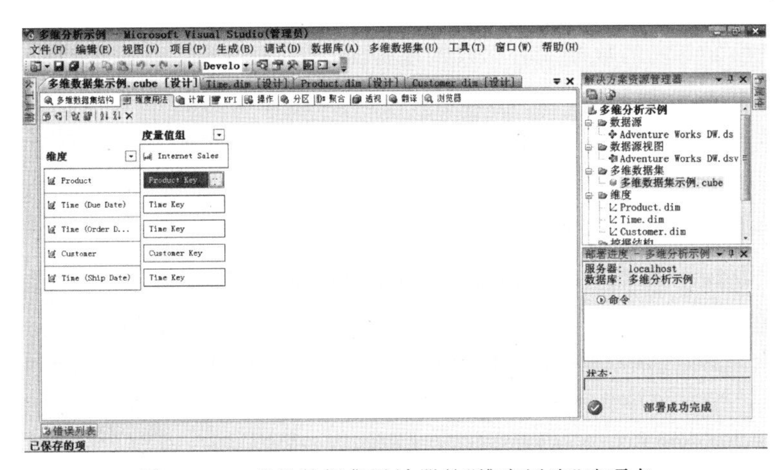

图 4-39 多维数据集设计器的“维度用法”选项卡

在“Internet Sales”度量值组和“Customer”维度的相交处,单击“Customer”旁边的按钮。此时将出现“定义关系”对话框。在此对话框中,可以定义特定度量值组中的自定义维度属性。此维度的粒度位于最低级别。图 4-40 显示了“定义关系”对话框。

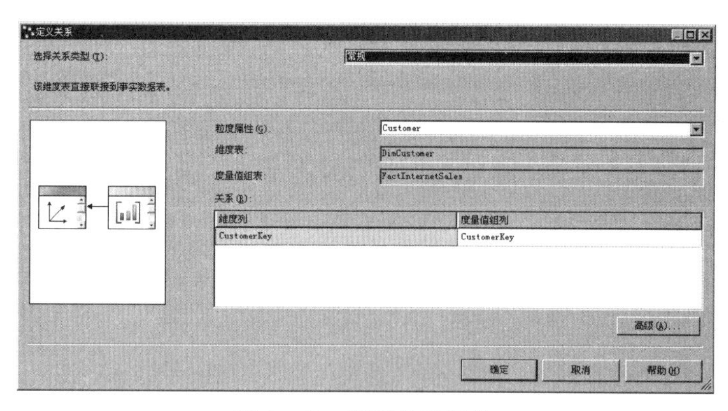

图 4－40　维度关系定义

单击“浏览器”选项卡。由于多维数据集尚未部署到 Analysis Services 实例中，因此无法对其进行浏览。此时，“多维分析示例”项目中的多维数据集只是多维数据集定义。若要查看位于多维分析示例项目的“多维数据集示例.cube”多维数据集中的数据，必须将该项目部署到 Analysis Services 的指定实例，然后处理该多维数据集及其维度。部署 Analysis Services 项目将在 Analysis Services 实例中创建定义的对象。处理 Analysis Services 实例中的对象会将基础数据源中的数据复制到多维数据集对象中。

3.部署 Analysis Services 项目

在解决方案资源管理器中，右键单击“多维分析示例”项目，然后单击“属性”。将出现属性页对话框，并显示活动(开发)配置的属性。可以定义多个配置，每个配置可以具有不同的属性。例如，不同的开发人员可能需要将同一项目配置为部署到不同的开发计算机，并具有不同的部署属性，如不同的数据库名称或处理属性。

在左窗格的“配置属性”节点中，单击“部署”，查看项目的部署属性。默认情况下，Analysis Services 项目模板将 Analysis Services 项目配置为将所有项目增量部署到本地计算机上的默认 Analysis Services 实例，以创建一个与此项目同名的 Analysis Services 数据库，并在部署后使用默认处理选项处理这些对象。如果要将项目部署到本地计算机上的命名 Analysis Services 实例或远程服务器上的实例，请将“服务器”属性更改为相应的实例名，如 <服务器名>\<实例名>。图 4－41 显示了“多维分析示例 属性页”对话框。

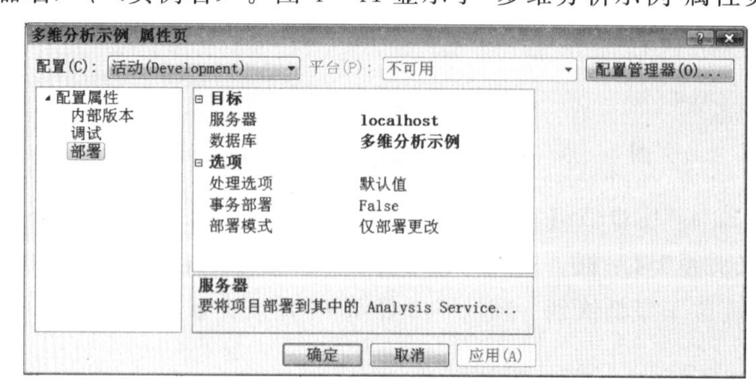

图 4－41　部署多维数据集项目

在解决方案资源管理器中，右键单击“多维分析示例”项目，再单击“部署”，或者在“生成”菜单上单击“部署多维分析示例”。

Business Intelligence Development Studio 将生成多维分析示例项目，然后使用部署脚本将其部署到指定的 Analysis Services 实例中。部署进度将在下列两个窗口中显示：“输出”窗口和“部署进度—多维分析示例”窗口。“输出”窗口在顶部菜单条的“视图(V)”菜单栏单击“输出(O)”展现，“输出”窗口显示部署的整体进度。“部署进度—多维分析示例”窗口显示部署过程中每个步骤的详细信息。图 4－42 和图 4－43 显示部署“多维分析示例”项目过程中的“部署进度—多维分析示例”窗口和“输出”窗口。

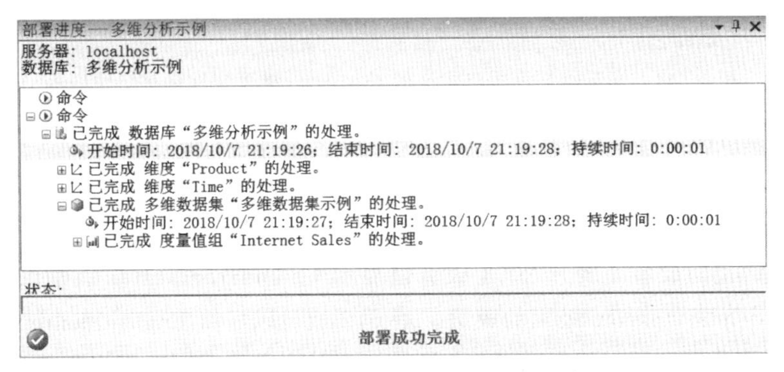

图 4－42 “多维分析示例”项目部署完成

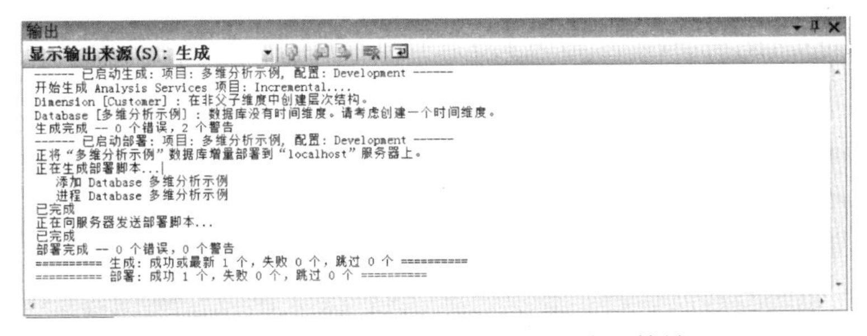

图 4－43 “输出”窗口显示部署进度和结果

查看“输出”窗口和“部署进度—多维分析示例”窗口的内容，验证是否已生成、部署和处理多维数据集，并且没有出现错误。我们已经将“多维分析示例”成功部署到 Analysis Services 的本地实例，并已对部署的多维数据集进行了处理。现在已准备就绪，可以浏览多维数据集中的实际数据。

4.浏览已部署的多维数据集

通过单击 Business Intelligence Development Studio 中的“Customer.Dim [设计]”选项卡，或在解决方案资源管理器中双击维度中的“Customer.Dim”，切换到“Customer”维度的维度设计器“Customer.Dim [设计]”，然后单击“浏览器”选项卡，默认情况下，显示层次结构下的所有成员，可以点击打开树状结构。这个层次结构为“English Country Region Name-State Province Name-City-Postal Code-Email Address”，我们现在看到，客户为电子邮件地址而不是客户的姓名，这些我们将在下一节进行改进。如图 4－44 所示。

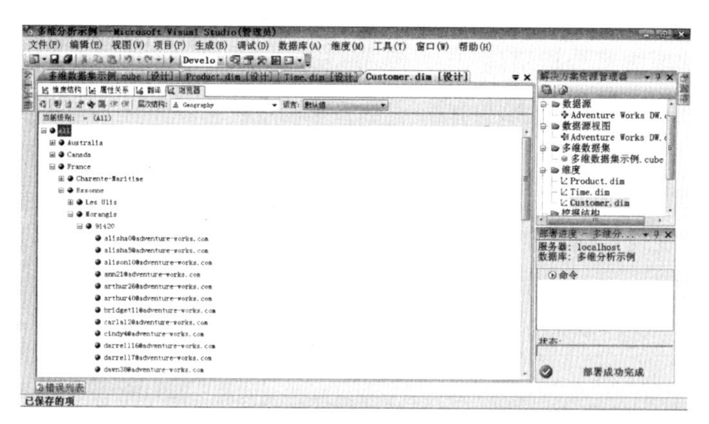

图 4-44　浏览器显示用户定义的 Customer 维度属性层次结构内容

在解决方案资源管理器中，双击打开“Time.dim”维度，单击“浏览器”选项卡。在“层次结构”列表中显示用户定义的层次结构 CalendarYear—CalendarSemester—CalendarQuarter—EnglishMonthName—FullDateAlternateKey。展开 all 级别成员以显示 CalendarYear 级别的成员。展开 2003 成员以显示 CalendarSemester 级别的成员。展开 1 成员以显示 CalendarQuarter 级别的成员。展开 2 成员以显示 EnglishMonthName 级别的成员。展开 May 成员以显示 FullDateAlternateKey 级别的成员。在这里半年度、季度都是用数字显示的，而且 May 按首字母顺序被排在了 June 的后面，在下节中，我们将通过为半年度和季度定义友好名称以及定义简单日期而不是包含时间值的日期，来修改此用户定义层次结构，从而提高它的用户友好性。图 4-45 显示了 CalendarYear 层次结构的树状层次结构。

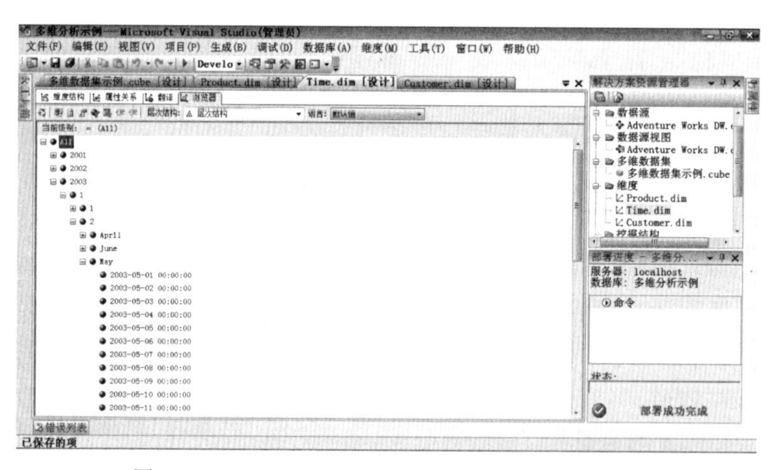

图 4-45　CalendarYear 层次结构的树状层次结构

双击多维数据集“多维数据集示例.cube”，切换到 BI Development Studio 中的多维数据集设计器。选择“浏览器”选项卡，如果没有正常显示数据，可以在设计器的工具栏上单击“重新连接”。也可以单击浏览器窗格中间显示的“单击此处可再次尝试加载浏览器”链接。该设计器的左侧显示了“多维数据集示例”多维数据集的元数据，右侧的窗格上面是“筛选器”栏，下面的窗格是“数据”栏。图 4－46 用圆角框显示了多维数据集设计器中的各个窗格。

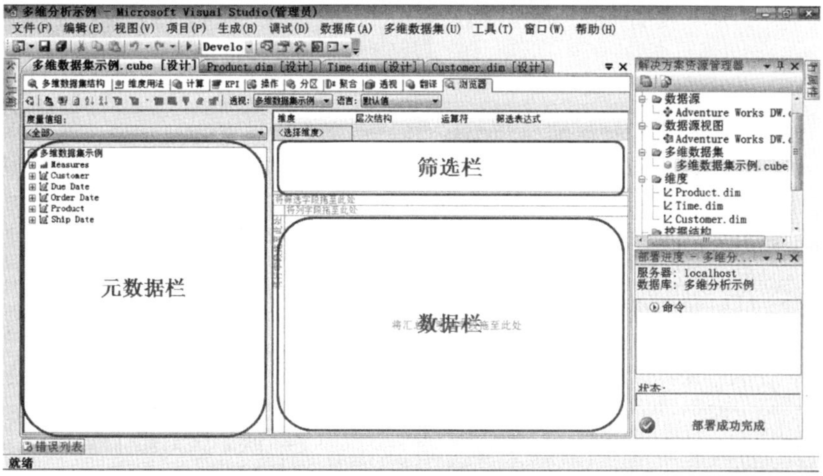

图 4－46　多维数据集设计器的各个窗格

在“元数据”栏中，依次展开“Measures”—“Internet Sales”，然后将“Sales Amount”度量值拖到数据栏中间的区域，这时显示的是所有销售金额的一个总和，但并未以标准货币格式显示，在下节中，我们将学习如何修改多维数据集度量值的格式。

在“元数据”栏中，展开“Customer”维度。将“English Country Region Name”属性层次结构拖到数据栏的最左边标有“将行字段拖至此处”的竖条区域。现在便可查看各客户所在国家/地区的销售额，如图 4－47 所示。

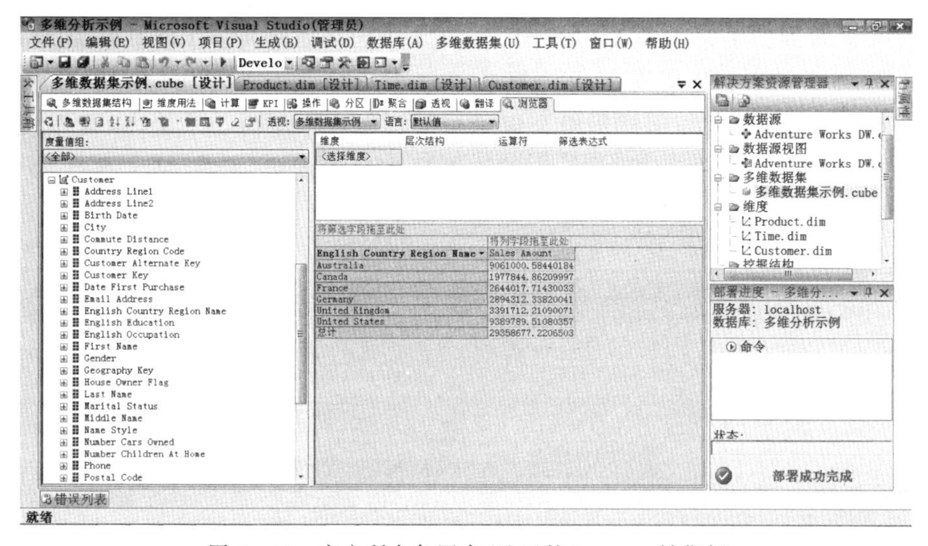

图 4－47　客户所在各国家/地区的 Internet 销售额

在“元数据”栏中，展开“Product”维度，右键单击“Product Line”（产品系列），然后单击“添加到列区域”。现在可以查看按国家/地区和产品系列确定维度的 Internet 销售额。不过，我们看到的是每个产品系列由单个字母表示，而不是由产品系列的全名表示。在下节中,我们将学习如何在数据源视图中添加命名计算,并修改此维度特性的属性,以提高产品系列名称的用户友好性。图 4-48 显示了按国家/地区和产品系列确定维度的 Internet 销售额。

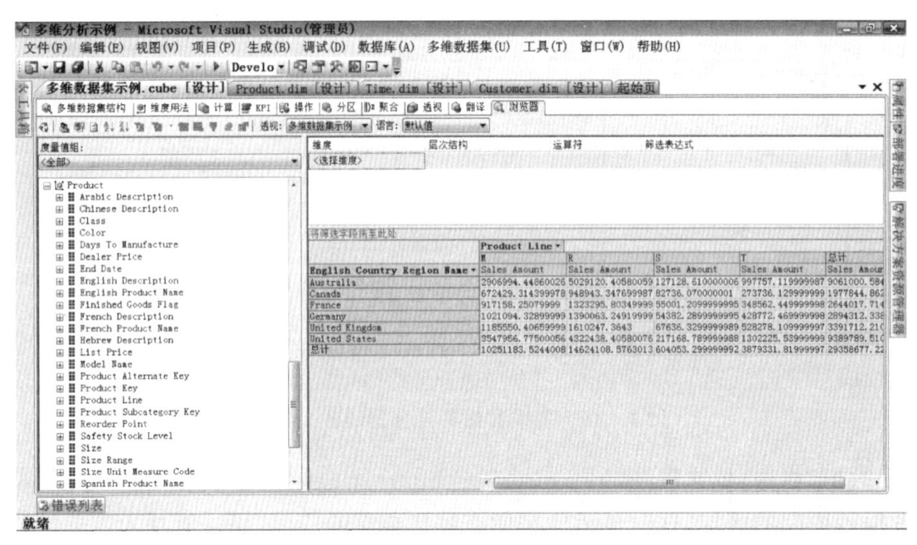

图 4-48 按国家/地区和产品系列确定维度的 Internet 销售额

在“元数据”栏中,将 Order Date.Calendar Quarter 拖到数据栏的最上方标有“将筛选器字段拖至此处”字样的横条区域。单击 Order Date.Calendar Quarter 旁边的向下箭头,清除“(全部)”旁边的复选框,选中“1”旁边的复选框,然后单击“确定”。

现在我们看到的是第 1 季度中按国家/地区和产品系列的 Internet 销售额。不过,我们现在看到的实际上是所有年份的第 1 季度汇总值而不是某个特定年份的第 1 季度。在下面,我们将学习如何使用组合键唯一地标识各个年份及季度,以便于按年区分季度。图 4-49显示了按国家/地区和产品系列确定维度的、每年第 1 季度的 Internet 销售额。

维度	层次结构	运算符	筛选表达式
<选择维度>			

Order Date.CalendarQuarter
1

	Product Line				
	M	R	S	T	总计
English Country Region Name	Sales Amount	Sales Amount	Sales Amount	Sales Amount	Sales Amount
Australia	997757.119999987	5029120.40580059	127128.610000006	997757.119999987	9061000.58440184
Canada	273736.129999999	948943.347699987	82736.070000001	273736.129999999	1977844.86209997
France	348562.449999998	1323295.80349999	55001.2099999995	348562.449999998	2644017.71430033
Germany	428772.469999998	1390063.24919999	54382.2899999995	428772.469999998	2894312.33820041
United Kingdom	528278.109999997	1610247.3643	67636.3299999989	528278.109999997	3391712.21090071
United States	1302225.53999999	4322438.40580076	217168.789999988	1302225.53999999	9389789.51080357
总计	3879331.81999997	14624108.5763013	604053.299999992	3879331.81999997	29358677.2207068

图 4-49 按国家/地区和产品系列确定维度的、每年第 1 季度的 Internet 销售额

在“元数据”栏中，展开 Order Date.CalendarYear，然后展开 CalendarYear。右键单击 CalendarYear 属性层次结构的 2002 成员，然后单击“添加到子多维数据集区域”（或者用鼠标拖拽至筛选栏）。在筛选栏中显示“Order Date”维度的 2002 成员，并使得在数据栏中显示的值得到过滤（这等效于多维表达式(MDX)查询语句中的 WHERE 子句）。

每个国家/地区每一产品系列的 1 季度的 Internet 销售额现在被限定为 2002 年，如图 4－50所示。

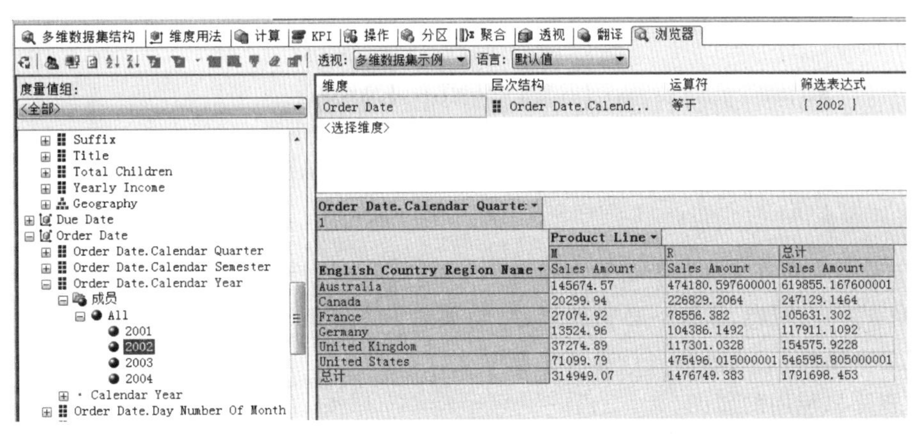

图 4－50　按国家/地区每一产品系列的 2002 年 1 季度的 Internet 销售额

现在我们已经成功地浏览了通过多维数据集向导创建的多维数据集。下面我们将学习如何使数据的显示更友好，更便于理解。扫描二维码 4－3，查看部署和浏览多维数据集的操作演示。

部署和浏览多维数据集操作演示

二维码 4－3

（三）修改度量值、属性和层次结构

使用 FormatString 属性可以为各度量值定义显示格式，以控制客户端应用程序中显示度量值的方式，从而提高多维数据集中度量值的用户友好性。下面，我们将为“多维数据集示例”中的货币和百分比度量值指定格式设置属性。

1.修改多维数据集的度量值

双击多维数据集下“多维数据集示例”，并切换到“多维数据集结构”选项卡，在“度量值”栏中展开“Internet Sales”度量值组，右键单击“Sales Amount”，然后单击“属性”。在“属性”窗口的 FormatString 列表中，选择￥#，##0.00。

与价格相关的属性，我们可将其格式设置为货币，这样数字前将会出现本地区的货币符号，如在左侧度量值栏中选择“Unit Price”，在右侧“属性”窗口的 FormatString 列表中，选择 Currency。

同样地，将度量值 Unit Price Discount Pct 的 FormatString 属性值设置为 Percent，Name 属性值更改为“单价折扣百分比”。

在保存修改并重新部署项目完成后，单击多维数据集设计器的“浏览器”选项卡，在“浏览器”选项卡的工具栏上，单击“重新连接”按钮。这时我们会发现各销售额度量值随即以货币金额的形式显示在数据栏中，如图 4－51 所示。

维度	层次结构	运算符	筛选表达式
Order Date	Order Date.Calend...	等于	{ 2002 }
<选择維度>			

Order Date.Calendar Quarter			
1			
	Product Line		
	M	R	总计
English Country Region Name	Sales Amount	Sales Amount	Sales Amount
Australia	¥145,674.57	¥474,180.60	¥619,855.17
Canada	¥20,299.94	¥226,829.21	¥247,129.15
France	¥27,074.92	¥78,556.38	¥105,631.30
Germany	¥13,524.96	¥104,386.15	¥117,911.11
United Kingdom	¥37,274.89	¥117,301.03	¥154,575.92
United States	¥71,099.79	¥475,496.02	¥546,595.81
总计	¥314,949.07	¥1,476,749.38	¥1,791,698.45

图 4－51　销售额度量值以货币格式显示

2.修改维度

有许多不同的方式可用来增加多维数据集中维度的用户友好性和功能。如可以通过以下方法修改客户维度：删除不必要的属性，将属性和层次结构名称修改为更通俗易懂的名称、创建层次结构、定义新命名计算产生新的列。

（1）删除未使用的属性。

由于“Customer”维度中的某些属性在今后的分析中不会使用，如 Address Line1，French Country Region Name，French Education 等，因此可以将其删除。切换到“Customer”维度的维度设计器，然后选择“维度结构”选项卡。

在左侧属性栏中，点击需要删除的属性，再单击鼠标右键，使用删除功能删除该属性。

（2）修改属性名称。

除了删除维度中不必要的属性以外，还可以将属性名称更改为更容易理解的名称。

如选择属性“English Country Region Name”，再单击鼠标右键，使用重命名功能将名称改为“国家—区域”。

（3）创建层次结构。

层次结构可以让我们在通过某个维度浏览数据时，在不同级别的层次上浏览相应的数据。既可以在最高级别上查看概要的数据，也可以深入到最低层查看非常具体的数值。如我们可以在国家/区域的级别上查看产品的销量，也可以深入某个国家/区域的某个城市查看更具体的销售数据。这样可以让我们快速方便地发现某些异常情况或深入研究感兴趣的对象。

如前面已经叙述的，在“维度结构”选项卡的“层次结构”窗格中，将“English Country Region Name”属性拖动到层次结构最上方，随后是“State Province Name”“City”“Postal Code”“Email Address”属性。再将层次结构的名称更改为“Geography”。图 4－52 显示了所创建的地域层次结构，我们对其中的属性

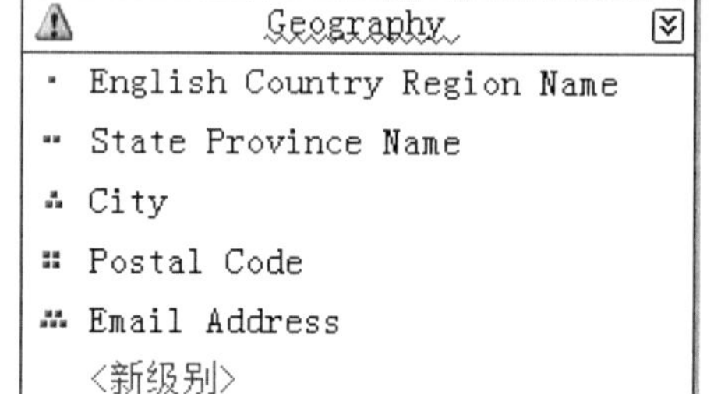

图 4－52　客户所在地域层次结构

名称都做了相应的修改。默认情况下，层次结构中的级别名称与它们所基于的属性同名。我们可以更改层次结构级别的名称，而不影响其基础属性名称。

(4)添加命名计算。

命名计算是一个表示为计算列的 SQL 表达式。该表达式的显示形式和工作方式类似于表中的列，因此，添加命名计算是对表增加列的操作。在解决方案资源管理器的"数据源视图"下，双击"Adventure Works DW.dsv"，在显示的数据源视图设计器中，在左边"表"窗格中，为选定的表创建命名计算，或者直接右键点击数据源视图中选定的表的表头位置，如图 4－53 所示。

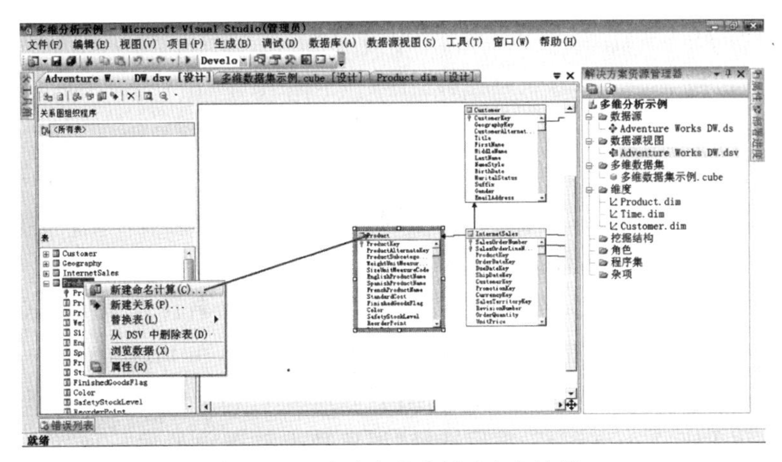

图 4－53　为选定的表创建命名计算

创建命名计算时，需要指定名称和 SQL 表达式。通过命名计算，不必修改基础数据源中的表即可扩展数据源视图中现有表的关系架构，如图 4－54 所示。

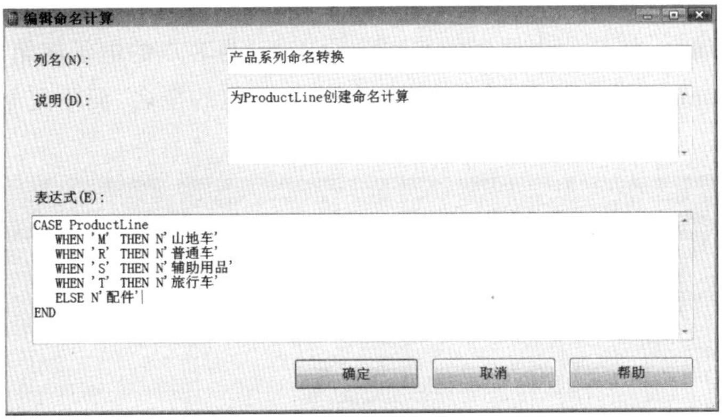

编辑命名计算

列名(N)：产品系列命名转换

说明(D)：为ProductLine创建命名计算

表达式(E)：

```
CASE ProductLine
   WHEN 'M' THEN N'山地车'
   WHEN 'R' THEN N'普通车'
   WHEN 'S' THEN N'辅助用品'
   WHEN 'T' THEN N'旅行车'
   ELSE N'配件'
END
```

确定　取消　帮助

图 4－54　创建命名计算时需要指定名称和 SQL 表达式

例如，在"表"窗格中，对 Product 表新建命名计算列："产品系列命名转换"，SQL 脚本为：

```
CASE ProductLine
   WHEN 'M' THEN N'山地车'
   WHEN 'R' THEN N'普通车'
```

```
    WHEN 'S' THEN N '辅助用品'
    WHEN 'T' THEN N '旅行车'
    ELSE N'配件'
END
```

这样在显示产品系列时，不是简单的字符符号，而是比较确切的产品系列名称。

对表“Customer”也新建一个命名计算，将客户的姓和名合并到一起。在“创建命名计算”对话框的“列名”框中键入“Customer Name”，然后在“表达式”框中键入以下 CASE 语句：

```
CASE
    WHEN MiddleName IS NULL THEN
    FirstName +' '+ LastName
    ELSE
    FirstName + ' '+ MiddleName +' '+ LastName
END
```

CASE 语句将 FirstName、MiddleName 和 LastName 列串联为一个列，该列将在客户维度中用作客户属性的显示名称。单击“确定”。

在数据源视图中查看表 Customer，“Customer Name”命名计算显示在 Customer 表的列表中，并通过一个有区别的图标来标识它是命名列。同样，在 Product 表中可以找到名为“产品系列”的命名计算列。双击数据源视图下的“Adventure Works DW.dsv”，在左边的“表”窗格中，右键单击“Customer”，然后选择“浏览数据”，查看最后一列“Customer Name”列，显示了在数据源视图中创建的命名计算列“Customer Name”。命名计算列可以正确串联基础数据源中多个列的数据，而不修改原始数据源。

在数据源视图中创建命名计算后，切换到“Customer”维度的维度设计器，找到“Customer Key”属性（前面有一个钥匙符号，为主键标识）。右键单击并选择“属性”，展开右侧 NameColumn 属性，将其值由原来的 CustomerKey（为客户的电子邮箱）修改为前面创建的命名计算“Customer Name”，这样客户显示的将是他们的全名，而不是邮箱地址。修改过程如图 4－55 所示。

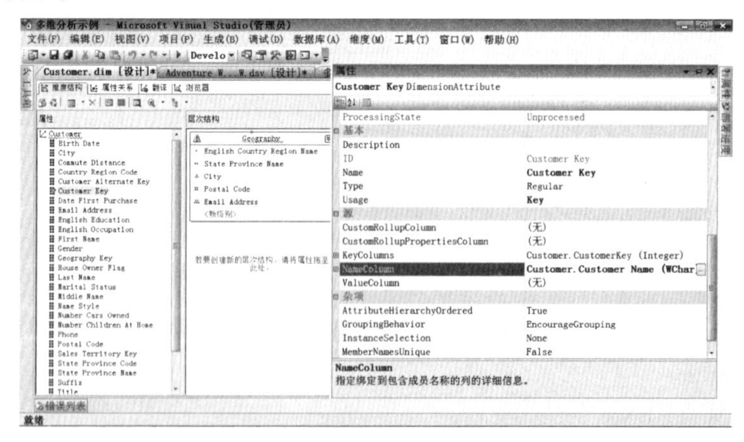

图 4－55　将 Customer Key 的 NameColumn 属性修改为“Customer Name”

同样，通过命名计算可以把 Calendar Semester 和 Calendar Quarter 的“1”“2”以及“3”“4”修改为“上半年”“下半年”以及“第 1 季度”……“第 4 季度”，列名为“半年命名转换”和“季度命名转换”。在“Tine”维度的维度设计器“Time.Dim［设计］”，构建名为“日历时间”的层次结构“Calendar Year—半年命名转换—季度命名转换—English Month Name”，使显示更加友好。

(5)将相关属性并入指定的文件夹。

可以定义一个文件夹将相关的属性或层次结构放在一起，这样在用户浏览维度和多维数据集时不会因为属性众多而产生混乱。如我们可以创建一个和客户所在地域位置相关的文件夹，然后将所有和位置相关的属性都移至该文件夹中。

在属性窗格中，选择以下属性(可通过按住 Ctrl 键选择多个属性)：English Country Region Name、State Province Name、City、Postal Code，然后在屏幕右侧的“属性”窗口中，将它们的 AttributeHierarchyDisplayFolder 属性填写为“位置”(位置即为新产生的文件夹名称)。在“层次结构”窗格中，右键单击“Geography”，然后在“属性”窗口中选择“位置”作为 DisplayFolder 属性的值。

更改属性和层次结构后，保存更改并重新部署相关对象。当重新部署成功完成后，单击“Customer”维度的维度设计器的“浏览器”选项卡，点击工具栏上的“重新连接”，使显示数据得到更新。在“层次结构：”列表中选择“Geography”，然后在浏览器中依次展开“All”→Australia→New South Wales →Coffs Harbour→2450(邮政编码)→客户全名→客户电子邮箱。如图 4－56 所示，该层次级别为“国家/区域＞州/省＞城市＞邮编＞客户全名”，最后显示的是每个客户的全名和电子邮件，而不仅仅是显示每个客户的电子邮件地址。

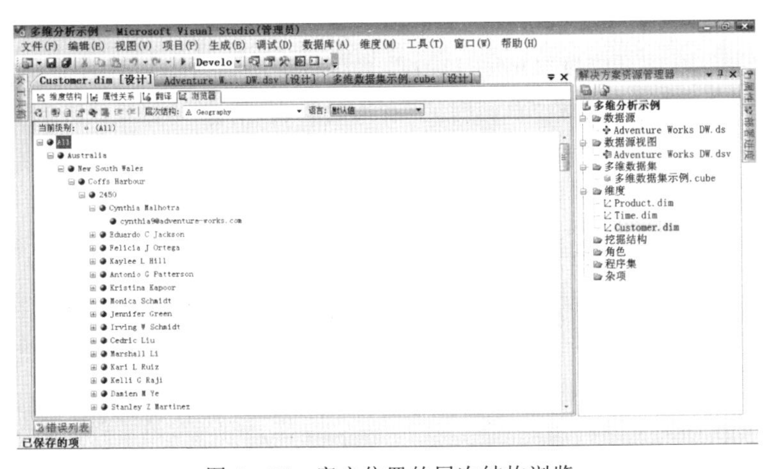

图 4－56 客户位置的层次结构浏览

切换到多维数据集“多维数据集示例.cube”的多维数据集设计器，然后单击“浏览器”选项卡。在“元数据”栏(即“度量值组：”栏)中，展开“Customer”维度。我们注意到，“Customer”下出现了“位置”文件夹和一些没有放入文件夹的剩余属性。展开“位置”显示文件夹中的属性，可以看到里面的五个属性层次结构和一个用户层次结构，如图 4－57 所示。

图 4－57 客户维度属性分组

下面我们来重新浏览多维数据集的数据。

切换到多维数据集设计器，选择“浏览器”选项卡，然后单击“重新连接”。在设计器的元数据栏中，将“Sales Amount”度量值拖放到数据区域。

在“元数据”栏中，展开“Product”，将“产品系列”用户定义层次结构拖到数据栏上方横条的列字段拖放区域，然后展开该用户层次结构的“产品系列”级别的“普通车”成员。

在“元数据”栏中，依次展开维度“Customer”和“位置”目录，然后将“Geography”层次结构拖到数据栏左侧竖条的行字段区域中。在行轴上，展开 United States 以便按美国的区域查看销售详细信息。展开 Oregon 以便按俄勒冈州的城市查看销售详细信息。

在“元数据”栏中，展开维度“Order Date”，然后将层次结构“日历时间”拖到数据栏上方横条的筛选区域。单击筛选器栏“日历时间”右边的箭头，清除“(全部)”级别的复选框，依次展开 2003 年—上半年—第 1 季度，选中 February 的复选框，然后单击“确定”。

此时会按区域和产品系列显示 2002 年 2 月份的 Internet 销售额，如图 4－58 所示。

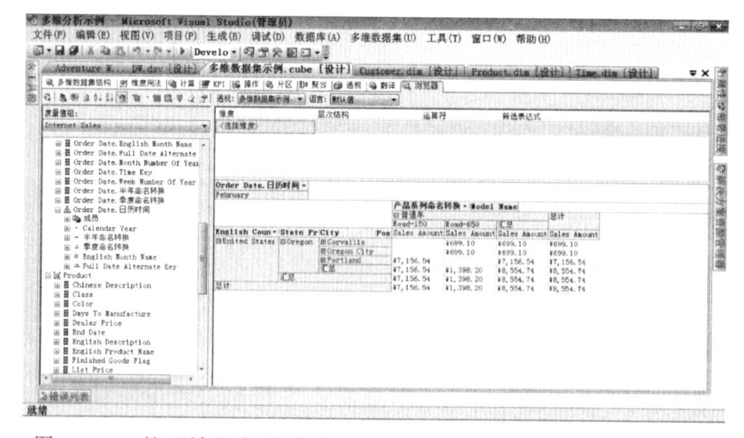

图 4－58 按区域和产品系列显示 2002 年 2 月份的 Internet 销售额

通过以上示例，我们发现多维数据集现在具有较好的用户友好性和可用性。扫描二维码 4－4，查看在多维数据集上修改度量值、属性和层次结构的操作演示。

二维码 4－4

（四）维度属性的特殊处理

1.分组处理

很多时候，用户对属性有分组的要求，比如依据不同的年龄段、收入等进行分析。SSAS 可以根据属性层次结构中的成员分布自动创建属性成员分组。这种功能的实现主要靠设置 DiscretizationMethod 属性来实现。

这里以“Customer”维度中的年度收入值为例进行分组。切换到多维数据集浏览器，以“Customer”维度的 Year Income 属性作为列，“教育”属性作为行，度量值为销售额，查看数据，如图 4－59 所示。

	Yearly Income							
	1,0000	2,0000	3,0000	4,0000	5,0000	6,0000	7,0000	8,0000
教育	Sales Amount	Sales Amount	Sales Amount	Sales Amount	Sales Amount	Sales Amount	Sales Amount	Sales Amou
Bachelors	￥64,316.53	￥432,839.54	￥956,965.59	￥1,668,591.35	￥303,886.35	￥1,428,062.71	￥1,931,260.02	￥686,494.
Graduate Degree	￥70,972.30	￥85,737.73	￥293,456.00	￥719,615.13	￥414,277.34	￥1,072,902.05	￥1,023,963.67	￥603,043.
High School	￥544,474.00	￥465,472.71	￥607,290.89	￥520,900.85	￥30,686.21	￥229,848.42	￥537,966.19	￥448,758.
Partial College	￥463,217.84	￥614,610.30	￥973,147.23	￥1,227,808.28	￥52,204.87	￥1,383,866.31	￥869,389.18	￥575,435.
Partial High School	￥253,378.43	￥411,990.21	￥91,415.48	￥89,677.73	￥4,468.16	￥115,869.12	￥121,659.77	￥77,739.5
总计	￥1,396,359.10	￥2,010,650.48	￥2,922,275.19	￥4,226,593.34	￥805,522.93	￥4,230,548.61	￥4,484,238.82	￥2,391,47

图 4－59 “Customer”维度中按年度收入值和教育分组的 Internet 销售额（部分截图）

由图 4－59 可见，“Yearly Income”的成员是以 10000 递增的，范围为 10000～170000。原始的值过于细，我们希望将年收入分为 5 组来对比他们的购买情况。

切换到“Customer”维度，在属性栏中找到 Year Income 字段，找到其“DiscretizationMethod”属性，将此属性设置为 Automatic，同时用 Discretization Bucket Count 指定其分组数为 5，如图 4－60所示。

高级	
AttributeHierarchyDisplayFolder	人口统计
AttributeHierarchyEnabled	True
AttributeHierarchyOptimizedStat	FullyOptimized
AttributeHierarchyVisible	True
DefaultMember	
DiscretizationBucketCount	5
DiscretizationMethod	Automatic
EstimatedCount	16
IsAggregatable	True
OrderBy	Key
OrderByAttribute	

图 4－60 修改 Year Income 字段属性

保存更改并重新部署后，重新查看图 4 - 59 的数据，可以看到如图 4 - 61 的效果可见系统已经把年收入自动分成了 5 组。SSAS 中自动分组的方式共有 3 种，它们的区别如表4 - 4 所示。

	Yearly Income					
	10,000—30,000	40,000—70,000	80,000—90,000	100,000—120,000	130,000—170,000	总计
教育	Sales Amount	Sales Amount	Sales Amount	Sales Amount	Sales Amount	Sales Amount
Bachelors	¥1,454,121.65	¥5,331,800.42	¥1,855,544.12	¥604,730.25	¥653,946.31	¥9,900,142.76
Graduate Degree	¥450,166.02	¥3,230,758.20	¥809,575.74	¥562,131.05	¥407,929.24	¥5,460,560.25
High School	¥1,617,237.60	¥1,319,401.66	¥758,334.57	¥654,320.27	¥288,731.97	¥4,638,026.07
Partial College	¥2,050,975.38	¥3,533,268.65	¥949,882.80	¥607,161.84	¥582,254.21	¥7,723,542.88
Partial High School	¥756,784.11	¥331,674.77	¥85,182.25	¥424,818.53	¥37,945.59	¥1,636,405.26
总计	¥6,329,284.78	¥13,746,903.71	¥4,458,519.47	¥2,853,161.95	¥1,970,807.32	¥29,358,677.22

图 4 - 61　年收入分段后的数据显示

表 4 - 4　DiscretizationMethod 属性设置说明

DiscretizationMethod 设置	说明
None	不分组，显示所有成员
Automatic	选择最佳表示 EqualAreas 或 Clusters 方法中数据的方法
EqualAreas	在各个组之间平均分布所有维度成员
Clusters	使用 K-Means 聚类分析方法和高斯分布，对输入值执行单一维度聚类分析，以此创建分组。此选项只对数值列有效

注意，无论使用哪一种分组方法，都必须使用 DiscretizationBucketCount 属性指定分组的数量。

2.维度字段的隐藏

从前面浏览多维数据集窗口我们发现，对于任何维度，它的所有字段都显示出来了，但如 Customer 维度中的邮政编码、电话号码这些字段在分析客户行为时关系很小，用户在分析时几乎用不到，但是邮政编码又作为用户定义层次级别“Customer Geography”的一个层次，所以既不能删除也不能禁用。因此需要把这类字段隐藏起来。和字段隐藏有关的属性有以下几个，如表 4 - 5 所示。

表 4 - 5　隐藏维度字段相关的属性及值

属性名称	属性值	作用
AttributeHierarchyEnabled	True	使用维度创建和处理特性层次结构
	False	该字段不会显示为一个层次结构，也无法将其作为一个级别添加到多级别层次结构中
AttributeHierarchyVisible	True	用户在客户端可以查看到该字段
	False	用户在客户端无法看到该字段
AttributeHierarchyDisplayFolder	用户输入的目录值	在对字段进行分组时使用，使得字段的意义更为明确
AttributeHierarchyOrdered		是否对字段的成员进行排序，和 OrderByAttrubute 联合使用

从表 4 - 5 可以看出,如果我们不希望维度的某个字段在客户端被用户看到,即将这个字段隐藏起来,只需要将该字段的 AttributeHierarchyEnabled 属性值设为 True,同时 AttributeHierarchyVisible 属性值设为 False 即可。

我们将“Customer”维度的 Phone、PostalCode 这两个字段做隐藏处理,保存更改后部署项目,切换到“Customer”维度的“浏览器”选项卡,再选择“重新连接”后,这两个字段都不会出现在层次结构列表中。

3.根据辅助属性对属性成员进行排序

属性成员的排列顺序是以其键列顺序排列的,我们可以根据辅助属性对属性成员进行重新排序。

在维度表“Customer”中客户属性的成员原先是以 CustomerKey 键值的顺序排列的(即客户的邮箱地址的字母顺序),我们希望按他们交通路程(Commute Distance)的大小排序。

由于字段 Commute Distance 是字符串格式,成员值如图 4 - 62 所示。

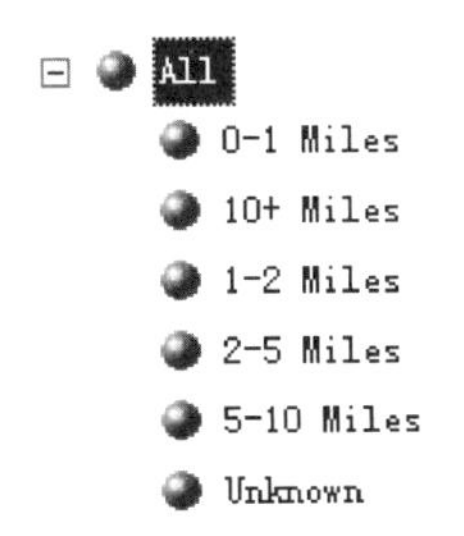

图 4 - 62 Commute Distance 成员浏览

它是基于 ASCII 值排序,所以我们首先要基于这个字段生成一个新的数字型的列,称为“Commute Distance Sort”,命名计算的 SQL 脚本如下所示:

```
CASE CommuteDistance
    WHEN '0—1 Miles' THEN 1
    WHEN '1—2 Miles' THEN 2
    WHEN '2—5 Miles' THEN 3
    WHEN '5—10 Miles' THEN 4
    ELSE 5
END
```

由于命名计算列 Commute Distance Sort 只用于排序,而不希望在客户端浏览器中显示出来,故在“Customer.dim [设计]”维度设计器的“属性关系”选项卡,点击工具栏中“处理”按钮旁边的“→”(新建属性关系)按钮,在弹出的窗口中,“源属性名称(N)”选择“Commute Distance”,“相关属性名称(A)”选择“Commute Distance Sort”,“类型关系(R)”可选为“刚性(不随时间变化)”,点击确定。在“维度结构”选项卡的“属性”窗格中,将 Commute Distance 的 OrderBy 属性值由“Name”改为“AttributeKey”,OrderByAttribute 属性值改为“Commute Distance Sort”。

保存更改并重新部署后，再次浏览 Commute Distance 成员值，如图 4－63 所示：

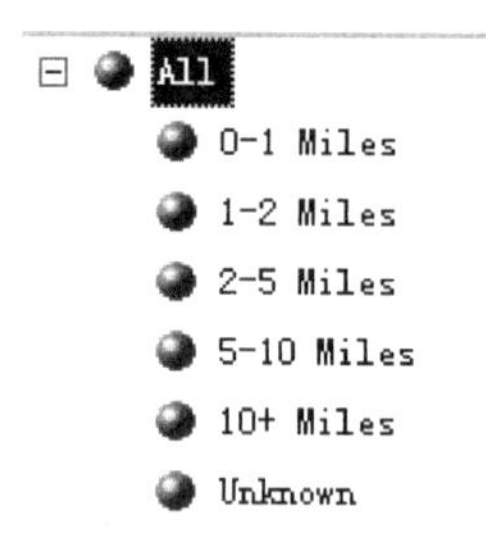

图 4－63　分段后的 Commute Distance 成员值

同样地，在"Time.dim［设计］"维度设计器的"属性关系"选项卡中，新建属性关系，其中，"源属性名称（N）"选择"English Month Name"，"相关属性名称（A）"选择"Month Number of Year"，并将"English Month Name"的 OrderBy 属性值改为"AttributeKey"，OrderByAttribute 属性值改为"Month Number of Year"。这样显示的月份排序不再是按照月份单词的首字母顺序，而是按照月份的自然顺序排序。

在"Customer.dim［设计］"维度设计器的"属性关系"选项卡中，将属性"Customer Key"的 OrderBy 属性值由"key"改为"AttributeKey"，OrderByAttribute 属性值改为"Commute Distance"。保存更改并重新部署后，"Customer"成员将以路程的远近进行排序，而不是按邮箱地址排序。

4.如何对雪花形结构进行维度引用

当维度的键列与事实表直接连接时，多维数据集维度和度量值之间便会存在常规维度关系。这种直接关系是基于关系数据库中的主键——外键关系，也可以基于数据源视图中定义的逻辑关系。星形构架设计中维度表和事实数据之间的关系即是这种结构。

那么在雪花形构架设计中，多维数据集维度的键列是通过其他维度表中的键与事实数据表间连接，这时需要通过引用维度来建立事实表和维度表之间的关系，如图 4－64 所示，InternetSales 表和 Geography 表之间没有直接的字段连接，而是通过 Customer 表中的 Geographykey 和 Geography 表连接。SSAS 不能自动识别和使用这种关系，因此必须在多维数据集维度用法选项卡中进行定义。

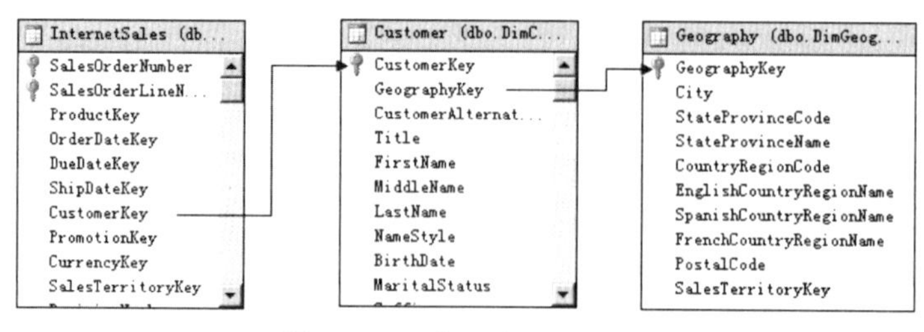

图 4－64　客户表及相关表

首先根据 Geography 表创建一个 Geography 维度。在解决方案资源管理器中，右键单击“维度”，在弹出的菜单上点击“新建维度”，在“欢迎使用维度向导”页单击下一步；在“选择创建方法”页，选择“使用现有表(U)”，单击下一步；在“指定信息源”页，“主表(M)”选择 Customer，“键列(K)”选择 CustomerKey 和 GeographyKey，“名称列(A)”选择 Geography Key，如图 4-65 所示。

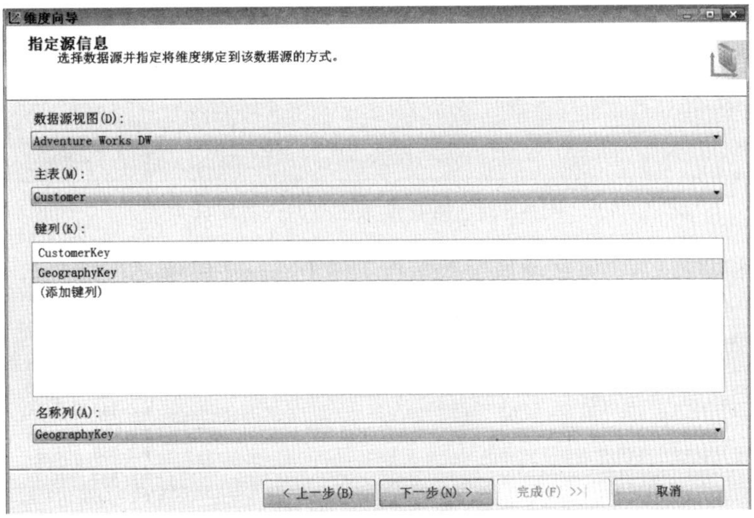

图 4-65 创建新维度向导中指定信息源页

单击下一步进入“选择相关表”页，已勾选“Geography”，单击下一步；在“选择维度属性”页，已勾选“Customer Key”和“Geography Key”，单击下一步。在“完成向导”页，键入新维度的名称“Geography”，单击“完成”。在解决方案资源管理器的“维度”下出现新建的维度“Geography.dim”。

在“Geography.dim [设计]”维度设计器的“维度结构”选项卡的“数据源视图”窗格中，将 Geography 表的 English Country Region Name、State Province Name、City 三个字段拖放到“属性”窗格，再定义一个名为“区域层次”的层次结构，其中层次分别为：English Country Region Name→State Province Name→City。

在 Customer 维度结构中，添加 GeographyKey 字段，并将其 AttributeHierarchyVisible 设置为 False，因为这个维度属性在最终用户眼中是没有用的，它唯一的作用就是用于连接引用维度关系。

切换至多维数据集设计器的多维数据集结构选项卡，在“维度”窗格中添加 Geography 维度，切换至“维度用法”选项卡，在维度 Geography 和度量组 Internet Sales 相交处的空单元中点击省略号按钮，在“定义关系”对话框的“选择关系类型”列表中，选择“被引用”选项。同时选择 Customer 为中间维度，引用维度属性设置为 Geography Key，中间维度属性设置为 Geography Key，如图 4-66 所示。

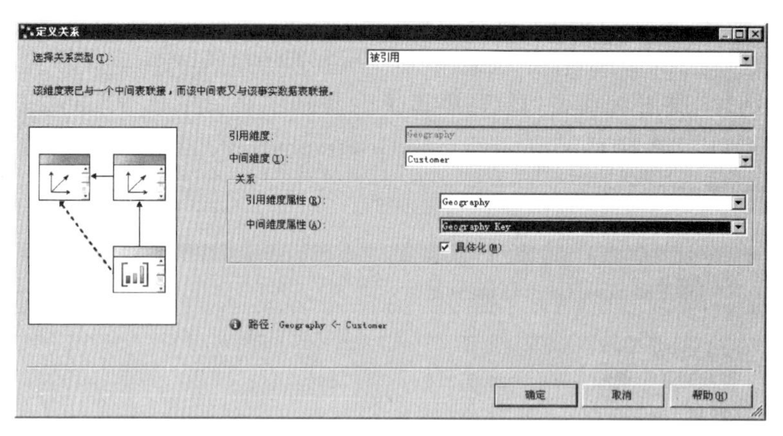

图 4-66　雪花形维度表的关系定义

保存更改和部署后，浏览在地域层次结构下的 Internet 销量，如图 4-67 所示。

English Country Region Name	State Province Name	City	Sales Amount
⊞ Australia			¥9,061,000.58
⊞ Canada			¥1,977,844.86
⊞ France			¥2,644,017.71
⊞ Germany			¥2,894,312.34
⊞ United Kingdom			¥3,338,153.33
⊞ United States			¥9,443,348.39
总计			¥29,358,677.22

图 4-67　地域层次结构下的 Internet 销量

特殊处理操作演示

二维码 4-5

扫描二维码 4-5，查看对维度属性进行特殊处理的操作演示。

（五）计算成员

计算成员是基于多维数据集数据、算术运算符、数字和函数的组合而定义的维度或度量值组成员。例如，可以创建一个计算成员用于计算多维数据集中的两个物理度量值之和。用户定义的计算成员存储在多维数据集中，但它们的值在查询时才被计算。可以在包括度量值维度在内的任意维度中创建计算成员。

在“多维数据集示例.cube［设计］”多维数据集设计器的“计算”选项卡中，在“脚本组织程序”窗格右键单击“命令”，在弹出的菜单上选择“新建计算成员(M)”，中间位置出现“计算表达式”窗口，在“名称”输入框中，将计算度量值的名称更改为［Internet GPM］(因为计算成员的名称包含空格，则该计算成员名称必须放在方括号中)。在“父层次结构”列表中，默认情况下，将在“Measures”维度中创建新的计算成员。

在“计算工具”窗格中的“元数据”选项卡上，展开“Measures”，再展开“Internet Sales”，可以将元数据元素从“计算工具”窗格拖到“表达式”框中，再添加运算符和其他元素，以便创建多维表达式(MDX)。或者，也可以直接在“表达式”框中键入 MDX 表达式。系统为我们准备了丰富的数学函数、时间函数、集合函数等等和一些常规计算模板。

完成毛利润率计算公式,([Measures].[Sales Amount]—[Measures].[Total Product Cost])/ [Measures]. [Sales Amount],如图 4-68 所示。

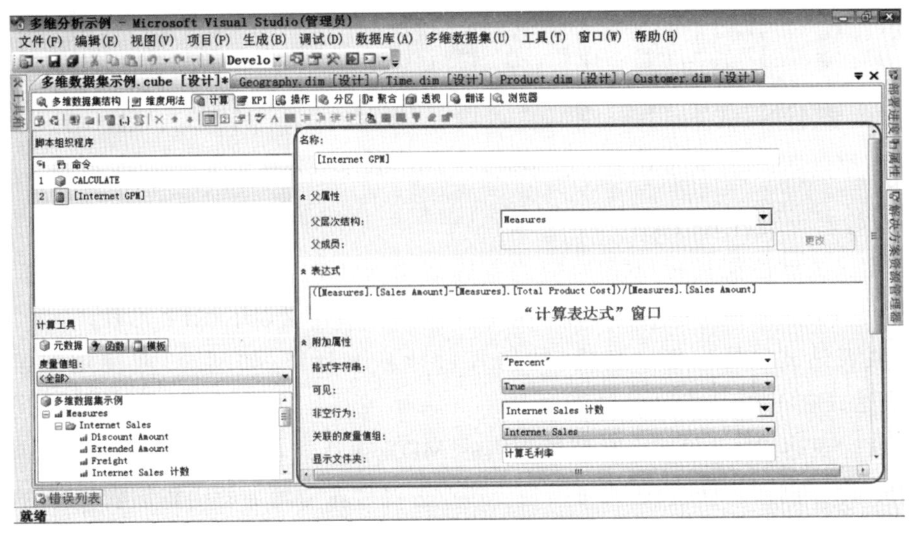

图 4-68　毛利润率计算公式

在“格式字符串”列表中,选择“Percent”,在“非空行为”列表中,选中“Internet Amount”复选框,“显示文件夹”中填入一个名称,比如“计算毛利率”,再单击“全部保存”。

在“计算”选项卡的工具栏中,点击“脚本视图”按钮,可以看到系统将刚才输入的表达式等信息转换为 MDX 语句,如图 4-69 所示。

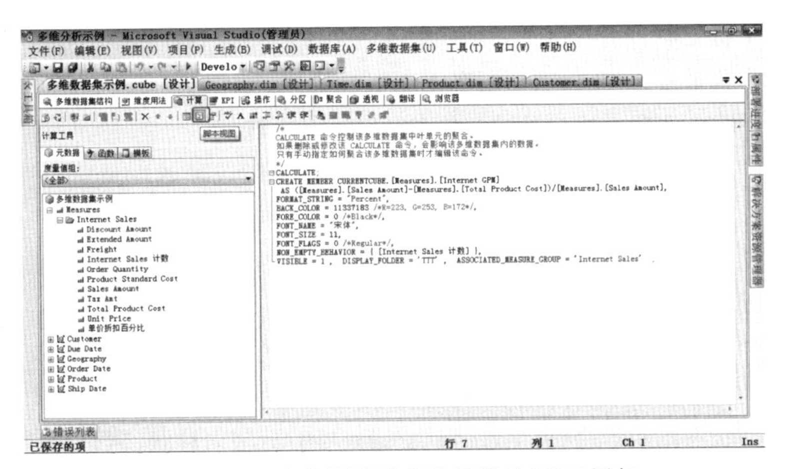

图 4-69　“脚本视图”按钮和计算的 MDX 语句

每个新的计算将添加到初始“CALCULATE”表达式中,以分号分割每个单独的计算。

保存更改后重新部署项目,浏览多维数据集,计算成员的使用和原生的度量值一样。将半年期维度放置在数据行上,产品系列维度放置在数据列上,数据区域放置 Sales Amount 和 Intertnet GPM,通过观察我们发现,Internet 销售的山地车销售额在所有产品中所占的比率随时间推移而增长。如图 4－70 所示。

	产品系列							
	山地车		普通车		辅助用品		旅行车	
半年度	Sales Amount	Internet GPM	Sales Amount	Internet GPM	Sales Amount	Internet GPM	Sales Amount	Internet GPM
2001 下半年	¥545,373.39	43.76%	¥2,441,603.73	39.36%				
2002 上半年	¥728,047.85	43.76%	¥3,046,202.67	39.37%				
2002 下半年	¥788,544.88	45.84%	¥2,039,321.76	38.86%				
2003 上半年	¥1,384,404.70	46.03%	¥1,641,800.66	38.73%				
2003 下半年	¥2,569,816.17	46.26%	¥2,266,728.35	36.95%	¥225,138.14	50.02%	¥1,258,440.43	38.08%
2004 上半年	¥3,895,574.98	46.12%	¥2,942,098.06	36.84%	¥327,223.94	49.97%	¥2,410,854.73	38.04%
2004 下半年	¥339,421.56	46.83%	¥246,353.35	37.34%	¥51,691.22	49.75%	¥210,036.66	38.23%
总计	¥10,251,183.52	45.85%	¥14,624,108.58	38.31%	¥604,053.30	49.97%	¥3,879,331.82	38.06%

图 4－70　添加了毛利润率的数据浏览

（六）定义和使用 KPI

若要定义关键性能指标（KPI），应当首先定义与 KPI 关联的 KPI 名称和度量值组。KPI 可以与所有度量值组或与单个度量值组关联。然后定义以下 KPI 元素。

（1）值表达式：是物理度量值（如销售）、计算度量值（如利润）或使用多维表达式（MDX）表达式在 KPI 中定义的计算。

（2）目标表达式：是值或者是解析为值的 MDX 表达式，它用于定义值表达式所定义的度量值的目标。例如，目标表达式可以是公司业务经理希望增加的销售额或利润的数量。

（3）状态表达式：是 MDX 表达式，Analysis Services 用它来计算与目标表达式相比，值表达式的当前状态，其正常取值范围是－1 到 ＋1。－1 表示非常差，而 ＋1 表示非常好。状态表达式用图形显示，以帮助你易于确定值表达式与目标表达式相比较的状态。

（4）走向表达式：是 MDX 表达式，Analysis Services 用它来计算与目标表达式相比，值表达式的当前走向。走向表达式可帮助业务用户快速确定相对于目标表达式，值表达式是否正在变得更好或更差。可以将几个图形中的某一个与走向表达式关联，以便帮助业务用户能够快速地了解走向。

按照以下步骤来定义“产品毛利润率 KPI”。

步骤 1：在 KPI 选项卡的工具栏上单击“新建 KPI”按钮。

步骤 2：在“名称”输入框中键入“产品毛利润率”，在“关联的度量值组”列表中显示为“＜全部＞”。

步骤 3：在“计算工具”窗格内的“元数据”选项卡中，打开“Measures”将前面创建的计算列“Internet GPM”度量值拖到“值表达式”框中。

步骤 4：在“目标表达式”框中，输入表示 KPI 目标的表达式，如 0.50（表示产品毛利率 50％的目标）。

步骤 5：在“状态指示器”列表中，选择“交通灯”图形（或者柱状、测量、温度计等均可）。

步骤 6：在“状态表达式”框中键入以下 MDX 表达式：

```
CASE
   When [Measures].[Internet GPM]/0.5 >=.90
   Then 1
   When [Measures].[Internet GPM]/0.5 <.90
   And
```

```
    [Measures].[Internet GPM]/0.5 >= .80
    Then 0
    Else-1
END
```

此 MDX 表达式是为计算目标的完成进度提供基本算法的简单例子。

步骤 7：在“走向指示器”列表中选择“标准箭头”，然后在“走向表达式”框中键入以下 MDX 表达式：

```
CASE
    When([Measures].[Internet GPM]-0.4)/0.5 >= 1.0
    Then 1
    When([Measures].[Internet GPM]-0.4)/0.5 <-1.0
    Then-1
    Else([Measures].[Internet GPM]-0.4)/0.5
END
```

此 MDX 表达式为计算预定目标的完成趋势提供基本参考，计算结果为－1 到 1 之间的值。

定义好 KPI 后，先保存和部署多维数据集，然后使用“产品毛利润率 KPI”浏览多维数据集。在 KPI 选项卡的工具栏上单击“重新连接”按钮，然后单击“浏览器视图”按钮。此时将显示“产品毛利润率 KPI”，这时显示的是所有产品的总毛利率 KPI 值，为 41.15%，除以 50%后大于 0.8 小于 0.9，所以按照步骤 6 中 MDX 表达式的计算逻辑，信号灯的黄灯亮(实际视图中)，如图 4－71 所示。

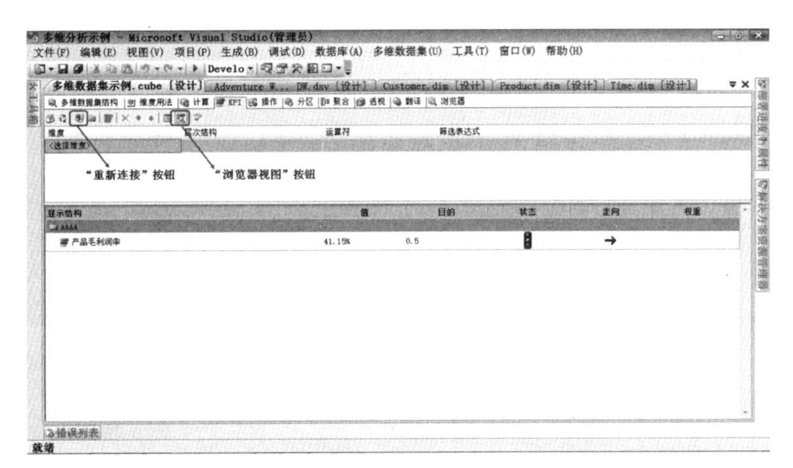

图 4－71 “浏览器视图”按钮和显示“产品毛利润率 KPI”

在“筛选器”窗格中，点击<选择维度>，在“维度”列表中分别对 Product、Customer、Order Date 维度的层次结构选择产品系列、Geography、日历时间，运算符选“等于”，并选择筛选表达式，如选择 Australia、普通车、2003，表示 2003 年在 Australia 销售普通车的毛利率为 37.50%，按步骤 6 中 MDX 表达式的计算结果，信号灯的红灯亮(实际视图中)；再来看一下山地车的情况，毛利率为46.10%，按步骤6中MDX表达式的计算结果，信号灯的绿灯亮（实际视图中），如图4－72所示。

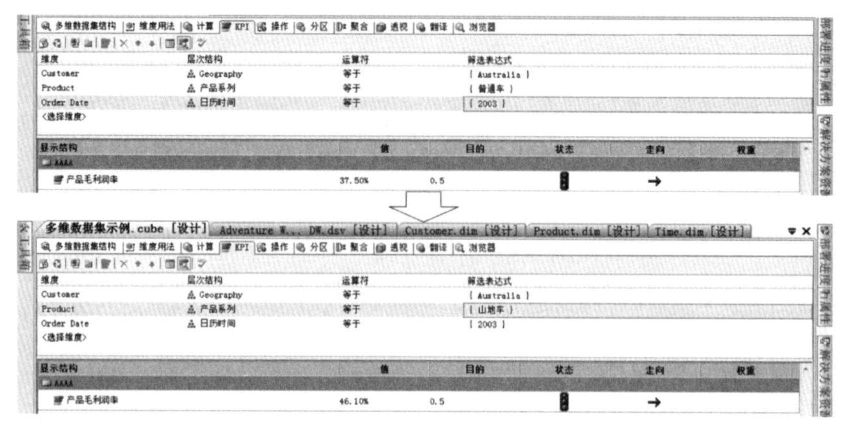

图4－72　2003年在Australia销售普通车和山地车的毛利润率KPI

二维码4－6

扫描二维码4－6，查看计算成员、定义和使用KPI的操作演示。

第六节　使用Excel数据透视图浏览多维数据集

Microsoft Office Excel用作OLAP多维数据集的用户客户端，可以方便地浏览多维数据集。下面以Excel 2007为例，通过“数据透视表”来访问已创建好的多维数据集。

一、创建Excel 2007到SSAS OLAP连接

运行Excel 2007，点击菜单项“数据”，在数据选项卡中与连接相关的为“获取外部数据”，如图4－73所示。

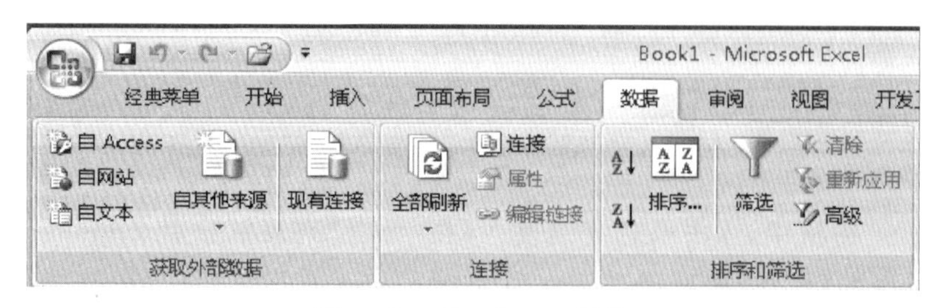

图4－73　Excel 2007菜单

单击“自其他来源”，在打开的下拉列表中，显示了可从多个数据源获取数据，如图 4－74 所示。单击“来自分析服务”，连接到 SQL Server 分析服务器，此时需要设置服务器的地址和登录凭据。在服务器名称栏中输入 SSAS 实例名称，可以是机器名、IP 地址。在本例中服务器在本地计算机上，因此可以输入 localhost。默认情况下，只有本地管理员拥有读取 OLAP 多维数据集的权限，如图 4－75 所示。

图 4－74 选择数据源

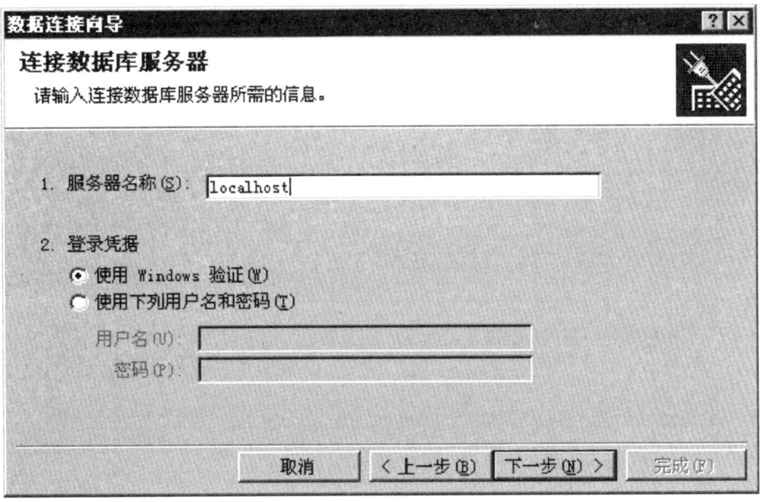

数据连接向导

连接数据库服务器

请输入连接数据库服务器所需的信息。

1. 服务器名称(S): localhost

2. 登录凭据

使用 Windows 验证(W)

使用下列用户名和密码(T)

用户名(U):

密码(P):

取消 ＜上一步(B) 下一步(N)＞ 完成(F)

图 4－75 设置连接分析服务器参数

连接到分析服务器后，将会出现服务器中的所有多维数据库，可以通过下拉框选择数据库。如图 4－76 所示。选择数据库后，在下方的列表中即可出现该数据库中所有的多维数据集。我们选择在上节中创建的多维数据库“adventureworksdw”和多维数据集“Internet Sales”。

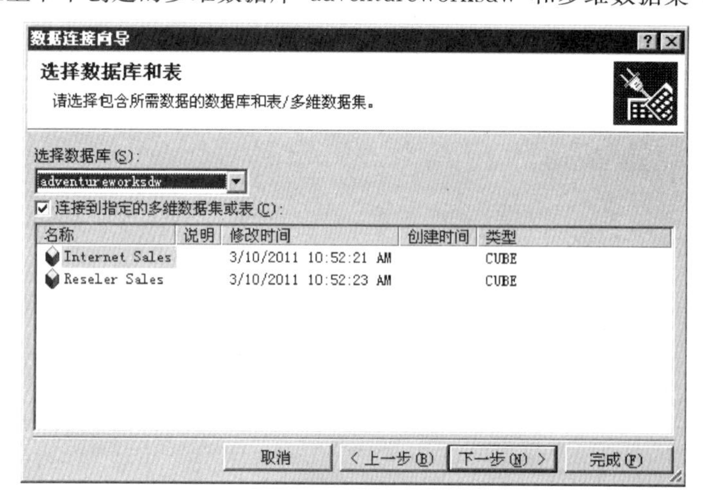

图 4－76　选择数据库和多维数据集

在数据连接向导的最后一页可以配置附加属性，如图 4－77 所示。当选择“总是尝试使用此文件来刷新数据”选项后，Excel 2007 会自动刷新从 OLAP 多维数据集检索到的数据。一般来说，我们需要平衡分析服务器上的网络流量、查询执行的开销，以及用户用于刷新数据所需要的必要流量，以此来确定刷新文档的频率。在 Excel 数据透视表设置中也可以更改此设置，以便根据需求执行刷新。

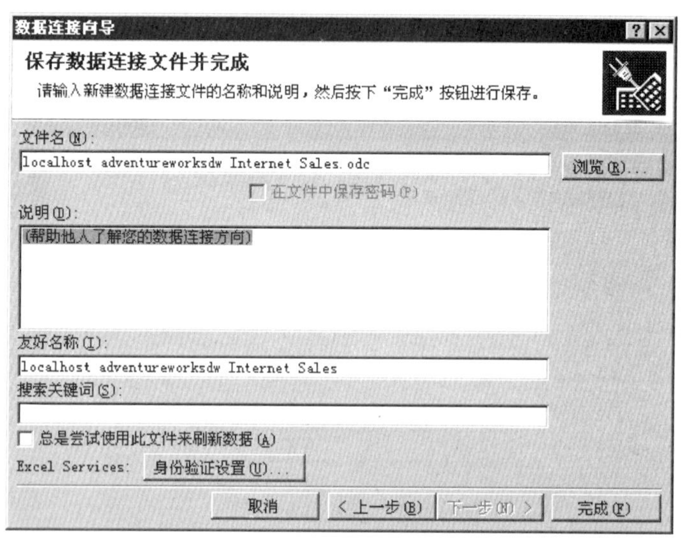

图 4－77　数据连接附加属性设置

在完成数据连接设置后，Excel 导入数据对话框将确定数据的显示方式和数据透视表在工作簿中放置的位置，数据显示方式有简单的透视表和同时显示图表的方式。另外，也可以指定数据将放在现有打开的工作表还是新建工作表中。对话框如图 4－78 所示。

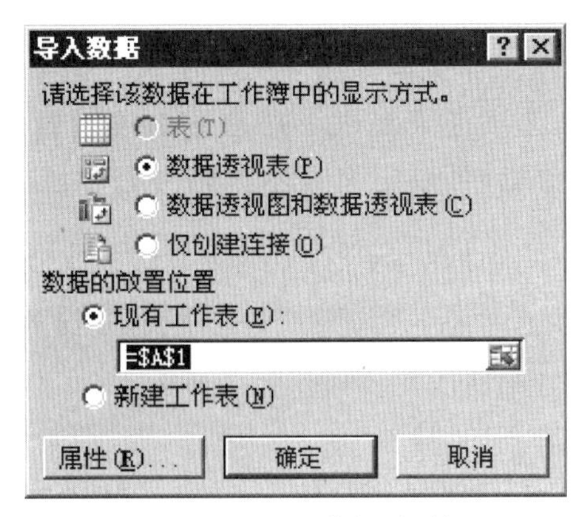

图 4－78　导入数据对话框

单击导入数据对话框的属性按钮，可以对此次的数据连接属性做进一步的设置，设置界面如图 4－79 所示。如果在数据连接向导中，选择了刷新数据选择框，在这里可以设定刷新数据的频率。在 OLAP 明细数据一栏，默认检索最大记录数是 1000，如果返回的数据较大，可以修改此值。但需要注意的是在修改之前，最好在实际负载下进行测试，因为数据的传递是在内存中进行，因此客户端和服务器都需要有足够的资源。

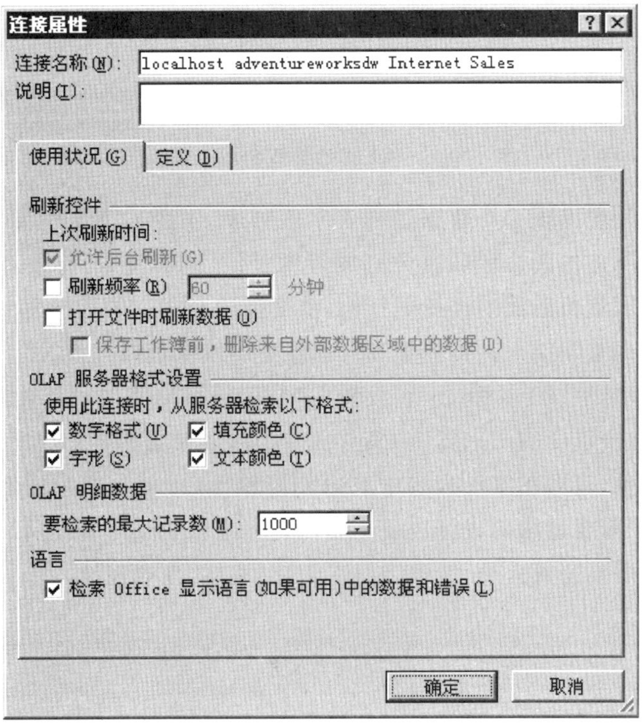

图 4－79　OLAP 连接属性设置

二、理解“数据透视表”界面

完成与SSAS的连接后，工作页面如图4-80所示。菜单区“数据透视表工具”会显示选项和设计两个选项卡，选项卡下提供了处理数据透视表的功能键。设计选项卡提供了格式化数据透视表的功能，可以定义显示风格并显示或隐藏分类汇总、总计、空白单元等。

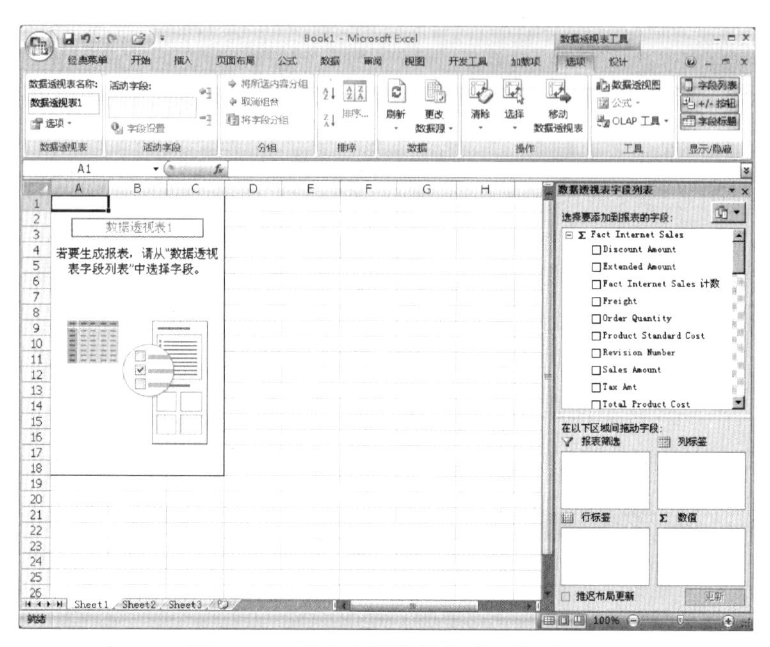

图4-80 导入多维数据集后工作页面

在工作页面右侧则出现一个数据透视表字段列表，里面列出了所导入多维数据集的度量值和维度。列表下方的四个区域可分别放置度量值、列标签、行标签和报表的过滤条件。只需将需要显示的度量值前面的选择框打钩，维度拖拽至相应的列标签或者行标签区域，即可在工作页面上展现查询结果。列标签和行标签中的维度可以互换。

例如，我们将度量值Sales Amount放置在“数值区域”，将时间维度的日期层次结构放置在“列标签”，将客户维度的国家属性放置在行标签，结果如图4-81所示。如果要筛选维度的一个或多个成员，只需在字段列表中点击相应维度，再单击右边的倒三角图标，打开所有的维度成员，将不需要显示的成员选项清除，如图4-82所示。通过Excel数据透视表，用户可以针对多维数据集进行上卷、钻取、旋转、切片(块)的任意操作。

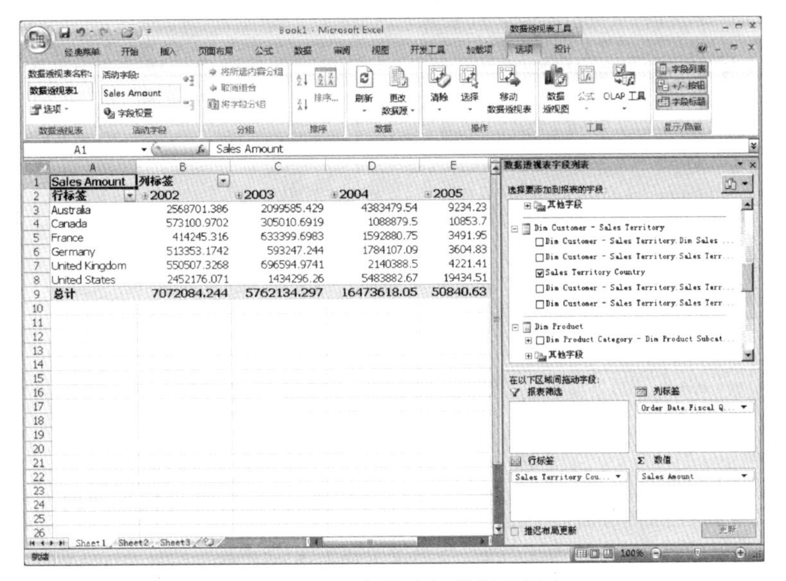

图 4-81 一个简单的数据透视表

图 4-82 过滤属性成员

在工作表上也可以通过点击"数据透视图"来为数据添加图表。Excel 提供了丰富的图形显示工具,如图 4-83 所示。

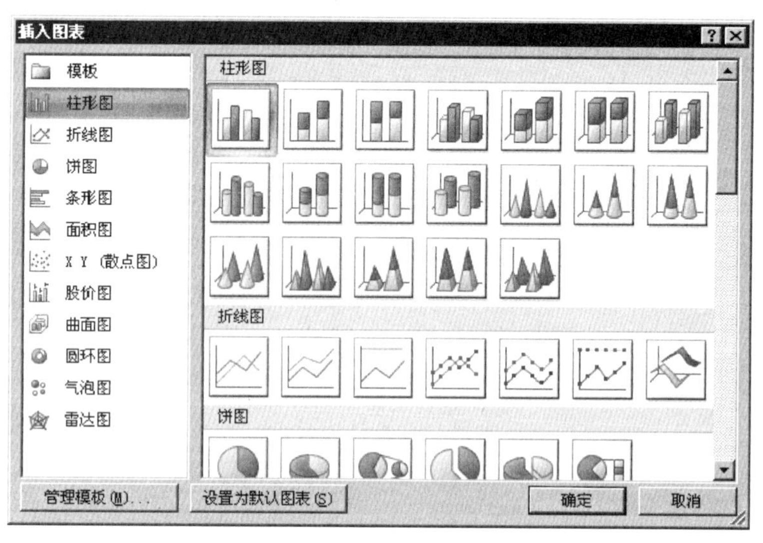

图 4－83　为数据透视表插入图表

图 4－84 为多维数据集的透视图，该透视图会出现相应的筛选窗格，点击轴字段或者图例字段右侧的三角下拉框，可以显示该维度属性下的所有成员，通过选择对显示的成员进行筛选。

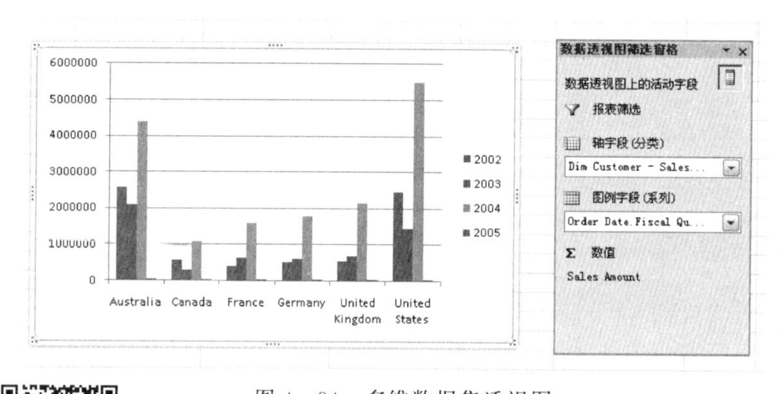

图 4－84　多维数据集透视图

透视图
操作演示

二维码 4－7

扫描二维码 4－7，查看多维数据集的透视图的操作演示。

小　结

多维数据分析，也称作联机分析处理，是以海量数据为基础的复杂数据分析技术。它是专门为支持复杂的分析操作而设计的。多维数据集由于其多维的特性通常被形象地称作立方体，它是联机分析处理中的主要对象。多维分析可以对立方体进行上卷、下钻、切片、切块、旋转等各种分析操作，以便剖析数据，使分析者、决策者能从多个角度、多个侧面观察数据库中的数据，从而深入了解包含在数据中的信息和内涵。

SSAS支持三种多维数据存储方式，这三种方式分别为MOLAP、ROLAP以及HOLAP。在一般情况下，我们会选择MOLAP来进行物理设计，因为SSAS的MOLAP格式是为保持维度数据而设计的，它利用先进的压缩和索引技术来获得高效的查询性能。在其他条件相同的情况下，MOLAP存储的查询性能要远远高于HOLAP存储或者ROLAP存储的性能。

多维表达式(MDX)语言是OLAP的查询语言。OLAP应用程序通过MDX从多维数据集获取数据，创建存储和可重用的计算或结果集。

Microsoft SSAS为商业智能应用程序提供了联机分析处理(OLAP)和数据挖掘功能。SSAS可以设计、创建和管理包含从其他数据源(如关系数据库)聚合的数据的多维结构，创建、浏览和管理维度、多维数据集等，从而实现对OLAP的支持，同时它还集成了数据挖掘建模、管理和查询数据的功能。

思考与练习

1. 什么是OLAP?
2. 试解释度量值、维度、多维数据集的概念。
3. 试对MOLAP和ROLAP这两种存储方式进行比较。
4. OLAP有哪几种常用的操作?

实　验

实验四　多维数据集实验

一、实验目的

学习如何创建多维数据集及对多维数据集进行访问。

二、实验要求

(1) 每位同学按自己的学号创建一个数据库(如果有备份的，可以还原已创建好的数据库，注意城市的表要从新的表中导入)。

(2) 将“浙江省11地市宏观数据.xls”文件中的3张表导入数据库中。扫描二维码4-8，查看“浙江省11地市宏观数据.xls”数据文件。导入完成后检查每张表的表名，列名和字段类型是否正确，要求字段中有ID的为整型，带小数的数字为数字类型(注意小

浙江省11地市宏观数据

二维码 4-8

数的位数），其他为字符型。

（3）打开微软 BIDS 开发平台，新建一个 SSAS 项目。

（4）创建数据源，指向第一步骤所建的数据库。

（5）创建数据源视图，导入第二步所创建的 3 张表，注意表之间的关联是否正确，如果表之间没有关联字段连接，请手工添加。

（6）创建“按城市和行业分的地区生产总值构成”多维数据集，同时创建城市和行业两个维度。

（7）处理并部署多维数据项目。

（8）浏览城市维度的维度成员，创建“浙江省区域”层次结构，浏览每个区域下的城市。（每次做过修改都要重新处理并部署多维数据项目）

（9）在行业维度中，创建行业层次结构：产业——行业大类——行业中类。浏览行业维度成员和行业层次结构。（每次做过修改都要重新处理并部署多维数据项目）

（10）浏览多维数据集。

（11）连接 SQL Server 2008 Analysis Server，找到先前创建的多维数据集数据库，打开 MDX 查询窗口，完成以下查询：

①显示浙江省三大产业的总产出、增加值和劳动者报酬，如表 4－6 所示。

表 4－6　浙江省三大产业总产出、增加值和劳动报酬统计

产业	总产出	增加值	劳动者报酬
第一产业			
第二产业			
第三产业			

②显示杭州市所有行业的劳动者报酬，由低往高排序（表 4－7 中的行业顺序可能会被打乱），如表 4－7 所示。

表 4－7　杭州市劳动者报酬统计

过滤条件：城市维度＝杭州市	
	劳动者报酬
农林牧渔业	
采矿业	
制造业	
电力、燃气……	
……	

③查询杭州市、宁波市工业大类下各行业的总产出、增加值、劳动者报酬、营业盈余，如表 4－8 所示。

(12) 打开 Excel,使用外部数据连接,访问已创建的“按城市和行业分的地区生产总值构成”多维数据集。

(13) 显示浙江省每个区域和城市三大产业的总产出、增加值和劳动者报酬,要求城市维度能从区域层次下钻至城市层次(每个层次都要有截图)。

表 4-8 杭州市、宁波市工业大类下各行业情况统计

城市	产业	总产出	增加值	劳动者报酬	营业盈余
杭州市	采矿业				
杭州市	制造业				
杭州市	电力、燃气及水的生产和供应业				
宁波市	采矿业				
宁波市	制造业				
宁波市	电力、燃气及水的生产和供应业				

(14) 显示杭州市所有行业的劳动者报酬数据表格和直方图,要求实现在行业上能够从产业到行业中类的钻取功能(每个层次都要有截图)。

(15) 显示杭州市和宁波市的第三产业下行业中类的劳动者报酬对比,要求显示数据表和直方图,并能够通过坐标的旋转操作,对这两个城市在不同行业中劳动者报酬进行对比说明。

(16) 在维度设计中,将三大产业的成员顺序按“第一产业”“第二产业”“第三产业”的顺序排列。(提示:可在视图的行业门类表中新建计算列,将三大产业分别对应 1、2、3 整数值,然后在产业属性中将排序顺序按新建计算列排序。)

(17) 对比实验一中用 SQL 查询语句与用多维查询语言 MDX 查询结果,叙述它们之间的区别。

三、实验报告

实验中每个步骤要求关键内容的截图和说明。截图要求内容完整、清晰,大小适中。扫描二维码 4-9,查看实验四的操作演示。

实验四 操作演示

二维码 4-9

实验五 Excel 数据透视表实验

一、实验目的

学习使用 Excel 数据透视表功能及函数功能，对商学院选课情况表进行分析。

二、实验内容

二维码 2－4

（1）查询并显示商学院开设的所有课程（注意，查看是否有重复的课程名称），字段内容包括课程代码、课程名称、学分，按课程代码排序，学分（用平均值显示）放在数值区域。

扫描二维码 2－4，查看“选课清单.xls”数据文件。

（数据文件同第二章实验二）

（2）显示所有课程性质和课程类别及下属的课程数（注意查看是否对重复开课进行计数），按课程性质排序，查看每种课程性质下的课程类别。

（3）显示所有课程性质为公选的课程有哪些，字段包括课程代码、课程名称、课程类别、学分，学分放在数值区域。

（4）统计显示所有课程的开课次数，字段包括课程代码、课程名称、课程性质、课程类别、开课次数。

（5）查询“公选”课的开课数量情况。

（6）为了分析学生选课与开设课程之间的供需情况，在原表格中添加一列：选课率（%），公式为：已选人数/计划人数×100，单元格格式为百分比，同时将新增列更新至数据透视表中。

（7）对所有课程性质和课程类别查看其平均选课率及开课数，并使用透视图表显示，如图 4－85 所示。为显示清楚两组数据，y 轴使用双坐标，图中应清楚显示两组数据。最高及

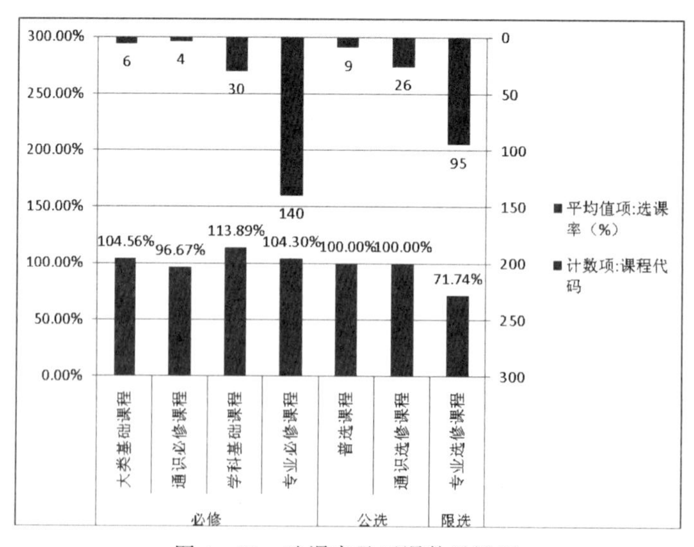

图 4－85 选课率及开课数透视图

最低的选课率的课程属于哪个类别(提示：一组数据可采用次坐标,坐标轴数据采用逆序,并自定义最大值)。

(8) 使用 Excel 函数,分别统计选课率在以下 4 个分段中各课程的数量,低于 10%,10%～49%,50%～100%,高于 100%(如表 4－9 所示,表 4－9 中的数据在 Excel 中用函数实现)。提示：在 Excel 表中添加一列,对第 6 步产生的选课率用 if 函数进行分类。

表 4－9　选课统计

选课率 / 课程数	低于 10%	10%～49%	50%～100%	高于 100%
必修				
限选				
公选				

三、实验报告

要求实验中关键内容的截图和说明。截图要求内容完整、清晰,大小适中。最终请上传 Word 文档和 Excel 文件。

二维码 4－10

扫描二维码 4－10,查看第四章实验五的操作演示。

用 Microsoft SSRS 处理智能报表

报表一直是各信息系统所必需的，企业内不同级别的人员都有相应的报表需求，他们需要访问的商业数据可能分布在整个企业内部，甚至在企业外部。因此报表系统需要访问各种数据源，操作简单直观，维护容易。Microsoft 公司将 SQL Server Reporting Services（SSRS）作为 BI（商业智能）平台的前端展现部分，提供了一个从不同数据源创建不同类型报表的环境。它的创建工具能够预览和细化报表。而且，报表设计完成后，可以部署报表，使它能够在一个结构化、安全的环境中通过 Internet 接受访问。

本章将着重介绍以下内容：

- SSRS 商业智能报表
- 如何使用 SSRS 创建报表

第一节 SSRS 商业智能报表

一、商业智能报表与商业智能

商业智能通过对企业运营数据进行收集、管理和分析等处理，提供使企业迅速分析数据的技术和方法，从数据中挖掘出人们感兴趣的知识，并直观地将某种经营属性或市场规律展现在分析者或决策者面前，使他们从中获取相关经营信息，从而营造企业的竞争优势。

为快速地构建企业的分析平台，首先需要明确企业的分析目标：为企业战略目标的实现提供一种强有力的决策工具，明确战略实施的路径和步骤等相关问题。要实现此分析目标，企业一定要结合公司的实际，了解企业急待解决的问题，从公司高层最关心的业务主题开始，比如应收账款和账期、现金流、生产质量、库存或者是促销结果等主题开始，同时这些主题的选择是在短期内能实现的。

一般 BI 实施项目，从构建数据仓库，到 BI 分析，模型的构建，到适用于企业的管理模式规范，常常遇到投入大、涉及面广、实施周期长、实现风险大，集成难度高等问题，使得很多企业无法承受和控制。此类 BI 项目在企业应用方面鲜有作为，成功的很少，大多是概念化的。

而采用使用投入小、方便、功能灵活的基于报表统计分析的企业经营分析方案来实施 BI 项目，正好符合业务模型尚不成熟、实施队伍技术不强、数据庞杂的特点，一般都能收到立竿见影的效果。

基于数据报表构建企业经营分析平台，根据企业运营特征和管理特点，搭建合理有效的经营分析结构，明确关键的绩效指标后，通过标准的数据准备、报表制作、报表传递，并结合 BI 报表工具提高运作效率，为高层业绩监控与决策打造敏捷的企业神经链。能更好地把 BI 的实施重点放在决策支持分析，同时使得分析结果具有良好的直观性、可理解性，是企业在选择 BI 实施方法时，更好的选择。

同时我们也应该注意到，大多数商业挑战在于：如何让正确的人在正确的时间得到正确的信息。从报表的层次看，报表面对的使用者可以是业务人员、基层管理者、中高层决策者等，而居于不同位置的人需要的信息显然是有区别的。那么报表在把数据价值转化为企业价值的过程中所承担的角色，以及与商业智能层次之间的关系，是一个渐进的过程，具体如图5－1所示。

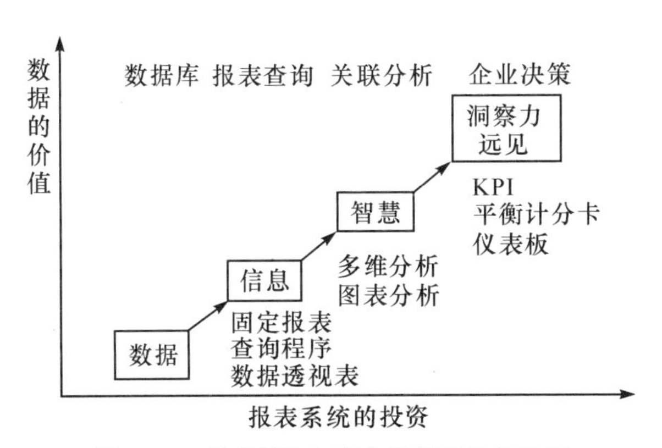

图 5－1 报表层次和商业智能层次的关系

从图 5－1 中可以看出，不同视角的数据其价值是有区别的，需要报表提供的功能也是有区别的。要从数据中提取信息，可以通过固定报表、查询程序或者数据透视表等形式，例如在企业会计活动经常使用的损益表、收支表等；若需要从信息中获取智慧，一般要把某类信息和其他关联信息联系起来，需要提供多维分析、图表分析等报表类型；而若针对企业决策者，他们则更需要类似于 KPI、平衡计分卡和仪表板等具有指导意义的报表。

一个优秀的商业智能报表工具应具有以下特性：

(1) 直观的可视化设计器，简单易用的报表定制功能。

(2) 支持多种数据源。

(3) 方便的数据访问和格式化，丰富的数据呈现方式。

(4) 符合数据呈现的通用标准，能和应用程序很好地进行结合。

(5) 开发效率高，冗余的报表维护工作少。

(6) 易于扩展和部署。

二、SSRS 的结构

SQL Server Reporting Services 是一个基于服务器的企业级报表环境，可用来建立、管理和发布传统及交互报表，可借助 Web Services 进行管理。报表可以用不同的格式发布，并可带多种交互和打印选项。通过把报表作为更进一步的商业智能的数据源来分发，使更多的用户可以进行复杂的分析应用。

作为 SQL Server 的一个集成组件，Reporting Services 提供以下服务：

(1) 完整的、基于服务器的报表平台：Reporting Services 支持完整的报表生命周期，从制作到发布以及持续的报表管理。

(2) 灵活、可扩展的报表：Reporting Services 可以以多种格式建立传统的与交互式的报表，并支持可扩展的发布选项。使用开放的 APIs 和接口，报表很容易被集成到任何环境或解决方案中。

(3) 可伸缩：产品模块化，基于 Web 的设计方式使得它可以很容易地扩展以满足大规模的环境。你可以用多个报表服务器建立一个报表服务器 farm 来处理数以千计的基于 Web 的客户端对同样核心报表的访问。

(4) 与微软产品和工具的集成：无须编程或者定制，Reporting Services 可以很容易集成到大家熟悉的微软工具和应用程序中，如 Visual Studio、Office、SharePoint Portal Server。

图 5-2 为报表项目工程设计、部署及访问结构示意图。

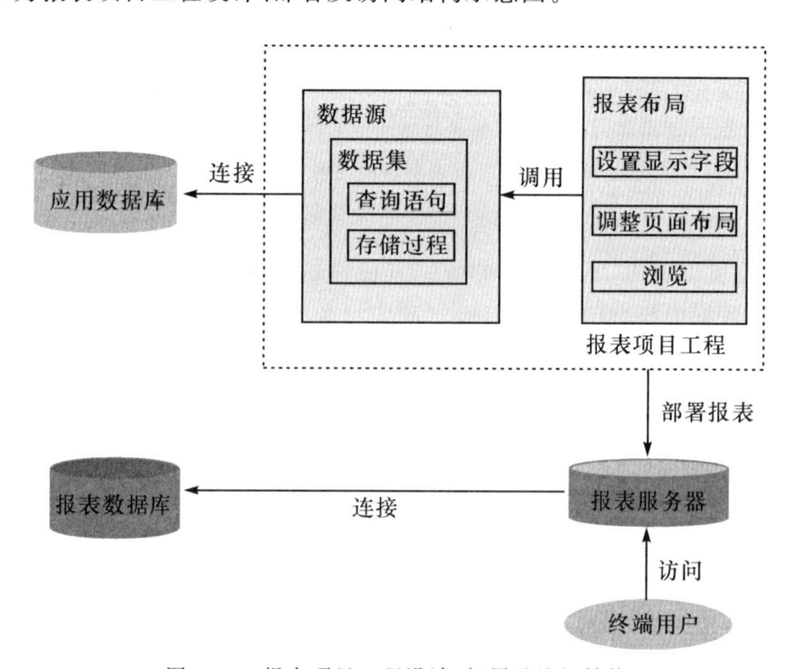

图 5-2　报表项目工程设计、部署及访问结构

从图 5-2 中可以看出，报表项目工程通过数据源连接应用数据库，SSRS 支持多种数据源，如 SQL Server、Analysis Services、Oracle 或任何.NET 数据访问接口(如 ODBC 或 OLE

DB)；通过报表设计器设计报表的格式和布局，SSRS 的输出格式包括 HTML、PDF、TIFF、Excel 等；设计完成后将报表部署至报表服务器，存储在报表数据库中，终端用户可以通过 Web 来访问报表。

三、SSRS 报表的状态

从图 5-2 可以看出，从设计、部署到访问，报表有 3 种不同的状态。

(一) 报表定义文件(.rdl)

报表定义文件是一种在报表设计器或报表生成器中创建的文件。其中包含了所有报表设计元素，如数据源连接、用来检索数据的查询、表达式、参数、图像、文本框、表等。

报表定义文件以 XML 格式编写，该格式符合一种称为报表定义语言(RDL)的 XML 语法。RDL 描述了 XML 元素，包括报表会采用的所有可能变体。当我们浏览报表时，经过处理的报表定义以可视化的形式表现出来。

(二) 发布的报表

创建.rdl 报表文件之后，可以将该文件发布到报表服务器，保存的方法可以通过报表设计器部署报表项目，也可以使用报表生成器进行保存。发布的报表存储在报表服务器数据库中，并在报表服务器上进行管理。报表以部分编译的中间格式存储，以便报表用户访问。

发布的报表是通过角色分配进行保护的，这种角色分配使用的是基于 Reporting Services 角色的安全模式。通过 URL、SharePoint Web 部件或报表管理器，即可访问发布的报表。

(三) 呈现的报表

呈现的报表是经过完全处理的报表，其中包含的格式适用于查看数据和布局信息，例如 HTML 格式。只有在报表以输出格式呈现之后，才能查看报表。报表呈现由报表服务器执行。呈现报表有两种方式，一是从报表服务器打开发布的报表，二是订阅报表，将指定的输出格式传递到电子邮箱或文件共享位置。

Reporting Services 报表的默认呈现格式是 HTML4.0。除了 HTML 之外，报表还可以用多种输出格式呈现，其中包括 Excel、XML、PDF、TIFF 和 CSV。

第二节 使用 SSRS 创建报表

一、创建一个简单报表项目

步骤 1：运行 Business Intelligence Development Studio，新建项目，在“项目类型”列表中，选择“商业智能项目”，在“模板”列表中，单击“报表服务器项目”。在“名称”中，键入 MyFirstReport，单击“确定”以创建项目，如图 5-3 所示。

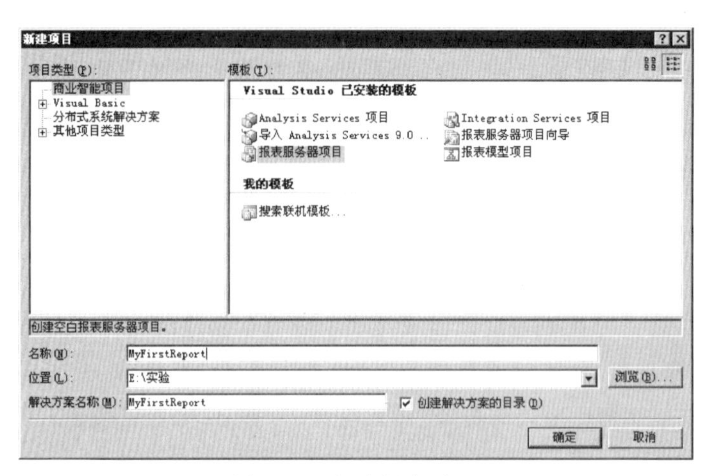

图 5－3　新建报表项目

步骤 2：在解决方案资源管理器中，右键单击“报表”，指向“添加新报表”，进入新报表向导。首先进行数据连接，如图 5－4 所示，点击连接字符串旁边的“编辑”按钮，连接本地数据库实例，数据库名选择“AdventureWorks”。数据源名称会自动改成数据库名称。选中窗口下方的“使其成为共享数据源”复选框，这样在项目的“共享数据源”目录下将会添加这个数据连接，在创建其他报表时也可以使用。单击“下一步”，进入查询语句输入界面。

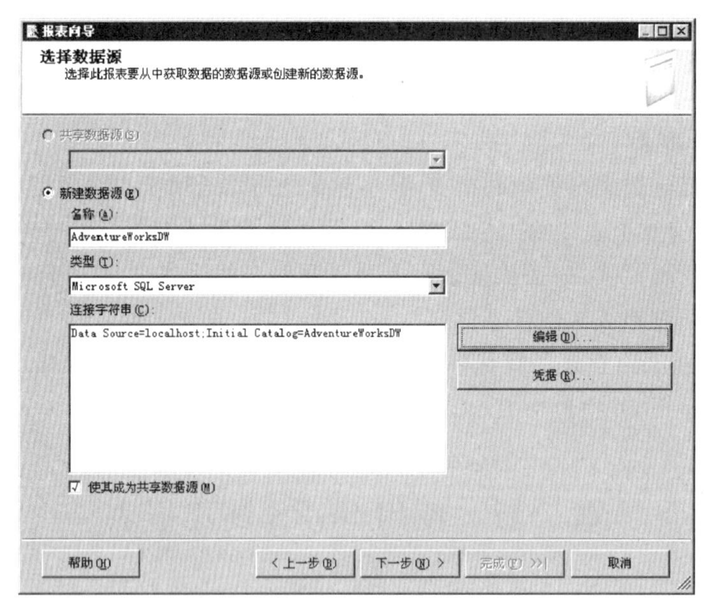

图 5－4　新建数据源

步骤 3：在“设计查询”窗口输入以下 SQL 语句。

```
SELECT  S.OrderDate, S.SalesOrderNumber, S.TotalDue, C.FirstName, C.LastName
        FROM   HumanResources.Employee E
        INNER JOIN Person.Contact C ON E.ContactID = C.ContactID
```

INNER JOIN Sales.SalesOrderHeader S ON E.EmployeeID = S.SalesPersonID

单击“下一步”，进入数据格式显示界面。

步骤 4：选择“表格格式”，点击“下一步”，将进行数据字段的布局，这里我们直接点击“下一步”，在选择表样式窗口选择自己喜欢的颜色组合，点击“下一步”，输入报表名称：Sales Orders，选中窗口下方的“预览报表”复选框，点击“完成”按钮后，将自动显示前面的查询结果，如图 5－5 所示。

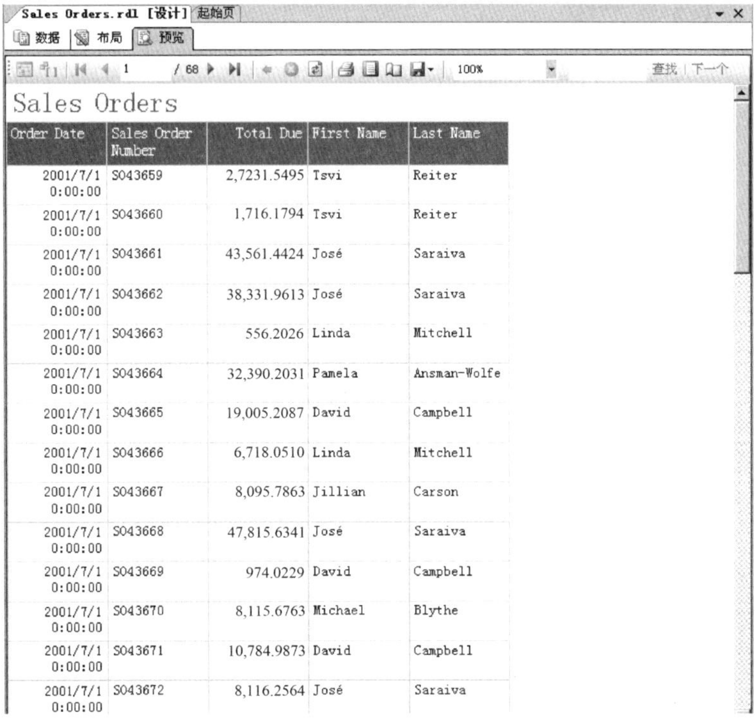

Sales Orders.rdl [设计] 起始页

数据 布局 预览

1 / 68 100% 查找 | 下一个

Sales Orders

Order Date	Sales Order Number	Total Due	First Name	Last Name
2001/7/1 0:00:00	SO43659	2,7231.5495	Tsvi	Reiter
2001/7/1 0:00:00	SO43660	1,716.1794	Tsvi	Reiter
2001/7/1 0:00:00	SO43661	43,561.4424	José	Saraiva
2001/7/1 0:00:00	SO43662	38,331.9613	José	Saraiva
2001/7/1 0:00:00	SO43663	556.2026	Linda	Mitchell
2001/7/1 0:00:00	SO43664	32,390.2031	Pamela	Ansman-Wolfe
2001/7/1 0:00:00	SO43665	19,005.2087	David	Campbell
2001/7/1 0:00:00	SO43666	6,718.0510	Linda	Mitchell
2001/7/1 0:00:00	SO43667	8,095.7863	Jillian	Carson
2001/7/1 0:00:00	SO43668	47,815.6341	José	Saraiva
2001/7/1 0:00:00	SO43669	974.0229	David	Campbell
2001/7/1 0:00:00	SO43670	8,115.6763	Michael	Blythe
2001/7/1 0:00:00	SO43671	10,784.9873	David	Campbell
2001/7/1 0:00:00	SO43672	8,116.2564	José	Saraiva

图 5－5　简单报表预览

二、增强基本报表的功能

我们将在前面简单报表的基础上，添加一些功能，使报表更具可读性。

打开上一节创建的报表项目 MyFirstReport，展开报表目录，打开报表定义文件 Sales Orders.rdl，选择报表设计的“布局”选项卡，对报表格式进行重新布局。

在设计区域点击任一列字段，使列手柄和行手柄显示在表的上方和旁边。设计区域各部位名称如图 5－6 所示。

设计区域最上方是灰色的列手柄行，用于选择某一列，点击鼠标右键可显示上下文菜单；最左侧为行手柄，用于选择行，点击鼠标右键也可以显示上下文菜单。列手柄行下面的行分别为：表头、组头、详细信息、组尾和表尾。表头放置的是每列的数据名称，为固定的字符，一般是相关数据表的字段名称，但为了更具友好性，可以修改成更易理解的别名。如果需要对数据进行分组，则会出现组头和组尾两行。组头行显示分组的字段值，组尾一般显示该组的小计。中间则显示的是相关表的数据行。在每个表的末尾均有表尾行，在该行可以显示表的汇总值。

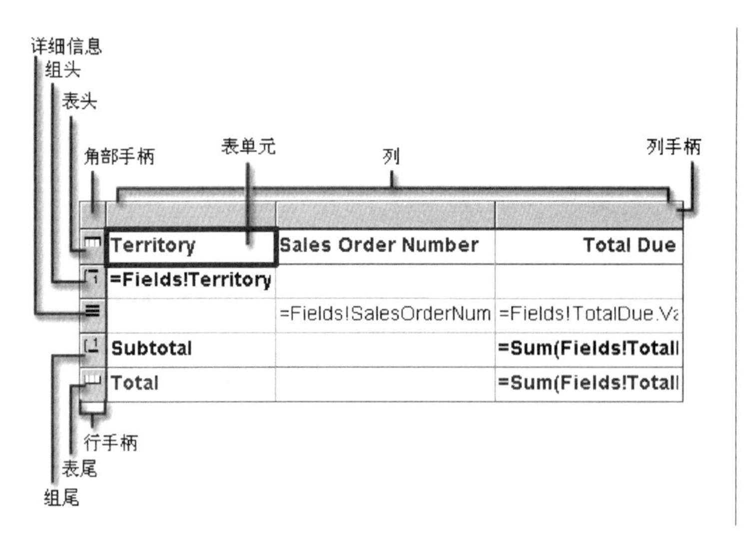

图 5－6　报表设计区域

（一）分组与排序

右键单击任一行的手柄，再单击“插入组”，可设置分组和排序属性窗口。在“常规”选项卡上，在“分组方式”中，点击表达式的空行，在下拉列表中分别选择 ＝Fields！ FirstName.Value 和 Fields！ LastName.Value，此操作将按销售人员的姓名对数据进行分组。

切换至“排序”选项卡，在表达式一栏分别选择＝Fields！ FirstName.Value，方向为 Ascending（升序），＝Fields！ LastName.Value，方向为 Ascending（升序）。按“确定”后，在原来的设计页上，组头和组尾这两个新行被添加进报表中（此时预览数据会发现，报表已按姓名进行分组，并对每组的开头和结尾分别插入一空行）。

在第一列（Order Date）上，右键单击手柄，再单击“在左侧插入列”，即会添加一新列，在新列的标题栏（灰色行手柄下方第一行）输入：Sales Person，新列标题栏下方即为分组后的组头位置，输入以下内容：

＝Fields！ FirstName.Value & " " & Fields！ LastName.Value

这样在每个分组的第一行，都会出现销售人员的姓名，数据列表中的 FirstName 和 LastName 就变得多余了，我们将这两列删除：鼠标右键点击 FirstName 和 LastName 字段上的列手柄，点击“删除列”。

右键单击角部手柄，再单击“属性”按钮。在“排序”选项卡的“排序方式”中，选择 ＝Fields！ OrderDate.Value。此时将按订单日期对详细信息数据排序，即在以销售人员的分组中，订单按时间顺序递增排列。单击“确定”。

注　意

在分组中设置的排序是指分组字段显示的顺序，如按姓名分组排序；而在表的角部手柄中设置的排序是指在该表中的业务数据排序顺序，如按时间顺序。

单击 Total Due(应付款总计)列中对应的组尾单元格,键入以下表达式: =Sum(Fields! Total Due.Value),向报表添加聚合函数——按销售人员统计的小计。

保存所做修改,点击"预览"选项卡,显示按销售人员分组后的报表,并且在每个小组后面会有该销售人员的应付款额的小计,如图 5-7 所示。

Sales Orders

Sales Person	Order Date	Sales Order Number	Total Due
Amy Alberts			
	2002/8/1 0:00:00	SO46982	89.4043
	2002/8/1 0:00:00	SO47004	70,558.5688
	2002/8/1 0:00:00	SO47062	27,222.0987
	2002/11/1 0:00:00	SO47969	11,556.5007
	2002/11/1 0:00:00	SO48084	5,182.5100
	2003/2/1 0:00:00	SO49078	32,774.3599
	2003/2/1 0:00:00	SO49134	6,657.4817
	2003/3/1 0:00:00	SO49452	1,735.6511
	……	……	……
	2004/5/1 0:00:00	SO69551	891.4618
			985,641.9261
David Campbell			
	2001/7/1 0:00:00	SO43665	19,005.2087
	2001/7/1 0:00:00	SO43669	974.0229

图 5-7 按销售人员分组排序后的报表

(二) 应用格式和样式

图 5-7 显示的日期为日期和时间,且格式并不是比较常见的格式,可以通过以下步骤,将其修改为年—月—日的形式。

右键单击"Order Date"字段表达式的单元格(=Fields! Order Date.Value),再单击"属性",即显示"文本框属性"对话框。打开"格式"选项卡,单击格式代码右侧的浏览按钮(…),以便打开"选择格式"对话框。在"标准"列表框中选择"日期",然后选择右侧列表中的第三个示例(年/月/日)格式。单击"确定",关闭"选择格式"对话框,然后再次单击"确定",关闭"文本框属性"对话框。

Total Due 字段显示常规数字,我们将添加格式设置以便用货币格式显示数字。右键单击"Total Due"字段表达式的单元格(=Fields! TotalDue.Value),然后单击"属性"。打开"格式"选项卡,单击格式代码右侧的浏览按钮(…),打开"选择格式"对话框,在"标准"列表框中选择"货币",单击"确定",然后再次单击"确定",关闭"文本框属性"对话框。对分组的小计单元格（=Sum(Fields! TotalDue.Value)）也做同样的修改。

为了将列标题、组头、组尾和其他数据区分开来，我们可以将其字体设置为粗体。选择包含列标题标签的行、组头行和组尾行的行手柄（若要选择多个项，请按住 Ctrl 键，同时单击各个项），然后在格式设置工具栏上，单击“粗体”（“B”）按钮。

保存修改后，使用“预览”，浏览报表数据及格式是否符合要求。

（三）参数化报表

我们将在前面创建的报表上添加两个日期参数：开始日期参数和结束日期参数，可以用来在报表查询中限定从数据源检索的数据所处的日期范围。

双击报表文件“Sales Orders.rdl”，进入报表设计窗口，切换至“数据”选项卡，在原来的 SQL 语句后添加查询条件：

WHERE(S.OrderDate BETWEEN(@StartDate)AND(@EndDate))

其中@StartDate 和@EndDate 为查询参数，点击工具栏上的运行（!）命令，打开“定义查询参数”对话框，在“参数值”列中，为 @StartDate 和@EndDate 分别输入日期值，例如，20010101，20030101。单击“确定”后，窗口下方会出现满足条件的查询结果。

系统会自动创建报表参数 StartDate 和 EndDate，并将数据类型默认设置为 String。在“报表”菜单中，单击“报表参数”，打开“报表参数”对话框。在“参数”列表框中，将 StartDate 和 EndDate 的数据类型都设置为 DateTime，单击“确定”。

如果有默认值，比如报表的起始日期默认为 2001－1－1，则可以在默认值区域设置，如图 5－8 所示。

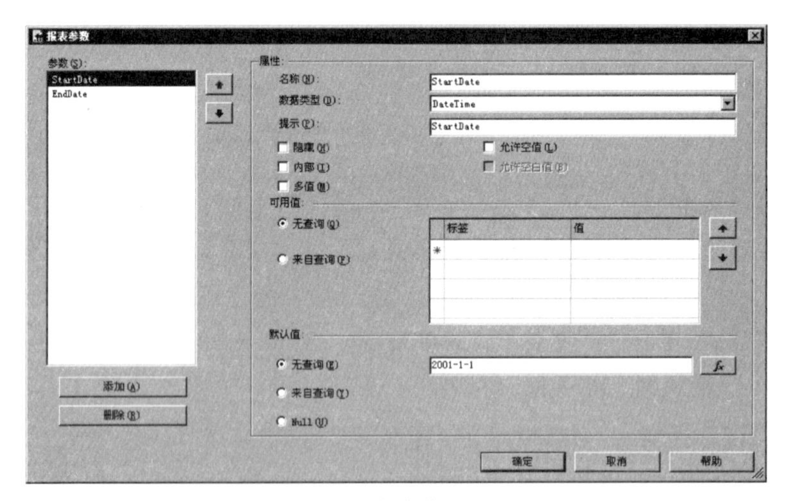

图 5－8　报表参数设置界面

单击“预览”选项卡。StartDate 和 EndDate 参数将分别随一个日历控件显示在报表上方的工具栏中。输入适当的日期值，单击“查看报表”，报表将仅显示位于日期值范围中的数据记录，如图 5－9 所示。

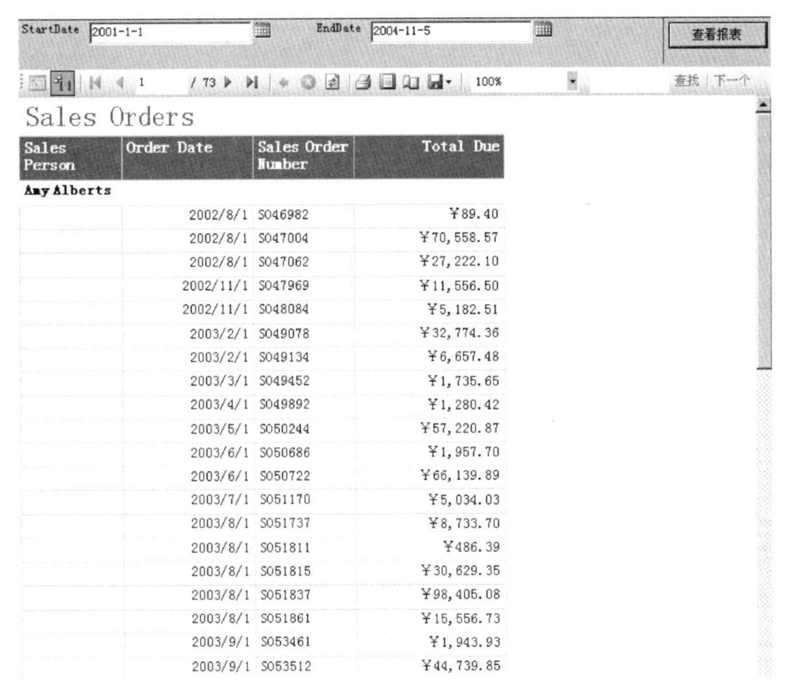

Sales Orders

Sales Person	Order Date	Sales Order Number	Total Due
Amy Alberts			
	2002/8/1	SO46982	￥89.40
	2002/8/1	SO47004	￥70,558.57
	2002/8/1	SO47062	￥27,222.10
	2002/11/1	SO47969	￥11,556.50
	2002/11/1	SO48084	￥5,182.51
	2003/2/1	SO49078	￥32,774.36
	2003/2/1	SO49134	￥6,657.48
	2003/3/1	SO49452	￥1,735.65
	2003/4/1	SO49892	￥1,280.42
	2003/5/1	SO50244	￥57,220.87
	2003/6/1	SO50686	￥1,957.70
	2003/6/1	SO50722	￥66,139.89
	2003/7/1	SO51170	￥5,034.03
	2003/8/1	SO51737	￥8,733.70
	2003/8/1	SO51811	￥486.39
	2003/8/1	SO51815	￥30,629.35
	2003/8/1	SO51837	￥98,405.08
	2003/8/1	SO51861	￥15,556.73
	2003/9/1	SO53461	￥1,943.93
	2003/9/1	SO53512	￥44,739.85

图 5－9　在日期值范围中的数据报表

查询参数的值不仅可以由用户自行输入，也可以来源于数据集本身。例如，我们可以通过选择销售人员姓名来显示该销售人员的销售清单，将上面的查询语句过滤条件修改为：

```
WHERE(S.OrderDate BETWEEN(@StartDate)AND(@EndDate)
        AND
        S.SalesPersonID =(@SalesPersonID))
```

其中查询参数@SalesPersonID只能在数据库中有的值中挑选。保存修改，单击报表设计器"数据"选项卡，在"数据集"下拉列表中，选择 <新建数据集>，创建一个新的数据集。输入新数据集的名称 SalesPersons。在查询字符串窗格中粘贴以下 Transact-SQL 查询：

```
SELECT SP.SalesPersonID, C.FirstName +' '+ C.LastName as Name
        FROM    Sales.SalesPerson AS SP
        INNER JOIN HumanResources.Employee AS E ON E.EmployeeID = SP.SalesPersonID
    INNER JOIN Person.Contact AS C ON C.ContactID = E.ContactID
```

该数据集将显示所有销售人员的 ID 号和姓名，可以单击"运行"(!)按钮，显示结果集。

在数据集中选择"AdventureWorks"，在菜单中选择"报表"—"报表参数"，将参数 SalesPersonID 数据类型设为 Integer，可用值选择"来自查询"，在数据集下拉框中选择前面创建的数据集 SalesPersons，值字段选择"SalesPersonID"，标签字段选择"Name"。

保存后，进入"预览"选项卡，可以发现输入条件增加了 SalesPersonID，旁边的下拉框显示的是数据库中所有销售人员的姓名，选择"Syed Abbas"，在 StartDate 和 EndDate 输入日期值，单击"查看报表"按钮，结果如图 5－10 所示。

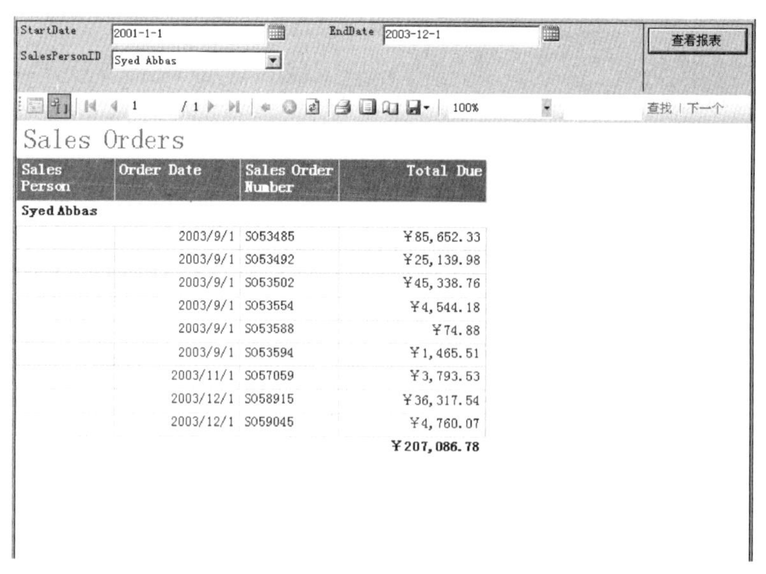

图 5－10　添加了销售人员过滤的数据报表

（四）报表钻取

报表钻取是通过单击当前报表中的链接对其细节数据（称为钻取报表）进行访问的一种方式。单击带有钻取操作的文本框，即可打开钻取报表。如果钻取报表有参数，则需要为每个报表参数传递参数值。

首先创建一张订单明细报表。我们将通过以下步骤装入 Report Services 的示例报表至项目。

步骤 1：在解决方案资源管理器中，右键单击“报表”文件夹，选择“添加”，然后选择“现有项”，将打开“添加现有项”对话框。

步骤 2：导航到安装 AdventureWorks 示例报表的文件夹。默认目录是 <installdir>：\Program Files\Microsoft SQL Server\90\Samples\Reporting Services\Report Samples\AdventureWorks Sample Reports。选择 Sales Order Details.rdl。此报表随即添加到报表项目中。

步骤 3：双击 Sales Order Details.rdl，进入报表设计，点击“数据”选项卡，我们可以看到该报表用到了两个数据集：SalesOrder 和 SalesOrderDetail，分别在下拉框中选择这两个数据集，察看 SQL 语句，在条件过滤部分都有一个查询参数@SalesOrderNumber，通过这个查询参数，我们可以将 SalesOrder 报表链接至对应订单号的订单明细报表中。

步骤 4：在解决方案资源管理器中，双击 Sales Order.rdl 进入报表设计。单击“布局”选项卡，找到 Sales Order Number 列，在“＝Fields! SalesOrderNumber.Value”值文本框单击鼠标右键，选择“属性”，将打开“文本框属性”对话框，如图 5－11 所示。

单击“导航”选项卡，在“超链接”部分，单击“跳至报表”，在文本框的下拉列表中选择 Sales Order Detail。单击右侧的“参数”按钮，将打开“参数”对话框。

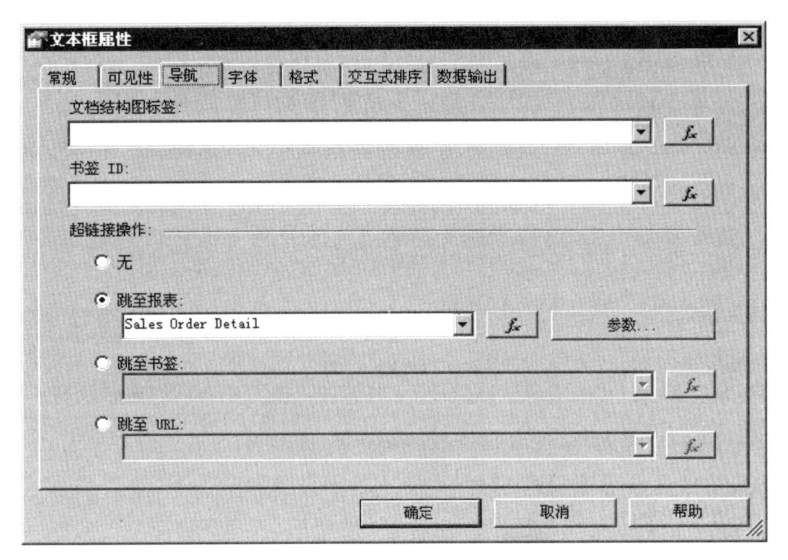

图 5-11 报表链接文本输入框设置

在显示了为钻取报表定义的参数的“参数名称”下拉列表中，选择 SalesOrderNumber（这是报表 Sales Order Detail 的唯一查询参数）。单击“参数值”文本框。在此下拉列表中，选择 =Fields! SalesOrderNumber.Value，单击“确定”，如图 5-12 所示。

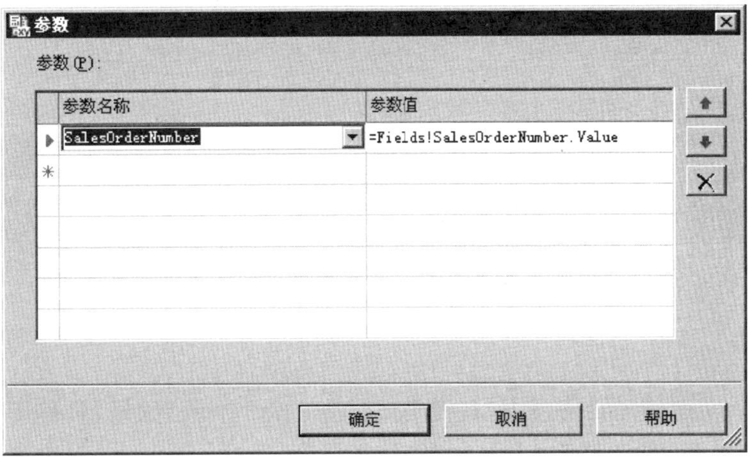

图 5-12 钻取报表的文本参数设定

步骤 5：为了使超链接和其他字符有所区别，下一步将更改钻取链接的文本类型和颜色。单击“字体”选项卡，在“效果”下拉列表中，选择“下划线”，单击“确定”。

步骤 6：预览 Sales Orders 报表，每个 SalesOrderNumber 值都会以下划线显示，将鼠标移至订单号上方，即显示有超链接，单击订单号，可以转至 Sales Order Detail 报表，如图 5-13所示。

Sales Orders

Sales Person	Order Date	Sales Order Number	Total Due
Syed Abbas			
	2003/9/1	SO53485	￥85,652.33
	2003/9/1	SO53492	￥25,139.98
	2003/9/1	SO53502	￥45,338.76
	2003/9/1	SO53554	￥4,544.18
	2003/9/1	SO53588	￥74.88
	2003/9/1	SO53594	￥1,465.51
	2003/11/1	SO57059	￥3,793.53
	2003/12/1	SO58915	￥36,317.54
	2003/12/1	SO59045	￥4,760.07
			￥207,086.78

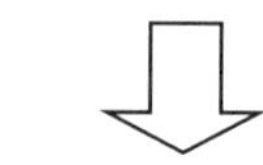

Sales Order

Order # SO53485

Bill To: Nationwide Supply
4250 Concord Road
Rhodes New South Wales
2138
Australia

Ship To: Nationwide Supply
4250 Concord Road
Rhodes New South Wales
2138
Australia

Contact Pilar Ackerman
Ph: 1 (11) 500 555-0132

Date	Order Date	Sales Person	Purchase Order	Shipment Method
2010-11-5	2003-9-1	Syed Abbas, Pacific Sales Manager	PO14703131697	CARGO TRANSPORT 5

Line	Qty	Item Number	Description	Tracking #	Unit Price	Subtotal	Discount	Item Total
1	2	SE-T924	HL Touring Seat/Saddle	4356-47ED-8B	￥31.58	￥63.17	￥0.00	￥63.17
2	1	BK-T18U-4	Touring-3000 Blue, 44	4356-47ED-8B	￥334.06	￥334.06	￥-50.11	￥283.95
3	4	HL-U509-R	Sport-100 Helmet, Red	4356-47ED-8B	￥20.99	￥83.98	￥0.00	￥83.98
4	4	BK-T79Y-5	Touring-1000 Yellow, 54	4356-47ED-8B	￥953.63	￥3,814.51	￥-762.90	￥3,051.61
5	1	BK-T18Y-6	Touring-3000 Yellow, 62	4356-47ED-8B	￥334.06	￥334.06	￥-50.11	￥283.95
6	14	LJ-0192-L	Long-Sleeve Logo Jersey, L	4356-47ED-8B	￥28.99	￥405.92	￥-8.12	￥397.80
7	2	BK-T79U-6	Touring-1000 Blue, 60	4356-47ED-8B	￥1,430.44	￥2,860.88	￥0.00	￥2,860.88
8	11	LJ-0192-M	Long-Sleeve Logo Jersey, M	4356-47ED-8B	￥28.99	￥318.94	￥-6.38	￥312.56
9	2	BB-7421	LL Bottom Bracket	4356-47ED-8B	￥32.39	￥64.79	￥0.00	￥64.79
10	2	BK-T79Y-5	Touring-1000 Yellow, 50	4356-47ED-8B	￥953.63	￥1,907.26	￥-381.45	￥1,525.80

图 5 - 13　从 Sales Orders 报表切换至 Sales Order Details 报表

三、发布报表

在解决方案资源管理器窗口中，右键单击“MyFirstReport”项目，再单击“属性”。在项目属性页窗口，单击“配置管理器”，在“配置管理器”对话框的“活动的解决方案配置”中，选择“Production”，单击“关闭”，如图 5 - 14 所示。

在项目属性页对话框的 TargetServerURL 中，键入报表服务器的虚拟目录，例如 http://localhost/reportserver（假设报表服务器与报表设计器在同一计算机上）。

“调试”属性节点，单击 StartItem 旁边的文本框，并从下拉列表中选择报表 SalesOrder.rdl。单击“确定”。

保存报表项目。在“文件”菜单上，单击“全部保存”。在“调试”菜单上，单击“开始执行（不调试）”来发布报表。

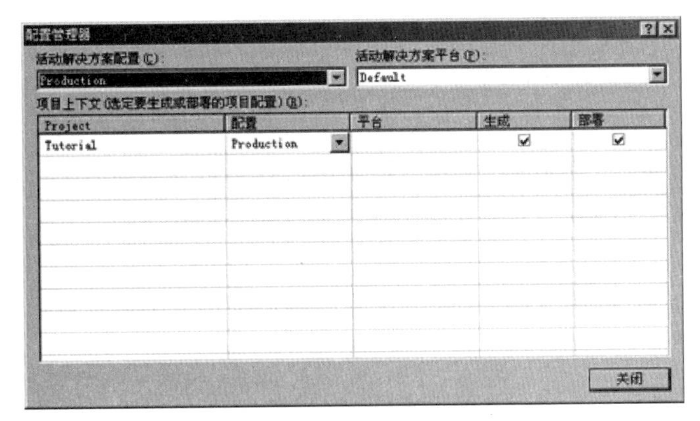

图 5－14　配置管理器

创建报表操作演示

二维码 5－1

扫描二维码 5－1，查看使用 SSRS 创建报表的操作演示。

小　结

一个基于报表统计分析的 BI 系统具有投入小、方便、功能灵活的特点，是商业智能不可或缺的重要环节。从报表的层次看，报表面对的使用者可以是业务人员、基层管理者、中高层决策者等，因而他们需要的信息显然是有区别的。SSRS 作为 BI 平台的前端展现部分，是一个基于服务器的企业级报表环境，可以从不同数据源创建不同类型报表，可用来建立、管理和发布传统及交互报表。报表设计完成后，可以部署报表，使它能够在一个结构化、安全的环境中通过 Internet 接受访问。

实　验

实验六　创建 SSIS 包并利用 SSRS 创建报表实验

一、实验目的

1. 学习创建 SSIS 包，将数据做适当的转换并导入至数据仓库；

2. 学习利用 SSRS 创建报表。

二、实验内容

(1) 打开 SQL Server 数据库，创建以自己学号命名的数据库（或者恢复已有的数据库）。

(2) 分析“超市数据”目录下的“商品分类表.txt”文件，搞清里面的商品分类和编码特点。扫描二维码 5－2，查看“超市数据.zip”

超市数据

二维码 5－2

数据打包文件。

（3）新建 SSIS 项目，创建一个新的构建 SSIS 包。

（4）创建一个数据流任务，取名为“生成大类和中类表”，将从文本文件“商品分类表.txt”中提取大类和中类信息，分别生成一个“商品大类表”（即里面的数据只有商品大类的编号和大类名称）和“商品中类表”（即里面的数据只有商品中类的编号和中类名称。

步骤如下：

①建立平面文件源读取工具，指向“商品分类表.txt”（注意将输出列中分类名称后面的空格删除）。

②添加派生列工具，将原来的分类编号后面的空格删除，将原来的分类名称的空格清除。

③添加条件性拆分数据转换工具，将大类编号（分类编号长度为 3）和中类编号提取出来（分类编号长度为 5）。

④分别建立两个 SQL Server 目标，将结果保存到自己的数据中，生成一个“商品大类表”和“商品中类表”（注意在创建新表时，手工修改表名和列名，及字符类型）。

⑤打开 SQL 数据库引擎，找到自己的数据库，查看两张新表数据是否正确（数据截图）。

“商品大类表”结构如表 5－1 所示。

表 5－1　商品大类表

列名	类型
大类编码	varchar(50)
大类名称	varchar(50)

“商品中类表”结构如表 5－2 所示。

表 5－2　商品中类表

列名	类型
中类编码	varchar(50)
中类名称	varchar(50)

（5）在控制流中添加一个“执行 SQL 任务”，放在“生成大类和中类表”任务前，作为第一个执行的任务，目的是清空“商品大类表”和“商品中类表”中的数据，方便任务包重复执行（调试任务包）。将 Name 修改为“清空大类和中类表”，Connection 连接指向自己的数据库，SQLStatement 语句为清空两张表：

```
Delete from 商品大类表;
Delete from 商品中类表
```

注意两个语句之间用分号分割。

“执行 SQL 任务”和“生成大类和中类表”任务之间用绿线连接。

(6) 添加一个数据流任务，取名“生成商品分类表”，放在“生成大类和中类表”任务后，并用绿线连接，即在完成生成大类和中类表后执行这个任务。这个任务将完成商品分类表的创建和数据填写。

①建立平面文件源读取工具，指向“商品分类表.txt”。(注意将输出列中分类名称后面的空格删除)

②添加派生列工具，将所有分类编号的空格删除，将所有分类名称的空格清除。

③添加条件性拆分数据转换工具，将小类编号提取出来(分类编号长度为 7)。

④添加派生列工具，取名为“生成大类和中类编号”，将原来的小类编号截取前面 5 位，作为添加列，并将输出列名改为“中类编号”；将原来的小类编号截取前面 3 位，作为添加列，并将输出列名改为“大类编号”。

⑤添加查找工具，改名为“查找中类”，添加查找表“商品中类表”，将两表中类编号连接，提取分类名称作为添加列，并将输出列改为“中类名称”。

⑥再次添加查找工具，改名为“查找大类”，添加查找表“商品大类表”，将两表大类编号连接，提取分类名称作为添加列，并将输出列改为“大类名称”。

⑦添加 SQL Server 目标，将结果生成至“商品分类表”中，生成的商品分类表结构如表 5-3所示。

表 5-3　商品分类表

列名	类型
大类编码	varchar(50)
大类名称	varchar(50)
中类编码	varchar(50)
中类名称	varchar(50)
小类编码	varchar(50)
小类名称	varchar(50)

(7) 在控制流中的“清空数据”任务中，在已有的 SQL 语句中添加清空“商品分类表”的语句，方便任务包重复执行，语句如下：

Delete from 商品分类表

注意在每条语句之间用分号分割。

(8) 新建一个任务包，将“超市数据”目录下的“品牌表.txt”导入数据库，注意将编码和品牌名称后面的空格去除。

品牌表格式如表 5－4 所示。

表 5－4　品牌表

列名	类型
编码	varchar(50)
品牌名称	varchar(50)

（9）新建一个任务包，将“超市数据”目录下的“商品信息表”导入数据库，具体要求如下。

①编码、名称、规格、分类编号、产地、品牌编号等所有列的空格去除。

②添加“数据转换”工具，将“单价”字段类型由字符型改为数字型，精度为 8，小数为 2。同时设置“配置错误输出”，将发生错误后的操作改为“重新定向”。

③添加平面文件目标，将错误数据导入到此目标，创建新目标文件名为“单价错误商品信息”。

④添加“查找”工具，将商品信息中的“品牌编码”到“品牌表”中寻找（注意哪两个编码应一一对应），设置“配置错误输出”，将发生错误后的操作改为“重新定向”。

⑤添加平面文件目标，将错误数据导入到此目标，创建新目标文件名为“品牌编码错误商品信息”。

⑥添加“查找”工具，将商品信息中的“分类编码”到“商品分类表”中寻找（注意哪两个编码应一一对应），设置“配置错误输出”，将发生错误后的操作改为“重新定向”。

⑦添加平面文件目标，将错误数据导入到此目标，新目标文件名为“分类编码错误商品信息”。

⑧添加 SQL Server 目标，将正确数据导入“商品信息表”，注意应将转换成数字类型的单价导入到目标表中。

⑨在此数据流任务前添加一个“执行 SQL 任务”，清空商品信息表中的数据，以方便重复执行任务。

⑩检查产生的三个错误文件中的信息，简单说明不能导入数据库的原因。

⑪利用 SSRS 创建报表。

三、实验报告

将包执行完毕的画面截图并保存，将创建的报表的画面截图并保存，另将实验报告和集成项目及数据库制成压缩包一起提交。

扫描二维码 5－3，查看第五章实验六创建 SSIS 包的操作演示。

扫描二维码 5－4，查看第五章实验六利用 SSRS 创建报表的操作演示。

实验六
创建SSIS包
操作演示

二维码 5－3

实验六
创建报表
操作演示

二维码 5－4

数据挖掘技术

数据挖掘指的是使用自动化或半自动化的工具来分析数据,发现数据中隐含的模式。进入20世纪90年代以来,由于计算机的普及,数据库中已积累和存储了大量的数据。其中大部分数据来自于商业软件,例如金融应用程序、企业资源管理系统(ERP)、客户关系管理系统(CRM),还可能来自Web日志。这些系统可以高效地实现数据的录入、查询、统计等功能,但却无法发现数据中存在的关系和规则,无法根据现有的数据预测未来的发展趋势。缺乏挖掘数据背后隐藏的知识的手段,这必将导致"数据爆炸但知识贫乏"的现象。因此,数据挖掘的主要目的就是:从已有数据中提取模式,提高已有数据的内在价值,并且把数据提炼成知识。

本章将着重介绍以下内容:

- 数据挖掘的主要任务
- 数据挖掘的对象
- 数据挖掘系统的分类
- 数据挖掘项目的生命周期
- 数据挖掘面临的挑战及发展

第一节　数据挖掘的任务

一般而言,数据挖掘根据其任务特点可以将模型分为两类:描述型和预测型。如图6-1所示,每类模型下都包含一些最常用的数据挖掘任务。

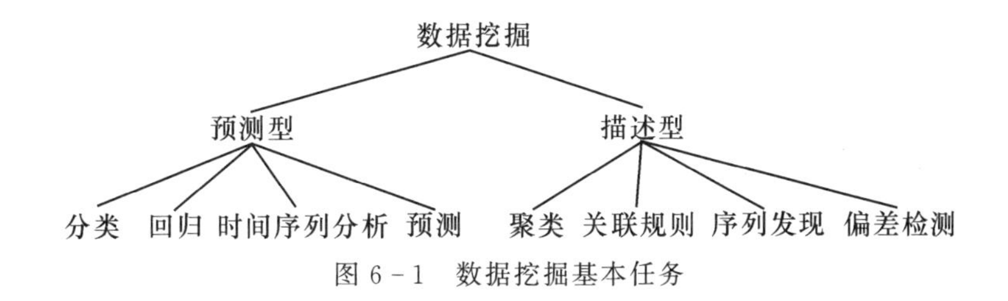

图6-1　数据挖掘基本任务

预测型挖掘模型是基于所获得的历史数据，对数据进行预测。预测型挖掘模型能够完成的数据挖掘任务包括分类、回归、时间序列分析和预测。描述型挖掘模型则通过对数据中的模式或关系进行辨识，提供了一种探索数据的一般性质的方法。聚类、关联规则、序列发现和偏差检测都通常被视为是描述型的。

一、分类

分类是最常见的数据挖掘任务之一。像客户流失分析、风险管理和广告定位之类的商业问题通常会涉及分类。

分类是指基于一个可预测属性把事例分成多个类别。每个事例包含一组属性，其中有一个可预测属性称为类别属性，而其他的属性则作为输入值，为分类提供依据。分类任务要求找到一个模型对源数据进行分类，进而也可以预测未来数据的归类。例如，银行信贷部门首先根据以往的客户信贷数据，将客户划分为 3 个类别：高信用类别，一般信用类别，差信用类别。在面对一个新客户时，可以根据他的身份信息，将客户的信用等级归至已划分好的类别，从而为其提供相应的服务。

分类挖掘所获得的分类模型可以采用多种形式加以描述输出。其中主要的表示方法有：分类规则（IF-THEN）、决策树（decision tree）、数学公式和神经网络。决策树是一个类似于流程图的结构，如图 6-2 所示，是一个手机资费套餐的分类决策树，其中输入属性包括：短信数、省内接听时间和省内拨打时间，类别属性为资费套餐。图 6-2 中每个节点代表一个属性值上的测试，每个分支代表测试的一个输出，树叶代表类或者分布。决策树很容易转换成分类规则。而神经网络用于分类时，是一组类似于神经元的处理单元，单元之间通过加权连接。

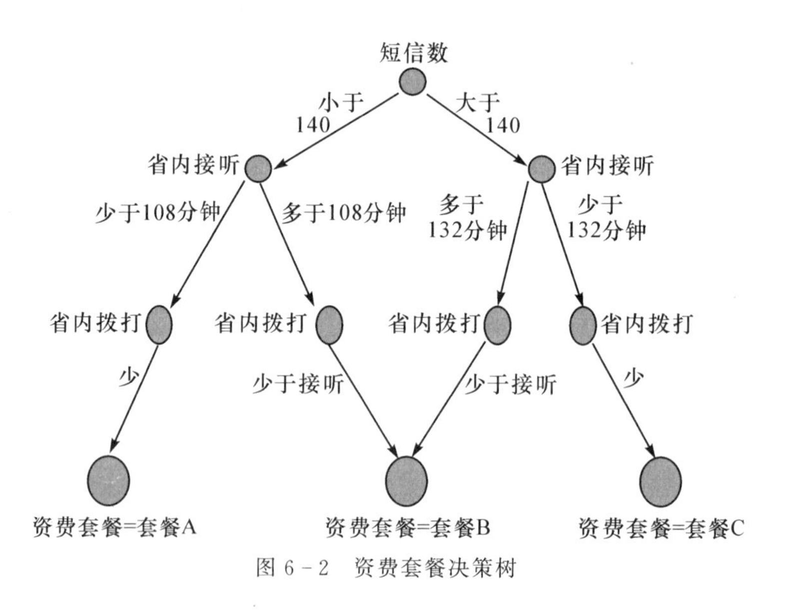

图 6-2　资费套餐决策树

二、回归

回归是指将数据项映射到一个实值预测变量，回归模型设计学习一个可以完成该映射的函数。回归首先假设一些已知类型的函数(例如线性函数、Logistic 函数等)可以拟合目标数据，然后利用某种误差分析确定一个与目标数据拟合程度最好的函数。标准线性回归是回归的一种简单实例，如图 6－3 所示，在坐标纸上画出 GDP 值和全社会用电量对应值，通过目测可以看出基本呈线性关系，在坐标上画出一条斜线，尽可能使点的分布在直线上，或者是直线的周围，这条斜线就是得到的回归模型。

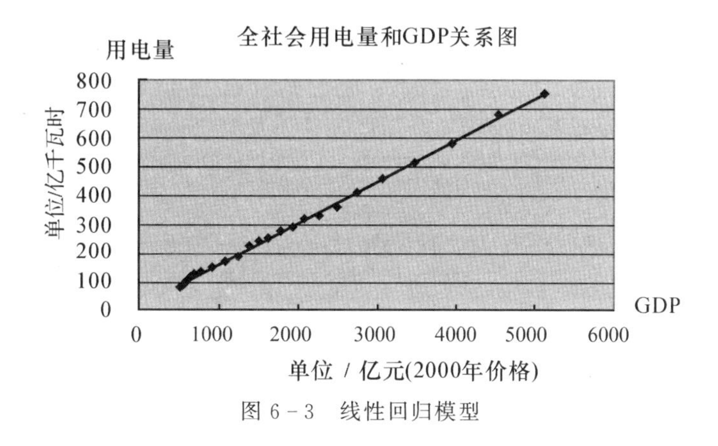

图 6－3 线性回归模型

三、时间序列分析

在时间序列分析中，数据的属性值是随着时间不断变化的。一般情况下，在相等的时间间隔内(例如日、周、小时等)采样数据，通过时间序列图可将时间序列数据可视化。如图 6－4 所示为 2009 年 3 月至 5 月的线材期货价和现货价格的时间序列。在图中容易看出期货价格走势与现货价格走势比较相似，它们都有逐步走高的态势，而现货价格序列则相对稳定一些。时间序列分析有三个基本功能：第一，使用距离度量来确定不同时间序列的相似性；第二，检验时间序列图中的结构来确定(有时是分辨)时间序列的行为；第三，利用历史时间序列图预测数据的未来数值。

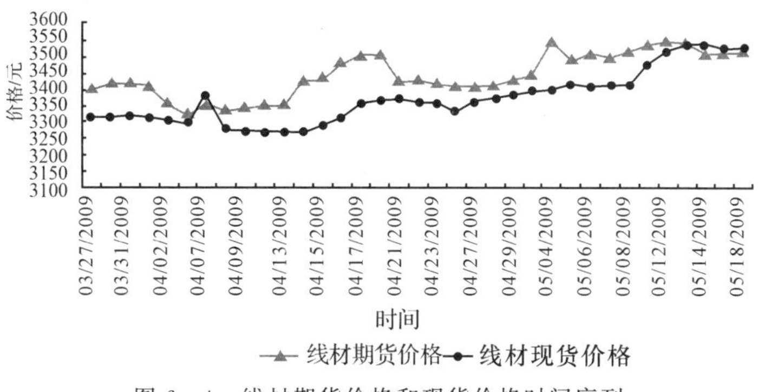

图 6－4 线材期货价格和现货价格时间序列

四、预测

预测是指由历史的和当前的数据产生的，并能推测未来数据趋势的知识。可以认为这类知识是以时间为关键属性的关联知识。例如，下个月液晶电视的销售量将会是多少？股票价格将会是多少？预测可帮助解决这些问题。

预测应用包括水灾预报、语音识别、机器学习和模式识别等。一般预测技术使用时间序列数据集。时间序列数据一般包括连续的观察值，这些观察值是顺序相关的。预测技术能处理一般的趋势分析、周期性分析和噪声过滤。预测型知识的挖掘也可以利用统计学中的回归方法，通过历史数据直接产生连续的对未来数据的预测值。

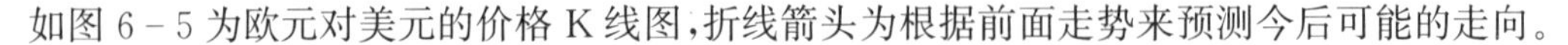

如图 6－5 为欧元对美元的价格 K 线图，折线箭头为根据前面走势来预测今后可能的走向。

图 6－5　欧元对美元价格走势预测

五、聚类

聚类也称为细分，它是基于一组属性对事例进行分组。在同一聚类中的事例或多或少具有相同的属性值。

图 6－6 描述了一个简单的客户数据集，其中包含年龄和收入两个属性。基于这两个属

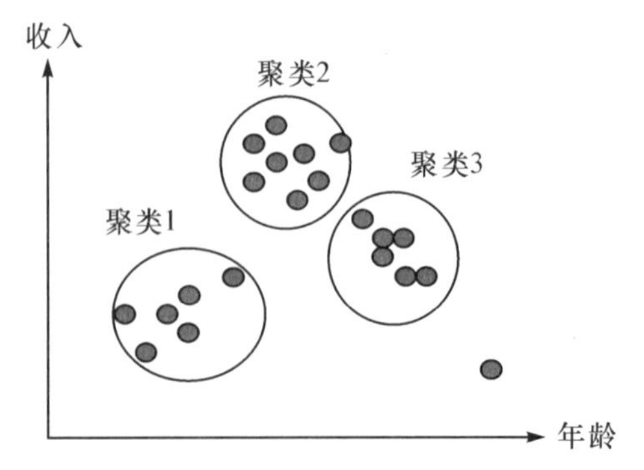

图 6－6　对客户按年龄和收入进行聚类分析

性值，聚类算法把这个数据集分为3类。聚类1是低收入的年轻客户，聚类2是高收入的中年客户，聚类3是收入相对较低的年老客户。

聚类是一种无监督的数据挖掘任务，没有一个属性用于指导模型的构建过程。所有的输入属性都平等对待。比较有代表性的聚类技术是基于几何距离的聚类方法，如欧氏距离、曼哈顿(Manhattan)距离、闵可夫斯基(Minkowski)距离等，通过多次迭代来构建模型，当模型收敛的时候算法停止，也就是说当细分的边界变得稳定时计算停止。

注　意

数据挖掘算法根据所适应的问题类型来分，可以分为无监督学习(unsupervised learning)、有监督学习(supervised learning)、半监督学习(semi-supervised learning)以及迁移学习(transfer learning)。比如针对网页的挖掘，普通用户关注返回结果与自己需求的相关性以及结果展现的可理解性，会更加希望网络搜索引擎进一步将相关的结果根据不同的类别分成不同的组(聚类分析是一种无监督学习)；搜索引擎工程师期望借助由专家进行类别标记的网页，建立准确的引擎，对网页进行分类(分类分析是一种有监督学习)；为有效提高搜索结果的准确性，搜索引擎通常还会根据用户的搜索习惯或者交互式的反馈，对结果进行筛选(半监督学习)；而筛选的结果有时还会用来提供给其他具有类似习惯的用户(迁移学习)。

六、关联规则

关联分析是另一种常见的数据挖掘任务，也称作购物篮分析。一个典型的关联商业问题是分析一个销售事务表，确定在同一个商店中的哪些商品比较好卖。关联通常用于确定一组项集(频繁项集)和规则，以达到交叉销售的目的。其中项是一个产品，或者是一个属性，一个频繁项集可能像这样：{方便面，碳酸饮料，果汁}。关联的任务有两个目标：找出频繁项集和关联规则。

大多数的关联类型算法通过多次扫描数据集来找到频繁项集。概率在数据挖掘中称为支持度，这个频率是一个阈值，在构建关联规则模型之前由用户指定。例如，支持度=2%意味着此模型只分析出现在购物车中至少2%的项。

除了基于支持度来确定频繁集之外，大部分关联类型的算法还挖掘关联规则。关联规则的格式为：带频率的 $A, B \Rightarrow C$，其中 A、B、C 全部包含于频繁项集中。例如一个典型的规则：购买了“方便面”和“碳酸饮料”，然后又购买“果汁”，可能性为80%。图6-7描述了购物篮分析的产品关联模式。图中每个节点表示一个商品，每一条边表示两个节点之间的关系。边的方向表示预测的方向。

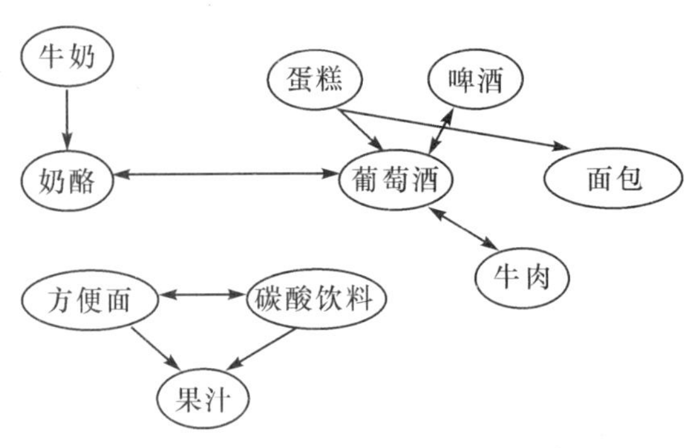

图 6－7　购物篮中商品关联规则

七、序列分析

序列分析用来发现离散序列中的模式。序列由一串离散值(或状态)组成。例如 Web 点击序列包含一系列 URL 地址;客户购买商品的次序也可以建构为序列数据。例如,某客户首先买了一台电脑,然后买了一个扬声器,最后买了一个摄像头。序列数据和时间序列数据都是连续的观察值,这些观察值是相互依赖的。它们的区别是序列包含离散的状态,而时间序列包含的是连续的数值。

序列和关联数据有点相似,它们都包含一个项集或一组状态。序列模型和关联模型的区别在于:序列模型分析的是状态的转移,关联模型认为在客户购物车中的每一个商品都是平等的和相互独立的。通过序列模型可知,先买扬声器再买电脑和先买电脑再买扬声器是两个不同的序列。但是如果使用关联算法,则认为它们是相同的项集。

图 6－8 描述了一个 Web 页面点击序列。每一个节点是一个 URL 地址。每一条边有一个方向,表示两个 URL 地址的转移。每一个转移用一个权值标示,表示一个 URL 地址转到另一个 URL 的概率。

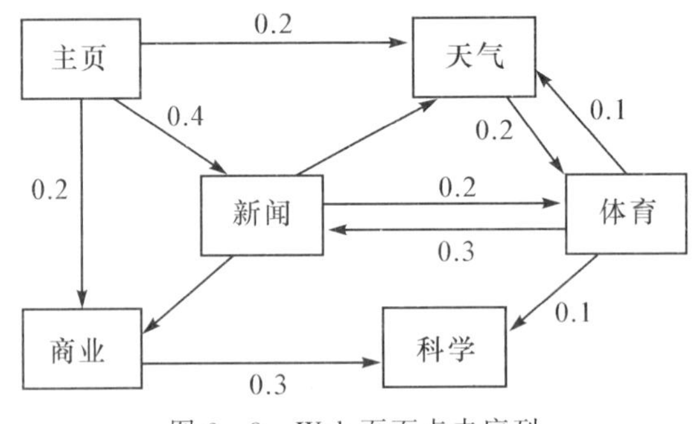

图 6－8　Web 页面点击序列

八、偏差检测

偏差检测也称孤立点检测，就是对数据集中的偏差数据进行检测与分析。在要处理的大量数据中，常常存在一些异常数据，它们与其他数据的行为或模型不一致。这里数据记录就是偏差，也就是孤立点。偏差包括很多潜在的知识，如不满足常规类的异常例子、分类中出现的反常实例、在不同时刻发生了显著变化的某个对象或集合、观察值与模型推测出的期望值之间有显著差异的事例等。偏差的产生可能是某种数据错误造成的，也可能是数据变异所固有的结果。从数据集中检测出这些偏差很有意义，例如在欺诈探测中，偏差可能预示着欺诈行为。

偏差检测的基本方法是，寻找观测结果与参照值之间有意义的差别。基于计算机的偏差检测算法大致有 3 类：统计学方法、基于距离的方法和基于偏移的方法。例如在图 6－6 中出现的在一般聚类以外的某个客户。

第二节　数据挖掘的对象

原则上讲，数据挖掘可以应用于任何类型的数据储存库以及瞬态数据（如数据流）。我们考察的数据储存库将包括关系数据库、数据仓库、文本和多媒体数据库、数据流和互联网。挖掘的难题和技术可能因存储系统不同而各有特点。

一、关系数据库

关系数据库是业务数据库系统中最常用的，它将业务中产生的数据根据它们之间的关系进行分解和组合，形成一张张二维表的结构，每个表都赋予唯一的名字，每个表包含一组属性（也称为列或字段），表中通常存放着大量元组（也称为记录或行）。关系表中的每个元组代表一个对象，被唯一的关键字标识，并被一组属性值描述。

关系数据库具有较好的结构化数据，关系数据可以通过 SQL 语言这样的关系查询语言进行查询。例如显示某个季度销售的所有商品的列表，或者显示按门店分组的月销售额。当数据挖掘用于关系数据库时，可以进一步搜索趋势或数据模式。例如，数据挖掘系统可以分析顾客数据，根据顾客的收入、年龄和以前的购买信息预测新顾客购买某种商品的可能性。

你可能会感到奇怪，我们为什么不通过使用 SQL 查询来挖掘知识呢？换句话说，数据挖掘与关系数据库技术之间的基本差别是什么呢？让我们来看看下面的示例。

表 6－1 是一个包含高中毕业信息的关系表。这个表记录的信息包括每个学生的性别、IQ、父母是否鼓励上大学和学生上大学的意向。

表 6－1　某高中毕业生大学计划表

性别	IQ	父母是否鼓励	大学计划
男	100	不鼓励	无
男	121	不鼓励	无
男	102	鼓励	有
女	129	不鼓励	无
男	86	不鼓励	无
女	105	不鼓励	无
男	110	鼓励	有
……	……	……	……

我们可以写一个 SQL 查询找出有多少男学生进入大学和有多少女学生进入大学。也可以写一个查询得出父母是否鼓励对学生上大学的影响。但是要查询那些得到父母鼓励的男学生的情况，或者要查询那些没有得到父母鼓励的女学生的情况，需要写几十个这样的 SQL 查询去包含所有这些可能的组合。有些数值型数据（比如 IQ）很难分析。需要选择这些数值型数据的随机范围。如果在表中属性有上百列，比如学习成绩、兴趣爱好、家庭收入等等，则情况会怎样？你将无法管理大量的 SQL 查询，并且这些 SQL 查询只能回答已有数据相关的基本问题。

相反，对于这个问题，使用数据挖掘方法来解决将会非常简单。只需选择正确的数据挖掘算法和指定需要用到的列，这些列也就是输入列和可预测列（分析的目标）。使用决策树模型可以确定父母是否鼓励他们的孩子继续上大学的重要性。选择 IQ、性别、父母是否鼓励作为输入列，选择大学计划作为可预测列。当决策树算法扫描数据的时候，会分析每一个输入属性对分析目标的影响，并且选择最重要的属性进行拆分。每一次拆分把数据集分成两个子集，并且尽可能地让拆分后的这两个子集的大学计划属性值不同。对每一个子集的挖掘都是一个反复的过程，直到决策树被完全构建。之后，就可以通过浏览决策树来查看挖掘的模式。

图 6－9 是大学计划数据集的决策树。从根节点到叶节点的每一条路径都形成了一条规则。从图中可以看出，如果智商超过 100 并且父母鼓励上大学，则有 94％的学生可能上大学。我们已经从数据中提取了知识。

如图 6－9 所示，数据挖掘算法（比如决策树、聚类、关联、时序算法等）应用到某一数据集，分析该数据集的内容，这种分析能挖掘出模式，这些模式含有有价值的信息。根据所使用的算法，这些模式可以是决策树、规则、聚类或者简单的数学公式。在模式中发现的信息可用作市场策略的指导，它对于预测来说非常重要。例如，基于前面决策树生成的规则，可以非常精确地预测：没有包含在原始数据集中的那些学生是否有可能上大学。

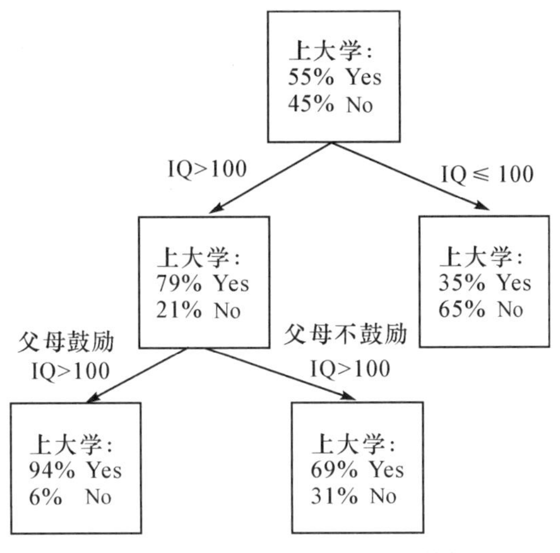

图 6-9 大学计划数据集的决策树

关系数据库是数据挖掘最常见、最丰富的数据源，因此，它是我们数据挖掘研究的一种主要数据形式。

二、数据仓库

从前面的章节我们知道数据仓库是一个从多个数据源收集的信息储存库，通过数据清理、数据变换、数据集成、数据装入和定期数据刷新过程来构造。由于数据仓库是面向主题的，并采用多维数据集结构，因此更适合针对某个主题进行分析。基于数据仓库而构建的数据立方体提供了数据的多维视图，并允许预计算和快速访问数据。OLAP 操作的方法包括下钻、上卷、旋转，允许用户在不同的汇总级别和多个角度观察数据。例如，可以对按季度汇总的销售数据下钻，观察按月汇总的数据，或者上卷至年度的汇总数据。

尽管 OLAP 分析工具对于数据分析是有帮助的，但是 OLAP 查询是基于分析员的主观要求，因此对数据中存在的隐含规则仍需要更多的数据挖掘工具，进行更深入的自动分析，从而达到知识发现的目的。

三、文本数据库

文本数据库是包含对象的词描述的数据库。通常，这种词描述不是简单的关键词，而是长句或短文，如产品介绍、错误或故障报告、警告信息、汇总报告、笔记或其他文档。文本数据库可能是高度非结构化的(如互联网上的 Web 页面)。有些文本数据库可能是半结构化的(如 E-mail 消息和许多 HTML/XML 网页)，而其他的可能是良结构化的(如图书馆目录数据库)。通常，具有很好结构的文本数据库可以使用关系数据库系统实现。

通过挖掘文本数据可以发现文本文档的简明概括的描述、关键词或内容管理，以及文本对象的聚类行为。一般有以下几种挖掘目标。

（一）关键词或特征提取

通常，关键词描述不是简单的关键词，而是长句子或短文、产品介绍、错误或故障报告、警告信息、汇总报告、笔记或其他文档。

文本中的特征如人名、地名、组织名等是某些文本中的主体信息，特征提取可迅速了解文本内容的核心信息。

（二）相似检索

人们有时用关键词检索文本内容时，往往可以找到在逻辑上有一定联系的关键词文本。例如“中药”与“医学”两个关键词是有一定联系的，研究中药的文本一定属于医学的研究范围。

（三）文本聚类

对于文本标题中关键字（主题词）的相似匹配是对文本聚类的一种简单方法。定义关键词的相似度，将便利文本的简单聚类，类中文本满足关键字的相似度，类间文本的关键词超过相似度。

（四）文本分类

每一类文本需要分到各文本类中，通常需要按文本中的关键字或特征的相似度来区分。这种技术包括分类器算法、近邻算法等。

四、多媒体数据库

多媒体数据库存放图像、音频和视频数据。应用于基于内容的图片检索、声音传递系统、视频点播系统、互联网和识别口语命令的基于语音的用户界面等方面。多媒体数据库必须支持大对象，因为像视频这样的数据对象可能需要数兆字节的存储。还需要特殊的存储和搜索技术，因为视频和音频数据需要以稳定的、预先确定的速率实时检索，防止图像或声音间断和系统缓冲区溢出。

对于多媒体数据挖掘，需要将存储和搜索技术与标准的数据挖掘方法集成在一起。较好的方法包括构造多媒体数据立方体、多媒体数据的多特征提取和基于相似性的模式匹配。

五、数据流

数据流具有如下独特的性质：海量甚至可能无限，动态变化，以固定的次序流进和流出，只允许一遍或少数几遍扫描，要求快速（常常是实时的）响应时间。数据流的典型例子包括各种类型的科学和工程数据，时间序列数据和产生于其他动态环境下的数据，如电力供应、网络通信、股票交易、电信、Web点击流、视频监视和气象或环境监控数据。

由于数据流通常不存放在任何数据储存库中，数据流的有效管理和分析对研究者提出了巨大挑战。一种典型的查询模型是连续查询模型，其中预先定义的查询不断计算进入流，收集聚集数据，报告数据流的当前状态，并对它们的变化做出响应。

挖掘数据流涉及流数据中的一般模式和动态变化的有效发现。例如，我们可能希望根据消息流中的异常检测计算机网络入侵，这可以通过数据流聚类、流模型动态构造或将当前的频繁模式与前一次的频繁模式进行比较来发现。大部分流数据存在于相当低的抽象层，而分析者常常对较高抽象层或多抽象层更感兴趣。因此，还应当对流数据进行多层、多维联机分析和挖掘。

六、互联网

互联网上有海量的数据信息，怎样对这些数据进行复杂的应用成为现今数据挖掘技术的研究热点。相对于互联网数据而言，传统的数据库中的数据结构性很强，即其中的数据为完全结构化的数据，而互联网上的数据最大特点就是半结构化。所谓半结构化是相对于完全结构化的传统数据库的数据而言。显然，面向 Web 的数据挖掘比面向单个数据库或数据仓库的数据挖掘要复杂得多。

（一）异构数据库环境

从数据库研究的角度出发，Web 网站上的信息也可以看作是一个数据库，一个更大、更复杂的数据库。互联网上的每一个站点就是一个数据源，每个数据源都是异构的，因为每一站点之间的信息和组织都不一样，这就构成了一个巨大的异构数据库环境。如果想要利用这些数据进行数据挖掘，首先，必须要研究站点之间异构数据的集成问题，只有将这些站点的数据都集成起来，提供给用户一个统一的视图，才有可能从巨大的数据资源中获取所需的东西。其次，还要解决 Web 上的数据查询问题，因为如果所需的数据不能很有效地得到，对这些数据进行分析、集成处理就无从谈起。

（二）半结构化的数据结构

互联网上的数据与传统的数据库中的数据不同，传统的数据库都有一定的数据模型，可以根据模型来具体描述特定的数据。而互联网上的数据非常复杂，没有特定的模型描述，每一站点的数据都各自独立设计，并且数据本身具有自述性和动态可变性。因此说，互联网上的数据具有一定的结构性，但因自述层次的存在，只能是一种非完全结构化的数据，故也被称为半结构化数据。半结构化是互联网上数据的最大特点。

（三）解决半结构化的数据源问题

互联网数据挖掘技术需要解决半结构化数据源模型和半结构化数据模型的查询与集成问题。解决互联网上的异构数据的集成与查询问题，就必须要有一个模型来清晰地描述互联网上的数据。针对互联网上的数据半结构化的特点，寻找一个半结构化的数据模型是解决问题的关键所在。除了要定义一个半结构化数据模型外，还需要一种半结构化模型抽取技术，即自动地从现有数据中抽取半结构化模型的技术。面向互联网的数据挖掘必须以半结构化模型和半结构化数据模型抽取技术为前提。

以 XML 为基础的新一代互联网环境是直接面对互联网数据的，不仅可以很好地兼容原有的 Web 应用，而且可以更好地实现互联网中的信息共享与交换。XML 可看作是一种半结构化的数据模型，可以很容易地将 XML 的文档描述与关系数据库中的属性对应起来，实施精确的查询与模型抽取。

第三节　数据挖掘系统的分类

我们知道数据挖掘是一个交叉学科的领域，受多个学科影响，如图6－10所示，包括数据库技术、统计学、信息科学、机器学习和可视化等等。此外，依赖于所用的数据挖掘方法，可以使用其他学科的技术，如神经网络、模糊和粗糙集理论、知识表示、归纳逻辑或高性能计算技术等。依赖于所挖掘的数据类型或给定的数据挖掘应用，数据挖掘系统也可能集成空间数据分析、信息检索、模式识别、图像分析、信号处理、计算机图形学、互联网技术、经济学、商业、生物信息学或心理学领域的技术。

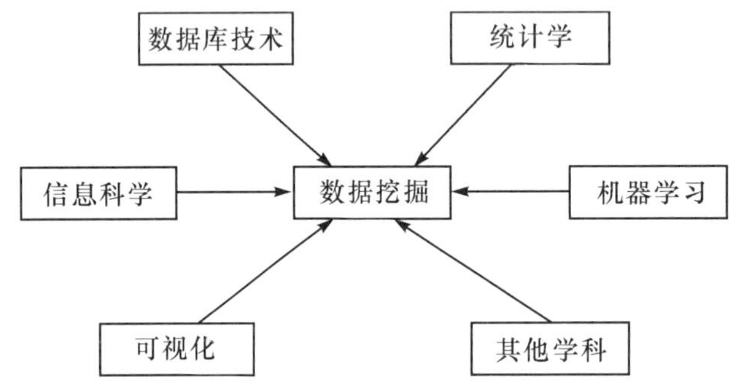

图6－10　各类学科对数据挖掘的影响

由于数据挖掘源于多个学科，因此数据挖掘研究期望产生大量的各种类型的数据挖掘系统。这样，就需要对数据挖掘系统给出一个清楚的分类。这种分类可以帮助用户区分数据挖掘系统，确定最适合其需要的数据挖掘系统。不同的应用通常需要集成对于该应用特别有效的方法，而泛化的全能的数据挖掘系统可能并不适合特定领域的挖掘任务。

根据不同的标准，数据挖掘系统可以做如下分类。

一、根据挖掘的数据库类型分类

数据挖掘系统可以根据挖掘的数据库类型分类。数据库系统本身可以根据不同的标准（如数据模型、数据类型或所涉及的应用）分类，每一类可能需要自己的数据挖掘技术。这样，数据挖掘系统就可以相应分类。例如，根据数据模型分类，可以有关系的、事务的、面向对象的或数据仓库的挖掘系统。如果根据所处理数据的特定类型分类，可以有空间的、时间序列的、文本的、异构的、数据流的、多媒体的数据挖掘系统，或互联网挖掘系统。

二、根据挖掘的知识类型分类

数据挖掘系统可以根据所挖掘的知识类型分类，即根据数据挖掘的功能分类，如特征化、区分、关联和相关分析、分类、预测、聚类、离群点分析和序列模式挖掘。一个综合的数据挖掘系统通常提供多种或集成的数据挖掘功能。

此外，数据挖掘系统还可以根据所挖掘的知识的粒度或抽象层进行区分，包括广义知识

(高抽象层)、原始层知识(原始数据层)或多层知识(考虑若干抽象层)。一个高级数据挖掘系统应当支持多抽象层的知识发现。

数据挖掘系统还可以分为挖掘数据的规则性(通常出现的模式)与挖掘数据的奇异性(如异常值或孤立点)两类。一般地,概念描述、关联和相关分析、分类、预测和聚类等挖掘任务是挖掘数据的规则性,而将孤立点作为噪声消除。这些方法也能帮助检测孤立点。

三、根据所用的挖掘技术分类

数据挖掘系统也可以根据所用的数据挖掘技术分类。这些技术可以根据用户交互程度(例如自动系统、交互探查系统、查询驱动系统),或所用的数据分析方法(例如面向数据库或面向数据仓库的技术、机器学习、统计学、可视化、模式识别、神经网络等)描述。复杂的数据挖掘系统通常采用多种数据挖掘技术,或采用有效的、集成的技术,结合一些方法的优点。

四、根据系统的应用领域分类

数据挖掘系统也可以根据其应用分类。例如,可能有些数据挖掘系统特别适合金融、电信、生命科学、股票市场、电子商务等。

第四节 数据挖掘项目的生命周期

跨行业数据挖掘标准流程(Cross-Industry Standard Process for Data Mining,CRISP-DM)最初由 SPSS、NCR 和 DaimlerChrysler 3 个公司在 1996 年提出。CRISP-DM 不是一种描述特定数据挖掘的技术,而是描述数据挖掘项目生命周期的流程,是一个通过工业界验证的指导数据挖掘工作的方法,它的生命周期模型如图 6-11 所示。从图 6-11 中可以看出

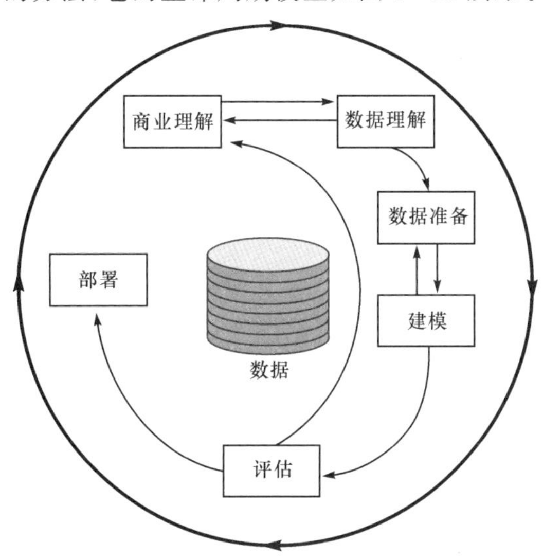

图 6-11 CRISP-DM 数据挖掘过程模型

一个数据挖掘项目的生命周期包含6个阶段：商业理解、数据理解、数据准备、建模、评估和部署。这几个阶段的顺序是不固定的，我们经常需要前后调整这些阶段。这依赖每个阶段或是阶段中特定任务的产出物是否是下一个阶段必需的输入。图中箭头指出了最重要的和依赖度高的阶段关系，图中的外圈象征数据挖掘自身的循环本质，即在一个解决方案发布之后一个数据挖掘的过程才可以继续。在这个过程中得到的知识可以触发新的，经常是更聚焦的商业问题。后续的过程可以从前一个过程得到益处。

下面对每个步骤所包含的目标和输出进行详细的介绍。

一、商业理解

最初的阶段集中在理解项目目标和从业务的角度理解需求，同时将这个知识转化为数据挖掘问题的定义和完成目标的初步计划。商业理解阶段所包含的一般性任务如下。

（一）确定业务目标

数据挖掘项目小组中分析人员的首要任务就是要从业务的角度全面地理解客户的真正意图和需求。只有对业务目标有一个清晰明确的定义，即决定到底想干什么，才能充分发挥数据挖掘的价值。这一步产生的输出有：问题背景、业务目标、业务成功标准。

（二）评估环境

评估环境是对所有的资源、约束、假设和其他应考虑的因素进行更加详细的分析和评估，以便下一步确定数据分析目标和项目计划。这一步将产生的输出有：资源清单、需求，假设和约束，风险和所有费用，术语表，成本和收益。

（三）确定数据挖掘目标

与业务目标不同，数据挖掘目标是从技术的角度描述项目的目的。因此，需要把业务领域的目标投影到数据挖掘领域，得到相应的数据挖掘目标。这一步产生的输出：数据挖掘目标、数据挖掘成功标准。

（四）产生项目计划

该阶段的主要任务是描述如何完成数据挖掘目标，制订达到业务目标的计划。计划中需要列出项目将要执行的阶段，以及每个阶段的详细计划（包括每个阶段的试卷、所需资源、输入、输出和依赖）。这一步产生的输出：项目计划、工具和技术的初步评价。

二、数据准备

数据准备阶段从初始的数据收集、了解数据、清理数据到构造最终数据集的所有活动。这些数据将是模型工具的输入值，大致可包括以下一些内容。

（一）收集原始数据

商业数据往往存储在企业的许多系统中。首先要把相关的数据放到一个数据库或者数据集市，如果是从多个数据源获取数据，那么还需要考虑数据集成工作。这一步产生的输出：原始数据收集报告，里面包括负责维护此数据的人/组织、费用（有些数据可能需要购买）、存储方式、安全需求，使用限制等。

（二）数据清理和转换

数据清理的目的是除去数据集中的“噪声”和不相关的信息。数据转换的目的则是将数据的数据类型与值转换为统一的格式。这一步输出格式化的数据。

三、模型构建

模型构建是数据挖掘的核心，对每一个数据挖掘任务都有一些合适的算法。大多数情况下，在构建模型之前不知道哪一种算法是最合适的。算法的精确度依赖于数据的性质，因此需要经常跳回到数据准备阶段。

（一）选择建模技术

建模技术指的是具体、特定的某种数据挖掘算法。例如，要建立分类模型，则建模技术可以是决策树，也可以是神经网络。了解相应技术对数据的假定要求非常重要，如分类属性必须是符号型而非数值型，不允许丢失值等。建模技术以及建模假定将在这一步输出。

（二）产生测试设计

在建立一个模型之前，应该建立一个用来测试模型质量和有效性的程序或机制，这就是产生测试设计。例如，在分类这样有指导的数据挖掘任务中，通常使用错误集作为数据挖掘模型的质量度量。因此，通常把数据集分为训练集和测试集，在训练集上建立模型，然后在测试集上评估它的质量。这一步产生的输出是测试实验的设计。

（三）建立模型

在准备好的数据集上运行建模工具，以建立一个或多个模型。注意对建模工具参数的设定，并记录和描述所生成的每一个模型。这一步输出的内容是：参数设定、模型、模型描述。

四、模型评估

在模型构建阶段，我们利用不同的算法和不同的参数值构建了一组模型。那么，哪个模型最精确？如何评价这些模型？

（一）使用评估工具评估模型

最有名的评估工具是提升图，它使用模型预测测试集的值，基于模型预测得到的值和概率，在图表中以图形的方式显示这个模型。这一步输出：模型评价、修改和参数设定。

（二）和商业分析员讨论所发现模型的意义

这里的评价任务主要考察模型是否满足业务目标、满足的程度以及在哪些业务上存在不足等。有时，模型不包括有用的模式，这可能是由于模型中一组变量不是最合适的，可能需要重新回到数据准备阶段，反复执行数据清理和转换步骤，以便派生出更有意义的变量。数据挖掘是一个循环的过程，通常要经过几次循环才能找到合适的模型。这一步产生的输出：根据业务成功标准的数据挖掘结果，来评价经核准的模型。

（三）提交报告

报告是数据挖掘结果的一个重要提交渠道。在许多组织中，数据挖掘师的工作就是给销售经理提交挖掘报告。报告包括挖掘结果（模式）和关于预测的报告。这一步产生的输出：数据挖掘结果报告。

五、应用集成和实施

将数据挖掘功能嵌入到商业应用程序中是为了让商业应用程序智能化。在未来，越来越多的商业应用程序将会包含数据挖掘功能。例如，CRM 应用程序可能有数据挖掘的功能，该功能可以用来对客户进行细分。ERP 应用程序可能有进行产品预测和数据挖掘功能。网上书店可以根据客户的爱好实时地给客户推荐书籍。具体的集成和实施应包括以下内容。

（一）计划实施

为了在业务中实施数据挖掘结果，计划实施的任务包括创建相关模型的一般步骤，并记录成文档供后续的实施使用。这一步产生的输出：实施计划。

（二）检测、维护

当在日常业务和环境中使用数据挖掘结果后，检测和维护可以避免不必要的长期错误应用数据挖掘结果。检测和维护计划将在这一步输出。

（三）模型管理

每一个挖掘模型都有一个生命周期，很难维持挖掘模型的状态永久不变。例如，在网上书店中，每天都会有新的书，这意味着关联规则定期就需要改变。数据挖掘模型的持续时间是有限的，因此必须频繁地创建新的挖掘模型。最终，应该使用自动化的过程来确定模型的精确度和创建新的模型。

第五节　数据挖掘面临的挑战及发展

一、数据挖掘面临的挑战

虽然数据挖掘在最近几年谈论得比较多，但是它的市场还相对比较小。大部分从事数据挖掘的人员都是来自金融、电信和保险界等大型企业的数据分析员。数据挖掘依旧被认为是一种可选的高端应用功能。因为对大部分的开发人员来说，数据挖掘看上去是如此复杂以至于不理解，所以很少有商业应用程序包含数据挖掘的功能。

虽然对于几乎任何类型的商业应用程序而言，添加数据挖掘功能有可能使其更具竞争力，但数据挖掘还不是一种主流技术。数据挖掘成为主流之前还有许多难题需要攻克：

（一）数据挖掘技术和用户的交互问题

（1）挖掘数据库中不同类型的知识：由于不同的用户可能对不同类型的知识感兴趣，数据挖掘应当涵盖范围很广的数据分析和知识发现任务，包括数据特征化、区分、关联与相关分析、分类、预测、聚类、离群点分析的演变分析（包括趋势和相似性分析）。这些任务可能以不同的方式使用相同的数据库，并需要开发大量数据挖掘技术。

（2）多个抽象层的交互知识挖掘：由于很难准确地知道能够在数据库中发现什么，数据挖掘过程应当是交互的。对于包含海量数据的数据库，首先应当使用适当的抽样技术，进行交互式数据探查。交互式挖掘允许用户聚焦搜索模式，根据返回的结果提出和精炼数据挖掘请求。特别,类似于 OLAP 对数据立方体所做的那样,应当通过交互地在数据空间和知识空间下钻、上卷和旋转来挖掘知识。用这种方法,用户可以与数据挖掘系统交互,以不同的粒度和从不同的角度观察数据和发现模式。

(3) 结合背景知识：可以使用背景知识或关于所研究领域的信息来指导发现过程,并使得发现的模式以简洁的形式在不同的抽象层表示。关于数据库的领域知识,如完整性约束和演绎规则,可以帮助聚焦和加快数据挖掘过程,或评估发现的模式的兴趣度。

(4) 数据挖掘查询语言和特定的数据挖掘：关系查询语言(如 SQL)允许用户提出特定的数据检索查询。类似地,需要开发高级数据挖掘查询语言,这种语言应当与数据库或数据仓库查询语言集成,并且对于有效的、灵活的数据挖掘是优化的。

(5) 数据挖掘结果的表示和可视化：发现的知识应当用高级语言、可视化表示或其他表示形式表示,使得知识易于理解,能够直接被人们使用。如果数据挖掘系统是交互的,这一点尤其重要。这要求系统采用有表达能力的知识表示技术,如树、表、规则、图、图表、交叉表、矩阵或曲线。

(6) 处理噪声和不完全数据：存放在数据库中的数据可能反映噪声、异常情况或不完全的数据对象。在挖掘数据规律时,这些对象可能搞乱分析过程,导致所构造的知识模型过分拟合数据。其结果是,所发现的模式的准确性可能很差。需要处理数据噪声的数据清理方法和数据分析方法,以及发现和分析异常情况的离群点挖掘方法。

(7) 模式评估即兴趣度问题：数据挖掘系统可能发现数以千计的模式。对于给定的用户,所发现的许多模式都不是有趣的,因为它们表示常识或缺乏新颖性。关于开发模式兴趣度的评估技术,特别是关于给定用户类,基于用户的信念或期望,评估模式价值的主观度量仍然存在一些挑战。使用兴趣度度量或用户指定的约束指导发现过程和压缩搜索空间是又一个活跃的研究领域。

(二) 性能问题

这包括数据挖掘算法的有效性、可伸缩性和并行处理。

(1) 数据挖掘算法的有效性和伸缩性：为了有效地从数据库的海量数据中提取信息,数据挖掘算法必须是有有效性和可伸缩性的。换一句话说,数据挖掘算法在大型数据库中的运行时间必须是可预计的和可接受的。从数据库的知识发现角度,有效性和可伸缩性是数据挖掘系统实现的关键问题。上面讨论的挖掘方法和用户交互的大多数问题,也必须考虑有效性和可伸缩性。

(2) 并行、分布和增量挖掘算法：许多数据库的巨大规模、数据的广泛分布和一些数据挖掘算法的计算复杂性是促进开放并行和分布式数据挖掘算法的因素。这种算法将数据划分成若干部分,并行处理,然后合并每部分的结果。此外,有些数据挖掘过程的高开销导致了对增量数据挖掘算法的需要。增量算法与数据库更新结合在一起,而不必"从头开始"挖掘全部数据。这种算法增量地进行知识修改、修正和加强业已发现的知识。

(三) 关于数据类型的多样性问题

(1) 关系的和复杂的数据类型的处理：由于关系数据库和数据仓库已经广泛使用,为这样的数据开放有效的数据挖掘系统是重要的。然而，其他数据库可能包含复杂的数据对象、超文本和多媒体数据、空间数据、时间数据或事务数据。由于数据类型的多样性和数据挖掘的目标不同，指望一个系统挖掘所有类型的数据是不现实的。为挖掘特定类型的数据应当构造特定的数据挖掘系统。因此，对于不同类型的数据，期望有不同的数据挖掘系统。

（2）从异构数据库和全球信息系统挖掘信息：局域网和广域网连接了许多数据源，形成了庞大的分布和异构数据库。从具有不同数据语义的结构化的、半结构化的和非结构化的不同数据源发现知识，多数据挖掘提出了巨大的挑战。数据挖掘可以帮助发现多个异构数据库中的高层数据规律，这些规律多半以难以被简单的查询系统发现，并可以改进异构数据库信息交换和互操作性能。Web 挖掘发现关于 Web 内容、Web 结构、Web 使用和 Web 动态情况的有趣知识，已经成为数据挖掘的一个非常具有挑战性和快速发展的领域。

二、数据挖掘的发展趋势

从前面数据挖掘所面临的问题可以看到，数据、数据挖掘任务和数据挖掘方法的多样性对数据挖掘提出了许多挑战性的研究问题。有效的数据挖掘方法和系统的开发，交互和集成的数据挖掘环境的构造，数据挖掘语言的设计，以及解决大型应用问题的数据挖掘技术的应用都是数据挖掘研究者、数据挖掘系统和应用开发者面临的重要任务。下面介绍一些反映这些研究的数据挖掘发展趋势。

（一）应用探索

早期的数据挖掘应用主要集中在帮助企业获得竞争优势。随着电子商务和电子营销成为零售业的主流环境，数据挖掘在商业方面的探索将会继续扩展。数据挖掘越来越多地用于其他应用领域的探索，如金融分析、电信、生物医药和科学。出现的应用领域包括反恐数据挖掘（包括并超出入侵检测）和移动（无线）数据挖掘。由于一般的数据挖掘系统在处理特定应用问题时可能具有局限性，我们会看到数据挖掘系统向特定应用发展的趋势。

（二）可伸缩的和交互的数据挖掘方法

与传统的数据分析方法相比，数据挖掘必须能够有效地处理大量数据，并且尽可能是交互的。由于收集的数据量不断地剧增，因此对于单个和集成的数据挖掘功能，可伸缩的算法显得十分重要。一个重要的方向是基于约束的挖掘。它致力于在增加用户交互的同时，全面提高挖掘过程的总体效率。它提供了额外的控制方法，允许用户说明和使用约束，引导数据挖掘系统搜索用户感兴趣的模式。

（三）数据库系统、数据仓库系统和 Web 数据库系统的数据挖掘集成

数据库系统、数据仓库系统和 Web 数据库系统已经成为主流信息处理系统。重要的是要确保数据挖掘作为一种基本数据分析组件，能够平滑地集成到这种信息处理环境中。就像前面提到的，数据挖掘系统应该与数据库系统和数据仓库系统紧密耦合。事务管理、查询处理、联机分析处理和联机分析挖掘要集成到一个统一的框架中。这确保数据的可用性、数据挖掘的可移植性、可扩展性、高性能，以及适合于多维数据分析和探查的集成信息处理环境。

（四）数据挖掘语言的标准化

标准的数据挖掘语言或者其他标准化工作将有助于数据挖掘的系统化开发，提高多个

数据挖掘系统和功能间的互操作性，促进数据挖掘系统在工业和社会中的推广和使用。

（五）可视数据挖掘

可视数据挖掘是从海量数据中发现知识的一种有效途径。可视数据挖掘技术的系统研究与开发将有助于推动和使用数据挖掘作为数据分析的基本工具。

（六）挖掘复杂数据类型的新方法

挖掘复杂数据类型是数据挖掘的重要前沿研究课题。虽然在挖掘数据流、时间序列、序列、图、时间空间、多媒体和文本数据方面取得了一些进展，但是在应用需求和可用技术之间仍然存在较大距离。对此需要进一步研究，尤其是需要数据挖掘方法与针对上述数据类型的已有数据分析技术集成的研究。

（七）生物数据挖掘

尽管生物数据挖掘可以看作"应用探索"和"挖掘复杂数据类型"，但是生物数据独特的复杂性、丰富性、规模和重要性需要数据挖掘的特殊关注。挖掘 DNA 序列、挖掘高维微阵列数据、生物路径和网络分析、异构生物数据的链接分析，以及通过数据挖掘集成生物数据都是生物数据挖掘研究的课题。

（八）数据挖掘与软件工程

随着软件程序的规模越来越大、复杂度越来越高，并且越来越趋向于将来自不同软件组开发的组件的集成，确保软件上的鲁棒性和可靠性越来越成为具有挑战性的任务。有错误的软件程序的运行分析实质上是数据挖掘过程——跟踪程序执行过程中产生的数据可能发现重要的模式和离群点，可能导致最终自动发现软件错误。我们期望针对软件调试的数据挖掘方法学的进一步发展将提高软件的鲁棒性并为软件工程带来新的活力。

（九）Web 挖掘

由于 Web 上存在大量信息，并且 Web 在当今社会扮演的角色越来越重要，Web 内容挖掘、Web 日志挖掘和互联网上数据挖掘服务将成为数据挖掘中最重要和兴旺的子领域之一。

（十）分布式数据挖掘

传统的数据挖掘方法是集中式的，在当今很多分布式计算环境（例如因特网、企业内网、局域网、高速无线网络和传感器网络）不能很好地工作。因此，我们期望在分布式数据挖掘方法上能有进展。

（十一）实时数据挖掘

许多应用包括流数据（比如电子商务、Web 挖掘、股票分析、入侵检测、移动数据挖掘和反恐数据挖掘）要求能实时地建立动态数据挖掘模型。该领域还需要进一步发展。

（十二）图挖掘、链接分析和社会网络分析

对于捕捉科学数据集（如化学化合物和生物网络）和社会数据集（如隐藏罪犯网络分析的数据集）的序列、拓扑、几何和其他联系特征，图挖掘链接分析和社会网络分析是非常有用的。这种建模对 Web 结构挖掘中的链接分析也是很有用的。开发有效的图和链接模型对于数据挖掘是一个挑战。

（十三）多关系和多数据库数据挖掘

大多数数据挖掘方法在关系表或单个数据库上搜索模式。然而，现实世界大多数的数据和信息分散在多个表和数据库中。多关系数据挖掘方法在一个关系数据库中的多个表（关系）中搜索模式；多数据库挖掘在多个数据库中搜索模式。人们期望在多关系和多数据库上有效的数据挖掘方面有进一步的研究。

（十四）数据挖掘中的隐私保护和信息安全

Web上存在大量电子形式的个人信息，加上数据挖掘工具能力的不断增强，对我们的隐私和数据安全造成了威胁。对反恐数据挖掘兴趣的增长进一步增加了这种威胁。保护隐私的数据挖掘方法的进一步发展是显而易见的。这需要技术专家、社会科学家、法律专家和公司协作，提出隐私的严格定义和形式，以证明数据挖掘中的隐私保护性。

小　结

数据挖掘依据其任务特点将挖掘模型分为两类：描述型和预测型。预测型挖掘模型是基于所使用的历史数据，对数据进行预测。预测型挖掘模型能够完成的数据挖掘任务包括分类、回归、时间序列分析和预测。描述型挖掘模型通过对数据中的模式或关系进行辨识，提供了一种探索被分析数据的一般性质的方法。聚类、关联规则、序列发现和偏差检测都通常被视为是描述型的。

数据挖掘的对象可以应用于任何类型的数据储存库以及瞬态数据（如数据流），如关系数据库、数据仓库、文本和多媒体数据库、数据流和互联网。对于不同的挖掘对象，所采用的技术和面临的问题都会有所不同。

数据挖掘是一个交叉学科的领域，受多个学科影响，因此数据挖掘研究期望产生大量的各种类型的数据挖掘系统。不同的应用通常需要集成对于该应用特别有效的方法，而泛化的全能的数据挖掘系统可能并不适合特定领域的挖掘任务。

CRISP-DM描述的数据挖掘项目的生命周期包括商业理解、数据准备、模型构建、模型评估、应用集成和实施。

虽然数据挖掘在最近几年谈论得比较多，但是它在市场中所占的份额还相对比较小，另外由于数据挖掘技术还存在很多的问题，比如数据挖掘技术和用户的交互性、数据挖掘算法的有效性、可伸缩性和并行处理以及数据对象的多样性等等。针对这些问题，技术人员和相关开发商也在积极地开发出适应于各种应用场合的数据挖掘系统和开发工具，因此，数据挖掘的发展前景还是大有可为的。

思考与练习

1. 数据挖掘任务主要有哪几项？请简要说明。
2. 数据挖掘的生命周期有哪些过程？它们的相互关系是什么？
3. 数据挖掘的知识有哪几种表现形式？

关联挖掘

关联规则挖掘就是从大量的数据中挖掘出数据项之间相互联系的有关知识。挖掘关联知识的一个典型应用实例就是市场购物分析。根据放到一个购物篮的商品记录数据，挖掘出被购买商品之间所存在的关联知识，这无疑将会帮助商家分析顾客的购买习惯，进而制定有针对性的市场营销策略。如图7－1所示，顾客在购买牛奶时，是否也可能同时购买面包或会购买哪个品牌的面包，显然能够回答这些问题的有关信息肯定会有效地帮助商家进行有针对性的促销，以及进行合适的货架商品摆放。如可以将牛奶和面包放在相近的地方或许会促进这两个商品的销售。从大量的商业交易记录中发现有价值的关联知识就可帮助进行商品目录的设计、交叉营销或帮助进行其他有关的商业决策。

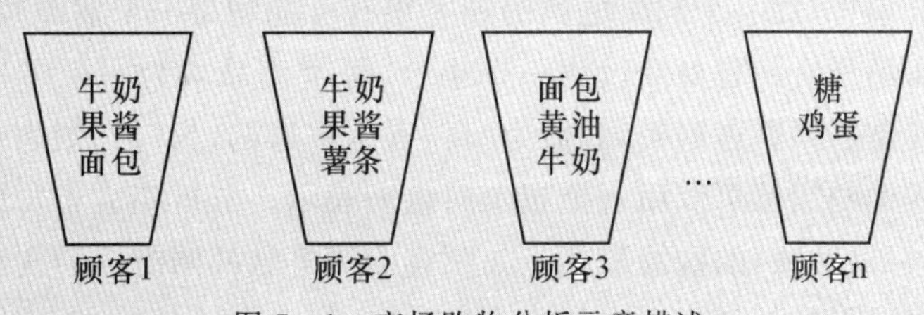

图7－1　市场购物分析示意描述

本章将着重介绍以下内容：

- 关联规则挖掘的概念
- Apriori 算法
- 多层级和多维关联规则挖掘
- 关联挖掘中的相关分析
- 使用 SQL Server BI Development Studio 进行关联挖掘

第一节　关联规则挖掘

一、购物分析：关联挖掘

作为一个商场主管，肯定想要知道商场顾客的购物习惯，尤其是希望了解在购物过程中，哪些商品会在一起被顾客选购。为帮助回答这一问题，就需要进行市场购物分析，即对顾客在商场购物交易记录数据进行分析。所分析的结果将帮助商场主管制订有针对性的市场营销和广告宣传计划，以及编撰合适的商品目录。比如，市场购物分析结果将帮助商家对商场内商品应如何合理摆放进行规划设计。其中一种策略就是将顾客经常一起购买的商品摆放在相邻近的位置，以方便顾客同时购买这两件商品。例如，顾客购买电脑的同时也会购买一些电脑游戏类软件，那么将电脑游戏软件摆放在电脑硬件附近显然将有助于促进这两种商品的销售。而另一种策略则是将电脑软件与电脑硬件分别摆放在商场的两端，这就会促使顾客在购买两种商品时，走更多的路从而达到诱导他们购买更多商品的目的。例如，顾客在决定购买一台昂贵电脑之后，在去购买相应游戏软件的路上可能会看到系统安全软件，这时他就有可能购买这一类软件。市场购物分析还可以帮助商场主管确定哪些物品可以进行捆绑减价销售，如一个购买电脑的顾客很有可能购买一个捆绑减价销售的打印机。

若将商场所有销售商品设为一个集合，每个商品均为一个布尔值变量(真/假)，该变量的值描述其是否被顾客购买，如值为“真”表示被选购，为“假”则表示没有被该顾客选购。因此每个顾客购物篮就可以用一个布尔向量来表示。分析相应布尔向量就可获得哪些商品是在一起被购买(关联)的购物模式。如顾客购买电脑的同时也会购买电脑游戏软件的购物模式就可以用以下的关联规则来描述：

$$\text{电脑} \Rightarrow \text{电脑游戏软件}[\text{支持度}=2\%,\text{信任度}=60\%] \tag{7.1}$$

关联规则的支持度(support)和信任度(confidence)是两个度量关联规则的方法。它们分别描述了一个被挖掘出的关联规则的有用性和确定性。规则(7.1)的支持度为2%，就表示所分析的交易记录数据中有2%交易记录同时包含电脑和电脑游戏软件(即在一起被购买)。规则(7.1)的60%信任度则表示有60%的顾客在购买电脑的同时还会购买电脑游戏软件。分析人员可以设置最小支持度阈值和最小信任度阈值，如果一个关联规则满足最小支持度阈值和最小信任度阈值，那么就认为该关联规则是有意义的。

二、基本概念

设 $I=\{i_1,i_2,\cdots i_m\}$ 为所有数据项的集合，设 D 为与任务相关的数据集合，也就是一个交易数据库，其中的每个交易 T 是一个数据项子集，即 $T\subseteq I$。每个交易均包含一个识别编号 TID(如购物 ID 号)。设 A 和 B 分别为一个数据项子集，一个关联规则就是具有“$A\Rightarrow B$”形式的蕴含式，其中有 $A\subset I$，$B\subset I$ 且 $A\cup B\subset T$，$A\cap B=\Phi$。规则 $A\Rightarrow B$ 在交易数据集 D

中成立，且具有 s 支持度和 c 信任度。这也就意味着交易数据集 D 中有 s 比例的交易 T 包含 $A\cup B$ 数据项，且交易数据集 D 中有 c 比例的交易 T 满足"若包含 A 就包含 B"的条件。具体描述就是：

$$
\begin{aligned}
&\text{支持度}(A\cup B)=P(A\cup B)\\
&\text{信任度}(A\Rightarrow B)=P(B\mid A)
\end{aligned}
\tag{7.2}
$$

满足最小支持度阈值和最小信任度阈值的关联规则就称为强规则。注意这两个阈值均在 0%到 100%之间，而不是 0 到 1 之间。

例 7.1 如图 7-1 所示：一个超市食品柜台的所有商品集合为 $I=$｛面包，牛奶，果酱，鸡蛋，黄油，土豆条，糖…｝，顾客购物篮 T_1 的商品集合为｛牛奶，果酱，面包｝，顾客购物篮 T_2 的商品集合为｛牛奶，果酱，土豆条｝，顾客购物篮 T_3 的商品集合为｛面包，黄油，牛奶｝，那么在这三个购物事例中，假设 $A=$｛牛奶｝，$B=$｛面包｝，则有：

支持度（牛奶∪面包）$=P$（牛奶∪面包）$=66.7\%$

信任度（牛奶=＞面包）$=P$（面包 | 牛奶）$=66.7\%$

一个数据项的集合就称为项集，一个包含 k 个数据项的项集就称为 k-项集。例如集合｛电脑，电脑游戏软件｝就是一个 2-项集。一个项集的出现频度就是指整个交易数据集 D 中包含该项集的交易记录数。我们可以设定一个最小支持度阈值，用最小支持度阈值乘以交易记录集 D 中记录数则称为最小支持频度。而将那些支持度大于（或等于）最小支持频度的项集就称为频繁项集。所有频繁 k-项集的集合记作 L_k。

挖掘关联规则主要包含以下两个步骤：

步骤一：发现所有的频繁项集 L_k，根据定义，这些项集的频度至少应等于预先设置的最小支持频度。

步骤二：根据所获得的频繁项集，产生相应的强关联规则。也就是说这些规则必须满足最小信任度阈值。

此外还可利用有趣性度量标准来帮助挖掘有价值的关联规则知识。由于步骤二中的相应操作极为简单，因此挖掘关联规则的整个性能是由步骤一中的操作处理所决定的。

三、关联规则挖掘分类

购物篮分析是关联规则挖掘的一种典型应用。在实际分析中，我们分析的对象不仅只针对购买的商品，还可能需要考虑购买者的信息，比如年龄、性别、收入等，因此关联规则挖掘可以根据具体的分析对象进行以下分类。

（一）根据关联规则所处理的数据项的值来进行分类划分

若一个规则仅描述数据项是否"出现"这种情况的联系，那这种关联规则就是一个布尔关联规则。例如，规则(7.1)所描述的就是有关购物篮分析所获得一条布尔关联规则。

若一个规则描述的是定量数据项（或属性）之间的关系，那它就是一个定量关联规则。在这些规则中，数据项（或属性）的定量数值可以划分为区间范围。规则(7.3)就是一个定量关联规则示例：

$$年龄(30—34岁之间) \wedge 年收入(4万—5万之间) \Rightarrow 购买(电脑) \quad (7.3)$$

这里的定量属性年龄和年收入已被离散化了。

（二）根据规则中数据的维数来进行分类划分

若一个关联规则中的项（或属性）仅涉及一个维，那它就是一个单维关联规则。规则(7.1)就可以重写为规则(7.4)形式：

$$购买(电脑) \Rightarrow 购买(电脑游戏软件) \quad (7.4)$$

规则(7.4)由于只涉及一个维，即属性“购买”，因此它是一个单维关联规则。

若一个规则涉及两个或更多维，诸如：属性“年龄、年收入和购买”，那它就是一个多维关联规则，如规则(7.3)涉及年龄、收入和购买三个维，所以它是一个多维关联规则。

（三）根据规则描述内容所涉及的抽象层次来进行分类划分

一些关联规则挖掘方法可以发现不同抽象层次的关联规则，例如以下关联规则。

$$年龄(30—34) \Rightarrow 购买(笔记本电脑)$$

$$年龄(30—34) \Rightarrow 购买(电脑) \quad (7.5)$$

在规则(7.5)中购买属性的数据项涉及不同抽象层次内容，“电脑”是“笔记本电脑”的更高抽象层次，由于规则(7.5)内容涉及多个不同抽象层次概念，因此就构成了多层次关联规则；相反若一个关联规则的内容仅涉及单一层次的概念，那这样的关联规则就称为单层次关联规则。

（四）根据关联规则所涉及的关联特性来进行分类划分

关联挖掘可扩展到其他数据挖掘应用领域，如进行分类学习，或进行相关分析（即可以通过相关数据项出现或不出现来进行相关属性识别与分析）。

第二节　单维布尔关联规则挖掘

单维单层次布尔关联规则是最简单的关联规则挖掘方法。本章最初所介绍的购物篮分析就是挖掘这种关联规则知识。Apriori 算法，则是挖掘频繁项集的一个基本算法。

一、Apriori 算法

Apriori 算法是挖掘产生布尔关联规则中频繁项集的基本算法，它也是一个很有影响的关联规则挖掘算法。Apriori 算法是根据有关频繁项集特性的先验知识而命名的。该算法利用了一个层次顺序搜索的循环方法来完成频繁项集的挖掘工作。这一循环方法就是利用 k-项集来产生$(k+1)$-项集。具体做法就是：首先找出频繁 1-项集，记为 L_1，然后利用 L_1 来挖掘 L_2，即频繁 2-项集，不断如此循环下去直到无法发现更多的频繁k-项集为止。每挖掘一层就需要扫描整个数据库一遍。

为提高按层次搜索并产生相应频繁项集的处理效率，Apriori 算法利用了一个重要性质（又称为 Apriori 性质）来帮助有效缩小频繁项集的搜索空间。下面介绍这一性质并给出一个示例来说明它的用途。

Apriori 性质：一个频繁项集中任一子集也应是频繁项集。

Apriori 性质是根据以下观察而得出结论。根据定义：若一个项集 I 不满足最小支持度阈值 s，那么该项集 I 就不是频繁项集，即 $P(I) < s$。若增加一个项 A 到项集 I 中，那么所获得的新项集 $I \cup A$ 在整个交易数据库所出现的次数也不可能超过原项集 I 出现的次数，因此 $I \cup A$ 也不可能是频繁的，即 $P(I \cup A) < s$。即若一个集合不能通过测试，该集合所有超集也不能通过同样的测试。这样根据逆反公理，容易确定 *Apriori* 性质成立。

为了解释清楚 *Apriori* 性质是如何应用到频繁项集的挖掘中的，这里就以用$k-1$ 项频繁项集的集合 L_{k-1}来产生 L_k为例来说明具体应用方法。利用 L_{k-1}来获得 L_k主要包含两个处理步骤，即连接步骤和删除步骤。

(1) 连接步骤。为发现 L_k，可以将 L_{k-1}中两个项集相连接以获得一个 L_k的候选集合 C_k。设 l_1 和 l_2 为 L_{k-1}中的两个项集，记号 $li[j]$ 表示 l_i 中的第 j 个项，如 $li[1]$就表示 l_i 中的第一项。为方便起见，假设交易数据库中交易记录各项均已按字典顺序排序。L_{k-1}的连接操作记为 $L_{k-1} \oplus L_{k-1}$，它表示若两个项集中的前$(k-2)$项是相同的，也就是说若有：$(l_1[1]=l_2[1]) \wedge \cdots \wedge (l_1[k-2])=l_2[k-2]) \wedge (l_1[k-1])<l_2[k-1])$，则$k-1$ 项的 l_1 和 l_2 的内容就可以连接到一起。其中 $l_1[k-1])<l_2[k-1]$ 可以确保不产生重复的项集。

(2) 删除步骤。若 C_k是上一步所产生的所有k 项集的集合，它其中的各项集不一定都是频繁项集，因此是频繁项集 L_k的一个超集，即有 $L_k \subseteq C_k$。扫描一遍数据库，C_k中所有频度不小于最小支持频度的候选项集就是属于 L_k的频繁项集，并由此获得 L_k中的频繁k-项集。然而由于 C_k中的候选项集很多，如此操作所涉及的计算量是非常大的，为了减少 C_k的大小，就需要利用 *Apriori* 性质："一个非频繁$(k-1)$-项集不可能成为频繁k-项集的一个子集"。因此若一个候选k-项集中任一子集$(k-1)$－项集不属于 L_{k-1}，那么该候选k-项集就不可能成为一个频繁k-项集，因而也就可以将其从 C_k中删去。可以利用一个哈希表来保存所有频繁项集以便能够快速完成这一子集测试操作。

注 意

哈希表：散列表(Hash table，也叫哈希表)，是根据关键码值(key value)而直接进行访问的数据结构。也就是说，它通过把关键码值映射到表中一个位置来访问记录，以加快查找的速度。这个映射函数叫作散列函数，存放记录的数组叫作散列表。

例 7.2 交易记录数据库 D 中共有 9 条交易记录，如表 7－1 所示。其中 TID 为每条交易记录 ID，顾客所购买的不同商品号记为 I1，I2，I3……下面就介绍利用 Apriori 算法挖掘频繁项集的具体操作过程。

表 7-1　一个商场的交易记录数据

TID	交易记录中各项的列表
T100	I1,I2,I3
T200	I2,I4
T300	I2,I3
T400	I1,I2,I4
T500	I1,I3
T600	I2,I3
T700	I1,I3
T800	I1,I2,I3,I5
T900	I1,I2,I3

（1）算法的第一遍循环，数据库中每个商品数据项均为候选 1-项集 C_1 中的元素。算法扫描一遍数据库 D 以确定 C_1 中各元素的支持频度。如图 7-2 所示。

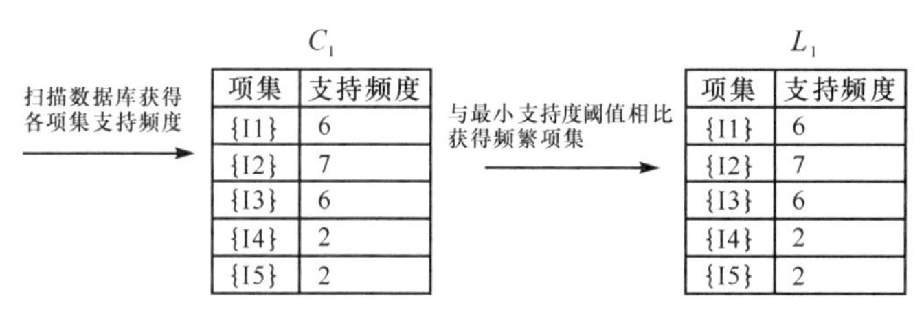

图 7-2　搜索候选 1-项集和频繁 1-项集

（2）假设最小支持频度为 2。这样就可以确定频繁项集 L_1。它是由候选 1-项集 C_1 中的元素组成。

（3）为发现频繁 2-项集 L_2，算法利用 $L_1 \oplus L_1$，来产生一个候选 2-项集 C_2；C_2 中包含 个 2-项集（元素）。接下来就扫描数据库 D，以获得候选 2-项集 C_2 中的各元素支持频度，如图 7-3所示。

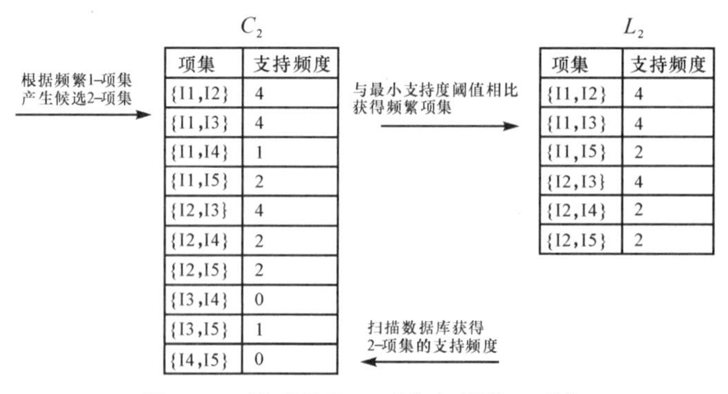

图 7-3　搜索候选 2-项集和频繁 2-项集

(4) 由此可以确定频繁 2-项集 L_2内容。它是由候选 2-项集 C_2中支持频度不小于最小支持频度的各 2-项集组成。

(5) 所获得的候选 3-项集 $C_3=L_2 \oplus L_2$,即为{{I1,I2,I3},{I1,I2,I5},{I1,I3,I5},{I2,I3,I4},{I2,I3,I5},{I2,I4,I5}},根据 Apriori 性质“一个频繁项集的所有子集也应是频繁的”,由此可以确定后四个项集不可能是频繁的(因为它们的子集不是频繁项集),因此将它们从 C_3除去,从而也就节约了扫描数据库 D 以统计这些项集支持频度的时间,如图 7-4 所示。

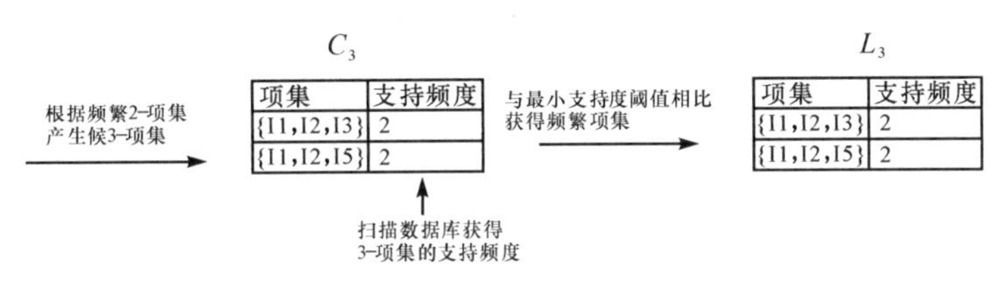

图 7-4 搜索候选 3-项集和频繁 3-项集

(6) 扫描交易数据库 D 以确定 L_3内容。L_3是由 C_3中那些支持频度不小于最小支持频度的 3—项集组成。

(7) 算法利用 $L_3 \oplus L_3$来获得候选 4-项集 C_4。虽然所获得 C_4为{{I1,I2,I3,I5}},但由于{I2,I3,I5}是非频繁项集,因此{I1,I2,I3,I5}也一定是非频繁项集,C_4为空。扫描过程结束。

从上例可以看出,Apriori 过程完成两种操作:连接和消减操作。在连接过程中,L_{k-1}与 L_{k-1}相连接以产生候选k -项集,消减过程中利用 Apriori 性质消除候选项集中那些子集为非频繁项集的项集。

二、关联规则的生成

在从数据库 D 中挖掘出所有的频繁项集后,就可以较为容易地获得相应的关联规则。也就是要产生满足最小支持度和最小信任度的强关联规则,可以利用规则(7.6)来计算所获得关联规则的信任度。

$$信任度(A \Rightarrow B)=P(B|A)=\frac{支持度(A \cup B)}{支持度(A)} \tag{7.6}$$

其中,支持度($A \cup B$)为包含项集 $A \cup B$ 的交易记录数目,支持度(A)为包含项集 A 的交易记录数目。基于上述公式,产生关联规则的操作说明如下:

(1) 对于每个频繁项集 L,产生 L 的所有非空子集。

(2) 对于每个 L 的非空子集 S,若$\frac{支持度(L)}{支持度(S)} \geq$最小信任度,则产生一个关联规则“$S \Rightarrow (L-S)$”。

由于规则是通过频繁项集直接产生的,因此关联规则所涉及的所有项集均满足最小支持度阈值。频繁项集及其支持频度可以存储在哈希表中以便它们能够被快速存取。

例 7.3 以表 7-1 所示数据为例,来说明关联规则的生成过程。假设频繁项集 $L_3=$ {I1,I2,I5}。以下将给出根据 L_3所产生的关联规则。L_3的所有非空子集为:{I1,I2},{I1,

I5}，{I2，I5}，{I1}，{I2}和{I5}，以下就是据此所获得的关联规则及其信任度。

（1）I1∧I2⇒I5 信任度＝2/4＝50%。

（2）I1∧I5⇒I2 信任度＝2/2＝100%。

（3）I2∧I5⇒I1 信任度＝2/2＝100%。

（4）I1⇒I2∧I5 信任度＝2/6＝33%。

（5）I2⇒I1∧I5 信任度＝2/7＝29%。

（6）I5⇒I1∧I2 信任度＝2/2＝100%。

如果最小信任度阈值为70%，那么仅有第(2)个、第(3)个和第(6)个规则为强规则，由于它们的信任度大于最小信任度阈值而被保留下来作为最终的输出。

第三节　挖掘多层次关联规则

一、挖掘多层次关联规则

对于许多应用来讲，由于数据在多维空间中存在多样性，因此要想从基本或低层次概念上发现强关联规则可能是较为困难的，而在过高抽象层次的概念上所挖掘出的强关联规则或许只表达了一些普通常识。但是对一个用户来讲是常识性知识，可能对另一个用户就是新奇的知识。因此数据挖掘系统应该能够提供在多个不同层次挖掘相应关联规则知识的能力，并能够较为容易对不同抽象空间的内容进行浏览与选择。下面就是一个多层次关联挖掘的示例说明。

例 7.4　假设与任务相关的交易数据集如表 7－2 所示。它描述在一个销售电脑商场中，每个交易 TID 所包含的一起购买的商品。而相应的商品概念层次树如图 7－5 所示。该概念层次树描述了从低层次概念到高层次概念的相互关系。在概念层次树中，利用高层次概念替换低层次概念可实现数据的泛化。如图 7－5 所示的概念层次树共有四层，分别为层次 0、1、2 和 3，层次自顶而下从 0 开始。树的根节点标记为 All。层次 1 包括电脑、软件、打印机和电脑配件，层次 2 包括：台式机、笔记本电脑、办公软件、游戏软件等等；层次 3 则包括：IBM 笔记本、Microsoft 游戏软件等等。其中层次 3 描述最具体的概念层次。

表 7－2　与任务相关的数据示意描述

TID	所购买的商品
1	IBM 笔记本，Canon 黑白打印机
2	Microsoft 办公软件，Microsoft 游戏软件
3	Logitech 鼠标，D-Link 路由器
4	IBM 笔记本，Microsoft 游戏软件
5	IBM 笔记本

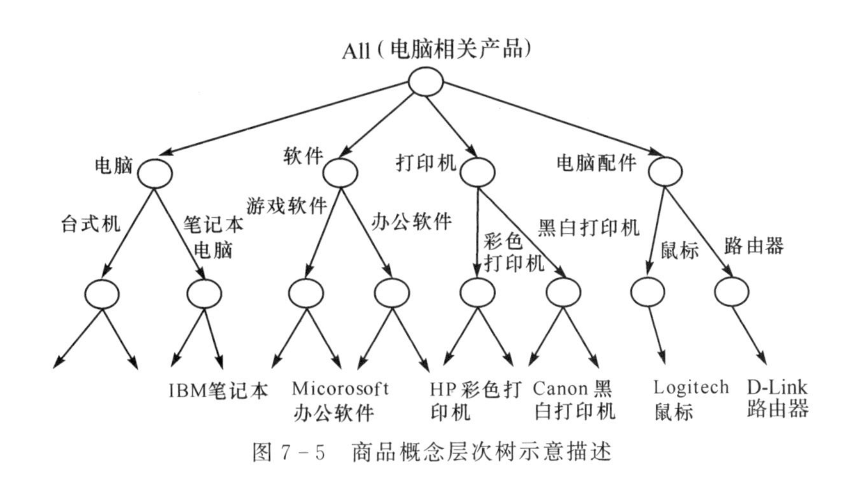

图 7-5 商品概念层次树示意描述

表 7-2 所示的项(商品)都是如图 7-5 所示的概念层次树中最低层次的项。在如此低层次数据中,很难发现有意义的购买模式,因为每个商品都只出现在很少的交易中,因此要想发现有关它们的强关联规则是很困难的。这样不可能满足最小支持阈值。但若考虑将低层次泛化到高层次,那就有可能较为容易地发现所存在的强关联。比如,许多顾客可能一起购买"电脑"和"打印机",而不是一起购买更具体的"IBM 笔记本"和"Canon 黑白打印机"。也就是说,包含泛化后项的项集,如{IBM 笔记本,黑白打印机}和{电脑,打印机}要比只包含基本层次项,诸如{IBM 笔记本,Canon 黑白打印机}更易满足最小支持阈值。因此发现多层次项之间所存在的有意义关联要比仅在低层次数据上进行挖掘要容易很多。

由于利用概念层次树所挖掘出的关联规则涉及多个概念层次,因此这样的关联规则就称作是多层次关联规则。

二、挖掘多层次关联规则方法

首先就基于支持度与信任度的挖掘方法做进一步的讨论。一般而言,利用自上而下策略从最高层次向低层次方向进行挖掘时,对频繁项集出现次数进行累计以便发现每个层次的频繁项集直到无法获得新频繁项集为止。也就是在获得所有概念层次 1 的频繁项集后;再挖掘层次 2 的频繁项集;如此下去。对于每个概念层次挖掘,可以利用任何发现频繁项集的算法,如 Apriori 或类似算法。但挖掘多层次关联规则和仅仅挖掘最底层的关联规则在阈值的设置上有着重要的差别。

(一)对所有层次均利用统一的最小支持阈值

即对所有不同层次频繁项集的挖掘均使用相同的最小支持阈值,如图 7-6 所示。

利用统一最小支持阈值,可以简化搜索过程。由于用户只需要设置一个最小支持阈值,因此整个挖掘方法变得比较简单。基于一个祖先节点是其子节点的超集,可以采用一个优化技术,即可避免搜索其祖先节点包含不满足最小支持阈值的项集。

但是利用统一最小支持阈值也存在一些问题。由于低层次项不可能比相应项高层次出

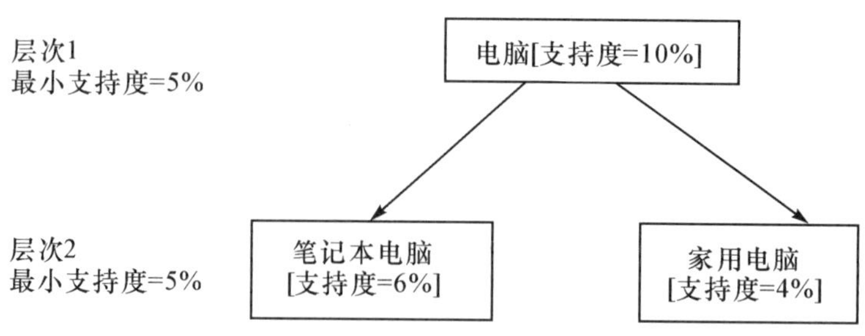

图 7－6　利用统一最小支持阈值的多层次挖掘

现的次数更多，如果最小支持阈值设置过高，那就可能忽略掉一些低层次中有意义的关联关系；而若阈值设置过小，那就可能产生过多的高层次无意义的关联关系。由此也就有了第二种多层次关联规则挖掘方法。

（二）在低层次利用减少的阈值（又称为递减支持阈值）

所谓递减支持阈值，每一抽象层次均有相应的最小支持阈值。抽象层次越低，相应的最小支持阈值就越小。如图 7－7 所示，层次 1 和层次 2 的支持度分别为 5%和 3%，这样电脑、笔记本电脑和家用电脑都是频繁项集。

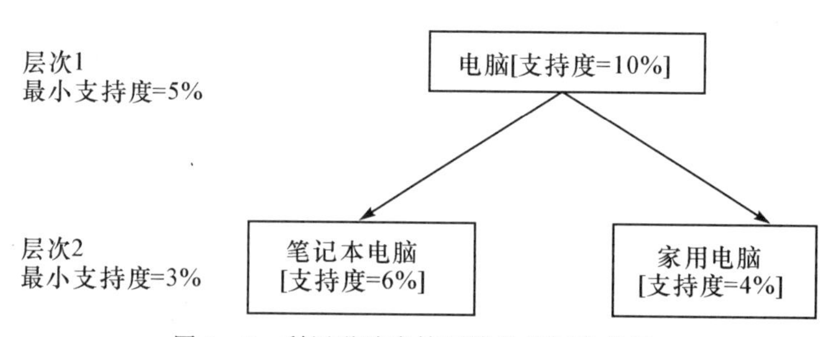

图 7－7　利用递减支持阈值的多层次挖掘

利用递减支持阈值挖掘多层次关联知识，可以选择若干搜索策略，这些策略包括：

（1）层与层独立。这是一个完全宽度搜索。没有利用任何频繁项集的有关知识来帮助进行项集的修剪。无论该节点的父节点是否为频繁的，均要对每个节点进行检查。

（2）利用单项进行跨层次过滤。当且仅当相应父节点在$(i-1)$层次是频繁的，方才检查在层次 i 的单项。也就是说根据一个更普遍的来确定检查一个更具体的。例如：如图 7－7 所示，层次 1 和层次 2 的最小支持阈值分别为 5%和 3%。因此电脑、笔记本电脑和家用电脑均被认为是频繁的。

图 7－8 是利用递减支持阈值和进行单项跨层次过滤的多层次挖掘示例。利用k 项集进行跨层次过滤。当且仅当相应父k-项集在$(i-1)$层次是频繁的，方才检查在 i 层次的k-项集。如图 7－8 所示的 2-项集{电脑、打印机}就是频繁的，因此需要检查节点{笔记本电脑，黑白打印机}，{笔记本电脑，彩色打印机}，{家用电脑、黑白打印机}和{家用电脑，彩色打印机}。

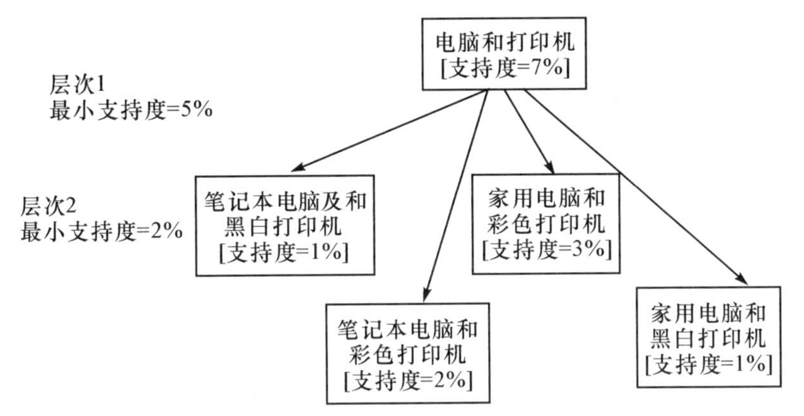

图 7-8　利用递减支持阈值和进行k-项集跨层次过滤的多层次挖掘

层与层独立策略：由于它过于宽松而导致其会检查无数低概念层次的频繁项，并会发现许多没有太大意义的关联知识。例如：如果一个“电脑家具”很少被购买，那么再去检查其子节点“电脑桌”与“笔记本电脑”之间是否存在关联就无任何意义了。但如“电脑配件”常被购买，那么检查其子节点“鼠标”与“笔记本电脑”之间是否存在关联就有必要了。

利用k-项集进行跨层次过滤策略，容许挖掘系统仅仅检查频繁k-项集的子节点。由于通常并没有许多k-项集(特别当$k>2$时)在进行合并后仍是频繁项集，但是利用这种策略可能会过滤掉一些有价值的模式。

有些项在使用递减支持阈值时是频繁项集，虽然它们的祖先节点不一定是频繁的。例如，若根据相应层次的最小支持阈值，在概念层次 i 中的“液晶显示器”是频繁的，但根据i-1层次的最小支持阈值，它的父节点“显示器”却不是频繁的。这样就会遗漏掉诸如“家用电脑⇒液晶显示器”这样的频繁关联规则。

利用单项进行跨层次过滤策略的一个改进版本，又称为受控利用单项进行跨层次过滤策略。它的具体做法就是：设置一个阈值称为“层次通过阈值”，它将容许相对频繁的项“传送”到较低层次。换句话说就是这种方法容许对那些不满足最小支持阈值项的后代进行检查，只要它们满足“层次通过阈值”。每一个概念层次均有自己相应的“层次通过阈值”。给定一个层次，它的“层次通过阈值”取值，通常在本层次最小支持阈值和下一层最小支持阈值之间。用户或许会在高概念层次降低“层次通过阈值”以使相对频繁项的后代能够得到检查，而在低概念层次降低“层次通过阈值”，也将使所有项的后代均能得到检查。如图 7-9 所示，设置层次 1 的“层次通过阈值为 8%”，将使层次 2 节点“笔记本电脑”和“家用电脑”得到检查并发现是频繁的，即使它们的父节点“电脑”是非频繁的。建立这一机制，将使得用户能够更加灵活地控制在多概念层次上的数据挖掘以减少无效关联规则的搜索与产生。

到目前为止，我们所讨论的频繁项集，都是一个项集中的所有项均属于同一概念层次。还有跨概念层次的关联规则，如：“电脑⇒黑白打印机 ”(其中的两个项分别属于层次 1 和层次 2)，这样的规则也称为跨层次关联规则。

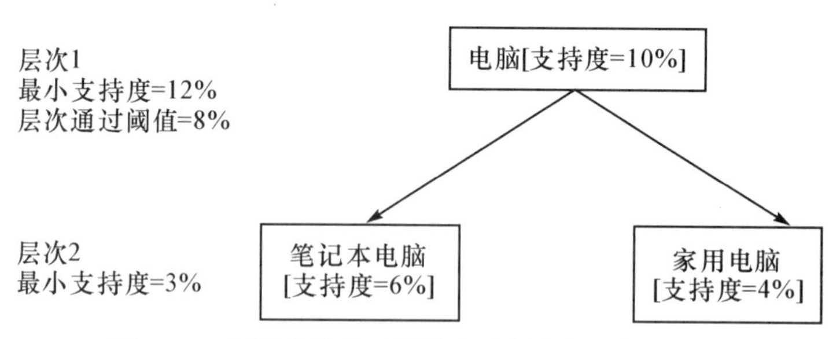

图 7－9　利用受控单项跨层次过滤的多层次挖掘

若要挖掘概念层次 i 与概念层次 j 之间的关联关系(其中层次 j 更为具体,也就是抽象层次更低),那么就应该整个使用层次 j 的递减支持阈值,以使得层次 j 中的项能够被分析挖掘出来。

三、多层次关联规则的冗余

概念层次树能够帮助发现不同抽象水平的知识,因此它在数据挖掘应用中是非常有用的。但是在挖掘多层关联规则的同时,其中一些关联由于仅仅是描述了祖先与后代之间的关联关系而构成了冗余关联知识。如规则(7.7)和规则(7.8)描述了购买电脑和购买打印机之间的关联规则:

$$\text{笔记本电脑} \Rightarrow \text{黑白打印机}[\text{支持度}=8\%, \text{信任度}=70\%] \tag{7.7}$$

$$\text{IBM 笔记本电脑} \Rightarrow \text{黑白打印机}[\text{支持度}=2\%, \text{信任度}=72\%] \tag{7.8}$$

其中在图 7－5 中所示的概念层次树中,“笔记本电脑”是“IBM 笔记本电脑”的祖先。上述两条规则中,如何确定哪条规则更为有意义呢?我们假设有两条规则 R1 和 R2,如果用概念层次树中的祖先替换规则 R2 中的项而得到规则 R1,那么规则 R1 就成为规则 R2 的一个祖先。上述的规则(7.7)就是规则(7.8)的祖先。根据这一定义:如果已知规则 R1 的支持度和信任度,而 R2 的支持度和信任度均接近于“预想值”(即祖先规则的值),那么这条规则被认为是冗余的。如在上述两条规则中,规则(7.7)的支持度为 8%,信任度为 70%,而在购买家用电脑的客户中约 1/4 是购买的 IBM 品牌的家用电脑,则可以预想规则(7.8)的支持度为 $8\%\times1/4=2\%$,而它的信任度大约也是 70%。如果实际的规则也符合这样的情况,那么规则(7.8)就是没有提供任何附加价值的规则,也就是说是冗余的。

第四节　多维关联规则的挖掘

一、多维关联规则

前面所介绍的关联规则都只涉及一个谓词,如“购买”。比如在一个商场的数据库挖掘中，所挖掘出的布尔关联规则“IBM 笔记本电脑⇒Canon 黑白打印机”，也可以改写成：

$$购买(X,“IBM 笔记本电脑”)⇒购买(X,“Canon 黑白打印机”) \quad (7.9)$$

其中 X 为代表顾客的一个变量。利用多维数据库所使用的术语，将规则中每个不同的谓词当作一维。规则(7.9)因为只包含一个特定的谓词“购买”，所以就被称为是单维关联规则。从前面所介绍的关联规则及其挖掘方法可以看出这类规则都是从购买交易记录数据中挖掘出来的。

如果我们不仅关注购买交易数据库，同时还关注对客户的信息进行挖掘，如为了跟踪销售交易中的被购商品的踪迹，数据库可能记录了有关这些商品的其他属性，诸如被购买的数量或价格，以及有关购买该商品顾客的附加信息（如顾客年龄、职业、信用评级、收入和地址等），那么挖掘包含多个属性的关联规则可能就是很有价值的。如：

$$年龄(“19-24”) \wedge 职业(“学生”)⇒购买(“笔记本电脑”) \quad (7.10)$$

包含两个或更多的属性的关联规则就称为多维关联规则。规则(7.10)包含三个不同谓词：年龄、职业和购买。我们将无重复谓词的多维关联规则称为维内关联规则。或许我们对挖掘含有重复谓词的关联规则感兴趣，而含有重复谓词的关联规则就被称为混合维关联规则。规则(7.11)就是这样一条规则，其中“购买”谓词被重复两次。

$$年龄(“19-24”) \wedge 购买(“笔记本电脑”)⇒购买(“摄像头”) \quad (7.11)$$

与单维关联规则挖掘相比，多维关联规则挖掘不是搜索频繁项集而是搜索频繁谓词集。一个k-谓词集就是包含k 个谓词的集合。如｛年龄、职业和购买｝就是一个 3-谓词集。与项集符号类似，也可以使用 L_k 来表示频繁k-谓词集。

由于数据库中的属性可以是符号量或数值量。符号量属性仅取有限个无序的值（如职业、品牌、颜色），而数值量属性取有大小的数值（如年龄、收入和价格）。下面结合处理数值量的三种基本方法对挖掘多维关联规则进行分类讨论。

(1) 利用概念层次树将定量属性离散化。这一离散化过程需要在数据挖掘之前完成。例如，可以利用概念层次树中的区间范围来替换原来属性取值，即“0—2 万”“2.1 万—3 万”“3 万— 4 万”等替换收入属性的具体取值。这里的离散化是静态的且是事先确定好的。利用区间范围离散化后所获得的数值量就可以当作符号量。因此这种挖掘就被称为是利用定量属性静态离散化的多维关联规则挖掘。该方法在下节中将具体介绍。

(2) 根据数值属性的数据分布而将定量属性离散化到“bins”中，这些“bins”在挖掘过程中可以做进一步的组合。这一离散化过程是动态的且可根据一些挖掘要求（如挖掘出的规则信任度最大或使挖掘规则最简洁）来实施。这种方法仍将数值属性当作数值而没有当作事先所确定好的范围或符号，因此利用这种方法所挖掘出的关联规则就称为定量关联规则。常用的方法有基于图像处理基本思想所提出的关联规则聚类方法（association rule clustering system，ARCS）。该方法是将一对定量属性映射到二维方格，然后对整个二维方格进行扫描并将形成矩形的规则归并或聚类到一起。这样在一个规则聚类中原来划分的 bins 就需要做进一步的合并，从而实现动态离散化。

这种基于方格技术是基于最初的假设：关联规则可以形成一个可聚类的矩形区域。而在完成聚类之后，就需要利用平滑算法消除数据中的噪声和异常数据。矩形聚类方法可能会使规则变得过于简单，而基于非方格的方法可以帮助发现更一般的定量规则。

（3）对定量属性进行离散化以便其能够描述出如此间隔的数据所具有的实际意义。这一动态离散化过程主要是考虑数据点之间的距离。因此这类定量关联规则也称为基于距离的关联规则。如表 7-3 所示，将单价属性按照等宽 bins，等高 bins 和基于距离这 3 种划分方法进行对比。

表 7-3　等宽、等高和基于距离三种离散化方法

单价	等宽 bins(10)	等高 bins(2)	基于距离
7	[0,10]	[7,20]	[7,7]
20	[11,20]	[22,50]	[20,22]
22	[21,30]	[51,53]	[50,53]
50	[31,40]		
51	[41,50]		
53	[51,60]		

显然，基于距离的划分结果更为直观，因为它将相邻很近的数值如[20,22]组织在一起。而等宽方法则将相距较近的数值分为几组，而其中许多组中都没有数值。由于基于距离方法考虑了一个间隔中数据点的数目或密度，以及各数据点之间相近的程度，从而能够产生一个更有意义的离散化。而定量属性的间隔可以通过聚类属性的数值来获得。

基于距离的关联规则挖掘需要两个阶段：算法的第一阶段利用聚类来发现间隔；第二阶段通过搜索频繁一起出现的组类来获得相应的基于距离的管理规则。

二、利用静态离散挖掘多维关联规则

在这种方法中，定量属性在关联知识挖掘之前，就利用概念层次树进行离散化，就是将属性的取值替换为区间范围，符号属性则可以根据需要被泛化到更高的概念层次。

如果与挖掘任务相关的数据是存放在关系表中，那么就需要对 Apriori 算法略加改进，以帮助发现所有的频繁属性集而不是项集，即搜索所有的相关属性，发现所有的频繁k-属性集需要k 次或$k+1$ 次数据表扫描。

此外与挖掘任务相关的数据可能会存放在数据立方中，由于数据立方是按照多维属性进行定义的，因此它非常适合挖掘多维关联规则。如图 7-10 所示，数据单元构成了一个数据立方，它包含“年龄”“收入”“购买”3 个维，可以分别组成二维和三维属性组合。这里我们可以利用与 Apriori 算法类似的性质，即每个频繁属性集的子集也必须是频繁属性集。这一性质可以帮助有效减少所产生的候选频繁属性集的个数。相关的研究表明：在数据立方构造的过程中挖掘关联规则比直接从关系数据表中挖掘要快许多。

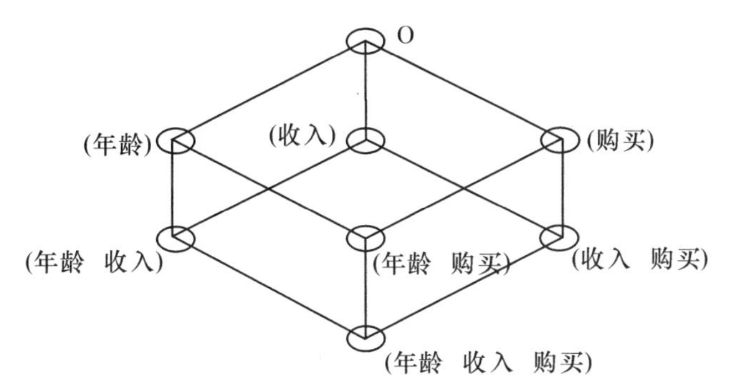

图 7-10 三维数据立方及各维组合示意图

另一种挖掘定量关联规则的方法是在数据挖掘过程中，根据一定的挖掘标准，如使信任度最大或使挖掘的规则最简洁，而进行动态离散化。比如在初始时利用 bin 方法进行离散化，然后再对它们进行合并。但是这种方法由于没有数据间隔之间的距离，从而可能无法把握数据间隔的内涵。

在定量数据中关联规则所存在的一个不足就是它们不容许使用属性的近似值。如在规则(7.12)中：

$$产品类别(X,“电子产品”) \wedge 产地(X,“中国”) \Rightarrow 价格(X,200) \quad (7.12)$$

而实际上产品的价格可能近似为 200 元，而不是 200 元整。所以关联规则需要能够描述近似的概念。这也就促使用户使用基于距离的关联规则挖掘方法。一般分为两个步骤，第一阶段利用聚类来发现间隔，第二阶段则通过搜索频繁一起出现的组类来获得相应的基于距离的关联规则。

第五节 关联挖掘中的相关分析

大多数关联规则的挖掘方法都利用了支持度—信任度的基本结构，尽管利用最小支持阈值和最小信任阈值可以帮助消除或减少挖掘无意义的规则，但其所获得的许多规则仍是无价值的。本节将首先讨论为何强关联规则仍是无意义的，或有误导性原因，然后将介绍增加基于统计独立性和相关分析的有关参数，以帮助确定关联规则的趣味性。

一、无意义强关联规则示例

一个规则是否有意义取决于主观与客观两方面的判断，但最终还是由用户来确定一个规则是否有意义。这种判断可能是主观的，因为它将随用户的不同而导致判断结果的不同。但是从客观上进行有意义判断，则是基于数据中所包含的统计特性来进行，它可作为向用户提供有意义规则(消除无价值规则)努力的第一步。

例 7.5 假设需要分析商场交易中有关购买游戏和影碟之间的关系。先假设游戏代表包含游戏的交易记录，而影碟则代表包含影碟的交易记录。交易数据总共有 10000 条交易记录，其中有 6000 条交易包含游戏，有 7500 条交易包含影碟，有 4000 条交易记录既包含游戏又包含影碟。假设利用最小支持阈值和最小信任阈值 60％所获得的关联规则为：

支持度（游戏，影碟）＝4000/10000＝40％

信任度（影碟｜游戏）＝4000/6000＝66％

显然分别满足最小支持阈值和最小信任阈值的要求，因此“购买（游戏）⇒购买（影碟）”将会作为一个关联规则提供给用户。但是实际上这是一个误导（错误知识），因为购买影碟的概率为 75％，大于 66％（最小信任阈值）。

事实上游戏和影碟之间所存在关系是一种负关联，也就是购买其中一个商品将会降低购买另一个商品的可能性。

上述示例表明，规则（7.11）的信任度是具有一定欺骗性的，因为它仅仅是在给定项集 A 后，对相应项集 B 的一个条件概率估计，实际上它并不能真正反映 A 和 B 之间的内在关联强度。因此就需要寻找其他度量参数来弥补基于支持度和信任度的基本关联挖掘结构在衡量有意义数据关系方面所存在的不足。

二、从关联分析到相关分析

利用支持度—信任度基本结构挖掘出的关联规则在许多应用场合都是有价值的。但是支持度—信任度基本结构在描述一个 $A \Rightarrow B$ 规则是否有意义时，可能会提供一个错误知识。因为有时 A 的发生实际并不一定蕴含 B 的发生。本小节就将讨论基于相关分析的描述数据项集之间是否存在有意义联系的有关方法，该方法构成了对支持度—信任度基本结构的补充。

项集 A 和项集 B 相关性定义：若有 $P(A \cup B)=P(A)P(B)$，则项集 A 的发生就独立于项集 B 的发生，否则项集 A 和 B 就是相互依赖或相关的。该定义可以很容易地扩展到多于两个项集的情况。A 和 B 发生之间相关性可以用以下公式来计算：

$$\frac{P(A \cup B)}{P(A)P(B)} \tag{7.13}$$

若公式（7.13）的计算值小于 1，那 A 的发生就与 B 的发生之间关系就是负相关（此消彼长）；若公式（7.13）的计算值大于 1，那 A 的发生就与 B 的发生之间关系就是正相关；即 A 的发生就意味着 B 的可能发生。若公式（7.13）的计算值等于 1，那 A 和 B 之间就没有关系，彼此是独立发生。

下面我们再对例 7.5 中有关游戏和影碟之间相关问题做进一步的探讨。

为帮助过滤掉有错误的强关联规则 $A \Rightarrow B$。就需要研究 A 和 B 项集之间所存在的相关情况。有关包含游戏与非游戏、影碟与非影碟的交易数据情况如表 7－4 所示。从表 7－4 所示数据可以得出：购买一个游戏的概率为 P（游戏）＝0.6；购买一个影碟的概率为 P（影碟）＝0.75；两个都购买的概率为 P（游戏，影碟）＝0.4；那么根据公式（7.13）P（游戏，影碟）/［P（游戏）× P（影碟）］＝0.4/（0.75×0.6）＝0.89。由于该值小于 1，因此购买游戏和购买影碟之间就存在负相关（互相排斥）。上述计算公式中的分子就是顾客同时购买两种商品的概率,而分母则是如果两个购买事件是完全独立时各事件所发生的概率。这样的一个负相关在支持度—信任度基本挖掘结构中就无法有效地表示出来。

表 7-4 有关游戏、影碟交易数据列表

	游戏	非游戏	合计
影碟	4000	3500	7500
非影碟	2000	500	2500
合计	6000	4000	10000

为此就需要能够挖掘出可真正识别具有相关性的关联规则描述的有效方法。而所谓相关规则就是具有形式:$\{i_1, i_2, \cdots, i_m\}$,而$\{i_1, i_2, \cdots, i_m\}$中各项的发生是相关的。在根据公式(7.13)计算获得相关值之后,就可以利用 χ^2 统计值来帮助判断这种相关从统计角度来讲是否是显著的。

利用相关分析的一个好处就是它是向上封闭的,也就是说若项集 S 中的各项是相关的,那 S 的每一个超集也都是相关的。这也就意味着向相关项的集合中添加一个项并不能改变或消除现有的相关性。因此在每一个显著性水平上的 χ^2 统计值也是向上封闭的。

在搜索相关集合以便形成相关规则时,可以利用 χ^2 统计和相关的向上封闭特性,从一个空集开始,对项集空间进行探索,一次添加一个项,以寻找最小相关项集。该项集中各项是相关的且它的任何子集(其中各项)均不是相关的。这些项集就构成了项集空间的一个边界。由于封闭性特点,这个边界以下的项集不会是相关的;而又因为任何一个最小相关项集的超集也是相关的,因此也就不需要再向上搜索了。在项集空间中完成这样一些系列漫步搜索的算法就称为是随机漫步算法。这样的算法可以与其他对支持度的测试结合起来,以共同完成额外的项集修剪工作。利用数据立方可以很容易地实现随机漫步算法。但如何将该方法应用到大型数据库目前仍然是一个尚待解决的问题。另一个约束就是当条件表中的数据较为稀疏时使用 χ^2 统计所获得的结果精确度也较低。这些问题的解决还需要进行更多的相关研究。

第六节 利用 Microsoft SSAS 进行关联挖掘

一、Microsoft 关联规则模型简介

Microsoft 关联规则算法属于 Apriori 关联规则算法家族,在前面章节我们了解到关联算法有两个步骤,如图 7-11 所示,算法的第一步是挖掘频繁项集,也是计算量较大的阶段,第二步是基于频繁项集产生管理规则,这个步骤需要的时间比第一步要少很多。

下面分别介绍 Microsoft 关联规则中的基本概念和参数设置。

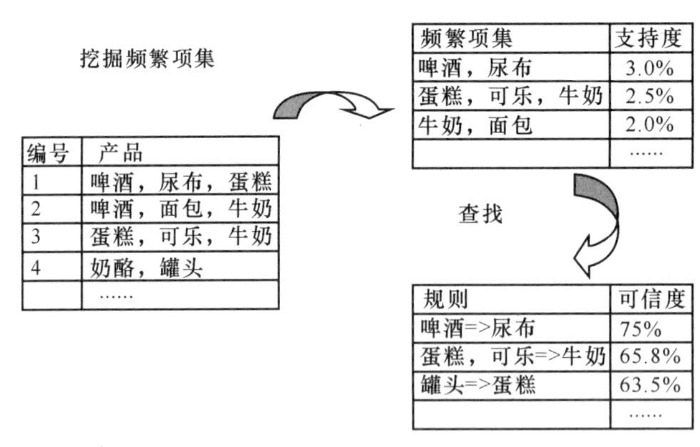

图 7－11 关联规则算法的两步方法

（一）关联规则算法的一些基本概念

（1）项集：项集是一组项，每个项都是一个属性值。在购物篮示例中，项集包含一组产品，如｛蛋糕，可乐，牛奶｝；而在多维关联挖掘中，项集则包含一组属性值，如｛性别＝“男”，教育程度＝“大学”｝。每个项集所包含的项的数目称为项的大小。例如项集｛蛋糕，可乐，牛奶｝的大小是 3。

注 意

> 更准确地说，蛋糕、可乐和牛奶都是属性，它们的数据类型是二值型：购买/未购买（是/否）。所以这个项集应该写成｛蛋糕＝购买，可乐＝购买，牛奶＝购买｝。

（2）支持度：支持度用于度量一个项集的出现频率。项集｛A，B｝的支持度是由同时包含 A 和 B 的记录总个数所组成的。

$$\text{Support}(\{A,B\})=\text{Count}(A,B) \tag{7.14}$$

（3）置信度：也称概率、可信度，是关联规则的属性。规则 $A\Rightarrow B$ 的概率是使用｛A｝的支持度除以项集｛A，B｝的支持度来计算的。

$$\text{Probability}(A\Rightarrow B)=\text{Probability}(B\mid A)=\text{Support}(A,B)/\text{Support}(A) \tag{7.15}$$

（4）重要性：也称为兴趣度分数或者增益（lift）。重要性可以用于度量项集和规则所包含知识的可信度。项集的重要性是使用以下公式来定义：

$$\text{Importance}(\{A,B\})=\text{Probability}(A,B)/[\text{Probability}(A))\times \text{Probability}(B)] \tag{7.16}$$

如果 Importance＝1，则 A 和 B 是独立的项。它表示对产品 A 的购买和对产品 B 的购买是两个独立的事件。如果 Importance＜1，则 A 和 B 是负相关的。这表示如果一个客户购买 A，则他也购买 B 是不太可能发生的。如果 Importance＞1，则 A 和 B 是正相关，这表示如果一个客户购买了 A，则他也可能购买 B。

而规则的重要性是使用以下公式来计算的：

$$\text{Importance}(A\Rightarrow B)=\log[p(B\mid A)/p(B\mid \text{not } A)] \tag{7.17}$$

重要性为 0 表示，A 和 B 之间没有任何关联。正的重要性分数表示，当 A 为真时，B 的概率会上升。负的重要性表示，当 A 为真时，B 的概率会下降。

（二）关联算法的参数

（1）Minimum_Support：阈值参数，定义了要成为频繁项集所必须满足的最小支持度。值的范围从0到1，默认值为0.03。如果将该值设置为整数，则认为是事例数目的阈值，而不是百分比。关联规则算法对该值非常敏感，如果它的值被设置得太低时（小于1%），处理的时间和需要的内存会成指数级别增长，因为会产生大量满足要求的频繁项集和候选频繁项集。

（2）Maximum_Support：阈值参数，定义了频繁项集的最大支持度阈值，范围0—1，默认值是1.0。该参数可以用于过滤那些太频繁的项。如果将该值设置为超过1的值，则认为它是事例数目的阈值，而不是百分比。

（3）Minimum_Probability：阈值参数，定义了一个关联规则的最小置信度。值的范围0—1，默认值是0.4。

（4）Minimum_Importance：重要性参数，也称相关性。用于关联规则的一个阈值参数，重要性小于该值的规则会被过滤掉。

（5）Maximum_Itemset_Size：指定项集大小的最大值，默认值是3，表示对项集的大小没有限制。减小项集大小的最大值会减少处理的时间，因为当候选项集的大小达到这个限制时，算法不需要在数据集上进一步迭代。

（6）Minimum_Itemset_Size：指定项集的最小值，默认值为1。有时你可能对特定大小的项集感兴趣。减少该值不会减少处理时间，因为算法必须从一个项集开始，一步步增加项集数量。

（7）Maximum_Itemset_Count：定义项集数目的最大值。如果没有指定该参数，则算法会基于Minimum_Support来生成所有的项集。该参数避免生成大量的项集。

（8）Optimized_Prediction_Count：用于设置预测查询所询问的推荐项数。在默认情况下，算法会使用长度为2（项数）的规则来进行预测。

二、关联规则数据挖掘示例

（一）示例1：单维布尔量关联规则挖掘（购物篮分析）

表7－5是一个超市的购物记录，其中ID为键列，其他为所购商品的类别名称，如果该商品类别被选购，则对应值为T，如果没有选购，则为空。数据记录有1000条。这是一个典型的单维布尔关联规则挖掘，下面我们就使用SQL Server BI Development Studio来建立一个商务智能项目，进行关联规则挖掘。

表7－5　某超市购物记录

ID	冷藏水果	鲜肉	奶制品	罐装蔬菜	罐装肉	冷冻肉	啤酒	葡萄酒	碳酸饮料	鱼类	糖果
0		T	T								T
1		T									T

续 表

ID	冷藏水果	鲜肉	奶制品	罐装蔬菜	罐装肉	冷冻肉	啤酒	葡萄酒	碳酸饮料	鱼类	糖果
2				T		T	T			T	
3			T					T			
4											T
5		T						T		T	
6	T								T		
7							T				
8	T					T					
9	T									T	
10	T	T	T	T				T		T	
……											

步骤 1：创建商务智能项目。

运行 SQL Server BI Development Studio，选择新建项目，如图 7－12 所示，项目类型选择“商业智能项目”，模板选择“Analysis Services 项目”，项目名称为“购物篮分析”。

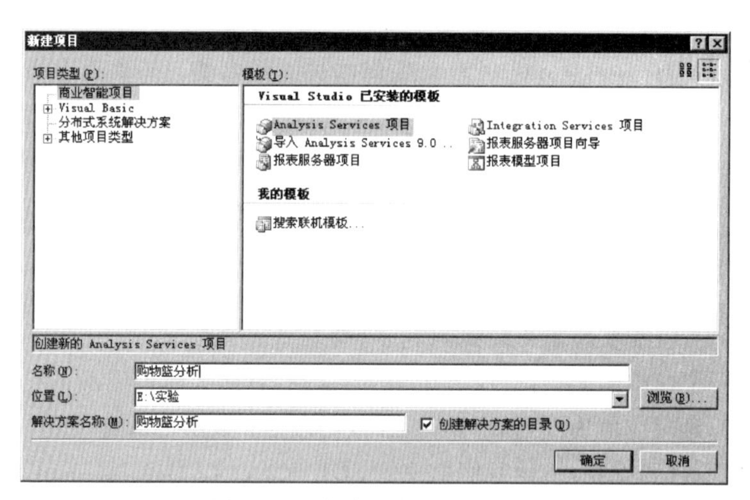

图 7－12　创建购物篮分析项目

步骤 2：创建连接数据库或数据仓库的数据源。

在解决方案资源管理器目录中，选择“数据源”，单击鼠标右键选择“新建数据源”，按向导提示选择数据所存放的服务器和数据库名称，如图 7－13 所示。

然后设定 Analysis Services 访问数据源的凭证，一般选择“服务账户”。最后向导会以数据库名称自动设定一个数据源名称，本例中为“数据挖掘案例”。

步骤 3：有了数据库的连接，下一步是从数据库中导入挖掘所用到的一张或多张表或者视图。

图 7 - 13　数据源连接

在解决方案资源管理器目录中,选择“数据源视图”,单击鼠标右键选择“新建数据源视图”,根据向导,找到我们本例中所要用到的一张视图“view_购物篮”,如图 7 - 14 所示,最后向导也会以数据库名称自动设定一个数据源视图名称,本例中为“数据挖掘案例”。

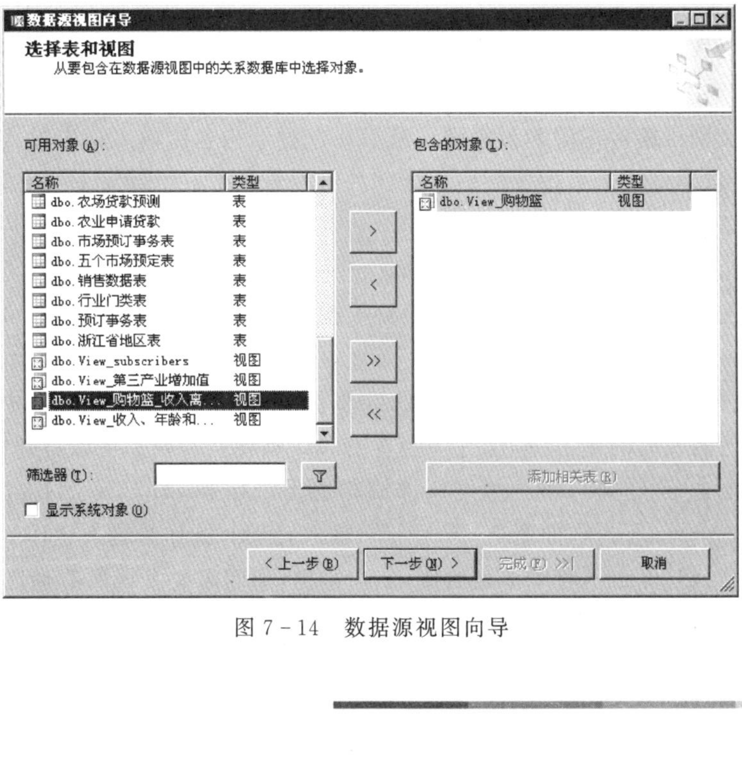

图 7 - 14　数据源视图向导

现在数据源视图中添加了一张视图：view_购物篮，如图 7－15 所示。我们将其中的 ID 列设为逻辑主键。注意，在挖掘过程中，被挖掘的表或视图都需要指定一个主键，也就是该属性的所有值不为空，且唯一。

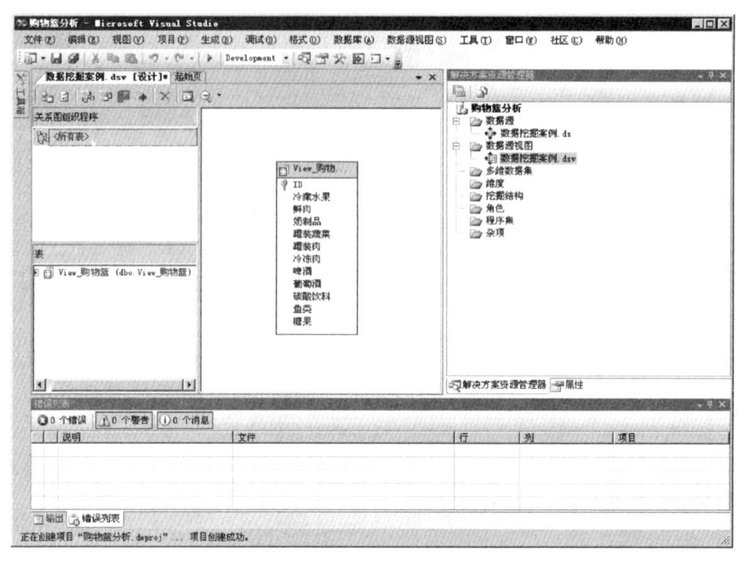

图 7－15 数据源视图

步骤 4：创建挖掘结构。

创建挖掘结构的过程是确定挖掘所用到的是一张事实表，还是嵌套表（如维度表），表中的键列，输入列及输出列（预测列）。

在解决方案资源管理器目录中，选择“挖掘结构”，单击鼠标右键选择“新建挖掘结构”，根据向导提示，选择“从现有关系数据库或数据仓库”，挖掘算法从下拉框中选择“Microsoft 关联规则”，因为我们只有一张表（view_购物篮），所以表的类型选中“事例”复选框，在指定分析中的列时，将 ID 列设为“键”，其他商品类别列都设为“输入”和“可预测”，这样我们可以发现所有商品类别可能存在的购买规则。最后在挖掘结构名称输入框中输入“购物篮分析”（这时系统也会自动创建一个挖掘模型），这样我们便建立了一个针对 view_购物篮表的挖掘结构。

步骤 5：修改挖掘模型及修改模型参数。

创建完成挖掘结构以后，下一步需要设置挖掘模型，在挖掘模型中我们可以修改前面选择的挖掘算法，也可以修改列的输入和输出属性，还可以修改模型参数。

点击“挖掘模型”选项卡，我们可以发现，在步骤 4 中系统已经根据向导中设定的挖掘算法和输入输出列为我们创建了一个挖掘模型：view _购物篮。我们可以打开模型的属性，将模型的名称修改为“购物篮分析—单维”，挖掘算法为“Microsoft_Association_Rules”，每列的属性有四种方法可以选择，如图 7－16 所示：输入，预测（既作为输入也作为输出），仅预测（不作为输入），忽略（算法不考虑该列的值）。在这里，我们需要发现所有商品类别可能被购买的规则，所以所有商品类别都设定为“预测”。

图 7-16　列的属性设置

鼠标右键单击模型名称，选择“设置算法参数”，我们可以看到模型的默认参数，如图 7-17 所示。

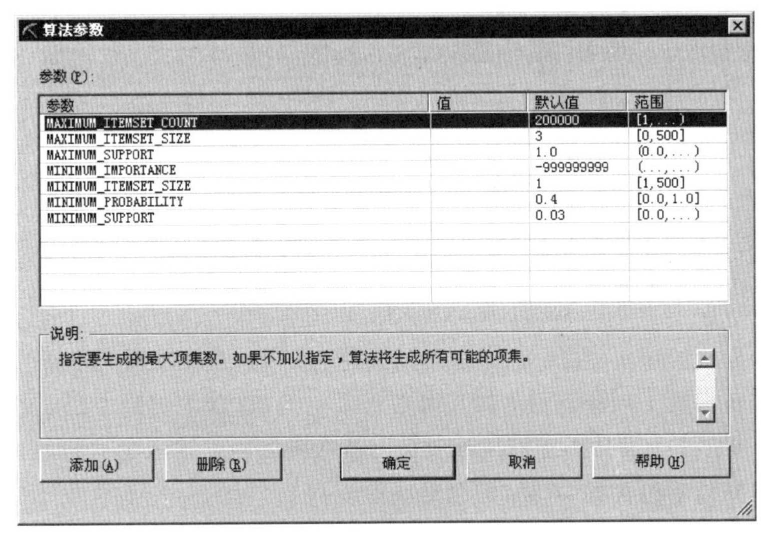

图 7-17　关联规则模型参数设置

图 7-17 中支持度的范围设定在 3%～100%之间，置信度设定为 40%，最大项集设为 3，也就是说频繁项集中最多只能出现三种不同的商品类别。

步骤 6：处理挖掘模型。

保存项目后，单击“处理挖掘结构及所有相关模型”，将挖掘模型部署到 Analysis Services 服务器上。

步骤 7：浏览及理解模型。

数据挖掘非常关键的步骤就是查看挖掘结果并理解其内容。每种挖掘模型都会有不同的挖掘结果浏览界面。点击“挖掘模型查看器”选项卡，可以浏览挖掘后的结果。关联规则挖掘结果窗口共有 3 个：项集、规则和依赖关系网络。下面分别进行介绍。

(1) 频繁项集：频繁项集页显示的是满足最小支持度的频繁项集，第一列“支持”显示的是记录集中出现项集的记录数，第二列“大小”指的是项集的大小，如 1 指只包含一个商品类别，“项集”列显示的是项集中的元素和值。如{啤酒 $=T$，罐装蔬菜 $=T$}，T 是表中的属性值，在进行布尔量购物篮分析示例中，属性值只有两个，一个表示被选购（如 T 或现有的），另一个表示没有选购（一般为空），可以自己定义。

我们也可以通过一些参数设定只显示我们感兴趣的结果。在最低支持框可输入适当的

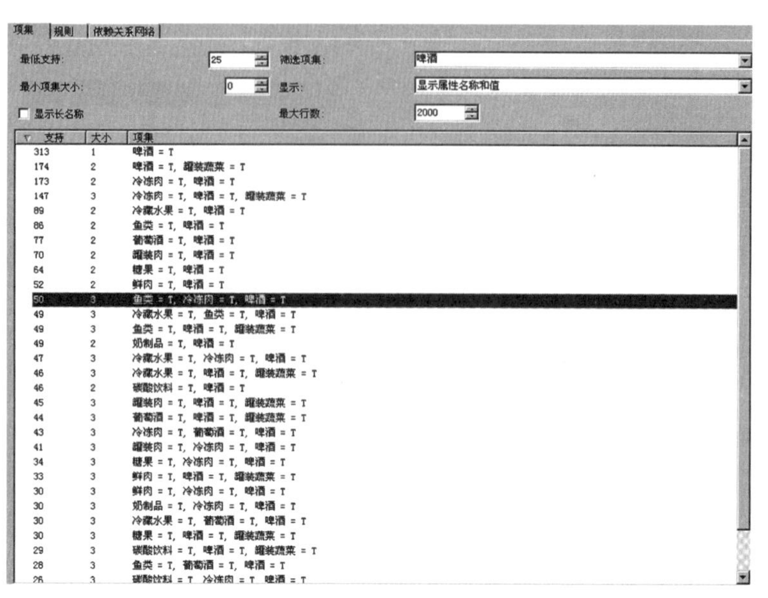

图 7－18　频繁项集浏览窗口

值，过滤掉较少出现的项集（在图 7－8 中最低支持为 25）。最小项集大小指的是项集中最小的数目，为 0 则显示从 1-项集到最大项集参数所设定的值（在本实验中设定的是 3），可以输入 3，则只显示包含 3 个商品类别的频繁项集。筛选项集栏可输入感兴趣的商品类别，如啤酒，则项集列表只显示包含有“啤酒”的频繁项集。

（2）规则：规则是根据统计出的频繁项集计算得到的，结果共包括 3 列，即概率、重要性和规则。

如概率＝0.85，重要性＝0.61，规则＝“冷冻肉＝T，啤酒＝T→罐装蔬菜＝T”，该规则表示当买了冷冻肉和啤酒后，购买罐装蔬菜的概率为 85％，而这条规则的重要性＞0，表示左右两边发生的事件是正相关的，越接近于 1，则这条规则越可靠。而如果值为负，则左右两边发生事件是负相关，表示如果前者发生，则后者的概率会下降。

同样，我们可以通过设定一些参数，将感兴趣的规则提取出来。如可以在最小概率栏中输入 0.6，则过滤出概率大于 60％的规则，如果我们只对顾客购买啤酒的规则感兴趣，则可以在筛选规则中输入“啤酒”，如图 7－19 所示。

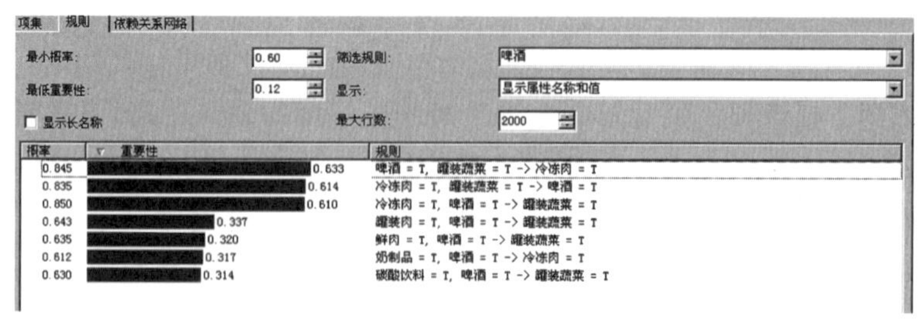

图 7－19　关联规则结果浏览

(3) 依赖关系网络：关联规则查看器的第三个选项卡是依赖关系网络查看图，如图 7－20 所示，该查看器中每个节点都表示一项。每条边都表示一个成对的关联规则。左侧的滑动条与重要性分数关联，使滑动条向下移动，则可以过滤掉比较弱的边。

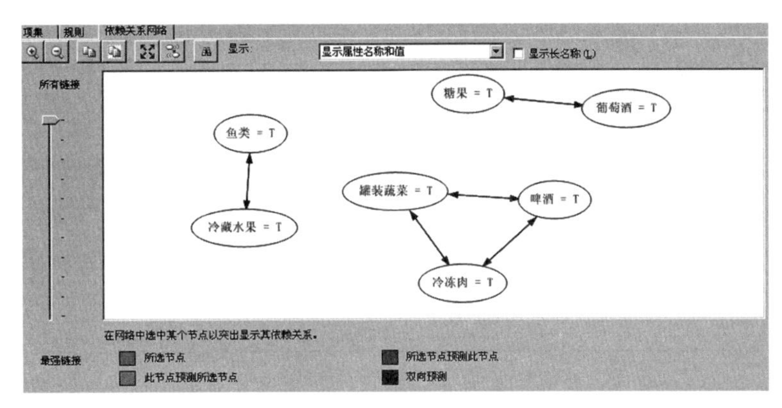

图 7－20　依赖关系示意图

从以上挖掘结果，我们可以得出大致的结论：鱼类和冷藏水果，糖果和葡萄酒，罐装蔬菜、啤酒和冷冻肉在一起被同时选购的可能性较大。通过这些信息，我们可以推测商场附近居民的消费习惯，从而帮助商场进行有针对性的捆绑销售，或开展促销活动。另外，对挖掘数据也应注意时效性，比如在节假日，糖果和葡萄酒在一起销售概率会明显上升。因此一个有意义的挖掘结果，并不是一步到位的，而是需要从多个角度和层次进行尝试，看是否会有感兴趣的结果出现。

扫描二维码 7－1，查看第七章示例单维布尔量关联规则挖掘(购物篮分析)的操作演示。

单维布尔量关联规则挖掘操作演示

二维码 7－1

(二) 示例 2：多维关联分析

在上例中，我们仅对购物篮中顾客选购的商品类别进行了关联规则挖掘，在本例中，我们将添加顾客的收入和年龄信息，分析顾客的收入和年龄与选购啤酒或葡萄酒这两种商品的消费规律。

表 7－6 包含了顾客的收入和年龄以及是否选购了啤酒或葡萄酒。数据记录有 1000 条。这是一个三维关联规则挖掘，属性包括：收入、年龄和选购商品。

表 7－6　某超市购物记录

ID	收入(元)	年龄(岁)	啤酒	葡萄酒
0	27000	46		
1	30000	28		
2	13200	36	T	
3	12200	26		T

续　表

ID	收入(元)	年龄(岁)	啤酒	葡萄酒
4	11000	24		
5	15000	35		*T*
6	20800	30		
7	24400	22	*T*	
8	29500	46		
9	29600	22		
10	17100	18		*T*
…				

步骤 1：预处理数据。

在示例 1 所建项目中，双击数据源视图下的“数据挖掘案例.dsv”，添加一张视图表：View_收入、年龄和酒类消费，将 ID 设为逻辑主键。根据表 7－5 我们看到收入和年龄字段都是数字值，这不方便分析，所以我们需要先将这两列进行离散化，根据收入大小分为低收入、中等收入和高收入 3 个区间，年龄分为年轻人、中年人和老年人 3 个区间。

点击“View_收入、年龄和酒类消费”表名位置，点击鼠标右键，选择“创建命名计算”，在列名输入框中输入：收入区间，在表达式栏中输入以下 SQL 语句：

```
CASE
   WHEN 收入 > 10000 AND 收入 < 20000 THEN '低收入'
   WHEN 收入 >= 20000 AND 收入 < 30000 THEN '中等收入'
   WHEN 收入 >= 30000 THEN '高收入'
END
```

同样，继续添加一个命名计算列“年龄段”，离散化 SQL 语句如下：

```
CASE
   WHEN 年龄 >= 16 AND 年龄 < 35 THEN '青年人'
   WHEN 年龄 >= 35 AND 年龄 < 55 THEN '中年人'
   ELSE '老年人'
END
```

完成后右击左侧“表”窗格的“View_收入、年龄和酒类消费”，浏览数据，如图 7－21 所示。在原表上添加了两个新列，收入区间和年龄段，且这两列的值都是离散化后的值。而离散化的区间是否合理，也会对分析的结果造成影响，一般在挖掘前，可以通过浏览数据中的图表，查看数据的分布来确定区间；如果挖掘后结果不满意，也可以再做调整。

步骤 2：创建数据挖掘结构。

表 | 透视表 | 图表 | 透视图

ID	收入	年龄	啤酒	葡萄酒	收入区间	年龄段
0	27,000	46	(空)	(空)	中等收入	中年人
1	30,000	28	(空)	(空)	高收入	青年人
2	13,200	38	T	(空)	低收入	中年人
3	12,200	26	(空)	T	低收入	青年人
4	11,000	24	(空)	(空)	低收入	青年人
5	15,000	35	(空)	T	低收入	中年人
6	20,800	30	(空)	(空)	中等收入	青年人
7	24,400	22	T	(空)	中等收入	青年人
8	29,500	46	(空)	(空)	中等收入	中年人
9	29,600	22	(空)	(空)	中等收入	青年人
10	17,100	18	(空)	T	低收入	青年人
11	20,000	48	(空)	(空)	中等收入	中年人
12	27,300	43	(空)	(空)	中等收入	中年人
13	28,000	43	(空)	(空)	中等收入	中年人
14	27,400	24	(空)	(空)	中等收入	青年人
15	18,400	19	T	(空)	低收入	青年人
16	23,100	31	(空)	(空)	中等收入	青年人
17	27,000	29	(空)	(空)	中等收入	青年人
18	23,100	26	T	(空)	中等收入	青年人

图 7-21　收入和年龄离散化后数据表

和示例 1 步骤一样，我们创建一个新的挖掘结构，输入表为“View_收入、年龄和酒类消费”，键列为“ID”，输入列为“收入区间”和“年龄段”，可预测列为“啤酒”和“葡萄酒”，挖掘结构名称为“收入、年龄和酒类消费”，默认的挖掘模型名称也改为“收入、年龄和酒类消费”。如图 7-22 所示。

图 7-22　挖掘结构和挖掘模型

保存项目，并处理挖掘新创建的挖掘模型，我们可以浏览挖掘结果，图 7-23 显示频繁项集，图 7-24 显示满足最小概率为 40%的关联规则。

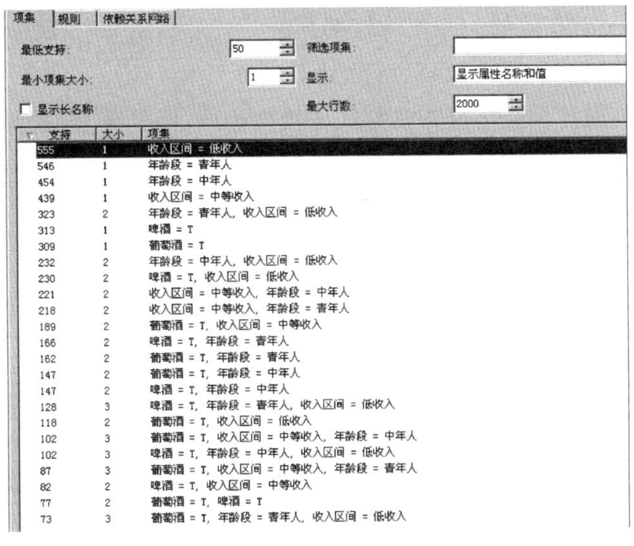

项集 | 规则 | 依赖关系网络

最低支持: 50　筛选项集:
最小项集大小: 1　显示: 显示属性名称和值
显示长名称　最大行数: 2000

支持	大小	项集
555	1	收入区间 = 低收入
546	1	年龄段 = 青年人
454	1	年龄段 = 中年人
439	1	收入区间 = 中等收入
323	2	年龄段 = 青年人, 收入区间 = 低收入
313	1	啤酒 = T
309	1	葡萄酒 = T
232	2	年龄段 = 中年人, 收入区间 = 低收入
230	2	啤酒 = T, 收入区间 = 低收入
221	2	收入区间 = 中等收入, 年龄段 = 中年人
218	2	收入区间 = 中等收入, 年龄段 = 青年人
189	2	葡萄酒 = T, 收入区间 = 中等收入
166	2	啤酒 = T, 年龄段 = 青年人
162	2	葡萄酒 = T, 年龄段 = 青年人
147	2	葡萄酒 = T, 年龄段 = 中年人
147	2	啤酒 = T, 年龄段 = 中年人
128	3	啤酒 = T, 年龄段 = 青年人, 收入区间 = 低收入
118	2	葡萄酒 = T, 收入区间 = 低收入
102	3	葡萄酒 = T, 收入区间 = 中等收入, 年龄段 = 中年人
102	3	啤酒 = T, 年龄段 = 中年人, 收入区间 = 低收入
87	3	葡萄酒 = T, 收入区间 = 中等收入, 年龄段 = 青年人
82	2	啤酒 = T, 收入区间 = 中等收入
77	2	葡萄酒 = T, 啤酒 = T
73	3	葡萄酒 = T, 年龄段 = 青年人, 收入区间 = 低收入

图 7-23　频繁项集

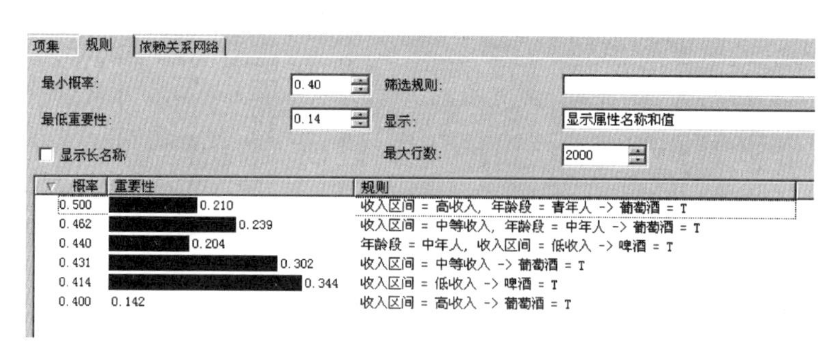

图 7－24　关联规则

多维关联分析操作演示

二维码 7－2

从结果我们可以看出，收入区间在中等和高等，更趋向于购买葡萄酒，而收入偏低的人群更偏向购买啤酒。

扫描二维码 7－2，查看第七章示例多维关联分析的操作演示。

以上两个示例非常简单地介绍了关联规则挖掘在顾客购买习惯分析中的应用，当然这些分析是非常粗略的，有些规则可能商场的管理人员凭经验也可以得出，这就需要我们进行更加细致的分析，比如深入分析葡萄酒品牌对消费者的影响。

小　结

从大量的数据中发现其关联关系在市场定位、决策分析和商业管理等领域是极为有用的。一个较受欢迎的应用领域就是购物篮分析，它通过搜索常一起购买的商品集来了解顾客的购物习惯。关联规则挖掘主要包括发现满足最小支持阈值的频繁项集，然后再从这些频繁项集中产生满足最小信任阈值的强关联规则，规则的形式为 $A \Rightarrow B$。

Apriori 算法是一个有效的关联规则挖掘算法。它是利用“一个频繁项集的任何一子集均应是频繁的”这一性质，按层次循环进行挖掘。

最常用的关联规则挖掘是单维布尔量关联规则挖掘，但事实上，我们感兴趣的规则往往还包含数值型的，多属性的数据，多维、多层次的关联规则挖掘也是非常有意义的。

需要注意的是，并不是所有的强关联规则都是有意义的。对统计上相关的项可以挖掘相关规则，从而对关联规则的重要性做出一个客观的评价。

思考与练习

1. 解释下列概念：(1) 多层次关联规则；(2) 多维关联规则；(3) 购物篮分析；(4) 强关联规则。

2. 简要说明单维关联规则和多维关联规则的区别。

3. 以购物篮应用为例说明关联规则挖掘所蕴含的商业价值。

4. 一般地，在一个事务数据库中挖掘关联规则需要通过哪两个主要步骤完成，各步骤的主要任务和目标是什么？

实　验

实验七　关联规则挖掘实验

一、实验目的

学习为关联规则挖掘准备数据，学习关联规则挖掘。

二、实验内容

(1) movies 目录中的 3 个 Excel 文件分别为：customers.xls，movies.xls，movietype.xls，阅读其中的数据，理解 3 个文件之间的关系。扫描二维码 7－3，查看“movies.zip”数据包文件。

二维码 7－3

(2) 将这 3 个 Excel 文件导入以自己学号命名的数据库。

(3) 由于顾客看的电影片名繁多，具体电影之间的关联规则比较小，因此我们将分析顾客所看电影类型的频繁项集和它们之间的关联规则。因此我们首先需要将每个顾客所看的具体电影名称转换成电影的类型，然后在此基础上进行数据挖掘。

(4) 首先创建一个视图 view_movietype，从 movietype 表中找出所有不重复的电影类型。字段如表 7－7 所示。

表 7－7　movietype

字段名称	字段类型	说明
电影类型	Varchar(50)	具体字段名称为 movietype 中的值，注意不能重复

(5) 根据视图所列出的电影类型，创建一个客户观看电影类型表 CusMovieType。字段如表 7－8 所示。

表 7－8　客户观看电影类型

字段名称	字段类型	说明
CustomerID	Int	主键，不能重复，不能为空
电影类型 1	Varchar(1)	具体字段名称为 view_movietype 中的值
电影类型 2	Varchar(1)	
……		

在表7-8中，CustomerID为客户表中的ID号，作为本表的主键值，后面的列为第4步所创建视图的所有行，类型为字符型，长度为1，当某个CustomerID看过该类型的电影，则值为T。通过以下步骤填充表的行。

①创建一个视图view_customerID，从movies表中找出所有的CustomerID(不能重复)。

②将视图view_customerID中的所有CustomerID插入至表CusMovieType中。

③创建一个视图view_custom_movietype，显示所有客户ID所购买电影的类型。

④对视图view_custom_movietype表逐行搜索，寻找每个客户看过的每部电影属于哪个类型，并将CusMovieType表中对应的CustomerID行的电影类型字段值修改为*T*。

(6) 对CusMovieType表进行单维布尔关联规则挖掘，找出和“惊悚片”相关的关联规则，挖掘结构如下。

①主键：CustomerID。

②输入列：所有电影类型。

③预测列：惊悚片。

④挖掘算法：关联规则。

(7) 分析挖掘结果，内容如下：

①列出所有项集大于等于3的频繁项集(截图)，并简单说明5种项集。

②列出包含有“惊悚片”的3项集(5种)，并简单说明。

③列出顾客选择惊悚片的关联规则(截图)，并简单说明5个关联规则。

(8) 在第6步创建的挖掘结构上新建一个挖掘模型，将“喜剧片”作为预测列，进行挖掘，写出挖掘结果。内容如下：

①列出所有项集大于等于3的频繁项集(截图)，并简单说明5种项集。

②列出包含有“喜剧片”的3项集(5种)，并简单说明。

③列出顾客选择喜剧片的关联规则(截图)，并简单说明5个关联规则。

(9) 下面我们将分析顾客的年龄和性别与观看电影类别的关系。首先用CusMovieType表和Customers表创建一个关联查询视图view_cus_age_movietype，里面的列包括：CustomerID、Age(年龄)、Gender(性别)，以及所有电影类型，如表7-9所示。

表7-9 顾客与观看电影类别关联表

字段名称	字段类型	说明
CustomerID	Int	主键，不能重复，不能为空
Age	Int	
Gender	Varchar(50)	
电影类型1	Varchar(1)	具体字段名称为view_movietype中的值
电影类型2	Varchar(1)	
……		

（10）将 view_cus_age_movietype 视图中的 Age 列离散化，按年龄从低到高，分成 4 组或者 5 组（自己根据所有客户的年龄排序后分组，注意年龄字段中有些行为空值），生成一个新的列：年龄区间。

（11）对 view_cus_age_movietype 视图进行关联规则挖掘，找出顾客年龄、性别和观看电影类型之间的关联规则，挖掘结构如下：

①主键：CustomerID。

②输入列：年龄区间，Gender，所有电影类型。

③预测列：惊悚片、喜剧片。

④挖掘算法：关联规则。

（12）分析挖掘结果，内容如下：

①列出所有项集大于等于 3 的频繁项集，并简单说明 5 种项集。

②列出包含有“年龄区间”“性别”“ 惊悚片”的项集（3 个以上），做简单说明。

③列出包含有“年龄区间”“性别”“ 喜剧片”的项集（3 个以上），做简单说明。

④列出顾客的年龄区间、性别、电影类型选择“惊悚片”的关联规则，并简单说明。

⑤列出顾客的年龄区间、性别、电影类型选择“喜剧片”的关联规则，并简单说明。

（13）从第 12 步可以看到由于电影类型众多，影响了关于顾客年龄、性别与我们要分析的“惊悚片，喜剧片”（也就是说，这些结果被淹没了），因此我们需要将挖掘模型中的输入列进行删减，不选择所有的电影类型，而只选择在第 6 步和第 8 步挖掘出来的和“惊悚片，喜剧片”这两种类型相关的电影类型（5 种）。

（14）分析挖掘结果，内容如下：

①列出所有项集大于等于 3 的频繁项集，并简单说明 5 种项集。

②列出包含有“年龄区间”“性别”“ 惊悚片”的项集（3 个以上），做简单说明。

③列出包含有“年龄区间”“性别”“ 喜剧片”的项集（3 个以上），做简单说明。

④列出顾客的年龄区间、性别、电影类型选择“惊悚片”的关联规则，并简单说明。

⑤列出顾客的年龄区间、性别、电影类型选择“喜剧片”的关联规则，并简单说明。

（15）针对上述的挖掘结果进行分析，简单描述客户购买电影类型的模式或规律，包括电影类型之间的关联，顾客年龄、性别与电影类型之间的关联，以及对销售上的建议。

扫描二维码 7－4，查看实验七的操作演示。

实验七
操作演示

二维码 7－4

分类与预测

分类与预测是两种数据分析形式。分类方法用于预测数据对象的离散类别，预测则用于预测数据对象的连续取值。如可以构造一个分类模型来对银行贷款进行风险评估（安全或危险），也可建立一个预测模型通过顾客收入与职业预测其可能用于购买计算机设备的支出大小。机器学习、专家系统、统计学和神经生物学等领域的研究人员已经提出了许多具体的分类预测方法。

本章将着重介绍以下内容：

- 分类与预测的基本知识
- 有关分类和预测的几个问题
- 决策树分类方法
- 贝叶斯分类方法
- 神经网络分类方法
- 分类器的准确性
- 使用 SQL Server BI Development Studio 进行分类和预测

第一节　分类与预测基本知识

数据分类过程主要包含两个步骤：第一步，如图 8－1 所示，建立一个描述已知数据集类

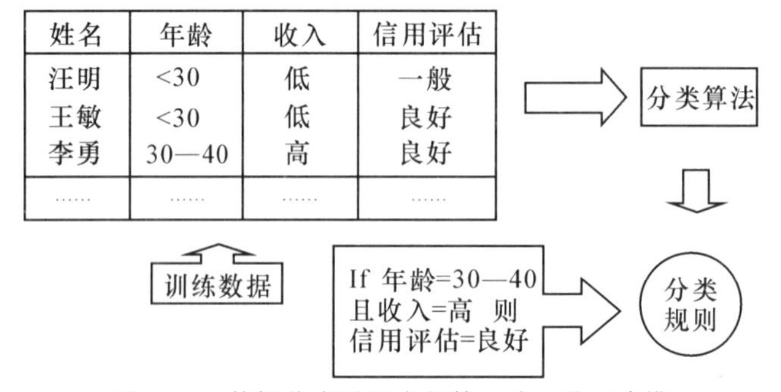

图 8－1　数据分类过程中的第一步：学习建模

别或概念的模型，该模型是通过对数据库中各数据行内容的分析而获得的。每一数据行都可认为是属于一个确定的数据类别，其类别值是由一个属性描述（被称为类别标记属性）。分类学习方法所使用的数据集称为训练样本集合，因此分类学习又可称为监督学习，它是在已知训练样本类别情况下，通过学习建立相应模型，而无监督学习则是在训练样本的类别与类别个数均未知的情况下进行的。

通常分类学习所获得的模型可以表示为分类规则形式、决策树形式，或数学公式形式。例如：给定一个顾客信用信息数据库，通过学习所获得的分类规则可用于识别顾客是否具有良好的信用等级或一般的信用等级。分类规则也可用于对所属类别不确定的数据进行识别判断，同时也可以帮助用户更好地了解数据库中的内容。

第二步，如图 8-2 所示，就是利用所获得的模型进行分类操作，首先对模型分类准确率进行估计，holdout 方法就是一种简单的估计方法，它利用一组带有类别的样本进行分类测试。对于一个给定数据集所构造出模型的准确性可以通过以下公式得到：该模型正确分类的测试数据样本个数所占总测试样本比例。测试样本应随机获得且与训练样本相互独立，因为如果模型的准确率是通过对训练数据集的测试所获得的，这样由于测试模型倾向于过分逼近训练数据，从而造成对模型测试准确率的估计过于乐观。因此需要使用一个测试数据集来对学习所获模型的准确率进行测试工作。

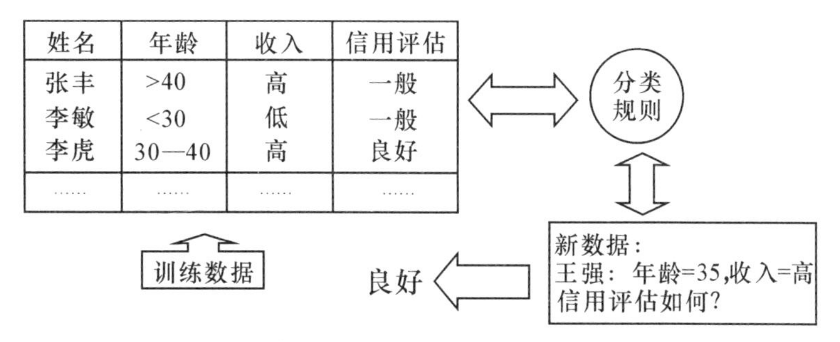

图 8-2 数据分类过程中的第二步：分类测试

如果一个学习所获模型的准确率经测试被认为是可以接受的，那么就可以使用这一模型对类别未知的对象进行分类。例如，在图 8-1 中利用训练数据集学习并获得分类规则知识模型，在图 8-2 中则利用学习获得的分类规则模型，对已知测试数据进行模型准确率的评估，以及对未知类别的新顾客进行分类预测。

与分类学习方法相比，预测方法可以认为是对未知类别数据行或对象的类别属性取值，利用学习所获得的模型进行预测。从这一角度出发，分类与回归是两种主要预测形式。前者用于预测离散或符号值，而后者则是用于预测连续或有序值。通常数据挖掘中，将预测离散无序类别的数据归纳方法称为分类方法，而将预测连续有序值的数据归纳方法称为预测方法。目前分类与预测方法已被广泛应用于各行各业，如在信用评估、医疗诊断、性能预测和市场营销等实际应用领域。

例 8.1 现有一个顾客邮件地址数据库，利用这些邮件地址可以给潜在顾客发送用于促销的新商品宣传册和将要开始的商品打折信息。该数据库内容就是有关顾客情况的描述，它包括年龄、收入、职业和信用等级等属性描述，顾客被分类为是否会成为在本商场购买电脑商品的顾客。当新顾客的信息被加入到数据库中时，就需要根据对该顾客是否会成为电脑买家进行分类识别(即对顾客购买倾向进行分类)，以决定是否给该顾客发送相应商品的宣传册。考虑到不加区分地给每名顾客都发送这类促销宣传册显然是一种很大浪费，而相比之下，有针对性地给有最大购买可能的顾客发送其所需要的商品广告，才是一种高效节俭的市场营销策略。为满足这种应用需求就需要建立顾客购买倾向分类规则模型，以帮助商家准确判别每个新加入顾客的可能购买倾向。

此外若需要对顾客在一年内可能会在商场购买商品的次数(为有序值)进行预测时，就需要建立预测模型以帮助准确获取每个新顾客在本商店可能进行的购买次数。

第二节　有关分类和预测的几个问题

一、数据预处理

在进行分类或预测挖掘之前，首先必须准备好挖掘数据。一般需要对数据进行以下预处理，以帮助提高分类或预测的准确性、效率和可扩展性。

(1) 数据清洗：这一数据预处理步骤，主要帮助除去数据中的噪声，并妥善解决遗失数据问题。尽管大多数分类算法都包含一些处理噪声和遗失数据的方法，但这一预处理步骤可以帮助有效减少学习过程可能出现相互矛盾情况的问题。

(2) 相关分析：由于数据集中的许多属性与挖掘任务本身可能是无关的，例如：记录银行贷款申请单填写时的日期属性，就可能与申请成功与数据挖掘结果描述无关；此外有些属性也可能是冗余的。因此需要对数据进行相关分析，以帮助在学习阶段就消除无关或冗余属性。在机器学习中，这一相关分析步骤被称为属性选择，包含与挖掘任务无关的属性可能会减缓甚至误导整个学习过程。在理想情况下，相关分析所花费时间加上对消减后属性子集进行归纳学习所花费时间之和，应小于从初始属性集进行学习所花费的时间，从而达到帮助改善分类效率和可扩展性的目的。

(3) 数据转换：利用概念层次树，将数据泛化到更高的层次。概念层次树对连续数值的转换非常有效。例如，属性“收入”的数值就可以被泛化为若干离散区间，诸如低、中等和高。类似地，“街道”这样的属性也可以被泛化到更高的抽象层次，如泛化到城市。由于泛化操作压缩了原来的数据集，从而可以帮助有效减少学习过程所涉及的输入、输出操作。此外初始数据可能还需要规格化，特别是在利用距离计算方法进行各种学习方法时，如在基于示例学习方法中，规格化处理是不可或缺的重要处理操作。

二、分类方法

对分类方法的比较，可以参考以下几个方面。

（1）预测准确率，它描述学习所获得的模型能否正确预测未知对象类别或数值的能力。

（2）速度，它描述在构造和使用模型时的计算效率。

（3）鲁棒性，它描述在数据带有噪声和有数据遗失情况下，学习所获得的模型仍能进行正确预测的能力。

（4）可扩展性，它描述对处理大量数据并构造相应学习模型所需要的能力。

（5）易理解性，它描述学习所获模型表示的可理解程度。

第三节　基于决策树的分类

一、决策树生成算法

所谓决策树就是一个类似流程图的树型结构，其中树的每个内部节点代表对一个属性取值的测试，其分支就代表测试的每个结果，而树的每个叶节点就代表一个类别。树的最高层节点就是根节点。如图 8－3 所示，就是一个决策树示意描述。该决策树描述了一个购买电脑的分类模型，利用它可以对一个学生是否会在本商场购买电脑进行分类预测。决策树的中间节点通常用矩形表示，而叶子节点常用椭圆表示。

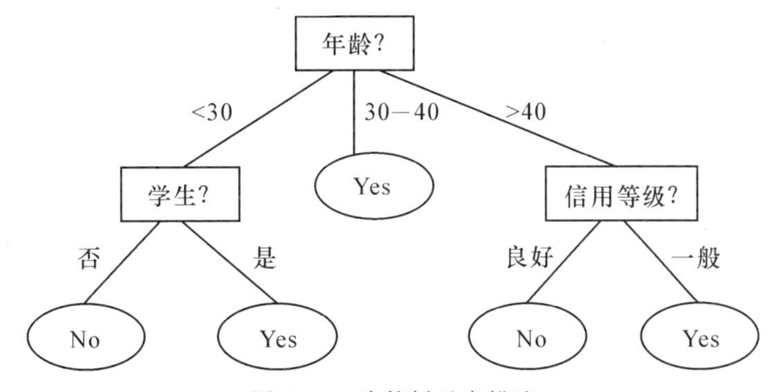

图 8－3　决策树示意描述

为了对未知数据对象进行分类识别，可以根据决策树的结构对数据集中的属性值进行测试，从决策树的根节点到叶节点的一条路径就形成了对相应对象的类别预测。决策树可以很容易转换为分类规则。例如图 8－3 所示的决策树中可提炼出 5 条分类规则。

当构造决策树时，有许多由数据集中的噪声或异常数据所产生的分支。树枝修剪就是识别并消除这类分支以帮助改善对未知对象分类的准确性。

基本决策树算法是一个贪心算法。它采用自上而下、分而制之的递归方式来构造一个决策树。ID3 算法就是学习构造决策树的一个基本归纳算法。ID3 算法是 1986 年由罗斯·

昆兰(J. Ross Quinlan)提出的。这是国际上最早、最有影响力的决策树算法。ID3 算法是基于信息熵的决策树分类算法，根据属性集的取值选择实例的类别。它采用自顶向下不可返回的策略，搜出全部空间的一部分，确保建立最简单的决策树。

ID3 算法的基本学习策略说明如下：

(1) 决策树开始时，作为一个单个节点(根节点)包含所有的训练样本集。

(2) 若一个节点的样本均为同一类别，则该节点就成为叶节点并标记为该类别。

(3) 否则该算法将采用信息熵方法(称为信息增益)作为启发知识来帮助选择合适的分支属性，以便将样本集划分为若干子集。这个属性就成为相应节点的“测试”属性。在本算法中，所有属性均为符号值，即离散值。因此若有取连续值的属性，就必须首先将其离散化。

(4) 一个测试属性的每一个值均对应一个将要被创建的分支，同时也对应着一个被划分的子集。

(5) 递归使用上述各处理过程，针对所获得的每个划分均又获得一个决策子树。一个属性一旦在某个节点出现，那么它就不能再出现在该节点之后所产生的子树节点中。

(6) 本算法递归操作的停止条件就是：

①一个节点的所有样本均为同一类别；

②若无属性可用于划分当前样本集，则利用投票原则(少数服从多数)将当前节点强制为叶节点，并标记为当前节点所含样本集中类别个数最多的类别；

③没有样本满足测试属性值，则创建一个叶节点并将其标记为当前节点所含样本集中类别个数最多的类别。

ID3 算法构造的决策树平均深度较小，分类速度较快。

二、属性选择方法

在决策树归纳方法中，通常使用信息增益方法来帮助确定生成每个节点时所应采用的合适属性。这样就可以选择具有最高信息增益(熵减少的程度最大)的属性作为当前节点的测试属性，使划分后获得的训练样本子集进行分类所需要信息最小，也就是说，利用该属性进行当前节点所含样本集合划分，将会使所产生的各样本子集中的“不同类别混合程度”降为最低。因此采用这样一种信息论方法将有效减少对象分类所需要的次数，从而确保所产生的决策树最为简单，尽管不一定是最简单的。

首先，我们了解如何确定一个样本集合的信息期望值(信息熵)。设 S 为一个包含 s 个数据样本的集合，类别属性可以取 m 个不同的值(类别)，对应于 m 个不同的类别 C_i，$i \in \{1, 2, 3, \cdots, m\}$，假设 s_i 为类别 C_i 中的样本个数，那么要对一个给定数据对象进行分类所需要的信息期望值为：

$$I(s_1, s_2, \cdots, s_m) = -\sum_{i=1}^{m} p_i \log(p_i) \tag{8.1}$$

其中 p_i 就是任意一个数据对象属于类别 C_i 的概率，可以按 s_i/s 计算。而其中的 log 函数是以 2 为底，因为在信息论中信息都是按位进行编码的。

设一个属性 A 取 v 个不同的值$\{a_1,a_2,\cdots,a_v\}$。利用属性 A 可以将集合 S 划分为 v 个子集$\{S_1,S_2,\cdots,S_v\}$，其中 S_j 包含了 S 集合中属性 A 取 a_j 值的数据样本。若属性 A 被选为测试属性(用于对当前样本集进行划分)，设 s_{ij} 为子集 S_j 中属于 C_i 类别的样本数。那么利用属性 A 划分当前样本集合所需要的信息期望值可以计算如下：

$$E(A)=\sum_{j=1}^{v}\frac{s_{1j}+s_{2j}+\cdots+s_{mj}}{s}I(s_{ij},\cdots,s_{mj}) \tag{8.2}$$

其中$\frac{s_{1j}+\cdots+s_{mj}}{s}$项被当作第 j 个子集的权值，它是由所有子集中属性 A 取 a_j 值的样本数之和除以 S 集合中的样本总数。$I(s_{ij},\cdots,s_{mj})$为当属性 A 取 a_j 值的样本子集 S_j 的信息期望值。它的计算公式为：

$$I(s_{1j},s_{2j},\cdots s_{mj})=-\sum_{j=1}^{m}p_{ij}\log(p_{ij}) \tag{8.3}$$

其中 $p_{ij}=\frac{s_{ij}}{S_j}$，即为子集 S_j 中任一个数据样本属于类别 C_i 的概率。

$E(A)$计算结果越小，就表示其子集划分结果越“纯”(好)。

这样利用属性 A 对当前分支节点进行相应样本集合划分所获得的信息增益就是：

$$\text{Gain}(A)=I(s_1,s_2,\cdots,s_m)-E(A) \tag{8.4}$$

换句话说，Gain(A)被认为是根据属性 A 取值进行样本集合划分所获得的信息熵的减少量。决策树归纳算法计算每个属性的信息增益，并从中挑选出信息增益最大的属性作为给定集合 S 的测试属性并由此产生相应的分支节点。所产生的节点被标记为相应的属性，并根据这一属性的不同取值分别产生相应的决策树分支，每个分支代表一个被划分的样本子集。

表 8-1　一个商场顾客数据库(训练样本集合)

ID	年龄	收入	学生	信用等级	购买电脑
1	<30	高	否	一般	否
2	<30	高	否	高	否
3	30—40	高	否	一般	是
4	>40	中等	否	一般	是
5	>40	低	是	一般	是
6	>40	低	是	高	否
7	30—40	低	是	高	是
8	<30	中等	否	一般	否
9	<30	低	是	一般	是
10	>40	中等	是	一般	是
11	<30	中等	是	高	是

续 表

ID	年龄	收入	学生	信用等级	购买电脑
12	30—40	中等	否	高	是
13	30—40	高	是	一般	是
14	>40	中等	否	高	否

例 8.2 表 8－1 为一个商场顾客数据库（训练样本总数为 14 个）。样本集合的类别属性为："购买电脑"，该属性有两个不同取值，即{是，否}，因此就有两个不同的类别（$m=2$）。设 C_1 对应"是"类别，C_2 对应"否"类别。C_1 类别包含 9 个样本，C_2 类别包含 5 个样本。为了计算每个属性的信息增益，首先利用公式(8.1)计算出对一个给定样本进行分类所需要的信息量，具体计算过程如下：

$$I(s_1,s_2)=I(9,5)=-\frac{9}{14}\log_2\frac{9}{14}-\frac{5}{14}\log_2\frac{5}{14}=0.94$$

接着需要计算每个属性的信息熵。假设先从属性"年龄"开始，根据属性"年龄"每个取值在 "是" 类别和 "否" 类别中的分布，就可以计算出每个分布所对应的信息。

对于年龄 ＝"<30"：$s_{11}=2\quad s_{21}=3\quad I(s_{11},s_{21})=0.971$

对于年龄 ＝"30—40"：$s_{12}=4\quad s_{22}=0\quad I(s_{12},s_{22})=0$

对于年龄 ＝">40"：$s_{13}=3\quad s_{23}=2\quad I(s_{13},s_{23})=0.971$

然后利用公式(8.2)就可以计算出若根据属性"年龄"对样本集合进行划分，所获得对一个数据对象进行分类而需要的信息熵为：

$$E(\text{年龄})=\frac{5}{14}I(s_{11},s_{21})+\frac{4}{14}I(s_{12},s_{22})+\frac{5}{14}I(s_{13},s_{23})=0.694$$

由此获得利用属性"年龄"对样本集合进行划分所获得的信息增益为：

$$\text{Gain}(\text{年龄})=I(s_1,s_2)-E(\text{年龄})=0.245$$

类似可以获得 Gain(收入)＝0.029，Gain(学生)＝0.151，以及 Gain(信用级别)＝0.048。显然，选择属性"年龄"所获得的信息增益最大，因此可作为测试属性用于产生当前分支节点。这个新产生的节点就标记为"年龄"，同时根据属性"年龄"的 3 个不同取值，产生 3 个不同的分支，最初的样本集合被划分为 3 个子集，如图 8－4 所示。其中落入年龄＝30—40 子集的样本类别均为"是" 类别，因此在这个分支末端产生一个叶节点并标记为 "是" 类别。根据表 8－1 所示的训练样本集合，最终产生一个如图 8－4 所示的决策树。

决策树归纳算法广泛应用在许多进行分类识别的应用领域。这类算法无须相关领域知识，归纳的学习与分类识别的操作处理速度都相当快。而对于具有"细长条"分布性质的数据集合来讲，决策树归纳算法相应的分类准确率是相当高的。

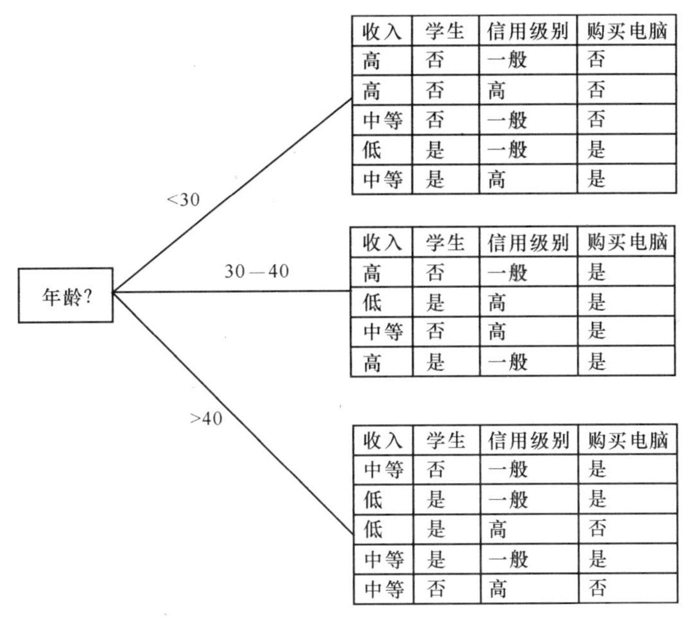

收入	学生	信用级别	购买电脑
高	否	一般	否
高	否	高	否
中等	否	一般	否
低	是	一般	是
中等	是	高	是

收入	学生	信用级别	购买电脑
高	否	一般	是
低	是	高	是
中等	否	高	是
高	是	一般	是

收入	学生	信用级别	购买电脑
中等	否	一般	是
低	是	一般	是
低	是	高	否
中等	是	一般	是
中等	否	高	否

图 8-4　选择属性“年龄”产生相应分支的示意描述

三、树枝修剪

在一个决策树刚刚建立起来的时候，它其中的许多分支都是根据训练样本集合中的异常数据（由于噪声等原因）构造出来的。树枝修剪正是针对这类数据过分近似问题而提出来的。树枝修剪方法通常利用统计方法删除最不可靠的分支，以提高今后分类识别的速度和分类识别新数据的能力。

通常采用两种方法进行树枝的修剪，它们分别是：

(1) 事前修剪方法。该方法通过提前停止分支生成过程，即通过在当前节点上就判断是否需要继续划分该节点所含训练样本集来实现。一旦停止分支，当前节点就成为一个叶节点。该叶节点中可能包含多个不同类别的训练样本。

在建造一个决策树时，可以利用统计上的重要性检测 χ^2 或信息增益等来对分支生成情况的优劣进行评估。如果在一个节点上划分样本集时，会导致所产生的节点中样本数少于指定的阈值，则就要停止继续分解样本集合。但确定这样一个合理的阈值常常也比较困难。阈值过大会导致决策树过于简单化，而阈值过小时又会导致多余树枝无法修剪。

(2) 事后修剪方法。该方法从一个“充分生长”树中，修剪掉多余的分支。基于代价成本的修剪算法就是一个事后修剪方法。被修剪的节点就成为一个叶节点，并将其标记为它所包含样本中类别个数最多的类别。对于树中每个非叶节点，计算出该节点被修剪后所发生的预期分类错误率，同时根据每个分支的分类错误率，以及每个分支的权重（样本分布），计算若该节点不被修剪时的预期分类错误率。如果修剪导致预期分类错误率变大，则放弃修剪，保留相应节点的各个分支，否则就将相应节点分支修剪删去。在产生一系列经过修剪的决策树候选之后，利用一个独立的测试数据集，对这些经过修剪的决策树的分类准确性进行评价，保留预期分类错误率最小的修剪后的决策树。

除了利用预期分类错误率进行决策树修剪之外，还可以利用决策树的编码长度来进行决策树的修剪。所谓最佳修剪树就是编码长度最短的决策树。这种修剪方法利用最短描述长度(MDL)原则来进行决策树的修剪。该原则的基本思想就是：最简单的就是最好的。与基于代价成本方法相比，利用 MDL 进行决策树修剪时无须额外的独立测试数据集。

事前修剪可以与事后修剪相结合，从而构成一个混合的修剪方法。事后修剪比事前修剪需要更多的计算时间，从而可以获得一个更可靠的决策树。

四、决策树分类规则获取

决策树所表示的分类知识可以被抽取出来并可用 IF-THEN 分类规则形式加以表示。从决策树的根节点到任一个叶节点所形成的一条路径就构成了一条分类规则。沿着决策树的一条路径所形成的“属性—值”偶对就构成了分类规则条件部分(IF 部分)中的一个合取项，叶节点所标记的类别就构成了规则的结论内容(THEN 部分)。IF-THEN 分类规则表达方式易于被人理解，且当决策树较大时，IF-THEN 规则表示形式的优势就更加突出。

例 8.3 从决策树中抽取出分类规则。如图 8－3 所示的一个决策树，需要将其所表示的分类知识用 IF-THEN 分类规则形式描述出来，通过记录图 8－3 所示决策树中的每条从根节点到叶节点所形成的一条路径，可以得到以下分类规则，它们是：

IF 年龄＝“＜30”　AND　学生＝“否”　THEN　购买电脑＝否

IF 年龄＝“＜30”　AND　学生＝“是”　THEN　购买电脑＝是

IF 年龄＝“30—40”　THEN　购买电脑＝是

IF 年龄＝“＞40”　AND　信用级别＝“高”　THEN　购买电脑＝是

IF 年龄＝“＞40”　AND　信用级别＝“一般”　THEN　购买电脑＝否

决策树的 ID3 算法利用训练样本对每个分类规则的预测准确性进行评估。但由于这样做会得到较为乐观的分类预测准确性(评估结果)，因此又发展出 C4.5 算法，该算法采用一个比较悲观的评估方法对上述评估中的乐观倾向进行修正。此外也可以利用独立的测试数据集(没有参加归纳训练的数据集)对分类规则的预测准确性进行评估。

这里也可以通过消去分类规则条件部分中的某个对该规则预测准确性影响不大的取项，来达到优化分类知识的目的。由于独立测试数据集中的一些测试样本可能不会满足所获得的所有分类规则中的前提条件，因此还需要设立一条缺省规则，该缺省规则的前提条件为空，其结论则标记为训练样本中类别个数最多的类别。

五、级别决策树方法的改进

对 ID3 算法可以做许多改进，以下将要介绍几种常见的改进措施。

ID3 算法要求所有的属性都必须是符号量或是无序的离散值。因此该算法首先需要改进以便容许可取连续值的属性。对具有连续取值属性的测试可以认为会产生两个分支，分

别是条件 $A \leqslant V$ 和 $A > V$，V 是属性 A 的一些取值。若属性 A 有 v 个取值，则对属性 A 的测试可以看成对 $v-1$ 个可能的条件测试。通常将相邻两个取值之间的中值作为分界测试点。

基本的决策树归纳方法对一个测试属性的每个取值均产生一个相应分支，且划分相应的数据样本集。这样的划分会导致产生许多小的子集。随着子集被划分的越来越小，划分过程将会由于子集规模过小所造成的统计特征不充分而停止。一个替代方法就是容许将一个属性的若干值组合在一起，这样在测试该属性时，将是对属性的一组取值进行测试，如 $A_i \in \{a_1, a_2, \cdots, a_n\}$。另一个变通方法就是构造二元决策树，其中每个分支都只代表对一个属性取值的真假测试。二元决策树将会有效减少数据集合的分解。一些经验测试结果表明：二元决策树比传统决策树更可能具有较好的分类预测准确性。

信息增益方法偏向于选择取值较多的属性，针对这一问题，人们也提出许多方法，如采用增益比率方法，它将每个属性取值的概率考虑在内。

许多处理遗失数据方法也被提了出来。这是由于含有未知值的属性 A 的信息增益会由于未知值的增加而减少，这样含有未知值的属性进行节点测试时就会被分解为若干分支。可以利用属性 A 中最常见的值来替代一个遗失或未知属性 A 的值。其他方法还包括：利用属性 A 中出现次数最多的数值，或利用属性 A 与其他属性之间的关系来填充这些缺失的数据。

随着数据集的不断分解，每个数据子集将变得越来越小，所构造出的决策树就会出现碎片、重复、复制等问题。所谓碎片问题，就是指由于一个特定分支所包含的样本数变得很小，从而使其在统计上变得微不足道；重复问题就是指在一个特定的分支上，对某个属性的测试会不断地重复；而复制问题就是指某个子树在整个决策树中重复出现。这些问题的出现显然会影响所构造决策树的准确性和可理解性。属性构造是防止这类问题发生的一种解决方法，利用已有属性构造新的属性可以帮助改善现有属性集的在表示范围上的局限性。

六、数据仓库技术与决策树归纳的结合

决策树归纳方法可以与数据仓库技术结合到一起进行数据挖掘工作。这里仅讨论基于属性归纳方法进行数据泛化方法，以及利用多维数据立方存储分析基于不同抽象细度的（泛化后）数据方法；同时还要讨论这些方法如何与决策树归纳方法相结合，以帮助实现交互式多层次的数据挖掘。一般而言，这里所讨论的有关方法都可以应用到其他学习方法中。

基于属性归纳（AOI）方法，利用概念层次树对训练数据进行泛化归纳。其具体操作就是用高层次概念替换低层次数据。例如，收入属性的数值可以被泛化到范围“＜3 万”“3 万—4 万”和“＞4 万”，或符号量“低、中、高”。显然这样做可以帮助用户在更容易理解的层次上，对数据进行分析。此外，泛化后的数据也将更加简洁，从而也会相对减少归纳时的内外存输入输出操作。AOI 方法所具有的大规模数据处理的可扩展能力就是通过泛化操作压缩初始训练数据集来实现的。

泛化后的数据可以存放到多维数据立方。数据立方是一个多维数据结构，其中每一维

表示一个属性或数据模型中一组属性，每个单元存放相应多维所确定的度量值。如图 8－5 所示就是存放顾客信息的数据立方示意描述。其中各维分别是收入、年龄和职业。属性收入和属性年龄的初始数值被泛化到一定的区间范围，而属性职业的初始数值也被泛化到如会计、银行家或者护士、门诊医生（分别对应金融界和医学界的职业）。使用多维结构的好处就是它容许对数据立方中的数据单元进行快速索引，例如，用户可以较为容易地快速查找收入超过 4 万且职业与金融界相关的顾客总人数，或者在医学界工作且年龄小于 40 岁的顾客总人数。

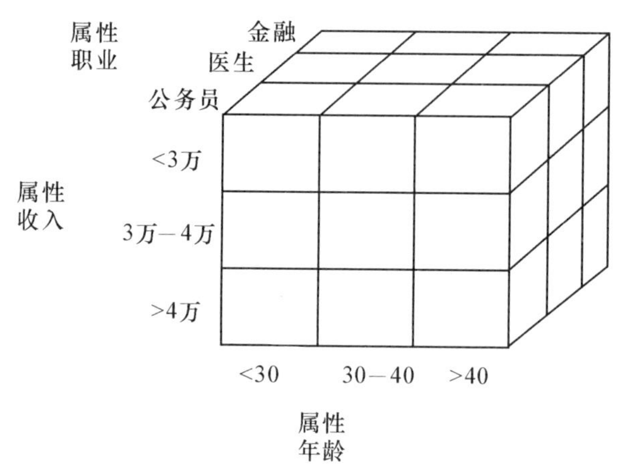

图 8－5　一个泛化后的多维数据立方

数据仓库提供了若干对数据立方进行不同细度层次的挖掘操作。其中包含上卷、下钻、切片操作。上卷操作是通过提升概念层次，如将职业属性中的股票经纪人提升为金融工作者；或消减掉数据立方中一个维，并完成对相应数据立方内容的合计。下钻操作则与上卷操作相反，它通过概念层次下降或添加一个维，如时间维，来完成相应的操作。切片操作完成对数据立方维的选择工作，例如，需要获得属性职业中会计的一个数据的切片，以便获得相应的属性收入和属性年龄的数据；而多维切片操作则完成两个或更多维的选择操作。

上述多维数据立方的各种操作均可以与决策树归纳方法相结合，以帮助提供交互式、多层次的决策树挖掘。数据立方和概念层次树中所包含的知识，可以有效地帮助归纳出基于不同抽象概念层次的决策树。除此之外在获得相应的决策树后，就可以利用概念层次树来泛化决策树中的各节点。利用上卷操作和下钻操作来对所获得的不同抽象层次的数据集合进行重新分类。交互的特点还将使得用户可以将挖掘的注意力集中到他们所感兴趣的决策树中的部分分支或数据区域上。

属性归纳 AOI 方法与决策树相结合后，可以将属性细化到一个非常低级的层次从而获得一个非常庞大和茂密的树；而将属性泛化到一个非常高级的层次就会获得一个非常简洁甚至无任何价值的决策树。为了避免过分泛化而失去有价值、有意义的子概念，泛化过程一般只能进行到某个中间抽象层次，这一层次通常需要专家或用户所指定的阈值来控制实现。因此利用 AOI 方法所获得的决策树可能更容易理解。

决策树的产生过程是一个递归过程，不断递归分解相应的数据集合会导致所分析的数据对象(数据子集)变得越来越小，而从统计角度来看没有任何意义。有关的统计方法可以帮助决定最大的无意义数据子集的规模。为较好解决这一问题，可以引入意外阈值，若一个给定子集的样本数小于这一阈值，就停止分解这一子集，否则就产生一个叶节点并标记为其中类别个数最多的类别。

由于大规模数据库中数据的变化程度和规模都较大，因此假设一个叶节点所含数据子集中的样本均属同一个类别是不太合理的，这时可以引入分类阈值来帮助解决这一问题。即若一个节点所含数据集中属于某一类别的样本数大于这一阈值，就可以停止分解这一子集。

许多数据仓库思想都可以应用到决策树归纳方法中，以便更好地完成数据挖掘工作。基于属性的归纳方法利用概念层次树将数据泛化到不同的概念层次，将 AOI 方法与分类方法相结合，就可以完成基于多抽象层次的数据挖掘工作，而存储在多维数据立方中的数据将有助于对合计数据进行快速存取和分析。

第四节 贝叶斯分类方法

贝叶斯分类器是一个统计分类器，它能够预测类别所属的概率，如一个数据对象属于某个类别的概率。贝叶斯分类器是基于贝叶斯定理而构造出来的。我们对分类方法进行比较发现：简单贝叶斯分类器(称为基本贝叶斯分类器)在分类性能上与决策树和神经网络都是可比的。在处理大规模数据库时，贝叶斯分类器已表现出较高的分类准确性和运算性能。

基本贝叶斯分类器(naïve Bayesian classifiers)假设一个指定类别中各属性的取值是相互独立的，这一假设也被称为类别条件独立，它可以帮助有效减少在构造贝叶斯分类器时所需要进行的计算量。

一、贝叶斯定理

设 X 为一个类别未知的数据样本，H 为以下假设：数据样本 X 属于一个特定的类别 C，那么分类问题就是决定 $P(H \mid X)$，即在获得数据样本 X 时，假设成立的概率。

$P(H \mid X)$是事后概率，为建立在 X(条件)之上的 H 概率。例如：假设数据样本是水果，描述水果的属性有颜色和形状。假设 X 为红色和圆状，H 为 X 是一个苹果的假设，因此 $P(H \mid X)$就表示在已知 X 是红色和圆状时，确定 X 为一个苹果的 H 假设成立的概率；相反 $P(H)$为事前概率，在上述例子中，$P(H)$就表示任意一个数据对象，它是一个苹果的概率。无论它是何种颜色和形状，与 $P(H)$相比，$P(H \mid X)$是建立在更多信息基础之上的；而前者则与 X 无关。

类似地，$P(X \mid H)$是建立在 H 基础之上的 X 成立概率，也就是说：若已知是一个苹果，那它是红色和圆状的概率可表示为 $P(X \mid H)$。

由于 $P(X)$、$P(H)$和 $P(X \mid H)$的概率值可以从训练数据集合中得到，贝叶斯定理则

描述了如何根据 $P(X)$、$P(H)$ 和 $P(X \mid H)$ 计算获得的 $P(H \mid X)$，有关的具体公式定义描述如下：

$$P(H \mid X)=\frac{P(X \mid H)P(H)}{P(X)} \tag{8.5}$$

二、基本贝叶斯分类方法

基本贝叶斯分类器，或称为简单贝叶斯分类器进行分类操作处理的步骤说明如下。

(1) 每个数据样本均是由一个 n 维特征向量 $X=\{x_1,x_2,\cdots,x_n\}$ 来描述其 n 个属性 $(A_1,A_2,\cdots,A_n)$ 的具体取值。

(2) 假设共有 m 个不同类别：$C_1,C_2,\cdots,C_m$。给定一个未知类别的数据样本 X，分类器在已知 X 情况下，预测 X 属于事后概率最大的那个类别。也就是说，基本贝叶斯分类器将未知类别的样本 X 归属到类别 C_i，当且仅当：

$$P(C_i \mid X)>P(C_j \mid X) \qquad \text{对于 } 1 \leqslant j \leqslant m, j \neq i$$

也就是 $P(C_i \mid X)$ 最大。其中的类别 C_i 就称为最大事后概率的假设。根据公式(8.5)可得：

$$P(C_i \mid X)=\frac{P(X \mid C_i)P(C_i)}{P(X)} \tag{8.6}$$

(3) 由于 $P(X)$ 对于所有的类别均是相同的，因此只需要 $P(X \mid C_i)P(C_i)$ 取最大即可。而类别的事前概率 $P(C_i)$ 一般可以通过以下公式计算：

$$P(C_i)=\frac{s_i}{s} \tag{8.7}$$

其中 s_i 为训练样本集合中类别 C_i 的个数，s 为整个训练样本集合的大小。

(4) 由于 X 包含多个属性值 $\{x_1,x_2,\cdots,x_n\}$，直接计算 $P(X \mid C_i)$ 的运算量是非常大的。为实现对 $P(X \mid C_i)$ 的有效估算，基本贝叶斯分类器通常都假设各属性的取值是相互独立的。对于特定的类别且其各属性相互独立，就会有：

$$P(X \mid C_i)=\prod_{k=1}^{n} P(x_k \mid C_i) \tag{8.8}$$

可以根据训练数据样本估算 $P(x_1 \mid C_i)$，$P(x_2 \mid C_i)$，$\cdots$，$P(x_n \mid C_i)$ 值，具体处理方法说明如下：仅讨论属性 A_k 值是符号量，有 $P(x_k \mid C_i)=\frac{s_{ik}}{s_i}$；这里 s_{ik} 为训练样本中类别为 C_i 且属性 A_k 取 v_k 值的样本数，s_i 为训练样本中类别为 C_i 的样本数。

(5) 为预测一个未知样本 X 的类别，可对每个类别 C_i 估算相应的 $P(X \mid C_i)P(C_i)$。样本 X 归属类别 C_i，当且仅当：

$$P(C_i \mid X)>P(C_j \mid X) \qquad \text{对于 } 1 \leqslant j \leqslant m, j \neq i$$

从理论上与其他分类器相比，贝叶斯分类器具有最小的错误率。但实际上，由于其所依据的类别独立性假设和缺乏某些数据的准确概率分布，从而使得贝叶斯分类器预测准确率受到影响。

贝叶斯分类器的另一个用途就是它可为那些没有利用贝叶斯定理的分类方法提供理论依据。例如在某些特定假设情况下,许多神经网络和曲线拟合算法的输出都同贝叶斯分类器一样,使得事后概率取最大。

例 8.4 利用贝叶斯分类方法预测一个数据对象类别。利用表 8.1 所示数据作为训练样本集,贝叶斯分类器来帮助预测数据样本的类别。训练数据集包含年龄、收入、学生和信用级别这四个属性,其类别属性为购买电脑。它有两个不同取值:{是,否}。设 C_1 对应类别购买电脑=是;C_2 对应类别购买电脑=否;一个未知类别数据对象 X=(年龄="<30",收入=中等,学生=是,信用级别=一般)。

为了获得 $P(X \mid C_i)P(C_i)$,其中 $I=1,2$,$P(C_i)$ 为每个类别的事前概率,所进行的具体计算结果描述如下:

$P(C_1)=P$(购买电脑=是)$=9/14=0.643$

$P(C_2)=P$(购买电脑=否)$=5/14=0.357$

为计算 $P(X \mid C_i)$,其中 $i=1,2$,由于 X 有年龄、收入、学生、信用级别四个属性值,所以需要先分别计算每个属性值对应的概率,即 $P(x_k \mid C_i)$,其中 $k=1,2,3,4$:

P(年龄="<30"| 购买电脑=是)$=2/9=0.222$

P(年龄="<30"| 购买电脑=否)$=3/5=0.6$

P(收入=中等 | 购买电脑=是)$=4/9=0.444$

P(收入=中等 | 购买电脑=否)$=2/5=0.400$

P(学生=是 | 购买电脑=是)$=6/9=0.667$

P(学生=是 | 购买电脑=否)$=1/5=0.200$

P(信用级别=一般| 购买电脑=是)$=6/9=0.667$

P(信用级别=一般 | 购买电脑=否)$=2/5=0.400$

利用以上所获得的计算结果,可以得到 $P(X \mid C_i)$:

$P(X \mid$ 购买电脑 = 是)$=0.222\times0.444\times0.667\times0.667=0.044$

$P(X \mid$ 购买电脑 = 否)$=0.600\times0.400\times0.200\times0.400=0.019$

下面计算 $P(X \mid C_i)P(C_i)$:

$P(X \mid$ 购买电脑 = 是)P(购买电脑 = 是)$=0.044\times0.643=0.028$

$P(X \mid$ 购买电脑 = 否)P(购买电脑 = 否)$=0.019\times0.357=0.007$

最后,基本贝叶斯分类器得出结论:对于数据对象 X 的"购买电脑=是"的概率大于"购买电脑=否"的概率。

第五节 神经网络分类方法

神经网络起源生理学和神经生物学中有关神经细胞计算的研究工作。所谓神经网络就是一组相互连接的输入输出单元,这些单元之间的每个连接都关联一个权重。在网络学习阶段，网络通过调整权重来实现输入样本与其相应类别的对应。由于网络学习主要是针对其中的连接权重进行的，因此神经网络的学习有时也称为连接学习。

鉴于神经网络学习时间较长，因此它仅适用于时间容许的应用场合。此外它们还需要一些关键参数，如网络结构等，这些参数通常需要经验方能有效确定。由于神经网络的输出结果较难理解，因而受到用户的冷落，也使得神经网络较难成为理想的数据挖掘方法。

神经网络的优点就是对噪声数据有较好适应能力，并且对未知数据也具有较好的预测分类能力。目前人们也提出了一些从神经网络中抽取出规则（知识）的算法。这些因素又将有助于数据挖掘中的神经网络应用。

一、多层前馈神经网络

如图 8－6 所示，是一个多层神经网络示意描述。其中的输入对应每个训练样本的各属性取值，输入同时赋给第一层（称为输入层）单元，这些单元的输出结合相应的权重，同时反馈给第二层（称为隐含层）单元，隐含层的带权输出又作为输入再反馈给另一隐含层等等，最后的隐含层节点带权输出给输出层单元，该层单元最终给出相应样本的预测输出。

图 8－6 中的多层神经网络包含两层处理单元（除输入层外），同样包含两个隐含层的神经网络称为三层神经网络，如此等等。一个多层前馈神经网络利用后传算法完成相应的学习任务，该网络是前馈的，即每一个反馈只能发送到前面的输出层或隐含层。它又是全连接的，即每一个层中的单元均与前面一层的各单元相连接。

一般而言，只要中间隐含层足够多，多层前馈网络中的线性阈值函数，就可以充分逼近任何函数。

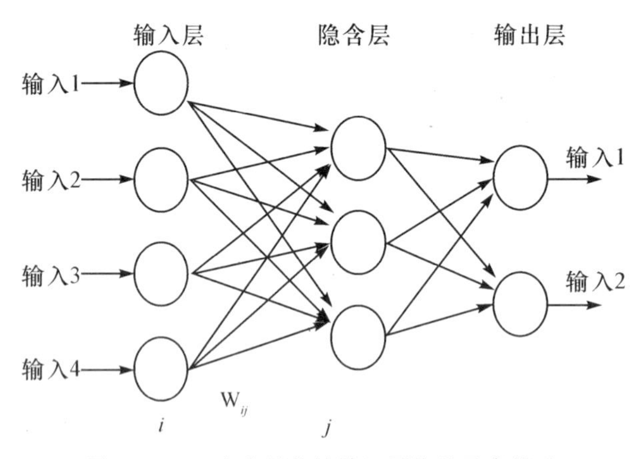

图 8－6　一个多层前馈神经网络的示意描述

二、神经网络结构

在神经网络训练开始之前，必须先确定神经网络的结构，就是要确定：输入层的单元数、隐含层的个数、每个隐含层的单元数目，以及输出层单元数目。

对输入层单元所对应的各属性取值需要进行规格化，通常规格化到 0 至 1 之间。各属性的每个取值设立一个输入层单元节点，例如：若属性 A 取值为$\{a_0,a_1,a_2\}$，就可以设立 3 个输入层单元来对应属性 A 的 3 个不同取值(这 3 个单元节点可以分别为 I_0,I_1,I_2)成为输入单元，每个单元初始化为 0。若 $A=a_0$，则 I_0置为 1，I_1和 I_2为 0。利用一个输出单元节点来表示预测结果为两个不同类别，1 代表一个类别，而 0 代表另一个类别。但如果类别多于两个时，就需要每个类分别设置一个单元。

并没有什么特定规则来帮助确定隐含层中的最佳单元数目。神经网络的结构设计是一个不断试错的过程，不同网络结构所获得的神经网络常常会获得不同的预测准确率。网络中的权重初始值设置常常也会影响最终的预测准确率。若一个神经网络训练后其预测准确率不理想，一般就需要改变网络结构或初始权重，继续进行新一轮训练过程，直到获得满意结果为止。

三、后传方法

后传方法是指通过不断处理一个训练样本集，并将神经网络处理结果与每个样本已知类别相比较所获误差，来帮助完成学习任务。对于每个训练样本，不断修改权重以使网络输出与实际类别之间的均方差最小。权重的修改是以后传方式进行的，即从输出层开始，通过之后的隐含层，直到最后面的隐含层，所以这种学习方法被称为后传方法。尽管不能保证，但通常在学习停止时权重修改将会收敛。后传算法的具体处理步骤介绍如下。

(1) 权重初始化，对神经网络中所有的权值进行初始化，将它们设置为一个较小的随机数(如：从−1.0 到 1.0，或从−0.5 到 0.5)。每个单元都设置一个偏移值，它也被置为一个较小的随机数。

(2) 对于每个训练样本进行输入的正向传播，这一步骤中，需要计算隐含层和输出层中的每个单元的输入输出值。首先训练样本输入到网络输入层中的各单元节点，然后根据隐含层和输出层各单元输入的线性组合，计算出相应各单元的输出。为说明这一点，如图 8-7 所示的一个隐含层或输出层单元，作为这一单元的输入实际就是后一层单元的相应输出。为计算单元的总输入，每个连接到该单元的输入乘上相应的权重并累加起来。给定隐含层和输出层中的一个节点 j，其总输入为 I_j，具体的计算公式定义如下：

$$I_j=\sum_i w_{ij}O_i+\theta_j \tag{8.9}$$

其中 w_{ij}为前一层单元 i 到单元 j 的连接权重，O_i是前一层单元 i 的输出，θ_j 为单元 j 的偏移值。偏移值作为一个阈值来控制相应单元的活动程度。

隐含层和输出层的每个单元接受一个总输入，然后利用激活函数对它进行运算，如图 8－7 所示。该函数实现与神经单元类似的激活功能。激活函数通常采用 log 或 exp 函数构建，如 S 函数，即给定一个单元节点 j，其总输入为 I_j，则单元节点 j 的输出为：

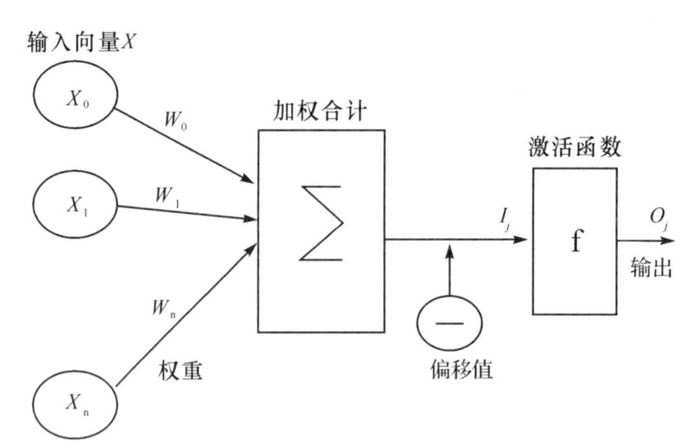

图 8-7　一个多层前馈神经网络的示意描述

$$O_j = \frac{1}{(1+e^{-I_j})} \tag{8.10}$$

上述 S 函数将一个较大范围的输入区间压缩到一个较小的 0 到 1 范围。S 函数是一个非线性可微分的函数，这就使得后传算法可以为线性不可分类的问题建模。

（3）后传误差。神经网络的输出与实际输出之间的误差，将通过网络后传并在后传过程中，对各相应权值和偏移值进行更新修改，以便能够尽量缩小网络的输出误差。对于输出层的单元，其误差可以通过以下公式计算得到：

$$Err_j = O_j(1-O_j)(T_j-O_j) \tag{8.11}$$

其中 O_j 为输出层单元 j 的计算输出；T_j 是基于已知给定样本类别的实际输出，$O_j(1-O_j)$ 为 S 函数的微分函数。

为计算隐含层单元 j 的误差，基于后一层与隐含层单元 j 相连接的各单元输出误差的加权之和，一个隐含层单元 j 的误差可以通过以下公式计算获得：

$$Err_j = O_j(1-O_j)\sum_k Err_k w_{jk} \tag{8.12}$$

其中 w_{jk} 为单元 j 与后一层单元 k 之间连接的权值；Err_k 为单元 k 的误差。

对神经网络中的所有权值和偏移值进行更新以期能够正确地反映出实际输出结果。网络中权值根据公式(8.12)进行更新：

$$\Delta w_{ij} = (l)Err_j O_i;\quad w_{ij} = w_{ij} + \Delta w_{ij} \tag{8.13}$$

其中变量 l 就是学习速率，它取 0 到 1 之间的一个常值。后传学习利用梯度下降方法来搜索神经网络的一组权值，以使神经网络的类别预测与训练样本实际类别之间的均方差最小，从而成为相应分类问题的求解模型。设置学习速率的目的是减少陷入决策空间中的局部最小的机会，即权值开始收敛但不是一个最优解，以此来增大全局最优解的发现机会。如果学习速率太小，学习将以一个非常缓慢的速度进行；若学习速率太大，就有可能产生解的振荡。通常就将学习速率设置为 l/t，t 为至今为止所处理的整个训练样本集的循环次数。

利用公式(8.14)可对神经网络中的偏移值进行更新操作：

$$\Delta\theta_j = (l)Err_j ; \quad \theta_j = \theta_j + \Delta\theta_j \tag{8.14}$$

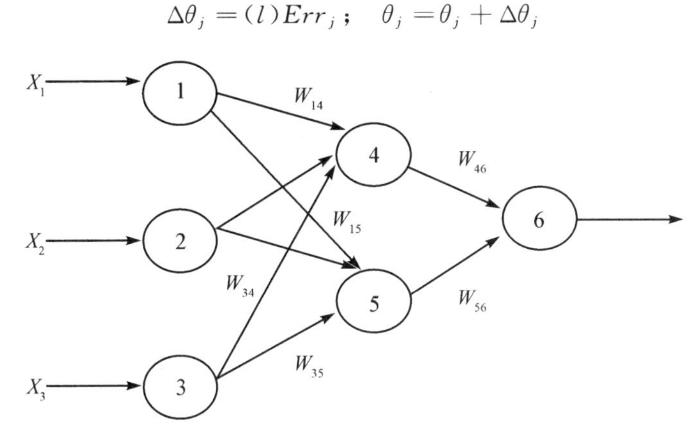

图 8－8　一个多层前馈神经网络的示意描述

值得一提的是：每输入一个训练样本，就根据相应的网络输出误差对所有权值和偏移值进行更新操作，这种操作方式称为逐个更新；而若将每个训练样本所得到的网络输出误差进行累计并最终利用所有样本的累计误差对网络中的权值和偏移值进行更新，这种操作方式称为批处理更新。一般逐个更新方式所获得结果要比批处理更新方式所获得结果要好，即预测准确率要高。

(4) 停止条件。训练过程停止条件有以下 3 条（其中之一成立即可）：

①在批处理方式时，所获得的所有 Δw_{ij} 小于指定的阈值。

②被错误分类的样本占总样本数的比例小于指定的阈值。

③执行了指定次数的处理循环。

实际上一个神经网络常常需要进行成千上万次的处理循环（对整个样本集合而言），网络的权值方可开始收敛。

例 8.5　利用神经网络进行分类学习计算。如图 8－8 所示，就是一个多层前馈神经网络。网络的初始权值和偏移值如表 8－2 所示。第一个训练样本，$X=\{1,0,1\}$。

表 8－2　网络的初始权值和偏移值

X_1	X_2	X_3	W_{14}	W_{15}	W_{24}	W_{25}	W_{34}	W_{35}	W_{46}	W_{56}	θ_4	θ_5	θ_6
1	0	1	0.2	−0.3	0.4	0.1	−0.5	0.2	−0.3	−0.2	−0.4	0.2	0.1

表 8－3　每个隐含层和输出层的总输入和输出

单元 j	总输入 I_j	输出 O_j
4	$0.2+0-0.5-0.4=-0.700$	$1/(1+e^{0.7})=0.330$
5	$-0.3+0+0.2+0.2=0.100$	$1/(1+e^{-0.1})=0.520$
6	$(-0.3)(0.33)+(-0.2)(0.52)+0.1=-0.103$	$1/(1+e^{0.103})=0.470$

例 8.5 中的后传方法计算过程如下：给定第一个样本 X，它被输入到网络中，然后计算每个单元的总输入和输出，所有的计算值如表 8－3 所示；每个单元的误差也被计算并后传。误差值如表 8－4 所示。所有权值和偏移值更新情况如表 8－5 所示。

表 8－4　每个单元的误差

单元 j	Err_j
6	0.55×(1－0.55)×(1－0.55)＝0.111
5	0.52×(1－0.52)×0.111×0.3＝0.008
4	0.33×(1－0.33)×0.111×0.2＝0.005

表 8－5　权值与偏移值的更新

权值或偏移值	新数值
W_{46}	－0.3＋0.9×0.111×0.33＝－0.267
W_{56}	－0.2＋0.9×0.111×0.52＝－0.148
W_{14}	0.2＋0.9×0.005×1＝0.205
W_{15}	－0.3＋0.9×0.008×1＝－0.293
W_{24}	0.4＋0.9×0.005×0＝0.400
W_{25}	0.1＋0.9×0.008×1＝0.107
W_{34}	－0.5＋0.9×0.005×1＝－0.496
W_{35}	0.2＋0.9×0.008×1＝0.207
θ_6	0.1＋0.9×0.111＝0.199
θ_5	0.2＋0.9×0.008＝0.207
θ_4	－0.4＋0.9×0.005＝－0.396

利用神经网络和后传算法进行分类预测计算时，对确定网络结构、学习速率或误差函数等都有一些相应方法来帮助完成相应网络参数的选择工作。

四、后传方法和可理解性

神经网络的一个主要缺点就是网络所隐含知识如何清晰地表示。以网络及其各单元间连接的权值和偏移值所构成的知识难以被人理解。如何从神经网络中抽取相应的知识并以易于理解的符号形式加以描述已成为神经网络研究中的一个重点。相关的方法包括：神经网络规则的抽取和网络敏感性分析。

目前已提出了许多从神经网络中抽取规则知识的方法。这些方法基本都是通过对网络结构、输入值的离散化和神经网络训练过程等加以约束限制来实现的。

完全连接的网络难以清楚描述出来，因此通常从神经网络中抽取规则的第一步就是网络消减。这一过程包括：除去网络中不会导致网络预测准确率下降的带权连接。在训练好的神经网络被消减后，就可以利用一些方法对其中的连接、单元或激活值进行聚类。例如：可以利用聚类方法帮助从一个两层前馈网络中分析出隐含层中常用的激活值，分析每个隐含单元的这些激活值组合，就可以抽取出与输出单元相对应的有关激活值的规则；类似的，也可以对输入值和激活值集合进行研究以获得描述输入层和隐含层单元之间关系的规则，最终可以将两组规则组合在一起，以形成 IF-THEN 规则。其他算法也可以获得其他形式的一些规则，如 N 之 M 规则(即一个规则前提中的 N 个前提项中至少应有 M 个前提项成立，则该条件就成立)。

而所谓网络敏感性分析，就是通过一个给定输入及所获得的网络输出，来评估网络所受的影响。将其中某一输入所对应的变量必须是可变的，而其他输入变量必须保持为某一值不变，同时还需要对网络的输出进行监测，从这一分析过程所获得的有关知识可以采用“若 X 减少 5%，则 Y 增加 8%”形式来加以描述。

第六节　分类器准确性

对分类器预测准确性进行评估是分类学习中的一项非常重要的内容。它将使人们了解分类器在对类别未知的数据进行预测时，其预测准确率到底有多大。例如，利用所给定的训练数据获得一个预测顾客购买行为的分类器，显然商场主管很想知道所获得的分类器在对未来顾客购买行为进行预测时，其预测准确率究竟有多大。对预测准确性的估计还将有助于对不同分类器的性能进行比较。

利用训练数据归纳学习获得一个分类器并利用训练数据对所得的分类器预测准确率进行估计，将会得到该分类器准确性的过分乐观且具有误导性的评估结果。原因很简单，一般归纳学习算法都倾向于过分近似所要学习的数据样本。holdout 和交叉验证是两个常用评估分类器预测准确率的技术。它们均是在给定数据集中随机取样划分数据。

在 holdout 方法中，所给定的数据集被随机划分为两个独立部分：一个作为训练数据集，而另一个则作为测试数据集。通常训练数据集包含初始数据集中的三分之二数据，而其余的三分之一则作为测试数据集的内容。利用训练集数据学习获得一个分类器，然后使用测试数据集对该分类器预测准确率进行评估，如图 8－9 所示。由于仅使用初始数据集中的

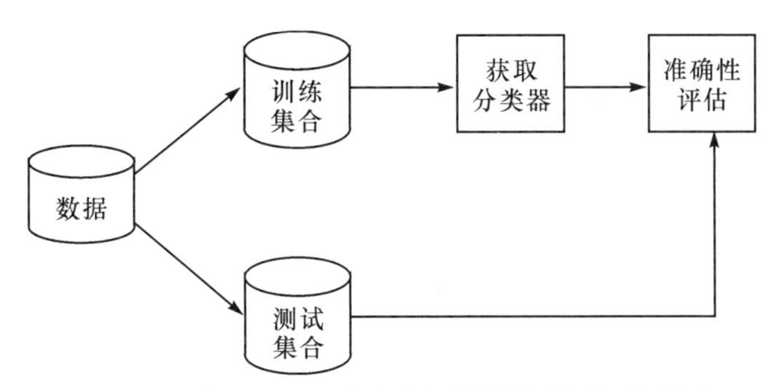

图 8－9　利用 holdout 方法进行分类器评估的示意描述

一部分进行学习，因此对所得分类器预测准确性的估计应是悲观的估计。随机取样是 holdout 方法的一种变化。在随机取样方法中，重复利用 holdout 方法进行预测准确率估计 k 次，最后对这 k 次所获得的预测准确率求平均，以便获得最终的预测准确率。

另一种交叉验证方法是将初始数据集随机分为 k 个互不相交的子集，$S_1, S_2, \cdots, S_k$。每个子集大小基本相同。学习和测试分别进行 k 次，在第 i 次循环中，子集 S_i 作为测试集，其他子集则合并到一起构成一个大训练数据集并通过学习获得相应的分类器。也就是第一次循环，使用 $S_2, \cdots, S_k$ 作为训练数据集，S_1 作为测试数据集；而在第二次循环时，使用 S_1，$S_3 \cdots, S_k$ 作为训练数据集，S_2 作为测试数据集；如此下去等等。而对整个初始数据集所得到的分类器准确率估计则可用 k 次循环中所获得的正确分类数目之和除以初始数据集的大小来获得。在分层交叉验证中，将所划分的子集层次化以确保每个子集中的各类别分布与初始数据集中的类别分布基本相同。一般都采用分层 10 次交叉验证方法来对分类器的预测准确性进行评估。因为 10 次交叉验证相对而言没有过多的偏差与变化。

虽然利用上述技术对分类器准确性进行评估增加了整体计算时间，但对从若干分类器中选择合适的分类器时却是十分有用的。

第七节　预测方法

对一个连续数值的预测可以利用统计回归方法所建的模型来实现。例如：可构造一个能够预测具有 10 年工作经验的大学毕业生工资的模型；或在给定价格情况下，可预测一个产品销量的模型。利用线性回归可以帮助解决许多实际问题。而借助变量转换，也就是将一个非线性问题转化成一个线性问题，以使得利用线性回归方法可以帮助解决更多的问题。

一、线性与多变量回归

线性回归是利用一条直线来描述相应的数据模型。线性回归是一种最简单的回归方法。两元回归利用了一个自变量 X 来为一个因变量 Y 建模，具体回归模型就是：

$$Y = \alpha + \beta X \tag{8.15}$$

其中 Y 的变化速率假设是常数，α 和 β 为回归系数，分别表示 Y 的截距和直线的斜率。利用最小二乘法可以获得这两个回归系数，同时也使得实际数据与直线模型的预测结果之间差距最小。

如给定一个样本，形式为：$(x_1, y_1), (x_2, y_2), \cdots, (x_n, y_n)$，那么利用以下公式就可以计算出相应的回归系数。

$$\beta = \frac{\sum_{i=1}^{n}(x_i - \overline{x})(y_i - \overline{y})}{\sum_{i=1}^{n}(x_i - \overline{x})^2}; \alpha = \overline{y} - \beta\overline{x} \tag{8.16}$$

其中 $\overline{x}$ 为 $x_1,x_2,\cdots,x_n$ 的均值，$\overline{y}$ 为 $y_1,y_2,\cdots,y_n$ 的均值。

例 8.6 如表 8－6 所示的一组数据样本为某市 2000 至 2008 年全年工业用电量和全市生产总值。其中 X 为全年工业用电量，Y 为当年的全市生产总值。利用最小二乘的线性回归，预测 2009 年全年生产总值。

图 8－10 是表 8－6 所示数据的散点图表示。从图 8－10 中可以看出变量 X 和 Y 近似地有一种直线关系。为此可利用公式 8.15 模型来描述全年用电量和全年生产总值之间的相互关系。

表 8－6 某市 2000 至 2008 年全年工业用电量和全市生产总值

年份	2000	2001	2002	2003	2004	2005	2006	2007	2008
全年用电总量（亿千瓦时）	60.19	133.12	156.61	190.12	207.75	244.78	279.94	313.47	325.75
全市生产总值（亿元）	1382.56	1568.01	1781.83	2099.77	2543.18	2942.65	3441.51	4100.17	4781.16

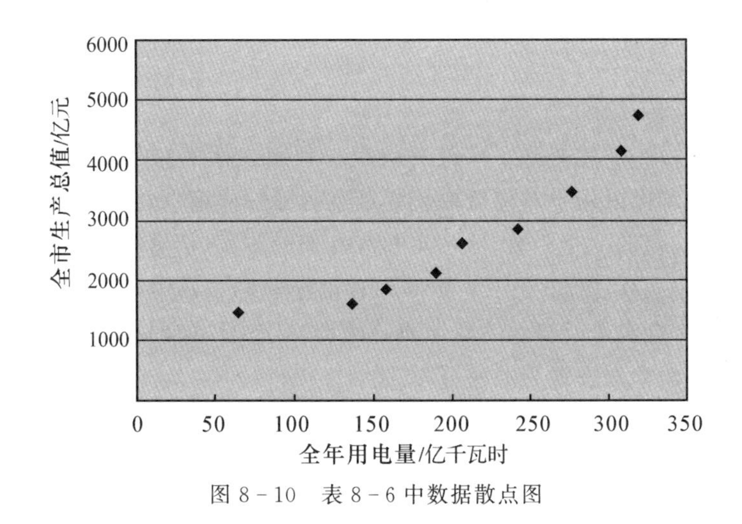

图 8－10 表 8－6 中数据散点图

首先计算出 $\overline{x}=212.41$，$\overline{y}=2737.87$，然后利用公式(8.16)，计算出 α 和 β 值。

$\beta=12.8$

$\alpha=2737.87-12.8\times212.41=19.02$

因此基于最小二乘法的回归直线模型就是：$Y=19.02+12.8X$。利用这一模型，就可以利用 2009 年的用电量预测当年的生产总值，如 2009 年全市用电量为 434.3 亿千瓦时，则 2009 年生产总值预测值为 5578.06 亿元(实际值为 5087.55 亿元)。

多变量回归是线性回归的一种扩展，它涉及多于一个的自变量。多变量回归是由一个多维变量向量所组成的线性回归函数；其中 Y 为因变量。公式(8.17)就是一个利用自变量 X_1 和 X_2 来构造因变量 Y 的一个线性回归模型。

$$Y=\alpha+\beta_1 x_1+\beta_2 x_2 \tag{8.17}$$

利用最小二乘可以帮助获得 α,β_1 和 β_2 的数值。

二、非线性回归

通过向基本线性回归公式中添加高阶项(幂次大于)，就可以获得多项式的回归模型。而应用变量转换方法，则可以将非线性模型转换为可利用最小二乘法解决的线性模型。

例 8.7 将一个多项式回归模型转换为线性回归模型。现有一个如公式(8.18)所示的三阶多项式，需要将其用线性回归模型表示出来：

$$Y=\alpha+\beta_1 X+\beta_2 X^2+\beta_3 X^3 \tag{8.18}$$

为了将公式(8.18)转换为线性形式，可以增加两个新变量，如公式(8.19)所示：

$$X_1=X;X_2=X^2;X_3=X^3 \tag{8.19}$$

这样公式(8.18)就可以转换为线性形式，即：$Y=\alpha+\beta_1 X_1+\beta_2 X_2+\beta_3 X_3$；而利用最小二乘法可以获得这一公式的各项系数：$\alpha$,$\beta_1$,$\beta_2$ 和 β_3。

有一些模型本身就是非线性不可分解的，如指数的幂和。它们无法转换为一个线性模型。这种情况下，可以通过更为复杂的公式运算，来获得其最小二乘情况下的近似。

三、其他回归模型

线性回归简单易用，因此得到了广泛的应用。利用线性回归可以为连续取值的函数建模，而广义线性模型则可以用于对离散取值变量进行回归建模。在广义线性模型中，因变量 Y 的变化速率是 Y 均值的一个函数，这一点与线性回归不同，后者中因变量 Y 的变化速率是一个常数。常见的广义线性模型有：对数回归和泊松回归。其中对数回归模型是利用一些事件发生的概率作为自变量所建立的线性回归模型。而泊松回归模型主要是描述数据出现次数的模型，因为它们常常表现为泊松分布。

对数线性回归模型可以近似描述离散多维概率分布。因此可以利用该模型对数据立方中各单元所关联的概率进行估计。例如，给定数据包含四个属性：商品、城市、时间、销售额。在对数线性回归模型中，所有的属性度必须是离散的，因此连续属性销售额在进行处理前必须首先进行离散化；然后基于城市、商品和时间的三维数据立方，及相应模型来估计四维空间中的数据单元所关联的概率。基于这种方式以及循环技术就可以由低维数据立方建立高维数据立方。该技术可以处理多维数据，除了预测之外，对数线性模型还可以用于数据压缩(高维数据占用的空间比低维数据要少许多)、数据平滑(高维数据所受到噪声的干扰比低维数据要少许多)。

第八节 Microsoft 贝叶斯算法

一、贝叶斯算法的参数

贝叶斯算法的实现非常简单，因此没有很多的参数。默认情况下，已有的参数能够确保该算法在一个合理的时间内执行完成。因为该算法要考虑所有属性对的组合，所有处理这些数据所要用的时间和内存与总的输入属性和总的输出属性的乘积有关。通常，这个算法擅长于选择哪一个属性作为输入，哪一个属性作为输出。

MAXIMUM_INPUT_ATTRIBUTES：用来设置在训练中输入属性的个数。如果目前的属性个数比这个参数值还要大，则该算法将会选择最重要的属性作为输入，忽略剩下的属性。如果将这个参数设置为 0，则该算法将会考虑所有的属性。这个参数的默认值是 225。

MAXIMUM_OUTPUT_ATTRIBUTES：用来设置在训练中输出属性的个数。如果目前的属性个数比这个参数值还要大，则该算法将会选择最重要的属性作为输出，通常也是最常见的属性，并且忽略剩下的属性。如果将这个参数设置为 0，则该算法将会考虑所有的属性。这个参数的默认值是 255。

MAXIMUN_STATES：用来控制要考虑一个属性的多少个状态。如果一个属性状态的个数比这个参数值还要大，则只考虑最常见的状态。没有选择的状态将会视为缺失数据。当这个属性（比如邮编）有较多的值时，这个参数很有用。像上述两个属性一样，如果将这个参数设置为 0，则该算法将会考虑所有的状态。这个参数的默认值是 255。

MINIUMUM_DEPENDENCY_PROBABILITY：是一个度量标准（值从 0 到 1），它表示一个输入属性可以预测一个输出属性的概率。

设置 MINUMUM_DEPENDENCY_PROBABILITY 参数不会影响模型训练或者模型预测，它反而允许减少内容的数量，这些内容是通过使用内容查询从服务器返回的。如果将这个值设置为 0.5，则只返回某些输入属性（这些输入属性与输出属性的关系与其说是随机的关系还不如说是可能的关系）。如果打算浏览一个模型，但没有发现任何信息，则你可以把这个值设置为较小值，直到可以找出所有的信息。这个参数的默认值是 0.5。

二、使用贝叶斯模型

例 8.7 某银行希望了解客户拖欠偿还贷款的潜在情况。我们可以根据以前的贷款拖欠数据来预测哪些潜在客户可能在偿还贷款时有问题，则可以对这些具有“不良风险”的客户减少贷款或者为他们提供其他产品。表 8－7 是客户的基本信息以及贷款信息，他们当中有些人是拖欠还款，而有些人是及时还款的。

表 8-7　客户基本信息及偿还贷款情况表

ID	年龄	教育程度	工作时间（年）	居住时间（年）	家庭收入（万）	欠款占收入比（%）	信用卡欠款占收入比例(%)	其他欠款占收入比例(%)	拖欠贷款
0	41	大学	17	12	17.6	9.3	11.36	5.01	是
1	27	中学	10	6	3.1	17.3	1.36	4	否
2	40	中学	15	14	5.5	5.5	0.86	2.17	否
3	41	中学	15	14	12	2.9	2.66	0.82	否
4	24	大专	2	0	2.8	17.3	1.79	3.06	是
5	41	大专	5	5	2.5	10.2	0.39	2.16	否
6	39	中学	20	9	6.7	30.6	3.83	16.67	否
7	43	中学	12	11	3.8	3.6	0.13	1.24	否
8	24	中学	3	4	1.9	24.4	1.36	3.28	是
9	36	中学	0	13	2.5	19.7	2.78	2.15	否
10	27	中学	0	1	1.6	1.7	0.18	0.09	否
……	……	……	……	……	……	……	……	……	……

表 8-7 中的拖欠贷款列作为分类属性，数据行中有的是有数据的（“是”或者“否”），而有些是没有数据的（为空），这些没有拖欠贷款数据的客户也就是需要我们进行分类的，因此，首先我们需要将有拖欠贷款数据的数据行提取出来，形成一个训练集，而没有拖欠贷款的数据提取出来作为一个预测集。在 SQL Server 数据库中，我们可以通过对“客户贷款分类”表建立视图的方式，将训练集和预测集进行分解。

创建训练集视图 SQL 语句如下：

```
CREATE VIEW [dbo].[View_客户贷款分类_训练]
    AS
    SELECT    ID,年龄, 教育程度, [工作时间(年)], [居住时间(年)], [家庭收入(万)], [欠款占收入比(%)], [信用卡欠款占收入比例(%)], [其他欠款占收入比例(%)], 拖欠贷款
FROM        dbo.客户贷款分类
   WHERE    (拖欠贷款 IS NOT NULL)
```

创建预测集视图 SQL 语句如下：

```
CREATE VIEW [dbo].[View_客户贷款分类_预测]
[View_客户贷款分类_训练]→[View_客户贷款分类_预测]
    AS
    SELECT    ID,年龄, 教育程度, [工作时间(年)], [居住时间(年)], [家庭收入(万)], [欠款占收入比(%)], [信用卡欠款占收入比例(%)], [其他欠款占收入比例(%)], 拖欠贷款
    FROM        dbo.客户贷款分类
    WHERE    (拖欠贷款 IS NULL)
```

两个视图创建后，即可在 Visual Studio 中创建挖掘结构和挖掘模型。创建步骤详见第

七章第六节。

图 8－11 为客户贷款分类挖掘结构，ID 为表中的主键，作为挖掘结构的键列。分类属性拖欠贷款作为输出列，而其他所有列我们需要用来了解对分类的影响，因此都作为输入列，如图 8－12 所示。

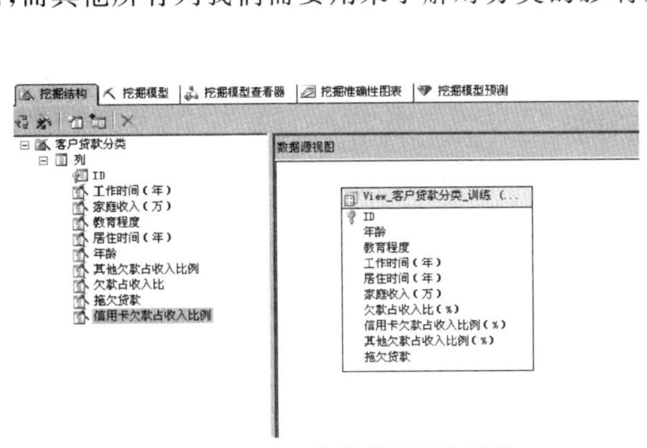

图 8－11　客户贷款分类挖掘结构

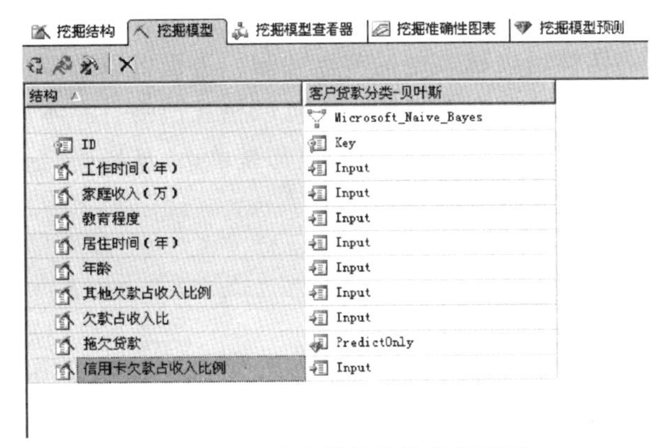

图 8－12　客户贷款分类挖掘模型

在本例挖掘模型中，我们选用的是 Microsoft_Naive_Bayes 挖掘算法，贝叶斯算法的参数不多，在本模型中，我们均采用默认值，如图 8－13 所示。用鼠标右键点击模型名称“客户贷款分类—贝叶斯”，从弹出菜单中选择“处理模型”处理挖掘模型。

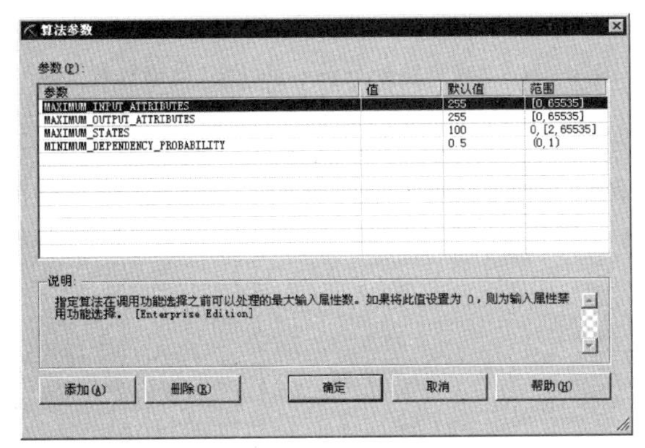

图 8－13　贝叶斯挖掘模型参数

三、浏览贝叶斯模型

因为贝叶斯算法对数据不会执行任何高级的分析，所以对模型的查看实际上只是以一种新的方式来查看数据。

SQL Server 数据挖掘提供了四种不同的视图来浏览贝叶斯模型，它们分别是：

（1）依赖关系网络视图。

（2）属性配置文件视图。

（3）属性特征视图。

（4）属性对比视图。

下面分别介绍这四个视图的内容。

（一）依赖关系网络视图

依赖关系网络如图 8－14 所示，可以快速查看模型中主要属性之间的相互关系。图中的每一个节点代表着一个属性，每一条边代表着一个关系。如果一个节点有一条出边，由箭头标识，则表示位于这条边的终点的属性是节点的可预测属性。同样，如果一个节点有一条入边，则表示这个节点的属性可以被其他的节点预测。边也可以是双向的，如果两个节点之间有一条双向边，则表示位于这两个节点的属性可以相互预测。在本次模型中，只有拖欠贷款是预测属性，其他都是输入属性，因此图中的边都是单边，且指向“拖欠贷款”。

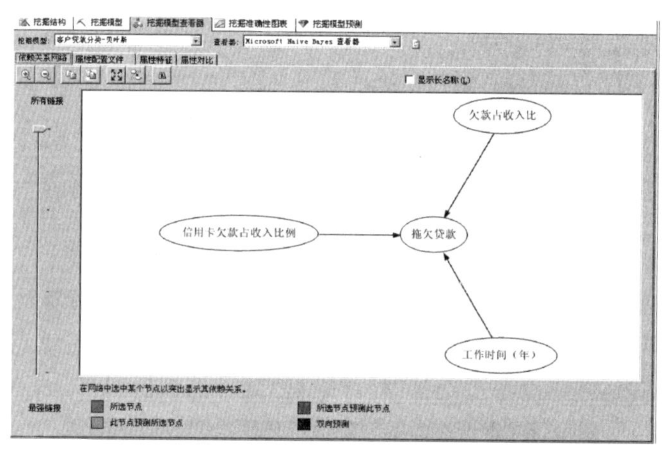

图 8－14 “客户贷款分析—贝叶斯”模型依赖关系

依赖关系网络除了可以显示节点之间的关系和边的方向之外，还可以描述这些关系的强度。从上至下移动左侧的滑动条，则会过滤掉弱的连接边，留下强的关系。

图 8－15 显示，在 3 个属性中，输入属性“欠款占收入比”是与分类属性“拖欠贷款”关系最强的。

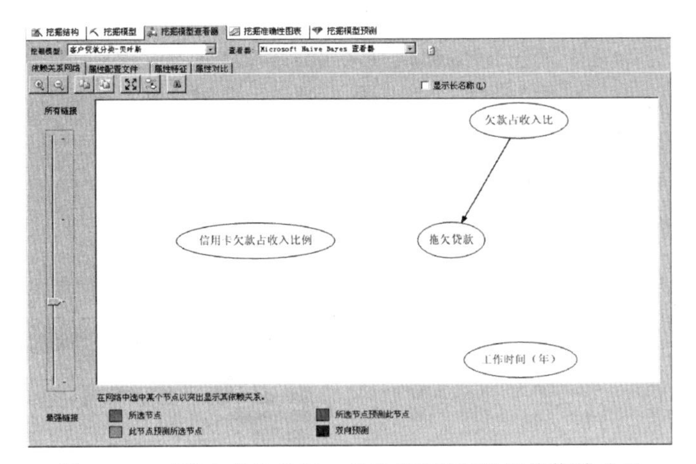

图 8 - 15 “客户贷款分析—贝叶斯”模型强链接依赖关系

（二）属性配置文件视图

属性配置文件视图提供每一个输入属性与每一个输出属性之间的对应关系的详细报告，一行一个属性。如图 8 - 16 所示，由于属性值为连续数值型，每个属性的值被划分为五个区间，每个区间用不同的颜色显示，色块的大小由训练集中满足属性值范围的记录数决定[①]。在图 8-16 中我们可以看到，在“拖欠贷款”属性值为“是”的记录中，工作时间小于 5 年的客户记录数是比较多的。

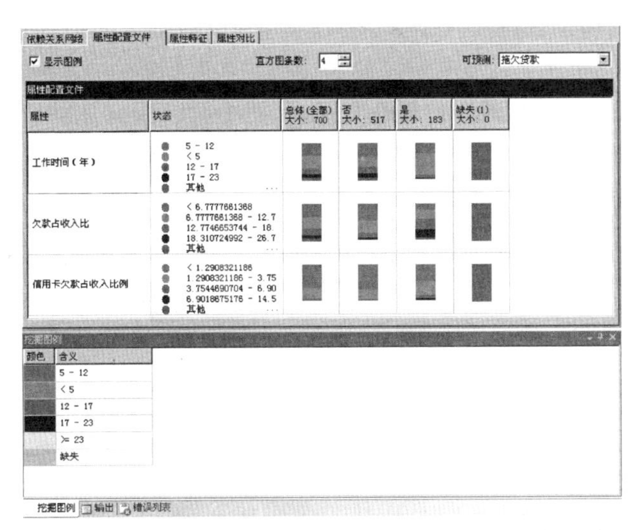

图 8 - 16 “客户贷款分析—贝叶斯”属性配置文件视图

视图中行的默认顺序基于该属性在预测该状态上的重要性，也可以使用这个视图按个人喜欢的方式组织数据。可以通过单击和拖动列头来重新组织列。

① 实际操作中视图均为彩色显示，因本书黑白印刷，图片不能显示出颜色区别。

（三）属性特征视图

属性特征视图显示某个输出属性和值所在的事例的概率描述。在本例的模型中，输出属性为“拖欠贷款”，值为“是”和“否”。从本质上来说，这个选项卡主要是显示“拖欠贷款”的客户有哪些特征，而未“拖欠贷款”的客户又有哪些特征。如图 8－17 显示了“拖欠贷款”的客户的特征。当查看属性特征时，需要注意的是：第一，属性特性并不隐含预测能力；第二，小于最小节点分数的输入将不会显示。

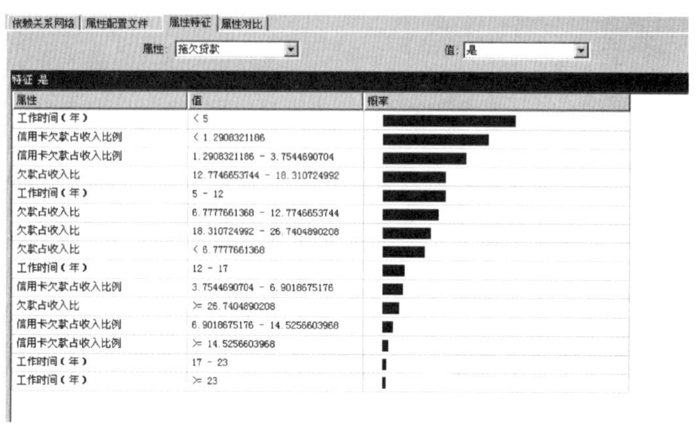

属性	值	概率
工作时间（年）	< 5	
信用卡欠款占收入比例	< 1.2908321186	
信用卡欠款占收入比例	1.2908321186 - 3.7544690704	
欠款占收入比	12.7746653744 - 18.310724992	
工作时间（年）	5 - 12	
欠款占收入比	6.7777661368 - 12.7746653744	
欠款占收入比	18.310724992 - 26.7404890208	
欠款占收入比	< 6.7777661368	
工作时间（年）	12 - 17	
信用卡欠款占收入比例	3.7544690704 - 6.9018675176	
欠款占收入比	>= 26.7404890208	
信用卡欠款占收入比例	6.9018675176 - 14.5256603968	
信用卡欠款占收入比例	>= 14.5256603968	
工作时间（年）	17 - 23	
工作时间（年）	>= 23	

图 8－17　“拖欠贷款”的客户属性特征

从图 8－17 中可以看出，在训练集中那些“工作年限”在 12 年以内，“信用卡欠款占收入比例”0 到 3.75%之间，“欠款占收入比例”在 12.7%到 26.7%之间的客户有拖欠贷款的概率占大多数。

图 8－18 为未“拖欠贷款”的客户属性特征，从图中可以看出，信用卡欠款在 0 至 3.75%之间，欠款占收入比例在 0 到 12.7%之间，工作时间小于 12 年的客户占大多数。

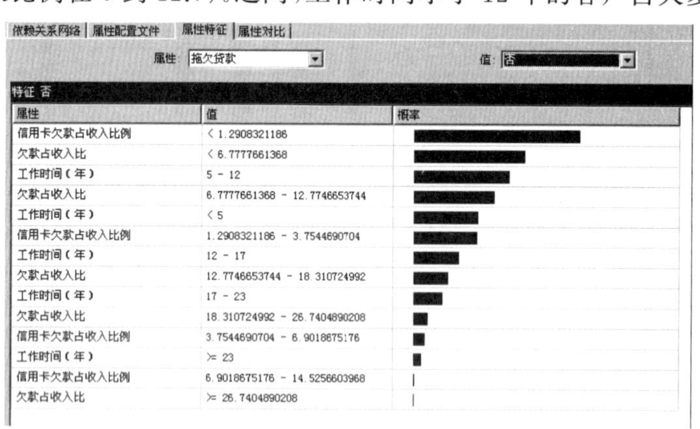

属性	值	概率
信用卡欠款占收入比例	< 1.2908321186	
欠款占收入比	< 6.7777661368	
工作时间（年）	5 - 12	
欠款占收入比	6.7777661368 - 12.7746653744	
工作时间（年）	< 5	
信用卡欠款占收入比例	1.2908321186 - 3.7544690704	
工作时间（年）	12 - 17	
欠款占收入比	12.7746653744 - 18.310724992	
工作时间（年）	17 - 23	
欠款占收入比	18.310724992 - 26.7404890208	
信用卡欠款占收入比例	3.7544690704 - 6.9018675176	
工作时间（年）	>= 23	
信用卡欠款占收入比例	6.9018675176 - 14.5256603968	
欠款占收入比	>= 26.7404890208	

图 8－18　未“拖欠贷款”的客户属性特征

（四）属性对比视图

属性对比视图是贝叶斯查看器中的最后一个选项卡，该视图为最感兴趣的问题提供答案，即客户在拖欠贷款上“是”和“否”有什么区别？通过使用这个视图，只要选择感兴趣的属性，并选择想要比较的状态，这个视图就会显示哪一个输入因素支持哪一个状态。如

图 8 - 19所示。

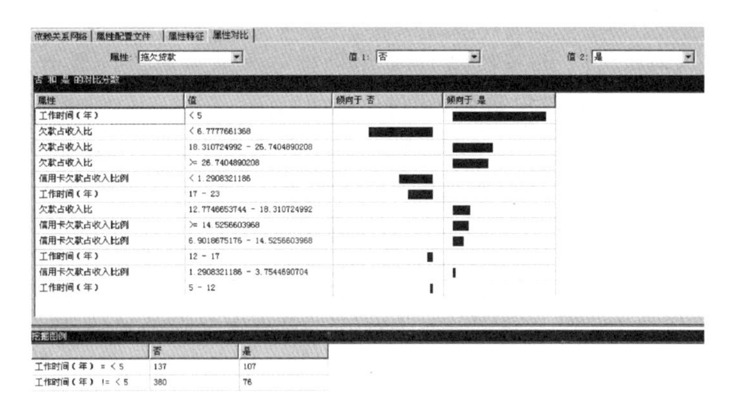

图 8 - 19　“拖欠贷款”属性对比视图

我们可以通过比较一个状态和另一个状态，或者所有其他的状态(当分类状态超过两个时)，来确定一个组的唯一特征。这样，就可以获得一个有关唯一特征的视图，这个唯一特征可以将一个特定的组与所有剩余组进行区分。

从图 8 - 19 中可以看出，“工作年龄”小于 5 年，客户会“拖欠贷款”的概率很大；而“欠款占收入比”小于 6.77%的客户也更倾向于不会“拖欠贷款”。

挖掘预测
操作演示

二维码 8 - 1

扫描二维码 8 - 1，查看使用贝叶斯模型进行挖掘预测的操作演示。

第九节　Microsoft 决策树算法

一、Microsoft 决策树算法参数

Microsoft 决策树算法有许多参数。这些参数可以用来控制树的增长、树的形状和输入/输出属性的设置。通过调整这些参数的设置，可以对模型的精确度进行微调。下面是决策树算法的一组参数。

Complexity_Penalty：用来控制树的增长。它是一个浮点类型的参数，值的范围在 0 到 1 之间。当它的值接近 0 时，对树的增长有较低的限制，这时，可以看到一颗很大的树。当这个值接近 1 时，则对树的增长有较高的限制，并且最后创建的树也会比较小。一般而言，大的树容易发生过度训练的问题，然而小的树可能会丢失一些模式。我们推荐的方式是使用不同的参数设置创建多棵树，然后使用提升图来比较该模型的精确度，最后选择最好的一个模型。默认的设置与输入属性的数量有关。如果少于 10 个输入属性，则将这个值设为 0.5。如果超过 100 个属性，则将这个值设为 0.99。如果属性的个数在 10 到 100 之间，则将这个值设为 0.9。

Minimum_Support：用来指定树中每一个叶节点至少包含的样本个数。例如，如果将这个值设置为 20，则任何拆分产生的样本个数至少是 20 个。Minimum_Support（叶节点的最小事例数）的默认值是 10。通常情况下，如果训练的数据集包含许多的事例，则必须将这个参数值设置得大一点，避免过度拆分（即过度训练）。

Score_Method：是一个整数类型的参数。这个参数用来指定一种用于在树增长时对树的拆分分数进行度量的方法。如果要用信息熵控制树的增长，必须设置 Score_Method＝1。当 Score_Method＝3 表示使用拆分的算法为贝叶斯分数法，并且对每一个节点为可预测属性的每一个状态增加一个常量（先验计数信息，避免在训练集中出现计数为 0 的情况），不考虑预测属性在树中所处的层次。Score_Method＝4 基于节点的层次为每一个可预测的状态增加加权支持度。根节点的权值高于任何一个叶节点的权值，因而，指派的先验知识比较大。Score_Method 的默认值是 4。

Split_Method：是整数类型的参数。该参数用来控制树的形状，例如，指定这棵树是二叉树还是多叉树。Split_Method＝1 意味着这棵树只采用二叉的方法进行拆分。例如，Education 这个属性有三个状态：高中、大学和研究生。如果树的拆分指定为采用二叉的方式进行拆分，则该算法将会以“教育程度＝大学？”为条件对树进行拆分。如果拆分树的方式设置为完全拆分方式（Split_Method＝2），则对 Education 属性进行拆分将会产生 3 个节点，一个节点对应一种教育水平。当将 Split_Method 参数设置为 3 时（默认设置），决策树将会针对实际的问题自动地选择这两种方式中较好的一种方式来对节点进行拆分。

Maximum_Input_Attribute：是一个特征选择的阈值参数。当输入属性的数量多于这个参数设置的值时，该算法将会隐式调用特征选择技术来选择最重要的输入属性。

Maximum_Output_Attribute：是一个特征选择的阈值参数。当可预测属性的数量多于这个参数设置的值时，该算法将会隐式调用特征选择技术来选择最重要的可预测属性。针对所选的每一个可预测属性来创建一棵树。

Force_Regressor：是一个用来控制回归树的参数。使用这个参数，可以强制使用回归并且使用指定的某一属性作为回归量。假定有一个使用年龄、学历和其他属性来预测收入的模型，如果指定 Force_Regressor＝{年龄、学历}，则将会获得树中的每一个叶节点的回归公式，这些公式使用年龄和收入。

二、创建决策树模型

仍然采用例 8.7 中的数据，挖掘结构也和贝叶斯模型类似。ID 为表中的主键，作为挖掘结构的键列。分类属性“拖欠贷款”作为预测列，而其他所有列我们需要用来了解对分类的影响，因此都作为输入列。

在设置模型参数时，我们前面知道 Score_Method 是用来指定对树进行拆分时的度量方法，分别是信息熵（值为 1）、BK2（值为 3）、BDEU（值为 4），我们将建立 3 个模型，其中的 Score_Method 参数分别设置为 1、3 和 4，如图 8－20 和 8－21 所示。

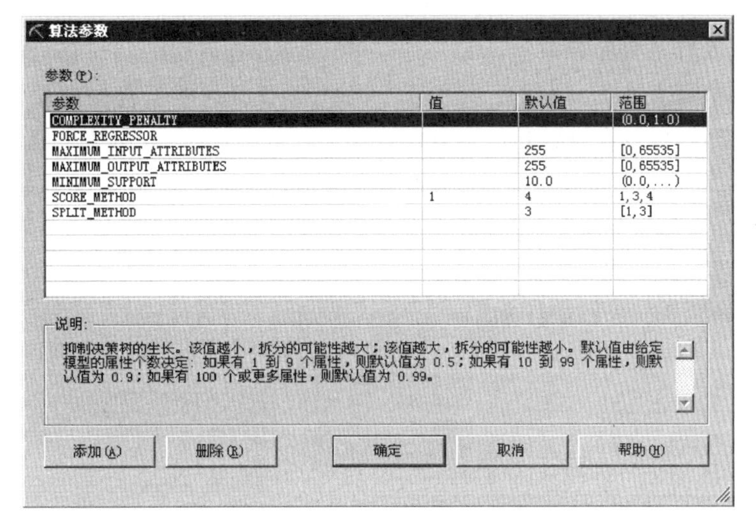

图 8－20　决策树模型参数设置

挖掘结构 | 挖掘模型 | 挖掘模型查看器 | 挖掘准确性图表 | 挖掘模型预测

结构	客户贷款分类-决策树1	客户贷款分类-决策树3	客户贷款分类-决策树4
	Microsoft_Decision_Trees	Microsoft_Decision_Trees	Microsoft_Decision_Trees
ID	Key	Key	Key
工作时间（年）	Input	Input	Input
家庭收入（万）	Input	Input	Input
教育程度	Input	Input	Input
居住时间（年）	Input	Input	Input
年龄	Input	Input	Input
其他欠款占收入比例	Input	Input	Input
欠款占收入比	Input	Input	Input
拖欠贷款	PredictOnly	PredictOnly	PredictOnly
信用卡欠款占收入比例	Input	Input	Input

图 8－21　“客户贷款分类”决策树模型

三、浏览决策树模型

Microsoft 决策树挖掘模型的查看器非常简单，只有两个：决策树和依赖关系网络。决策树显然是查看挖掘模型生成的树的具体内容，而依赖关系网络则显示和预测属性相关的主要输入属性之间的关系及强度。

由于我们根据节点拆分方法参数分别建立了 3 个决策树模型，所以在查看挖掘结果时，首先必须选择模型名称，如图 8－22 所示。查看器下拉框提供了树查看器和挖掘内容查看

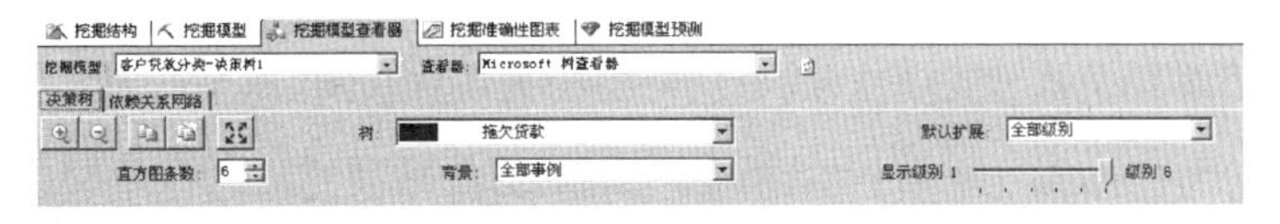

图 8－22　决策树挖掘模型查看器功能选项

器。一般情况下树查看器看起来更容易理解。由于生成的树可能会很大，因此还提供了放大、缩小及调整布局的按钮，以方便浏览。如果树的层次很多，显示级别数提供了从 1 到树的最大层次数，可以通过托拽显示级别的滑动块，来调整树展现的层数。

Microsoft 决策树算法为每一个模型生成至少一棵树，根节点为训练集中所有的数据，其他为中间节点或者是树的叶节点。每一个节点显示分拆属性的状态值，同时在下方显示预测属性状态的概率直方图，用颜色来区分不同的状态值。由于本例中预测属性“拖欠贷款”的值只有两个，所以以 3 种颜色的直方图表示（还有一种颜色表示缺失值）[①]，其中蓝色表示预测属性状态值“否”，红色表示预测属性状态值“是”，如图 8－23 所示。点击树中的任何一个节点，都会在相应的图例中显示预测状态值的概率以及前方树的路径。点击图8－23中的节点（红色圈出），则显示如图 8－24 所示的图例说明。

决策树图片
二维码 8－2

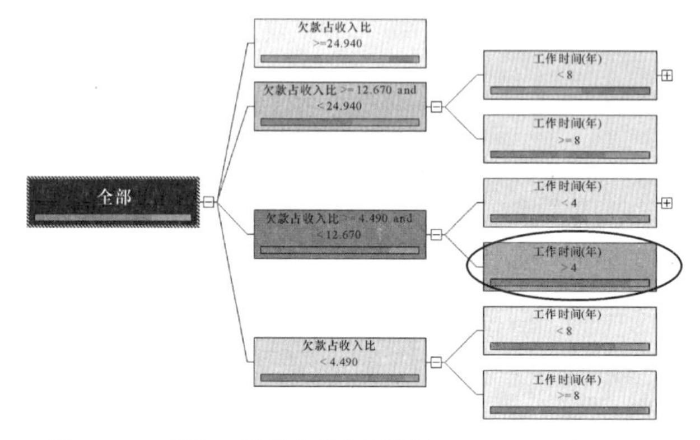

图 8－23 “客户贷款分类”决策树（Score_Method＝1）

挖掘图例

高　　低

事例总计：249

值	事例	概率	直方图
☑ 否	220	87.70%	
☑ 缺失	0	0.40%	
☑ 是	29	11.90%	

欠款占收入比 >= 4.490 and < 12.670 and 工作时间（年）>= 4

图 8－24 树节点图例说明

图 8－25 是“客户贷款分类—决策树 1”模型的关系依赖图，图中的每一个节点表示一个属性，每一条边表示两个节点之间的关系，边的方向是从输入属性到可预测属性。每条边有一个权值，权值来自于树的统计信息，主要是基于拆分分数。在图 8－25 中，与预测属性“拖欠贷款”相关的属性有 5 个。同样地，可以从上至下拖动左侧的连接强度滑块，显示关系较强的依赖属性（参考图 8－15）。

① 实际图片为彩色，因本书黑白印刷无法显示颜色区别，可扫描二维码 8－2 查看原图。

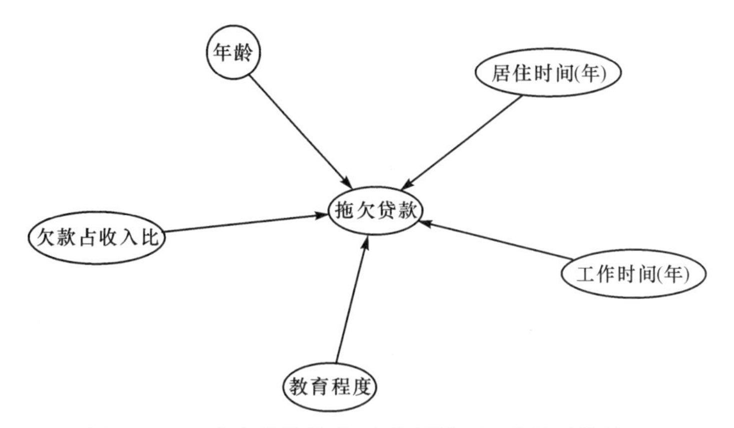

图 8－25 “客户贷款分类”决策树模型 1 的关系依赖图

图 8－26 和图 8－27 分别显示了模型 3 和模型 4 的树状图和关系依赖图，从图中可以看出，采用贝叶斯分数的分支算法，在本例中树的层次更小，与预测属性相关的输入属性只有工作时间和欠款占收入比两项。

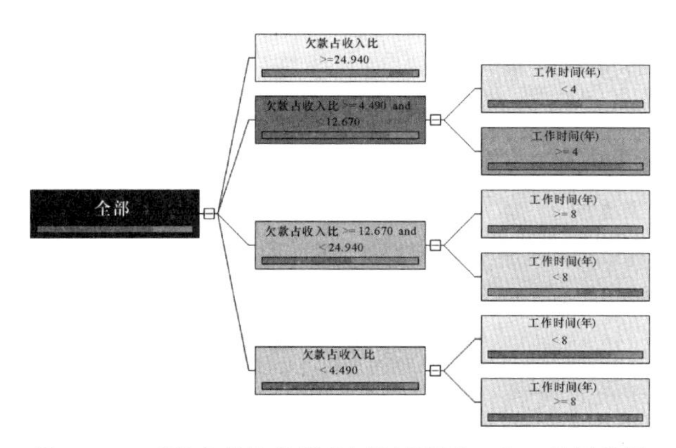

图 8－26 “客户贷款分类”决策树模型 3 和 4 的树状图

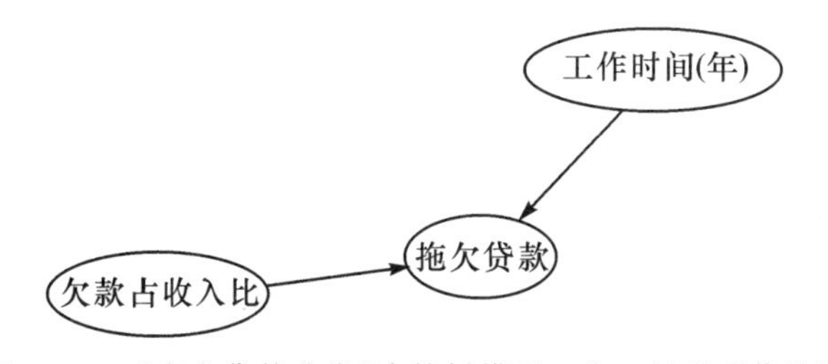

图 8－27 “客户贷款分类”决策树模型 3 和 4 的关系依赖图

在很多情况下，不是所有的输入属性都可以用来对树进行拆分。没有被选择的属性通常对可预测属性有较少的影响，因此有些属性没有在依赖关系网络中显示。另外，在有些情况下，重要的属性也不一定会用来对树进行拆分。比如信用卡欠款占收入比和欠款占收入比例对可预测属性“拖欠贷款”有主要的影响。这两个输入属性关联非常紧密，信用卡欠款占收入比高，则总欠款也会占收入比例高，当决策树对其中的一个属性进行拆分时，相当于对另一个属性进行了拆分。在本例中，当对“欠款占收入比”进行拆分之后，“信用卡欠款占收入比”就不再是一个重要的属性，这样将导致拆分树中没有基于“信用卡欠款占收入比”拆分的节点。因此，“信用卡欠款占收入比”将不会显示在依赖关系网络中。这也是决策树算法的一个缺点，可以通过使用贝叶斯算法创建另一个模型来弥补决策树算法的这个缺点。

四、评价挖掘模型准确性

挖掘准确性图表窗格中提供了用来度量所创建模型的质量和精确性的工具。准确性图表可以针对模型进行预测，并且将预测的结果与已经知道的结果进行比较。提升图可以完成同样的功能，但是它还可以用来指定成本和收入信息，以确定最大回报的精确点。分类矩阵，也称为无秩序矩阵，它精确地显示该算法预测的结果正确的次数，并且显示什么时候的预测是错误的。实际上，在训练模型时，最好是保存一些数据放在一边，以便用于测试。因为如果使用训练时的数据对建立的模型进行测试，就会使得模型预测的效果比实际进行预测的效果要好。

如图 8－28 所示，选择列映射选项卡，在选择输入表中点击“选择事例表”，将事例表导入，因为输入表和挖掘结构中的列名相同，则列之间的映射会自动完成。在选择生成提升图的输入数据栏中，选择训练数据集，字段为预测属性。下方为提升图中显示的可预测的挖掘模型列，同时选中 3 个模型，可预测列名称选择“拖欠贷款”，预测值可选择“是”，即在提升图中显示预测值和输入值之间的对比。

标准的提升图能为选择的每个模型提供一条曲线和两条附加的线，一条是理想曲线，一条是随机曲线。随机线通常是 45 度角的线。这意味着，每一个事例预测的准确率为 50%。如图 8－29 所示，理想曲线为最上方的一条线。其他模型线代表挖掘模型。在图 8－29中，我们可以看到模型的线在随机线周围，这意味着目前在训练数据中没有丰富的信息用来挖掘有关该目标的模式，从图 8－30 图中我们也进一步证实了这 3 个模型的预测效果，当模型使用 50%的数据只能获得 45.9%的预测结果。较理想的模式是模型线在理想线和随机线之间。

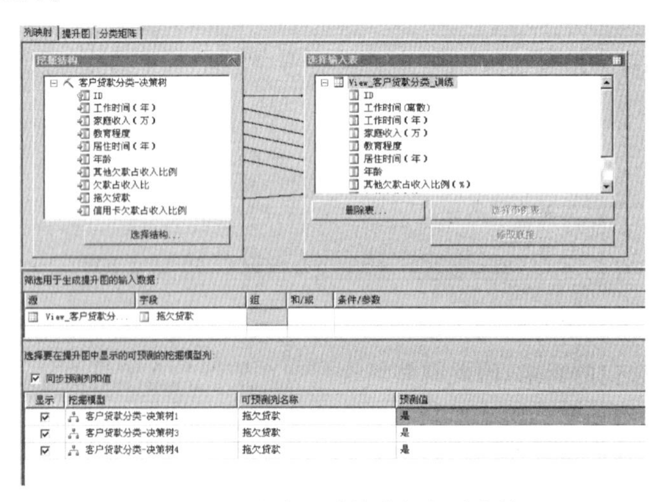

图 8－28　挖掘准确性分析的列映射

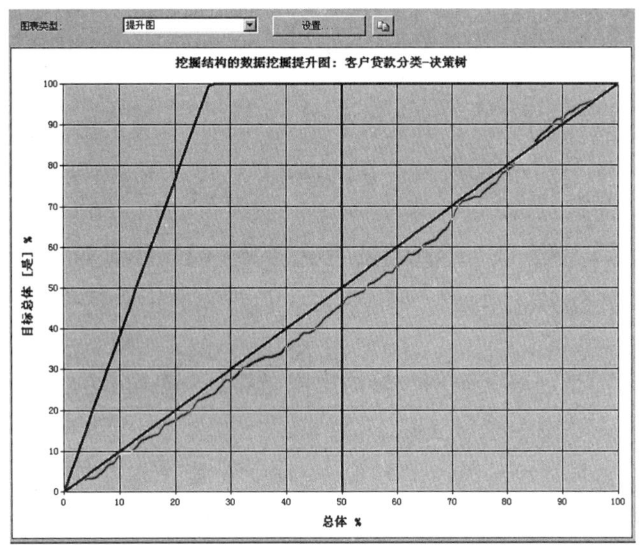

图 8-29 “客户贷款分类”决策树挖掘模型提升图

挖掘图例

总体百分比: 50.00%

序列，模型	分数	目标总体	预测概率
客户贷款分类-决策树1	0.55	45.90%	26.17%
客户贷款分类-决策树3	0.55	45.90%	26.17%
客户贷款分类-决策树4	0.55	45.90%	26.30%
随机推测模型		50.00%	
以下项的理想模型：客户贷款分类-决策树1, ...		100.00%	

图 8-30 “客户贷款分类”决策树挖掘模型提升图图例

扫描二维码 8-3，查看决策树算法的操作演示。

二维码 8-3

第十节 Microsoft 神经网络算法

一、神经网络算法的参数

Maximum_Input_Attributes：是用于特征选择的阈值参数。当输入属性的数目大于该参数的设置时，会隐式地调用特征选择技术来选择最重要的属性。

Maximum_Output_Attributes：是用于特征选择的阈值参数。当可预测的属性数目大于该参数的设置时，会隐式地调用特征选择来选择最重要的属性。

Maximum_Status：指定算法所支持的属性状态数目的最大值。如果一个属性所拥有的状态数目大于状态数目的最大值，则算法会使用属性的出现最频繁的状态，然后将剩下的状态认为是缺失状态。

Holdout_Percentage：指定测试数据的百分比。测试数据用于在训练期间验证正确性。默认值是 0.1。

Holdout_Seed：是一个整数，它用于指定种子(seed)，该种子用于选择测试数据集。

Hidden_Node_Ratio：用于配置隐含节点的数目。隐含节点数目的单位是 sqrt(m×n)，其中 n 是输入神经元的数目，而 m 是输出神经元的数目。如果 Hidden_Node_Ratio 等于 2，则隐含节点的数目等于 2×sqrt(m×n)。在默认情况下，Hidden_Node_ratio 等于 4。

注意：当 Hidden_Node_Ratio＝0 时，Microsoft 神经网络算法将变成 Microsoft 逻辑回归算法。

Sample_Size：是用于训练的事例数目的上限，默认值是 10000。

二、解释模型

神经网络查看器与其他 Microsoft 数据挖掘内容查看器不同，区别在于它主要是基于预测的。它不显示从模型内容的模式中派生的信息，并且没有已训练神经网络布局的图形化显示。查看器只显示与可预测属性相关的属性/值对的情况。

图 8－31 是“客户贷款分类”神经网络模型的挖掘结果。它包含 3 个部分，左上部分是输入表格栏，在该表格中可以指定输入属性的值。当在该表格中没有指定输入时，查看器会显示所有与可预测状态相关的输入属性/值对的信息。右上部分用于输出选择。可以使用下拉列表来选择可预测属性的任何两个状态。对于连续的属性，下拉列表提供基于平均值和标准偏差的五个范围。

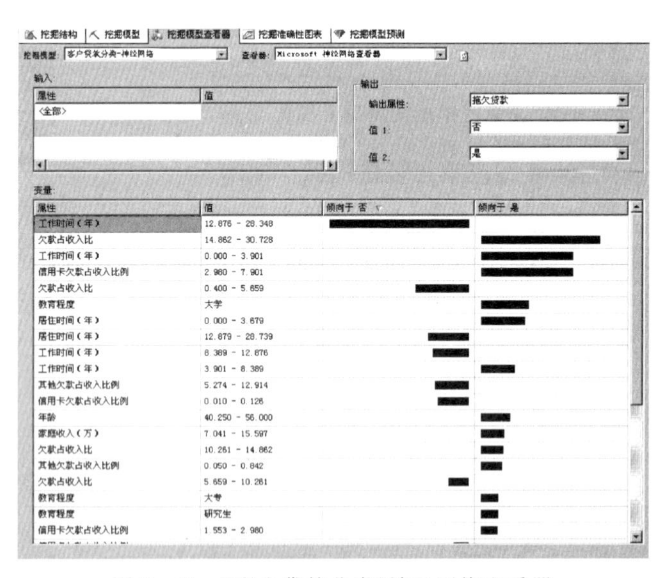

图 8－31 “客户贷款分类”神经网络查看器

神经网络查看器的主要部分是一个表格，与贝叶斯查看器的“属性对比”选项卡相似。该表格显示与可预测状态相关的属性/值对的影响。例如，在图 8－31 中，可以看出影响客户贷款分类的最重要属性值是“工作时间”“信用卡欠款占收入比例”“欠款占收入比例”。一般来说，工作时间在 13—28 年间的客户不太拖欠贷款，而工作时间在 0—4 年的客户倾向于拖欠贷款；“欠款占收入比例”在 15%—31%之间，“信用卡欠款占收入比例”在 3%—8%之间，都很有可能拖欠贷款。

我们也可以将某个或多个属性设定某个指定值为输入。例如，在图 8 - 32 中，指定客户工作时间为 0—4 年，这时，查看器会显示在指定工作时间下，其他属性值对拖欠贷款的影响。从图 8 - 32 中可见，对于那些工作时间短，同时欠款占收入比在 15%—31%的客户来说，拖欠贷款的可能性是非常大的。

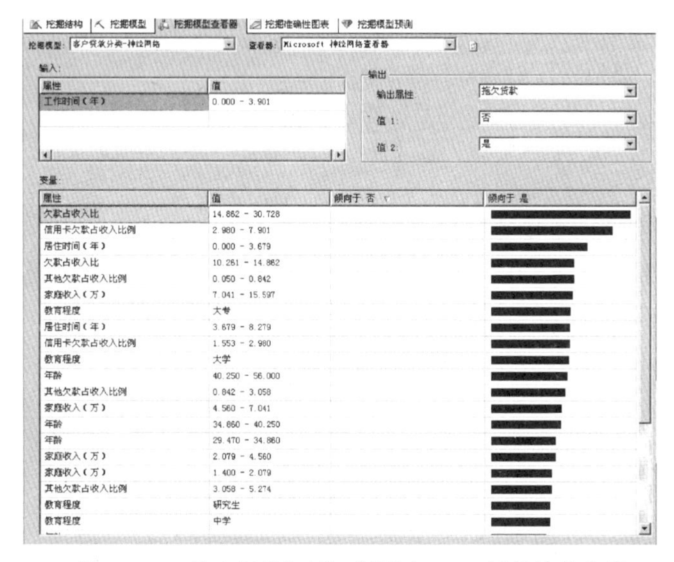

图 8 - 32　输入属性“工作时间”在 0—4 年的结果分析

扫描二维码 8 - 3，查看神经网络算法的操作演示。

神经网络算法操作演示

二维码 8 - 3

小　结

分类与预测是两种数据分析形式，分类方法用于预测数据对象的离散类别，预测则用于预测数据对象的连续取值。分类与预测是两种数据分析形式，分类方法用于预测数据对象的离散类别，预测则用于预测数据对象的连续取值。数据分类过程主要包含两个步骤：第一步，建立一个描述已知数据集类别或概念的模型，该模型是通过对数据库中各数据行内容的分析而获得的。第二步，就是利用所获得的模型进行分类操作，首先对模型分类准确率进行估计，如果一个学习所获模型的准确率经测试被认为是可以接受的，那么就可以使用这一模型对未来数据行或对象(其类别未知)进行分类。

在进行分类或预测挖掘之前，必须首先准备好挖掘数据。一般需要对数据进行预处理，以帮助提高分类或预测的准确性、效率和可扩展性。

预测准确率、计算速度、鲁棒性、可扩展性和可理解性是对分类与预测方法进行评估的重要的五个方面。

ID3 算法是基于决策树归纳的贪心算法，算法利用信息论原理来帮助选择构造决策树时非叶节点所对应的测试属性。树枝修剪则是通过修剪决策树中由于噪声产生的分支从而改进决策树的预测准确率。

贝叶斯分类是基于有关事后概率的定理而提出的，它就像是一个白匣子，各个节点之间的影响程度和条件概率关系都可以明显地看到，并且意义明确。因此，贝叶斯网络更适合那些影响因素少而且关系明确的情况。

神经网络也是一种分类学习方法，它利用后传算法来搜索神经网络中的一组权重，以使相应网络的输出与实际数据类别之间的均方差最小。

思考与练习

1. 数据分类分为哪两个步骤？简述每步的基本任务。
2. 简述 ID3 算法的主要步骤。
3. 简述贝叶斯分类方法的计算过程。
4. 简述分类器的性能表示与评估的主要方法。

实 验

实验八 贝叶斯算法、决策树算法和神经网络算法实验

一、实验目的

掌握使用贝叶斯算法、决策树算法和神经网络算法，对数据进行分类和预测挖掘。

二、实验内容

二维码 8－4

（1）认真阅读实验内容目录下的“1991 年美国社会普查数据.xls”文件。扫描二维码 8－4，查看“1991 年美国社会普查数据.xls”数据文件。

（2）将该 Excel 文件导入数据库，注意：由于原表中没有主键，所以需要添加一个标识字段“ID”，其中的值为不重复的数字，不能为空。

（3）新建两个和“1991 年美国社会普查数据表”结构相同的新表，表名分别为“1991 年美国社会普查_幸福预测”和“1991 年美国社会普查_生活预测”。将“幸福”和“生活”两个字段中值为 NULL 的记录分别导出至对应的表中，作为预测数据表。

（4）将“1991 年美国社会普查数据表”中“幸福”和“生活”两个字段中值为 NULL 的记录删除。

(5) 对“1991 年美国社会普查数据表”进行分类数据挖掘，首先采用朴素贝叶斯算法和神经网络算法，找出影响幸福值的前 5—10 个主要因素。注意：如果挖掘结果不理想，可以通过调整模型参数来修正。缺失数据过多的属性应该忽略。

(6) 用主要影响因素作为输入，根据需要把数值属性进行离散化，采用决策树算法进行数据挖掘。注意：为了方便数据挖掘，可以先创建一个命名查询，选出作为输入和预测的列(包括主键列)。

(7) 根据决策树挖掘结果分析哪类人可以感到非常幸福，哪类人感到不太幸福(写出非常幸福的分类规则和不太幸福的分类规则，并简单说明可能的原因)。

(8) 对“1991 年美国社会普查_幸福预测表”进行预测，预测幸福值，并将其填入到“1991 年美国社会普查_幸福预测表”中。

(9) 使用贝叶斯和神经网络挖掘算法分析影响生活的主要因素，找出影响生活感受的 5—10个主要因素。注意：如果挖掘结果不理想，可以通过调整模型参数来修正。缺失数据过多的属性应该忽略。

(10) 用以上主要因素作为输入，根据需要把数值属性进行离散化，采用决策树算法进行数据挖掘，分析哪类人可以感到生活激动人心，哪类人感到生活暗淡无味(写出生活激动人心的分类规则和生活暗淡无味的分类规则，并简单说明可能的原因)。

(11) 对“1991 年美国社会普查_生活预测表”进行预测，预测生活值，并将其填入到“1991 年美国社会普查_幸福预测表”中。

三、实验报告要求

(1) 描述实验目的。

(2) 记录数据预处理过程。

(3) 分别将第 7 项、第 9 项、第 10 项的挖掘结果进行分类规则描述。

二维码 8 - 5

扫描二维码 8 - 5，查看实验八的操作演示。

聚类分析

聚类是一个将数据集划分为若干组或类的过程，并使得同一个组内的数据对象具有较高的相似度；而不同组中的数据对象是不相似的。相似或不相似的描述是基于数据描述属性的取值来确定的，通常就是利用各对象间的距离来表示。许多领域，包括数据挖掘、统计学和机器学习都有聚类研究和应用。

本章将要介绍对大量数据进行聚类分析的有关方法，同时还将介绍如何根据数据对象的属性来计算各数据对象之间的距离。有关的聚类方法主要有：划分类方法、分层类方法、基于密度类方法。此外本章的最后将要介绍利用聚类方法进行异常数据检测的有关内容。

本章将着重介绍以下内容：

- 聚类分析概念
- 聚类分析中的数据类型
- 主要聚类方法
- 异常数据分析
- Microsoft 聚类算法

第一节　聚类分析概念

将一组物理的或抽象的对象，根据它们之间的相似程度，分为若干组，其中相似的对象构成一组，这一过程就称为聚类过程。一个聚类就是由彼此相似的一组对象所构成的集合，不同聚类中对象是不相似的。

聚类分析是人类活动中的一个重要内容。早在儿童时期，一个人就是通过不断完善潜意识中的分类模式，来学会识别不同物体，如狗和猫、动物和植物等。通过聚类，人可以辨认出空旷和拥挤的区域，进而发现整个的分布模式，以及数据属性之间所存在有价值的相关关系。

聚类分析的典型应用主要包括，在商业方面，聚类分析可以帮助市场人员发现顾客群中所存在的不同特征的组群，并可以利用购买模式来描述这些不同特征的顾客组群。在生物方面，聚类分析可以用来获取动物或植物所存在的层次结构，以及根据基因功能对其进行分类以获得对人群中所固有的结构更深入的了解。聚类还可以从地球观测数据库中帮助识别具有相似的土地使用情况的区域。此外还可以帮助分类识别互联网上的文档以便进行信息发现。作为数据挖掘的一项功能，聚类分析还可以作为一个单独使用的工具，来帮助分析数据的分布、了解各数据类的特征、确定所感兴趣的数据类以便做进一步分析。当然聚类分析也可以作为其他算法（如分类和定性归纳算法）的预处理步骤。

在机器学习中，聚类分析属于一种无监督的学习方法。与分类学习不同，无监督学习不依靠事先确定的数据类别，以及标有数据类别的学习训练样本集合。正因为如此，聚类分析又是一种通过观察学习方法，而不是示例学习。

在聚类数据挖掘中，大多数工作都集中在发现能够有效地对大数据库进行聚类分析的方法上。相关的研究课题包括：聚类方法的可扩展性、复杂形状和复杂数据类型的聚类分析的高效性、高维聚类技术，以及混合数值属性与符号属性数据库中的聚类分析方法等。下面是对数据挖掘中的聚类分析的一些典型要求。

（1）可扩展性。许多聚类算法在小数据集（少于 200 个数据对象）时可以工作得很好，但一个大数据库可能会包含数以百万的对象。利用采样方法进行聚类分析可能得到一个有偏差的结果，这时就需要可扩展的聚类分析算法。

（2）处理不同类型属性的能力。许多算法是针对基于区间的数值属性而设计的。但是有些应用需要对其他类型数据，如二值类型、符号类型、顺序类型，或这些数据类型进行组合。

（3）发现任意形状的聚类。许多聚类算法是根据欧氏距离和距离来进行聚类的。基于这类距离的聚类方法一般只能发现具有类似大小和密度的圆形或球状聚类。而实际上一个聚类是可以具有任意形状的，因此设计出能够发现任意形状类集的聚类算法是非常重要的。

（4）需要由用户决定的输入参数最少。许多聚类算法需要用户输入聚类分析中所需要的一些参数（如期望所获聚类的个数），聚类结果通常都与输入参数密切相关，而这些参数常常也很难决定，特别是包含高维对象的数据集。这不仅构成了用户的负担，也使得聚类质量难以控制。

（5）处理噪声数据的能力。大多数现实世界的数据库均包含异常数据、不明数据、数据丢失和噪声数据，有些聚类算法对这样的数据非常敏感并会导致获得质量较差的数据。

（6）对输入记录顺序不敏感。一些聚类算法对输入数据的顺序敏感，也就是不同的数据输入顺序会导致获得非常不同的结果。因此设计对输入数据顺序不敏感的聚类算法也是非常重要的。

（7）高维问题。一个数据库或一个数据仓库或许包含若干维或属性。许多聚类算法在处理低维数据时（仅包含二到三个维）时表现很好。人的视觉也可以帮助判断多至三维的数据聚类分析质量。然而设计对高维空间中的数据对象，特别是对高维空间稀疏和怪异分布的数据对象，能进行较好聚类分析的聚类算法已成为聚类研究中的一项挑战。

（8）基于约束的聚类。现实世界中的应用可能需要在各种约束之下进行聚类分析。假设需要在一个城市中确定一些新加油站的位置，就需要考虑诸如：城市中的河流、高速路，以及每个区域的客户需求等约束情况下居民居住地的聚类分析。设计能够发现满足特定约束条件且具有较好聚类质量的聚类算法也是一个重要聚类研究任务。

（9）可解释性和可用。用户往往希望聚类结果是可理解的、可解释的，以及可用的。这就需要聚类分析要与特定的解释和应用联系在一起。因此研究一个应用的目标是如何影响聚类方法选择也是非常重要的。

第二节　聚类分析中的数据类型

本节将主要介绍聚类分析中常见的数据类型，以及在聚类分析之前如何对它们进行预处理。假设一个要进行聚类分析的数据集包含 n 个对象，这些对象可以是人、房屋、文件等。基于内存的聚类算法通常都采用以下两种数据结构。

（1）数据矩阵：这是一个对象—属性结构。它是由 n 个对象组成，如 n 个客户，这些对象是利用 p 个属性来进行描述的，如年龄、高度、体重等。数据矩阵采用关系表形式 $n \times p$ 矩阵来表示，如式(9.1)所示。

$$\begin{bmatrix} x_{11} & \cdots & x_{1f} & \cdots & x_{1p} \\ \cdots & \cdots & \cdots & \cdots & \cdots \\ x_{i1} & \cdots & x_{if} & \cdots & x_{ip} \\ \cdots & \cdots & \cdots & \cdots & \cdots \\ x_{n1} & \cdots & x_{nf} & \cdots & x_{np} \end{bmatrix} \tag{9.1}$$

（2）差异矩阵：这是一个对象—对象结构。它存放所有 n 个对象彼此之间所形成的差异或不相似程度。它一般采用 $n \times n$ 矩阵来表示，如式(9.2)所示。

$$\begin{bmatrix} 0 & & & & \\ d(2,1) & 0 & & & \\ d(3,1) & d(3,2) & 0 & & \\ \cdots & \cdots & \cdots & \cdots & \\ d(n,1) & d(n,2) & \cdots & \cdots & 0 \end{bmatrix} \tag{9.2}$$

其中 $d(i,j)$ 表示对象 i 和对象 j 之间的差异。通常 $d(i,j)$ 为一个非负数，当对象 i 和对象 j 非常相似或彼此“接近”时，该数值接近 0；该数值越大，就表示对象 i 和对象 j 越不相似。由于有 $d(i,j)=d(j,i)$ 且 $d(i,i)=0$，因此就有式(9.2)所示矩阵。本节都是基于差异计算进行讨论的。

数据矩阵(9.1)通常又称为是双模式矩阵，而差异矩阵(9.2)则称为是单模式矩阵。因为前者行和列分别表示不同的实体；而后者行和列则表示的是同一实体。许多聚类算法都是基于差异矩阵进行聚类分析的。如果数据是以数据矩阵形式给出的，那么就首先需要转换为差异矩阵，方可利用聚类算法进行处理。

对象属性的数据类型主要有间隔数值型、二值型、符号型、顺序和比率数值属性或者是混合属性。下面对每种数据类型的预处理及距离计算方法进行详细说明。

一、间隔数值属性

间隔数值属性就是基本呈直线比例的连续测量值。典型的间隔数值有：重量、高度和温度等。所采用的测量单位可能会对聚类分析产生影响，例如，将高度属性测量单位从米变为英尺，或重量属性从公斤变为英镑，都会导致不同的聚类结构。通常采用一个较小的单位表示一个属性会使得属性的取值范围变大，因此对聚类结构就有较大的影响。为帮助避免对属性测量单位的依赖，就需要对数据进行标准化。所谓标准化测量就是给所有属性相同的权值。这一做法在没有任何背景知识情况下是非常有用的。但在一些应用中，用户也会有意识地赋予某些属性更大权值以突出其重要性，例如，在对候选篮球选手进行聚类分析时，可能就会给身高属性赋予更大的权值。

为了实现标准化测量，一种方法就是将初始测量值转换为无单位变量。给定一个属性变量 f，可以利用以下计算公式对其进行标准化。

（一）计算绝对偏差均值 s_f

$$s_f = \frac{1}{n}(|x_{1f} - m_f| + |x_{2f} - m_f| + \cdots + |x_{nf} - m_f|) \tag{9.3}$$

其中项 $x_{1f}, x_{2f}, \cdots, x_{nf}$ 是变量 f 的 n 个测量值，m_f 为变量 f 的均值，也就是 $m_f = (x_{1f} + x_{2f} + \cdots + x_{nf}) / n$。

（二）计算标准化测量（z-分值）

$$z_{if} = \frac{x_{if} - m_f}{s_f}, i = 1, \cdots, n \tag{9.4}$$

对含有噪声数据而言，绝对偏差均值 s_f 要比标准偏差 σ_f 更为鲁棒。由于在计算绝对偏差均值时，对均值的偏差 $|x_{if} - m_f|$ 没有进行平方运算，因此异常数据的作用被降低，还有一些关于针对分散数据更鲁棒的处理方法，如中间值绝对偏差方法。中间绝对偏差均值的好处就是：异常数据的 z-分值不会变得太小，从而使得异常数据仍是可识别的。

在一些特定应用中，标准化方法或许有用，但不一定有用，因此只能由用户决定是否或如何使用标准化方法。在标准化之后，或在无须标准化的特定应用中，由间隔数值所描述对象之间的差异程度可以通过计算相应两个对象之间距离来确定。最常用的距离计算公式就是欧氏距离，具体公式内容为：

$$d(i,j) = \sqrt{(|x_{i1} - x_{j1}|^2 + |x_{i2} - x_{j2}|^2 + \cdots + |x_{ip} - x_{jp}|^2)} \tag{9.5}$$

其中 $x_i = (x_{i1}, x_{i2}, \cdots, x_{ip})$，$x_j = (x_{j1}, x_{j2}, \cdots, x_{jp})$，它们分别表示一个 p 维数据对象。另一个常用的距离计算方法就是 Manhattan 距离，它的具体计算公式定义为：

$$d(i,j) = |x_{i1} - x_{j1}| + |x_{i2} - x_{j2}| + \cdots + |x_{ip} - x_{jp}| \tag{9.6}$$

欧氏距离和曼哈顿距离均满足距离函数的有关数学性质的要求。

(1) $d(i, j) \geqslant 0$，这表示对象之间距离为非负数的一个数值。

(2) $d(i,i)=0$，这表示对象自身之间距离为零。

(3) $d(i,j)=d(j,i)$，这表示对象之间距离是对称函数。

(4) $d(i,j)\leqslant d(i,h)+d(h,j)$，这表示对象自身之间距离满足“两边之和不小于第三边”的性质（若将两个对象之间距离用一条边来表示的话），其中 h 为第三个对象。

闵可夫斯基距离是欧式距离和曼哈顿距离的一个推广，它的计算公式定义如下：

$$d(i,j)=(|x_{i1}-x_{j1}|^q+|x_{i2}-x_{j2}|^q+\cdots+|x_{ip}-x_{jp}|^q)^{1/q} \tag{9.7}$$

其中 q 为一个正数，当 $q=1$ 时，它代表曼哈顿距离计算公式；而当 $q=2$ 时，它代表欧氏距离计算公式。

若每个变量均可被赋予一个权值，以表示其所代表属性的重要性。那么带权的欧氏距离计算公式就为：

$$d(i,j)=\sqrt{(w_1|x_{i1}-x_{j1}|^2+w_2|x_{i2}-x_{j2}|^2+\cdots+w_p|x_{ip}-x_{jp}|^2)} \tag{9.8}$$

同样，曼哈顿距离和闵可夫斯基距离也可以引入权值进行计算。

二、二值属性

本节将要介绍如何计算采用对称或非对称二值属性描述对象之间的差异。一个二值变量仅取 0 或 1 值，其中 0 代表变量所表示的状态不存在，而 1 则代表相应的状态存在。给定变量“吸烟”，它描述了一个病人是否吸烟情况，如吸烟值为 1 就表示病人吸烟，若吸烟值为 0，就表示病人不吸烟。如果按照间隔数值变量对二值变量进行处理，常常会导致错误的聚类分析结果产生。因此采用特定方法计算二值变量所描述对象间的差异程度是非常必要的。

一种差异计算方法就是根据二值数据计算差异矩阵。如果认为所有的二值变量的权值均相同，那么就能得到一个 2×2 条件表，如表 9－1 所示，表中 q 表示在对象 i 和对象 j 中均取 1 的二值变量个数；r 表示在对象 i 取 1 但在对象 j 中取 0 的二值变量个数；s 表示在对象 i 中取 0 而在对象 j 中取 1 的二值变量个数；t 则表示在对象 i 和对象 j 中均取 0 的二值变量个数。二值变量的总个数为 p，那么就有：$p=q+r+s+t$。

表 9－1　二值属性条件表

		对象 j		
		1	0	合计
对象 i	1	q	r	$q+r$
	0	s	t	$s+t$
	合计	$q+s$	$r+t$	p

如果一个二值变量取 0 或 1 所表示的内容同样重要，那么该二值变量就是对称的；如“吸烟”就是对称变量，因为它究竟是用 0 还是用 1 来表示一个病人的确吸烟状态并不重要。基于对称二值变量所计算相应的相似（或差异）性就称为是不变相似性，因为无论如何对相

应二值变量进行编码并不影响到它们相似性的计算结果。对于不变相似性计算，最常用的描述对象 i 和对象 j 之间差异程度参数就是简单匹配相关系数，它的具体定义描述如公式(9.9)所示。

$$d(i,j)=\frac{r+s}{q+r+s+t} \tag{9.9}$$

如果一个二值变量取 0 或 1 所表示内容的重要性是不一样的，那么该二值变量就是非对称的；如一个疾病的测试结果可描述为"阳性"或" 阴性"。显然这两个测试输出结果的重要性是不一样的。通常将不重要的情况用 0 来表示(如 HIV 阴性)。给定两个非对称二值变量，如果认为取 1 值比取 0 值所表示情况更重要，那么这样的二值变量就可称为是单性的(好像只有一个状态)。而这种变量的相似性就称为是非变相似性。对于非变相似性，最常用的描述对象 i 和对象 j 之间差异程度参数就是杰卡德(Jaccard)相关系数，它的具体定义描述如公式(9.10)所示。

$$d(i,j)=\frac{r+s}{q+r+s} \tag{9.10}$$

若一个数据集中既包含对称二值变量，又包含非对称二值变量，那么就可以利用 9.2.4 小节所要介绍的混合类型属性计算公式进行处理。

例 9.1 二值变量的差异性。假设一个病人记录表如表 9－2 所示，表中所描述的属性分别为姓名、性别、发烧、咳嗽、检查－1、检查－2、检查－3 和检查－4。其中姓名作为病人对象的标识，性别是一个对称二值变量。其他变量则均为非对称变量。

表 9－2 一个包含许多二值属性的关系数据表示意描述

姓名	性别	发烧	咳嗽	检查－1	检查－2	检查－3	检查－4
Jack	M	Y	N	P	N	N	N
Mary	F	Y	N	P	N	P	N
Jim	M	Y	P	N	N	N	N
……	……	……	……	……	……	……	……

对于非对称属性值，可将其 Y 和 P 设为 1，N 设为 0。根据非对称变量计算不同病人间的距离，就可以利用 Jaccard 系数计算公式(9.10)进行，具体计算结果如下：

$$d(\text{Jack},\text{Mary})=\frac{0+1}{2+0+1}=0.33；$$

$$d(\text{Jack},\text{Jim})=\frac{1+1}{1+1+1}=0.67；$$

$$d(\text{Jim},\text{Mary})=\frac{1+2}{1+1+2}=0.75。$$

上述计算值表明：Jim 和 Mary，由于他们之间距离值三个中最大，因此不太可能得的是相似的病；而 Jack 和 Mary，由于他们之间距离值三个中最小，因此可能得的就是相似的病。

三、符号、顺序和比率数值属性

（一）符号变量

符号变量是二值变量的一个推广。符号变量可以对两个以上的状态进行描述。例如，地图颜色变量就是一个符号变量，它可以表示五种状态，即红、绿、篮、粉红和黄色。

设一个符号变量所取状态个数为 M，其中的状态可以用字母、符号，或一个整数集合来表示，如 $1,2,\cdots,M$。注意，这里的整数仅仅是为了方便数据处理而采用的，并不表示任何顺序关系。

对于符号变量，最常用的计算对象 i 和对象 j 之间差异程度的方法就是简单匹配方法。它可以具体定义为：

$$d(i,j)=\frac{p-m}{p} \tag{9.11}$$

其中 m 表示对象 i 和对象 j 中取同样状态的符号变量个数，p 为所有的符号变量个数。为增强 m 的作用，可以给它赋予一定的权值；而对于拥有许多状态的符号变量，也可以相应赋予更大的权值。

通过为符号变量的每个状态创建一个新二值变量，能够将符号变量表示为非对称的二值变量。对于具有给定状态的一个对象，代表一个状态的二值变量值为 1；而其他的二值变量值为 0。例如，要用二值变量表示地图颜色符号变量，就需要上面所介绍的 5 种颜色分别创建一个二值变量。而对一个颜色为黄色的对象，就要将代表黄色状态的二值变量设为 1；而将其他二值变量设为 0。采用这种二值变量表达方式的对象间差异程度就可以利用上节所介绍的计算方法进行计算了。

（二）顺序变量

一个离散顺序变量与一个符号变量相似，不同的是，对应 M 个状态的 M 个顺序值具有顺序含义。顺序变量在描述无法用客观方法表示的主观评估时是非常有用的。例如，专业等级描述就是一个顺序变量，它是按照助教、讲师、副教授和教授的顺序进行排列的。一个连续顺序变量看上去就像一组未知范围的连续数据，但它的相对位置要比它的实际数值有意义得多。例如在足球比赛中，一个球队排列名次常常要比它的实际得分更为重要。顺序变量的数值常常是通过对间隔数值的离散化而获得的，也就是通过将取值范围分为有限个组而得到的。一个顺序变量可以映射到一个等级集合上。例如，若一个顺序变量 f 包含 M_f 个状态，那么这些有序的状态就映射为 $1,2,\cdots,M_f$ 的等级。

在计算对象间差异程度时，顺序变量的处理方法与间隔数值变量的处理方法类似。假设变量 f 为一组描述 n 个对象顺序变量中的一个。涉及变量 f 的差异程度计算方法描述如下：

(1) 第 i 个对象的 f 变量值标记为 x_{if}，变量 f 有 M_f 个有序状态，可以利用等级 $1,2,\cdots,M_f$ 分别替换相应的 x_{if}，得到相应的 r_{if}，$r_{if}\in\{1,2,\cdots,M_f\}$。

(2) 由于每个顺序变量的状态个数可能不同。因此有必要将每个顺序变量的取值范围映射到[0,1]区间,以便使每个变量的权值相同。可以通过将第 i 个对象中的第 f 个变量的 r_{if} 用以下所计算得到的值来替换：

$$z_{if}=\frac{r_{if}-1}{M_f-1} \tag{9.12}$$

(3) 这时可以利用本节所介绍的有关间隔数值变量的任一个距离计算公式,来计算用顺序变量描述的对象间距离,其中用 z_{if} 来替换第 i 个对象中的变量 f 值。

(三) 比率数值变量

一个比率数值变量就是在非线性尺度上所获得的正测量值,如指数比率,就可以用以下公式近似描述：

$$Ae^{Bt} \text{或} Ae^{-Bt} \tag{9.13}$$

其中 A 和 B 为正的常数。典型例子包括：细菌繁殖增长的数目描述,或放射元素的衰减。

在计算比率数值变量所描述对象间距离时,有 3 种方法处理比率数值变量的方法。它们是：

(1) 将比率数值变量当作间隔数值变量来进行计算处理,但这并不是一个好方法,因为比率尺度是非线性的。

(2) 利用对数转换方法($y_{if}=\log(x_{if})$)来处理第 i 个对象中取 x_{if} 变量 f;然后将 y_{if} 当作间隔数值变量并根据本节所介绍有关间隔数值变量的任一个距离计算公式进行计算处理。需要说明的是,对于某些比率数值变量还可以根据具体定义和应用要求,采用 log-log 或其他转换方法对其进行变换。

(3) 最后就是将 x_{if} 当作连续顺序数据,即将其顺序值作为间隔数值来进行相应的计算处理。

四、混合类型属性

前面讨论了计算利用相同类型变量所描述对象间的距离方法,这些变量类型包括：间隔数值类型、对称二值类型、非对称二值类型、符号类型、顺序类型和比率数值类型。但在实际数据库中,数据对象往往是用复合数据类型来描述,而且常常它们同时包含上述 6 种数据类型。

一种方法是将每种类型的变量分别组织在一起,并根据每种类型的变量完成相应的聚类分析,如果这样做可以获得满意的结果,那这种方法就是可行的。但在实际应用中,根据每种类型的变量单独进行聚类分析不可能获得满意的结果。

一个更好的方法就是将所有类型的变量放在一起进行处理,一次完成聚类分析。这就需要将不同类型变量值组合到一个差异矩阵中,并将它们所有有意义的值全部映射到[0,1]区间内。

假设一个数据集包含 p 个组合类型变量。对象 i 和对象 j 之间距离 $d(i,j)$ 就可以定义为：

$$d(i,j)=\frac{\sum_{f=1}^{p}\delta_{ij}^{(f)}d_{ij}^{(f)}}{\sum_{f=1}^{p}\delta_{ij}^{(f)}} \tag{9.14}$$

其中如果(1)x_{if} 或 x_{jf} 数据不存在,即对象 i 或对象 j 的变量 f 无测量值;或(2)$x_{if}=x_{jf}=0$ 且变量 f 为非对称二值变量,则标记 $\delta_{ij}^{(f)}=0$;否则 $\delta_{ij}^{(f)}=1$。而变量 f 在对象 i 和对象 j 之间差异程度的贡献 $d_{ij}^{(f)}$ 可以根据其具体变量类型进行相应计算:

(1) 若变量 f 为二值变量或符号变量,则如果 $x_{if}=x_{jf}$,那么 $d_{ij}^{(f)}=0$;否则 $d_{ij}^{(f)}=1$。

(2) 若变量 f 为间隔数值变量,则 $d_{ij}^{(f)}=\frac{|x_{if}-x_{jf}|}{\max_h x_{hf}-\min_h x_{hf}}$,其中 h 为变量 f 所有可能的对象。

(3) 若变量 f 为顺序变量或比率数值变量,则计算顺序 r_{if} 和 $z_{if}=\frac{r_{if}-1}{M_f-1}$,并将 z_{if} 当作间隔数值变量来进行计算处理。

综上所述,即使在对象是由不同类型变量一起描述时,也能够计算相应每两个对象间的距离。

第三节 主要聚类方法

在相关研究的论文中有许多聚类算法,需要根据应用所涉及的数据类型、聚类的目的以及具体应用要求来选择合适的聚类算法。如果利用聚类分析作为描述性或探索性的工具,那么就可以使用若干聚类算法对同一个数据集进行处理以观察可能获得的有关数据特征描述。通常聚类分析算法可以分为以下几大类。

一、划分方法

给定一个包含 n 个对象的数据集,划分方法将数据集划分为 k 个子集。其中每个子集均代表一个聚类($k\leqslant n$)。也就是说将数据分为 k 组,这些组满足以下要求:(1) 每组至少应包含一个对象;(2) 每个对象必须只能属于某一组。需要注意的是后一个要求在一些模糊划分方法中可以放宽。

给定需要划分的个数 k,一个划分方法创建一个初始划分,然后利用循环再定位技术,即通过移动不同划分中的对象来改变划分内容。一个好的划分衡量标准通常就是同一个组中的对象相近或彼此相关;而不同组中的对象较远或彼此不同。当然还有许多其他判断划分质量的衡量标准。

为获得基于划分聚类分析的全局最优结果就需要穷举所有可能的对象划分。为此大多数应用采用一至二种常用启发方法:(1) k-means 算法,该算法中的每一个聚类均用相应聚类中对象的均值来表示;(2) k-medoids 算法,该算法中的每一个聚类均用相应聚类中离聚类中心最近的对象来表示。这些启发聚类方法在分析中小规模数据集以发现圆形或球状聚类时工作得很好。但为了使划分算法能够分析处理大规模数据集或复杂数据类型，就需要对其进行扩展。

二、层次方法

层次方法就是通过分解所给定对象的数据集来创建一个层次。根据层次分解形成的方式，可以将层次方法分为自下而上和自上而下两种类型。自下而上的层次方法从每个对象均为一个单独的组开始，逐步将这些组进行合并，直到组合并在层次顶端或满足终止条件为止。自上而下层次方法从所有均属于一个组开始，每一次循环将其分解为更小的组，直到每个对象构成一组或满足终止条件为止。

层次方法存在的缺陷就是在进行组分解或合并之后，无法回溯。这一特点也是有用的，因为在进行分解或合并时无须考虑不同选择所造成的组合爆炸问题。但这一特点也使得这种方法无法纠正自己的错误决策。

将循环再定位与层次方法结合起来使用常常是有效的，即首先通过利用自下而上层次方法，然后再利用循环再定位技术对结果进行调整。一些具有可扩展性的聚类算法，如BIRCH 和 CURE，就是基于这种组合方法设计的。

三、基于密度方法

大多数划分方法是基于对象间距离进行聚类的。这类方法仅能发现圆形或球状的聚类，而较难发现具有任何形状的聚类。基于密度概念的聚类方法实际上就是不断增长所获得的聚类直到“邻近”数据对象或点密度超过一定阈值为止，如一个聚类中的点数，或一个给定半径内必须至少包含的点数。这种方法可以用于消除数据中的噪声(即异常数据)，以及帮助发现任意形状的聚类。

DBSCAN 就是一个典型的基于密度方法，该方法根据密度阈值不断增长聚类。

四、基于网格方法

基于网格方法将对象空间划分为有限数目的单元以形成网格结构。所有聚类操作均是在这一网格结构上进行的。这种方法主要优点就是处理时间由于与数据对象个数无关而仅与划分对象空间的网格数相关，从而显得相对较快。

五、基于模型方法

基于模型方法就是为每个聚类假设一个模型，然后再去发现符合相应模型的数据对象。一个基于模型的算法可以通过构造一个描述数据点空间分布的密度函数来确定具体聚类。它根据标准统计方法并考虑到“噪声”或异常数据，可以自动确定聚类个数，因而它可以产生很鲁棒的聚类方法。

一些聚类算法将若干聚类方法的思想结合在一起，因此有时很难明确界定一个聚类算法究竟属于哪一个聚类方法类别。此外一些应用也需要将多个聚类技术结合起来方可实现其应用目标。

第四节　划分方法

给定包含 n 个数据对象的数据库和所要形成的聚类个数k ，划分算法将对象集合划分为k 份($k \leqslant n$)，其中每个划分均代表一个聚类。所形成的聚类将使得一个客观划分标准(常称为相似函数，如 距离)最优化，从而使得一个聚类中的对象是“相似”的，而不同聚类中的对象是“不相似”的。

一、传统划分方法

最常用也是最知名的划分方法就是 k-means 算法和 k-medoids 算法，以及它们的变化(版本)。

(一) k-means 算法

例 9.1　根据聚类中的均值进行聚类划分的 k-means 算法。

输入：聚类个数k ，以及包含 n 个数据对象的数据库。

输出：满足方差最小标准的k 个聚类。

处理流程：

(1) 从 n 个数据对象任意选择k 个对象作为初始聚类中心。

(2) 循环(3)到(4)直到每个聚类不再发生变化为止。

(3) 根据每个聚类对象的均值(中心对象)，计算每个对象与这些中心对象的距离，并根据最小距离重新对相应对象进行划分。

(4) 重新计算每个有变化聚类的均值。

如上述算法所示，k-means 算法接受输入量k ，然后将 n 个数据对象划分为k 个聚类以便使得所获得的聚类满足：同一聚类中的对象相似度较高，而不同聚类中的对象相似度较低。聚类相似度是利用各聚类中对象的均值所获得一个中心对象来进行计算的。

k-means 算法的工作过程说明如下：首先从 n 个数据对象任意选择k 个对象作为初始聚类中心，而对于所剩下其他对象，则根据它们与这些聚类中心的相似度，分别将它们分配给与其最相似的聚类，然后再计算每个聚类中所有对象的均值，作为新聚类的聚类中心，不断重复这一过程直到标准测度函数开始收敛为止。一般都采用均方差作为标准测度函数，具体定义为：

$$E = \sum^{k}{}_{i=1} \sum_{p \in c_i} | p - m_i |^2 \tag{9.15}$$

其中 E 为数据库中所有对象的均方差之和，p 为代表对象的空间中的一个点，m_i 为聚类 C_i 的均值(p 和 m_i 均是多维的)。公式(9.15)所示聚类标准旨在使所获得的k 个聚类具有以下特点：各聚类本身尽可能地紧凑，而各聚类之间尽可能地分开。k-means 算法的计算复杂度为 $o(nkt)$，这里 n 为对象个数，k 为聚类个数，而 t 为循环次数。通常有$k \ll n$ 和 $t \ll n$，因而它在处理大数据库时也是相对有效的。k-means 算法常常终止于局部最优。

但是 k-means 算法只适用于聚类均值有意义的情况。因此在某些应用中，如数据集包含符号属性时，直接应用 k-means 算法就有困难了。k-means 算法的一个缺点就是用户还必须事先指定聚类个数k 。k-means 算法还不适合用于发现非凸形状的聚类，或具有各种不同大小的聚类。此外 k-means 算法还对噪声和异常数据也很敏感，因为这类数据可能会影响到各聚类的均值。

例 9.2 假设空间数据对象分布如图 9.1a 所示，设$k=3$，也就是需要将数据集划分为三份。

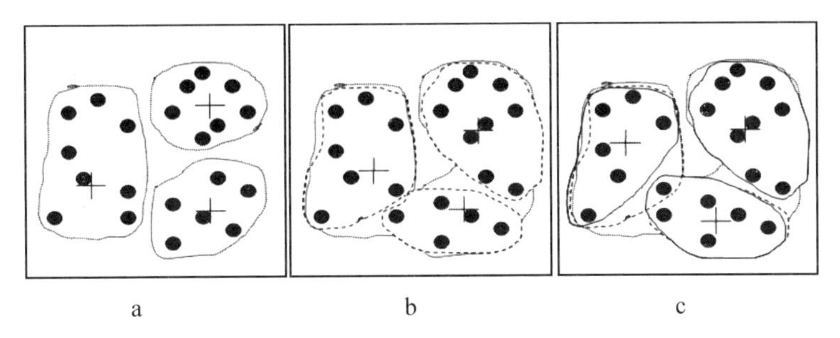

图 9－1 算法聚类过程示意描述

根据例 9.1，从数据集中任意选择三个对象作为初始聚类中心，图 9－1a 中这些对象被标上了"＋"，其余对象则根据与这三个聚类中心的距离，根据最近距离原则，逐个分别归到这三个中心所代表的三个聚类中，由此获得了如图 9－1b 所示的三个聚类(以虚线圈出)。

在完成第一轮聚类之后，各聚类中心发生了变化，继续更新三个聚类的聚类中心(图 9.1b中这些对象被标上了"＋")，也就是分别根据各聚类中的对象计算相应聚类的均值。根据所获得的三个新聚类中心，以及各对象与这三个聚类中心的距离，根据最近距离原则对所有对象进行重新归类。有关变化情况如图 9－1b 所示(已用粗虚线圈出)。

再次重复上述过程就可获得如图 9－1c 所示的聚类结果(已用实线圈出)。这时由于各聚类中的对象归属已不再变化，整个聚类操作结束。

k-means 算法还有一些变化，它们主要在初始k 个聚类中心的选择、差异程度计算和聚类均值的计算方法等方面有所不同。一个常常有助于获得好的结果的策略就是首先应用自下而上层次算法来获得聚类数目，并发现初始分类，然后再应用循环再定位聚类方法来帮助改进分类结果。

另一个 k-means 算法的变化版本就是 k-modes 算法。该算法通过用模来替换聚类均值、采用新差异性计算方法来处理符号量，以及利用基于频率对各聚类模进行更新方法，从而将 k-means算法的应用范围从数值量扩展到符号量。将 k-means 算法和 k-modes 算法结合到一起，就可以对采用数值量和符号量描述对象进行聚类分析，从而构成了 k-prototypes 算法。

而 EM(期望最大化)算法又从多个方面对 k-means 算法进行了扩展。其中包括：它根据描述聚类所属程度的概率权值，将每个对象归类为一个聚类，不是将一个对象仅归类为一个聚类，也就是说在各聚类之间的边界并不是非常严格。因此可以根据概率权值计算相应的聚类均值。

此外通过识别数据中所存在的3种类型区域，即可压缩区域、必须存入内存区域和可以丢弃区域，来改善k-means算法的可扩展性。若一个对象归属某个聚类的隶属值是不确定的，那它就是可丢弃的；若一个对象不是可丢弃的且属于一个更紧密的子聚类，那么它就是可压缩的。利用一个被称为是聚类特征的数据结构来对所压缩或所丢弃数据进行综合，若一个对象既不是可以丢弃的，也不是可以压缩的，那在聚类过程中它就需要保持在内存里。为实现可扩展性，循环聚类算法仅需对可压缩和可丢弃数据的聚类特征，以及须保持在内存中的对象进行分析处理即可。

（二）k-medoids算法

由于一个异常数据的取值可能会很大，k-means算法中以均值计算来作为聚类中心会影响数据分布的估计，因此k-means算法对异常数据很敏感。

k-medoids聚类算法的基本策略就是首先任意为每个聚类找到一个代表对象(medoid)，从而确定n个数据对象的k个聚类；其他对象根据最小距离原则，分别将它们归属到各相应聚类中。如果发现一个新的聚类代表能够改善所获得新的聚类质量，那么就可以用一个新的聚类对象代表替换老的。评估标准为各对象与其聚类代表间的距离成本函数来对聚类质量进行评估。

为了确定任一个非聚类代表对象$Oo_{_random}$是否可以替换当前的聚类代表O_j，可以根据以下四种情况对各非聚类代表对象p进行检查，如图9－2所示，假设图中的O_i和O_j分别为聚类代表对象。

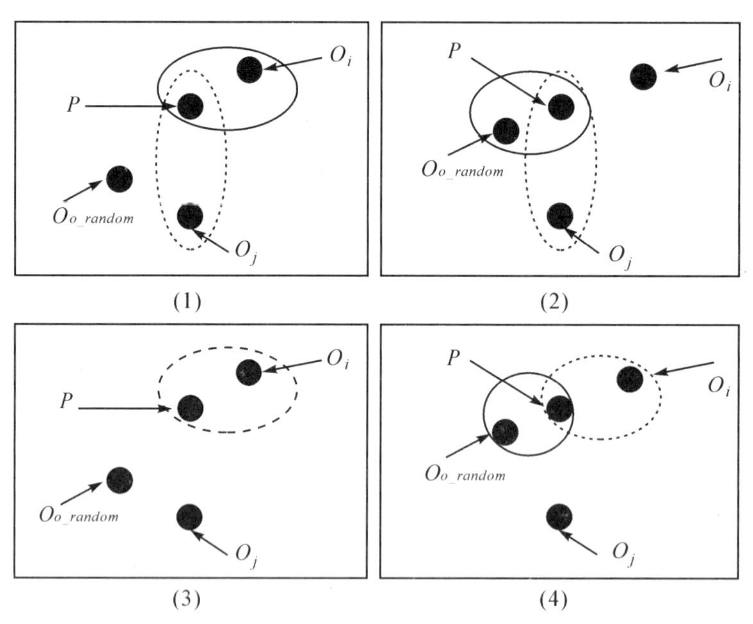

图9－2 k-medoids算法聚类过程示意图

(1) 若对象p属于O_j所代表的聚类，且如果用$Oo_{_random}$替换O_j作为新聚类代表，则p更接近其他$O_i(i\neq j)$，那么就将p归类到O_i所代表的聚类中。

(2) 若对象 p 当前属于 O_j 所代表的聚类，且如果用 $Oo_{\_random}$ 替换 O_j 作为新聚类代表，而 p 更接近 $Oo_{\_random}$，那么就将 p 归类到 $Oo_{\_random}$ 所代表的聚类中。

(3) 若对象 p 当前属于 O_i 所代表的聚类($i \neq j$)，且如果用 $Oo_{\_random}$ 替换 O_j 作为新聚类代表，而 p 更接近 O_i，那么 p 仍留在原来的聚类中。

(4) 若对象 p 当前属于 O_i 所代表的聚类($i \neq j$)，且如果用 $Oo_{\_random}$ 替换 O_j 作为新聚类代表，而 p 更接近 $Oo_{\_random}$，那么就将 p 归类到 $Oo_{\_random}$ 所代表的聚类中。

每次对对象进行重新归类，都会使得构成成本函数的方差 E 发生变化，通过替换不合适的代表获得的方差变化的累计就构成了成本函数的输出。若整个输出成本为负值，那么就用 $Oo_{\_random}$ 替换 O_j，以便能够减少实际的方差 E。若整个输出成本为正值，那么就认为当前的 O_j 是可以接受的，本次循环就无须变动对象。

k-medoids 聚类算法比 k-means 聚类算法在处理异常数据和噪声数据方面更为鲁棒。因为与聚类均值相比，一个聚类中心的代表对象要较少受到异常数据或极端数据的影响。但 k-medoids 算法的处理时间比 k-means 更大。两个算法都需要用户事先指定所需聚类个数k 。

二、大数据库的划分方法

传统聚类算法在小数据集上可以工作得很好，但是对于大数据库则处理效果并不理想。可以利用一个基于采样的聚类方法，称为 CLARA(clustering large application)来有效处理大规模数据。

CLARA 算法的基本思想就是：无须考虑整个数据集，而只要取其中一小部分数据作为其代表，然后利用 PAM(围绕中心对象进行划分)方法从这个样本集中选出中心对象。PAM 方法是最初提出的 k-medoids 聚类算法之一。它在初始选择k 个聚类中心对象之后，不断循环对每两个对象(一个为非中心对象，一个为中心对象)进行分析，以便选择出更好的聚类中心代表对象。若一个中心对象 O_j 被替换后导致方差迅速减少，那么就进行替换。对于较大的样本个数 n 和聚类个数 k，这样的计算开销非常大。

如果样本数据是随机选择的，那么它就应该近似代表原来的数据集。从这种样本集所选择出来的聚类中心对象可能就很接近从整个数据集中所选择出来聚类中心。CLARA 算法分别取若干的样本集，然后对每个样本数据集应用 PAM 方法，然后将其中最好的聚类结果输出。CLARA 算法能够处理大规模数据集，而它的每次循环计算复杂度为 $O[ks^2 + k(n-k)]$，其中 s 为样本集合大小，k 为聚类个数，n 为对象总数。

CLARA 算法的有效性依赖其所选择的样本集合大小，PAM 方法从给定的数据集中搜索最好的k 个聚类中心，而 CLARA 算法则从所采样的数据样本集中搜索最好的k 个聚类中心。如果样本集中的聚类中心不是整个数据集中最好的k 个聚类中心，那么 CLARA 算法就无法发现最好的聚类结果。例如，若一个对象 O_i 是一个最好的聚类中心，但在样本集聚类中没有被选中，那 CLARA 算法就无法找到整个数据集中最好的聚类。这也就是对效率和精度的折中。如果采样有偏差，那么一个基于采样的好聚类算法常常就无法找出整个数据集中最好的聚类。

另一个基于 k-medoids 聚类算法的大型数据聚类方法，称为 CLARANS（基于随机搜索的大小数据聚类），将采样方法与 PAM 方法结合起来。CLARANS 方法与 CLARA 算法不同，CLARANS 方法并不总是仅对样本数据集进行分析处理，CLARANS 方法在搜索的每一步都以某种随机方式进行采样，而 CLARA 算法搜索每一步所处理的数据样本是固定的。CLARANS 方法的搜索过程可以描述成一个图，图中每个节点都代表潜在的一组聚类中心代表，替换一个中心对象所获得新聚类就称为当前聚类的邻居。随机产生的聚类邻居数由用户所设置的参数所限制。若发现一个更好的邻居（即具有较低的方差），CLARANS 方法移动到这一邻居节点然后再开始搜索。否则当前节点就形成了一个局部最优。若发现局部最优，CLARANS 方法则随机选择一个节点以便重新开始搜索另一个新的局部最优。

CLARANS 方法的实验结果表明它比 CLARA 方法和 PAM 方法更为有效。利用聚类轮廓相关系数（即描述一个对象所代表聚类可以真正拥有多少对象的性质），CLARANS 方法能够发现最自然的聚类个数。CLARANS 方法也可以用于检测异常数据。但是 CLARANS 方法的计算复杂度为 $O(n^2)$，其中 n 为对象总数。CLARANS 方法的聚类质量与所使用的采样方法无关。通过采用诸如 R^*—树或其他技术可以帮助改进 CLARANS 方法的处理性能。

第五节　层次方法

层次聚类方法是通过将数据组织为若干组并形成一个组的树来进行聚类的。层次聚类方法又可以分为自顶而下和自下而上层次聚类两种。一个完全层次聚类的质量由于无法对已经做的合并或分解进行调整而受到影响。目前的研究都强调将自下而上层次聚类与循环再定位方法相结合。

一般有两种基本层次聚类方法。

（一）自下而上聚合层次聚类方法

这种自下而上策略就是最初将每个对象作为一个聚类，然后将这些原子聚类进行聚合以构造越来越大的聚类，直到所有对象均聚合为一个聚类，或满足一定终止条件为止。大多数层次聚类方法都属于这类方法，但它们在聚类内部对象间距离定义描述方面有所不同。

（二）自顶而下分解层次聚类方法

这种自顶而下策略的做法与自下而上策略做法相反。它首先将所有对象看成一个聚类的内容，将其不断分解以使其变成越来越小同时个数越来越多的小聚类，直到所有对象均独自构成一个聚类，或满足一定终止条件为止，如一个聚类数阈值，或两个最近聚类的最短距离阈值。

例 9.3　如图 9-3 所示，分别是一个自下而上聚合层次聚类方法 AGNES 和一个自顶而下分解层次聚类方法 DIANA 的应用示例。其中数据集为{a，b，c，d，e}，共有 5 个对象。开始 AGNES 方法将每个对象构成一个单独聚类，然后根据一定标准不断进行聚合。如对于聚类 C_1 和 C_2 来讲，若 C_1 中对象与 C_2 中对象间欧氏距离为不同聚类中任两个对象间的最小距离，则聚类 C_1 和 C_2 就可以进行聚合。两个聚类之间相似程度是利用相应两个聚类中每个对象间的最小距离来加以描述的。AGNES 方法不断进行聚合操作，直到所有聚类最终聚合为一个聚类为止。

而在 DIANA 方法中，首先所有的对象在一起构成了一个聚类。然后根据一定原则，如聚类中最近对象间的最大欧氏距离，对其进行不断分解，直到每个聚类均只包含一个对象为止。

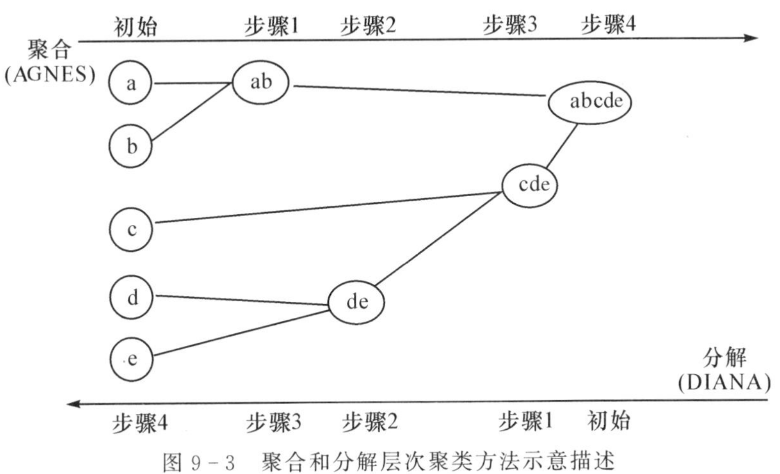

图 9-3 聚合和分解层次聚类方法示意描述

自下而上聚合层次聚类方法和自顶而下分解层次聚类方法中，用户均需要指定所期望的聚类个数作为聚类过程的终止条件。

假设 p 和 p' 分别为聚类 C_i 和 C_j 中的对象，4 个常用的计算聚类间距离的公式说明如下：

（1）最小距离：$d_{\min}(C_i,C_j)=\min_{p\in C_i,p'\in C_j}|p-p'|$。

（2）最大距离：$d_{\max}(C_i,C_j)=\max_{p\in C_i,p'\in C_j}|p-p'|$。

（3）距离均值：$d_{\text{mean}}(C_i,C_j)=|m_i-m_j|$。

（4）平均距离：$d_{\text{avg}}(C_i,C_j)=\frac{1}{n_i n_j}\sum_{p\in C_i}\sum_{p'\in C_j}|p-p'|$。

其中 m_i 为聚类 C_i 的均值，m_j 为聚类 C_j 的均值，n_i 为 C_i 中的对象数，n_j 为 C_j 中的对象数，$|p-p'|$ 为两个数据对象或点 p 和 p' 之间的距离。

层次聚类方法尽管简单，但经常会遇到如何选择合并或分解点的问题。这种决策非常关键，因为在对一组对象进行合并或分解之后，聚类进程将在此基础上继续进行合并或分解，这样就既无法回到先前的状态，也不能进行聚类间的对象交换。因此如果所做出的合并或分解决策不合适，就会导致聚类结果质量较差。此外由于在做出合并或分解决策前需要对许多对象或聚类进行分析评估，因此使得该类方法的可扩展性也较差。

改进层次方法聚类质量的可行方法就是将层次方法与其他聚类技术相结合以进行多阶段的聚类。

第六节　基于密度方法

基于密度方法能够帮助发现具有任意形状的聚类。一般在一个数据空间中，高密度的对象区域被低密度（稀疏）的对象区域（通常就认为是噪声数据）所分割。

DBSCAN(density-based spatial clustering of applications with noise)是一个基于密度的聚类算法。该算法通过不断生长足够高密度区域来进行聚类；它能从含有噪声的空间数据库中发现任意形状的聚类。DBSCAN 方法将一个聚类定义为一组“密度连接”的点集。

为了讲解清楚基于密度聚类方法的基本思想，以下首先介绍该方法思想所包含的一些概念，然后再给出一个示例来加以说明。

(1) 一个给定对象的 ε 半径内的近邻就称为该对象的 ε-近邻。

(2) 若一个对象的 ε -近邻至少包含一定数目(MinPts)的对象，该对象就称为核对象。

(3) 给定一组对象集 D，若对象 p 为另一个对象 q 的 ε-近邻且为核对象，那么就说 p 是从 q 可以“直接密度可达”。

(4) 一组对象集 D 有 MinPts 个对象，若有一系列对象 $p_1, p_2, \cdots, p_n$，其中 $p_1 = q$ 且 $p_n = p$，从而使得（对于 ε 和 MinPts 来讲）p_{i+1} 是从 p_i 可“直接密度可达”。其中有 $p_i \in D$，$1 \leqslant i \leqslant n$。则对于一个 ε 而言，一个对象 p 是从 q 对象可“密度可达”。

(5) 对于 ε 和 MinPts 来讲，若存在一个对象 $o(o \in D)$，使得从 o 可“密度可达”对象 p 和对象 q，对象 p 是“密度连接”对象 q。

密度可达是密度连接的 ·个传递闭包。这种关系是非对称的。仅有核对象是相互“密度可达”。而密度连接是对称的。

例 9.4　如图 9－4 所示，ε 用一个相应的半径表示，设 MinPts＝3。根据以上概念就有：

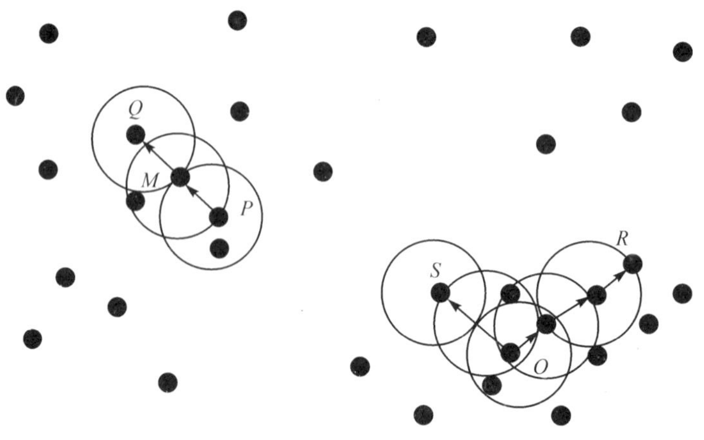

图 9－4　“直接密度可达”和“密度可达”概念示意描述

(1) 由于有标记的各点 M、P、O 和 R 的 ε-近邻均包含 3 个以上的点,因此它们都是核对象。

(2) M 是从 P 可“直接密度可达”,而 Q 则是从 M 可“直接密度可达”。

(3) 基于上述结果,Q 是从 P 可“密度可达”,但 P 从 Q 无法“密度可达”(非对称)。类似的,S 和 R 从 O 是“密度可达”的。

(4) O、R 和 S 均是“密度连接”的。

基于密度聚类就是一组“密度连接”的对象,以实现最大化的“密度可达”。不包含在任何聚类中的对象就为噪声数据。

DBSCAN 检查数据库中每个点的 ε-近邻。若一个对象 p 的 ε-近邻包含多于 MinPts,就要创建包含 p 的新聚类。然后 DBSCAN 根据这些核对象,循环收集“直接密度可达”的对象,其中可能涉及进行若干“密度可达”聚类的合并。当各聚类再无新对象加入时聚类进程结束。

DBSCAN 的计算复杂度为 $O(nlogn)$,其中 n 为数据库中对象数。DBSCAN 算法对用户所要设置的参数敏感。

第七节　异常数据分析

在被处理数据中常常存在与数据模型或数据一般规律不符合的数据对象,这类与其他数据不一致或非常不同的数据对象就称为异常数据。

异常数据可能由于测量误差、输入错误或运行错误而造成。例如:一个人的年龄为“－999”就可能是由于程序在处理遗漏数据所设置的缺省值所造成的;或者异常数据也可能是由于数据内在特性而造成的,如一个公司的首席执行官工资在与其他公司雇员工资相比时就可能构成一个异常数据。

许多数据挖掘算法都试图降低异常数据的影响,或全部消除它们,然而这就会导致丢失重要的信息,这是因为“一个人的噪声可能就是一个人的信号”。换句话说,就是异常数据有时也可能是具有特殊意义的数据。例如,在欺诈检测中,异常数据可能就意味着诈骗行为的发生。因此异常数据检测和分析是一个有意义的数据挖掘任务,这一挖掘工作就称为异常挖掘。

异常挖掘用途很广,如上面所提到的,它可以用于欺诈检测,即检测信用卡使用或电信服务中的异常活动行为,还有通过分析花费较小或较高顾客的消费行为,提出有针对性的营销策略,或在医疗分析中发现多种医疗方案所产生的不同寻常的反应等。

异常挖掘可以描述为:给定 n 个数据对象(或点)和所预期的异常数据个数 k 发现明显不同、意外,或与其他数据不一致的头 k 个对象。异常挖掘问题可以看成是两个子问题:(1) 定义在一个数据集中什么样的数据是不一致。(2) 找出一个能够挖掘出所定义的异常数据的有效方法。

定义异常挖掘问题是一个范畴较大的工作。如果利用一个回归模型来构造相应的数据模型，分析其余数则可以帮助估计数据中的“极端”情况。当要从时序数据中发现异常时，由于异常数据可能隐含在趋势、季节性变化或其他周期变化中，从而导致异常挖掘变得更为复杂。在分析多维数据时，可能不是一个而是一组维的取值都较异常。对于非数值（如符号量），这时都要求要认真考虑异常数据的定义。

人的眼睛可以非常有效迅速地发现数据中存在的不一致情况，但由于数据中存在可能周期性变化的情况，因此一些看起来明显是异常数据的值而在实际情况里可能就是非常正常的数据，而且数据可视化方法在检测符号属性的异常数据或高维数据时，就显得明显不足，其道理很简单，因为人的眼睛只能有效识别二至三维的数值数据。

利用计算机检测出异常数据的方法可以分为 3 种：统计类方法、基于距离方法和基于偏差方法。通常用户还需要检查这些方法所发现的每个异常数据以确定它们是否就是异常数据。

一、基于统计的异常检测方法

基于统计的异常检测方法假设所给定的数据集存在一个分布或概率模型（如图 9－5 所示为一个正态分布的数据集），然后根据相应模型并通过不一致性测试来发现异常数据。应用这种测试需要了解数据集参数的有关知识（如数据分布情况）、分布参数知识（如均值和方差），以及所预期的异常数据个数。

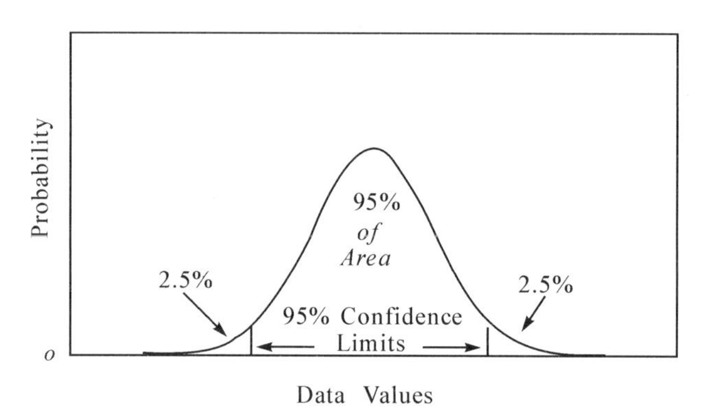

图 9－5　一个符合正态分布的数据集

一个统计不一致测试检查两个假设，即一个正面假设和反面假设。一个正面假设 H 就是一个描述 n 个数据对象来自一个分布 F，即。

H：$o_i \in F$，其中 $i=1,2,\cdots,n$

如果没有重大的统计证据来反驳 H，那么 H 就成立。一个不一致测试就是验证一个对象 o_i 与分布 F 关系是否非常大（或小）。根据所获得的不同数据知识，可以有相应不同的不一致测试具体方法。假设选择统计 O 作为不一致测试方法，对象 o_i 的统计值为 v_i；构造分布 T 并对显著性概率 $SP(v_i)=\text{Prob}(T>v_i)$ 进行评估。若有些 $SP(v_i)$ 足够小，那 o_i 就是不一致的，从而拒绝正面假设。一个反面假设 H，它描述 o_i 来自另一个分布 G，这个结果依赖如何选择分布模型，因为 o_i 在一个模型中为异常数据而在另一个模型中可能就是有效数据。

利用统计方法检测异常数据的一个主要不足就是：大多数测试都是针对单个属性的，而由于许多数据挖掘问题需要发现多维空间中的异常数据。此外统计方法还需要数据集参数的有关知识，如数据分布情况，但在许多情况下，数据分布是未知的。统计方法也不能保证能够发现所有的异常数据，尤其在不采用特别的测试方法，或数据不能被任何标准分布所描述时。

二、基于距离的异常检测方法

针对统计方法所存在的各种问题，人们提出了基于距离的异常检测方法。一个数据集 S 中的一个对象 o 是一个基于距离的异常数据(相对参数 p 和 d)，记为 $DB(p,d)$，它表示：若 S 中至少有 p 部分对象落在距离对象 o 大于 d 的位置，换句话说这里不依赖统计测试，而是将没有足够邻近的对象看成基于距离检测的异常数据。这里的邻近则是根据指定对象而定义的，与基于统计方法相比，基于距离异常检测推广或综合了根据标准分布不一致测试，所以基于距离的异常数据也称为综合异常。基于距离的异常检测避免了由于拟合标准分布和选择不一致检测方法所引起的过度计算。

许多不一致测试表明：若根据一个特定测试，一个对象 o 是一个异常数据，那么对象 o 也是一个 DB(p,d)异常数据(对于合适的 p 和 d)。例如，假设一个正态分布对象距离均值偏离 3 倍或更多的偏差，那就可以认为是一个异常数据，而这个定义也可以描述为：DB(0.9988,0.13σ)异常数据。

基于距离的异常检测需要用户设置 p、d 参数，而要发现合适的参数则需要多次的尝试。

三、基于偏差的异常检查方法

基于偏差的异常检测没有利用统计测试，或基于距离的方法来识别意外对象，而是通过对一组对象特征进行检查来识别异常数据。偏离所获得的特征描述对象就认为是异常数据。因此这种方法中的“偏差”就是异常。

(一) 顺序意外方法

顺序意外方法同人们从一系列假定相似的对象中识别出不寻常的对象方式类似。该方法利用了潜在的数据冗余。给定包含 n 个对象的数据集 S，构造一系列子集$\{S_1, S_2, \cdots, S_m\}$，其中 $2 \leqslant m \leqslant n$，并有 $S_{j-1} \subset S_j \subseteq S$。

依次对对象间的差异进行评估，其中涉及以下概念。

(1) 意外集合。该集合就是偏差或异常数据集合。它是根据将其移去某个异常数据后所剩对象构成集合的差异最大减少，而得到的最小移去数据的集合。

(2) 差异函数。差异函数无须计算对象间的距离。它可以为任何函数，只要给定一组对象集，在对象彼此相似时能够返回较小值即可。对象间差异性越大，函数返回的值就应越大。一个子集的差异性是根据前一个子集的计算结果的增量所获得的。给定一组对象$\{x_1, x_2, \cdots, x_n\}$，一个差异函数可以是集合中数目的变化，也就是：

$$\frac{1}{n}\sum_{i=1}^{n}(x_i - \overline{x})^2 \tag{9.16}$$

这里$\overline{x}$为集合中n个数值的均值。对于字符串来讲，差异函数可以采用模式串形式来描述，以概括至今所见过的所有模式。当模式包括S_{j-1}中所有对象却不包括S_j中任何不在S_{j-1}出现的串，这时差异性就要增加。

(3) 集合的势函数，这是典型累计一个给定集合中对象数目的方法。

(4) 平滑因子，这是一个依次计算每个子集的函数。它对从当前集合中移去一个子集所减少的差异性进行评估。所得到的值可以利用集合的势进行缩放。那些平滑因子最大的子集就是意外集合。

找出一个意外集合是一个 NP(non-deterministic polynomial，非确定多项式)问题，而顺序方法是一个可行的计算方法，它可以实现线性处理时间。

为避免对根据其补集来评估当前子集的差异性，算法选择从集合中选择出一些系列子集进行分析。对于每个子集，它根据序列前一个子集来确定其差异性。

为减轻输入顺序对结果的影响，上述过程需要重复若干次，每次都随机产生一个子集的顺序。在所有循环中，具有最大平滑因子的子集就成为意外集合。

上述方法依赖于所使用的差异性计算函数。然而由于事先无法知道意外的规律，所以定义差异性计算函数较为困难。根据实际的数据库应用经验，寻找统一的差异性计算函数似乎是不太可能的。在循环次数不多的情况下，算法的时间复杂度为$O(n)$，n为输入对象的数目。这个复杂度是假设差异性计算是增量进行的，即根据序列中前一子集计算获得后一个给定子集的差异性。

(二) OLAP 数据立方的方法

利用 OLAP 数据立方进行异常数据检测的方法就是利用数据立方来识别大型多维数据集中的异常区域。为提高效率，偏差检测过程与立方计算交叉进行。因此这种方法又是一种发现驱动的探索形式。可以用表示数据意外的计算结果来帮助用户在所有累计层次进行数据分析。如果根据统计模型，立方中一个单元的值与所期望值明显不同，那么就认为该单元就是一个意外单元。如果一个单元涉及概念层次树中的维，那么所期望的值还依赖概念层次树上的祖先。可以利用可视化提示(如背景颜色)来反映每个单元的意外程度。

例如，有一个销售数据立方，观察其中每月的销售情况。在可视化提示的帮助下，可以注意到与其他月份相比，12 月份的销售量增加情况。这似乎可以看成在时间维上某个成员的意外值。然而沿着月份进行下钻操作，就可以获得 12 月份每个商品的细化销售情况。这时或许还可以观察到在 12 月份其他商品销售量也在增长，因此在考虑商品维之后 12 月份销售量的增长就不能被认为是一个意外了。由于搜索空间很大，单靠手工检测是较难发现这样的意外。特别是在维数较多而又涉及概念层次树(具有多层)的情况下。

第八节 Microsoft 聚类算法

一、Microsoft 聚类算法的参数设置

通过改变聚类算法的参数可以对聚类算法的行为进行调整。默认的参数能够处理大多数的情况,但是,在某些特定的情况下,通过调整一个或者多个参数能够得到更好的结果。

Clustering_Method:该参数指出使用哪一个算法来决定聚类的成员。这个参数有以下几种值:

1——可伸缩的 EM 算法(默认值)(expectation maximization algorithm,最大期望算法);

2——普通的(不可伸缩的)EM 算法;

3——可伸缩的 k-means 算法;

4——普通的(不可伸缩的)k-means 算法。

Microsoft 在聚类训练的时候,引入了可伸缩框架,它可以高效地对数据集进行聚类,而无须担心数据集的大小。可伸缩框架的基本原理是:当进行重复训练的时候,对于不会在聚类之间来回移动的数据,把它们压缩,不把这些数据加载到内存,这样就可以腾出更多的内存空间。在这种方式下,整个数据流可以一次性加载到内存,每一次处理一块数据,模型可能在每一块数据上进行收敛。

在上面的参数中,每一个算法的普通版没有使用可伸缩框架,并且只对数据中的一个样本进行操作。

Cluster_Count:该参数是指 k-means 算法中的值,如果 EM 算法设有一个 k 值,则它也代表 EM 算法中的 k 值。Cluster_Count 参数指出聚类算法要找出多少个聚类。对这个参数设置一个对商业问题有意义的值。例如,如果能够被充分理解为 8 个聚类,则设置这个参数值为 8,这样就可以理解所得到的模型。实际上,属性越多,就需要越多的聚类来正确描述数据。如果属性太多,则可能需要在进行聚类之前对数据进行分类,以便减少属性的数量。以前面的电影零售商为例,不要求对客户实际看的每一部电影进行聚类,而对这些电影的流派进行聚类。这种技术在很大的程度上减少了属性的数量,并且可以创建非常有意义的模型。如果将这个参数的值设为 0,则聚类算法将会在数据中启发式地猜测合适的聚类个数。

该参数值的默认值是 10。

Minimum_Support:该参数用来控制聚类之后的结果是否有“空”的聚类,如果对某一数据进行聚类之后出现空的聚类,则丢弃该聚类,并且对该数据集重新初始化。通常,不需要修改这个参数,除非在某一情况下需要应用某一些商业规则的时候才修改这个参数。例如,由于某种原因,创建的模型中某个聚类包含事例的个数不能少于 10 个。这个参数只在内部使用,并且由于软聚类算法的性质(EM 算法通过度量某对象的概率来决定该对象属于哪一个聚类,这种技术被称为软聚类(soft clustering),它允许聚类之间有重叠,允许模糊的

边界），在模型训练之后，某聚类中包含的事例个数可能低于这个参数值。如果将这个参数设置得太高，则创建的聚类结果可能会比较差。

该参数值的默认值是1。

Modelling_Cardinality：该参数用于控制模型的基，也就是在进行聚类时控制产生的候选模型个数。减少这个参数的值会提升模型的性能，但会降低模型精确性。

该参数值的默认值是10。

Stopping_Tolerance：该参数用来控制模型在什么时候停止迭代。该参数表示在模型停止迭代之前有多少事例可以在聚类之间来回移动。该参数在内部聚类循环的每一次迭代都被检查，同时在外部的可伸缩步骤中也对该参数进行检查。如果这个参数值设置得比较大，则聚类算法将会比较快地停止迭代，聚类的结果会比较紧密。如果只有较小的数据集或者各个聚类之间的差别很大，则可以将这个参数值设为1。

该参数值的默认值是10。

Sample_Size：该参数指出在每一个可伸缩框架中使用的事例数量。当使用普通版算法的时候，Sample_Size参数值表示算法可以纳入的事例总数。如果将这个参数值设置得比较小，则聚类算法会比较早地停止迭代并且算法不能纳入所有的数据，特别是当参数Stopping_Tolerance的值设置得比较大的时候，聚类算法收敛得更快，如果要对一个较大的数据集快速进行聚类，则这种方法将会非常有用。

如果将该参数值设置为0，则聚类算法会使用服务器上的所有内存。由于可伸缩框架特性的影响，对于不同内存配置的机器，聚类算法产生的结果会有所差别。

该参数值的默认值是50000。

Cluster_Seed：该参数是一个随机数种子，用来初始化聚类。该参数使我们能够测试数据对初始化点的敏感度。当改变这个参数值的时候，模型还是比较稳定，则可以肯定对数据进行聚类的结果是比较正确的。

该参数的默认值是0。

Maximum_Input_Attributes：该参数用来控制在自动调用特征选择之前，用来进行聚类分析的属性个数。如果在数据集中属性的数量大于这个参数设置的值，则特征选择将会从数据集中选择最常见的属性。未选择的属性在聚类的时候就会被忽略。之所以有这个限制，是因为模型中属性的数量对模型的性能有很大的影响。

该参数的默认值是255。

Maximum_States：该参数控制一个特定属性可以有多少种状态。如果一个属性包含的状态数大于该参数设置的值，则将会选择最常见的状态，并且其他的状态将会被认为是“其他的”状态。之所以有这个限制，是因为属性的状态数对模型的性能和内存需求有较大的影响。

该参数的默认值是100。

二、聚类模型

在大型的分析项目中，也可以把聚类作为其中的一个步骤。通过对相似的数据进行分组，可以创建更好的补充模型来回答更深入的问题。如图 9－6 所示，一种决策树的挖掘是针对所有原始数据集，也可以先对原始数据集进行聚类分析，将其分为几组，然后再对每组进行决策树分析。这样的好处是可以对具体的类别分析更为透彻。

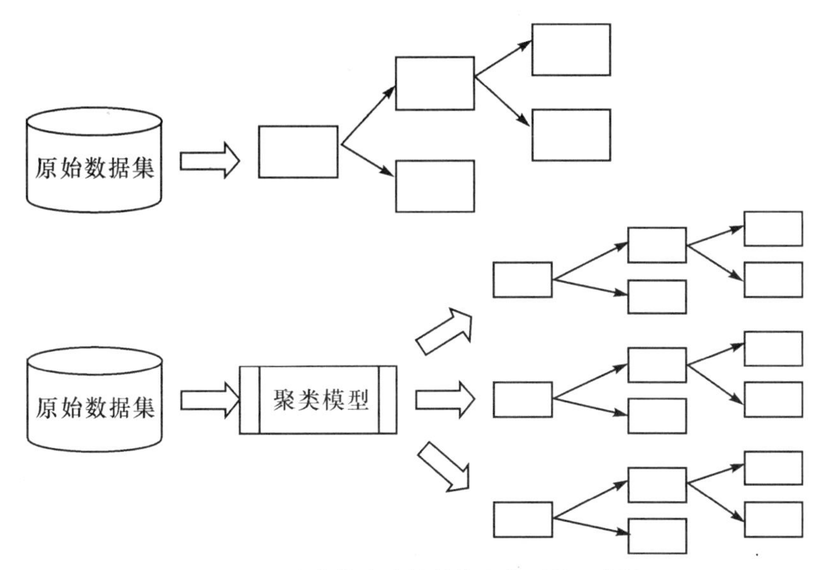

图 9－6　聚类作为决策树算法的预处理步骤

在对聚类后的分组数据进行理解时，因为每一个聚类不能被看作是相互独立的，仅仅关注与某个分组数据对应的聚类可能有失偏颇，只有与所有其他聚类联系起来才能全面理解。

例 9.5　利用聚类挖掘算法进行异常检测

本例显示了聚类挖掘算法在检测欺诈行为方面的应用。在本例中，主要分析某个虚拟农场申请农业发展财政补贴，有两种财政补贴类型：耕地开发财政补贴和退耕财政补贴。本例通过分析来发现与标准数据具有显著偏差，有必要进一步调查的异常记录。特别值得关注的是那些相对于农场类型和规模而言要求过多（或过少）补助金的申请。表 9－3 提供了申请贷款的农场的基本信息。

表 9－3　农场贷款信息表

ID	名称	区域	农场大小（亩）①	降雨量（毫米）	农田质量	农场收入（元）	主要农作物	申请类型	申请金额（元）
id601	name601	中部	1480	360	8	330729	小麦	退耕财政补贴	74703
id602	name602	北部	1780	504	9	734118	玉米	耕地开发财政补贴	245354

① 1 亩＝666.67 平方米。

续 表

ID	名称	区域	农场大小（亩）	降雨量（毫米）	农田质量	农场收入（元）	主要农作物	申请类型	申请金额（元）
id603	name603	中部	500	828	7	231965	油菜籽	退耕财政补贴	84213
id604	name604	西南部	1860	1236	3	625251	马铃薯	退耕财政补贴	281082
id605	name605	北部	1700	552	8	621148	小麦	退耕财政补贴	122006
id606	name606	东南部	1580	504	7	445785	玉米	耕地开发财政补贴	122135
id607	name607	东南部	1820	348	6	211605	玉米	耕地开发财政补贴	68969
id608	name608	东南部	1640	1296	7	1167040	玉米	耕地开发财政补贴	485011
id609	name609	西南部	1600	1212	5	756755	小麦	退耕财政补贴	160904
……	……	……	……	……	……	……	……	……	……

表中农田质量是用数字来表示，越高表示质量越好。为了更好地判断哪些农场的申请有问题，我们对原表进行一下预处理，首先根据农场的大小、降雨量和农田质量对农场的收入进行一下预估，增加两个命名计算列：农场预期收入和收入差额（%）。公式如下：

$$\text{农场预期收入}=(\text{农场大小}\times\text{降雨量}\times\text{农田质量})/10 \quad (9.17)$$

然后计算农场预期收入和实际收入之间的差额，公式如下：

$$\text{收入差额}=\text{ABS}(\text{农场收入}-\text{农场预期收入})/\text{农场收入}\times 100 \quad (9.18)$$

我们将根据收入差额值来对农场进行偏差分析，看有哪些农场的收入差额和一般情况相差很远，这样可以有针对性地对这些农场进行进一步考察。

图 9－7 为农场申请贷款聚类分析挖掘模型，ID 列作为键列，由于名称和挖掘结果无关，所以忽略该列，其他所有列均作为输入列。

结构	农场申请贷款-聚类分析
	Microsoft_Clustering
ID	Key
降雨量（毫米）	Input
农场大小（亩）	Input
农场收入（元）	Input
农田质量	Input
区域	Input
申请金额（元）	Input
申请类型	Input
收入差额	Input
主要农作物	Input

挖掘结构 挖掘模型 挖掘模型查看器 挖掘准确性图表 挖掘

图 9－7 “农场申请贷款”聚类分析

在聚类挖掘算法参数中，需指定挖掘出的聚类个数，缺省值为 10。在本例中，我们将聚类数目 CLUSTER_COUNT 设为 5，其他参数则为默认值，如图 9-8 所示。

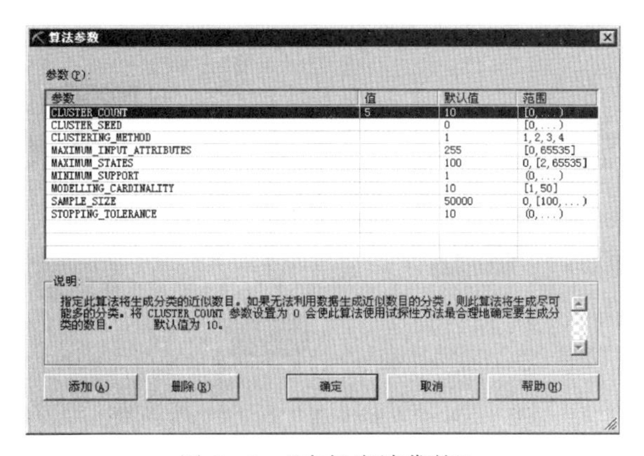

图 9-8 “农场申请贷款”

三、查看聚类挖掘结果

SQL Server 提供的挖掘结果查看器包含 4 个聚类视图(分别对应 4 个选项卡)，可以用来帮助理解模型。单独的每一个视图不能让我们深入地理解挖掘模型。当一起使用这些视图的时候，可以使我们能够有效地理解和标识聚类。我们可以按照以下步骤来对聚类结果进行分析：

(1) 浏览聚类的顶层视图。

(2) 选择一个聚类，确定所选择的聚类与相邻的聚类的不同点。

(3) 验证判断是否正确。

(4) 对聚类进行标识。

(5) 为所有剩余的聚类重复前面的步骤。

步骤 1：浏览顶层的视图。

第一个选项卡“分类关系图”提供了聚类的顶层视图，在该视图中，每一个聚类用一个节点表示。它按照指定的聚类数目将数据集分成了五个聚类，每个分类的名字以分类 1—分类 5 标出，分类之间关系以连线表示，左边的滑块表示链接的强弱。我们可以通过向下移动滑动条来隐藏弱的连接，留下强的连接，这样就可以确定哪些聚类较为相似，如图 9-9 所示。

“分类剖面图”选项卡也是对所有分类进行查看的视图，如图 9-10 所示。分类剖面图视图以表格的形式显示模型中的所有信息，这样将很容易理解模型。在分类剖面图中，每一列对应于模型中的每一个聚类，每一行对应于一个属性。属性值如果是连续值，则以直线和一个菱形来表示，直线标出了最高值、最低值，而菱形的位置和宽度分别反映了数据的平均值和标准差；如果是离散值，则以不同的颜色来区分。根据这样的设置，可以很容易地看出某个属性在不同聚类之间的不同点。如果想进一步了解聚类的细节，通过分类剖面图视图来浏览是一个很好的方式。

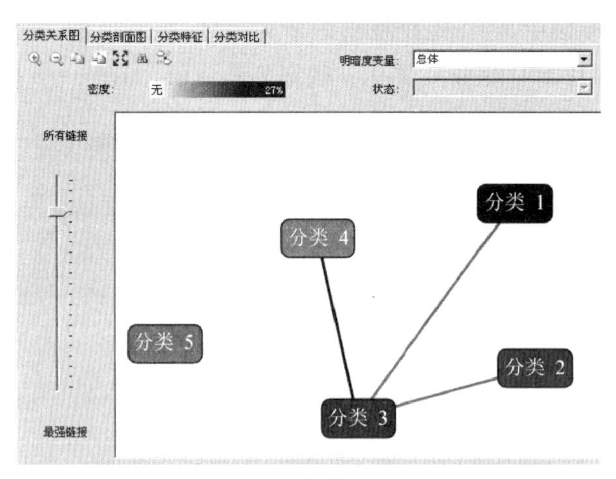

图 9－9　“农场申请贷款”分类关系图

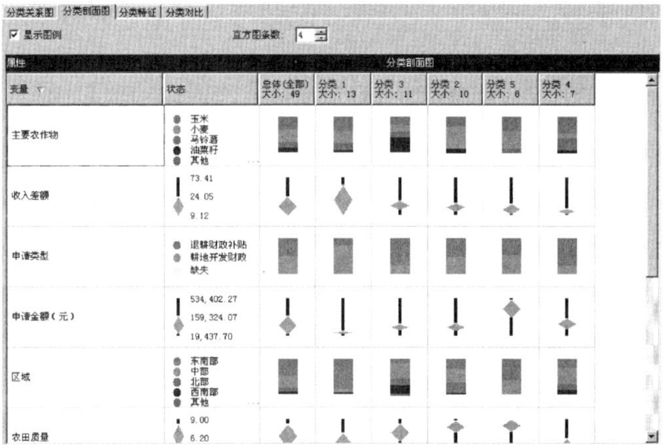

分类关系图 | 分类剖面图 | 分类特征 | 分类对比

显示图例　　直方图条数: 4

属性 | 分类剖面图

变量	状态	总体(全部) 大小: 49	分类 1 大小: 13	分类 3 大小: 11	分类 2 大小: 10	分类 5 大小: 8	分类 4 大小: 7
主要农作物	玉米 小麦 马铃薯 油菜籽 其他						
收入差额	73.41 24.05 9.12						
申请类型	退耕财政补贴 耕地开发财政 缺失						
申请金额（元）	534,402.27 159,324.07 19,437.70						
区域	东南部 中部 北部 西南部 其他						
农田质量	9.00 6.20						

图 9－10　“农场申请贷款”分类剖面图

选中“分类剖面图”视图表格中的任一单元，都会在下方显示该图例的具体数值。如图 9－11所示。

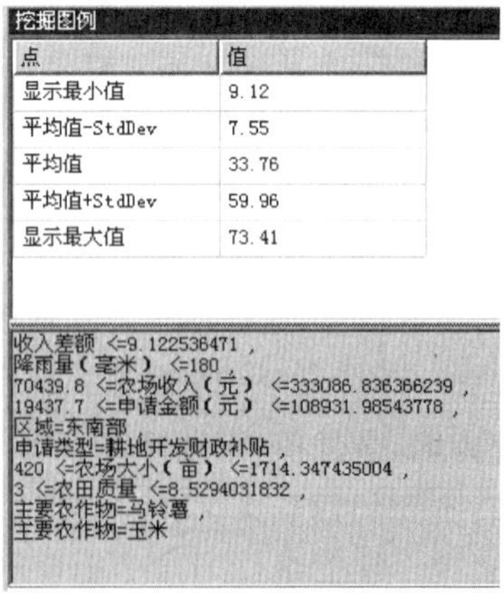

挖掘图例

点	值
显示最小值	9.12
平均值-StdDev	7.55
平均值	33.76
平均值+StdDev	59.96
显示最大值	73.41

收入差额 <=9.122536471 ,
降雨量（毫米） <=180 ,
70439.8 <=农场收入（元） <=333086.836366239 ,
19437.7 <=申请金额（元） <=108931.98543778 ,
区域=东南部 ,
申请类型=耕地开发财政补贴 ,
420 <=农场大小（亩） <=1714.347435004 ,
3 <=农田质量 <=8.5294031832 ,
主要农作物=马铃薯 ,
主要农作物=玉米

图 9－11　“农场申请贷款”挖掘图例

我们可以从剖面图中看出，分类 1 中农场主要位于东南部，申请类型为“耕地开发财政补贴”，申请金额最低，且收入差额分布很大，等等。相反，分类 5 农场的申请金额为最高，收入差额很小。分类 2 看起来与分类 3 在收入差额、申请金额及农田质量上很相似，但农场大小和降雨量正好相反。可以通过拖动标题来移动聚类的排列顺序，这样可以并排比较两个聚类。

继续使用分类剖面和分类关系图视图来浏览模型，直到对模型的整个布局比较清晰为止。

步骤 2：选择一个聚类并且找出它与其他聚类之间的区别。

选择一个聚类做进一步分析。在这个时候，选择哪一个聚类进行分析都没有关系。一种选择聚类的方法是：选择与其他聚类有较强关联关系的某个聚类，或者选择一个看起来与其他聚类有很多区别的聚类。或者有可能在浏览聚类模型的时候，发现对某一个聚类很感兴趣，则也可以选择该聚类。

我们可以使用第三个选项卡“分类特征视图”来查看某个聚类事例的特征，该视图是以属性值概率从高到低排列。图 9－12 显示分类 5 的属性特征。

在分类 5 中，农场收入主要为 76 万～164 万元，申请金额为 24 万～53 万元，农场所在区域主要是东南部，申请的类型主要是“退耕财政补贴”。

步骤 3：确定一个聚类如何区别于相邻的聚类。

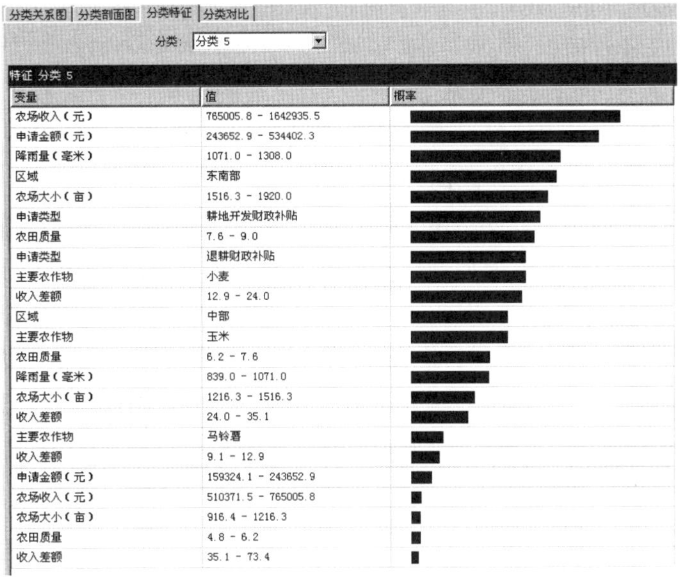

分类关系图 | 分类剖面图 | 分类特征 | 分类对比

分类：分类 5

特征 分类 5

变量	值	概率
农场收入（元）	765005.8 - 1642935.5	
申请金额（元）	243652.9 - 534402.3	
降雨量（毫米）	1071.0 - 1308.0	
区域	东南部	
农场大小（亩）	1516.3 - 1920.0	
申请类型	耕地开发财政补贴	
农田质量	7.6 - 9.0	
申请类型	退耕财政补贴	
主要农作物	小麦	
收入差额	12.9 - 24.0	
区域	中部	
主要农作物	玉米	
农田质量	6.2 - 7.6	
降雨量（毫米）	839.0 - 1071.0	
农场大小（亩）	1216.3 - 1516.3	
收入差额	24.0 - 35.1	
主要农作物	马铃薯	
收入差额	9.1 - 12.9	
申请金额（元）	159324.1 - 243652.9	
农场收入（元）	510371.5 - 765005.8	
农场大小（亩）	916.4 - 1216.3	
农田质量	4.8 - 6.2	
收入差额	35.1 - 73.4	

图 9－12 “农场申请贷款”分类 5 的分类特征图

在“分类对比”查看器中，我们可以将某一聚类与其他聚类进行比较，从而确定对于该聚类什么属性是最重要的。图 9－13 将分类 5 与它的分类进行了比较。在这里，农场收入为 116 万～164 万元，主要集中在分类 5 中，同时，申请贷款金额为 38 万～57 万元。

图 9－13 “农场申请贷款”分类对比

分类对比视图的条形显示了聚类中显著的属性。现在有了足够的信息来精确地标识这个聚类。然而，这个聚类可能非常相似于其他的聚类，并且在这个时候所做的标识适用于所有这些聚类。因此，必须认真比较所选择的聚类与其他相近的聚类。为了进行比较，进入分类关系图视图，看哪些聚类与感兴趣的聚类很接近。如果与感兴趣的聚类之间的连接强度不是很大，则可以停止比较。对于任何相邻的聚类，都必须回到分类特征视图中一个一个地比较这些聚类。通过这个处理，可以精炼所选择的聚类。

步骤 4：验证判断是否正确。

通过以上步骤，我们可能对于所选择的聚类中的成员有了比较好的理解。在挖掘模型查看器中选择分类特征视图，在该视图中，可以确保其他视图不会误导对聚类的理解。通过比较相邻的聚类，并且对聚类进行改进的时候，就有可能出现误导的情况。两个聚类之间的差别可能是由某一个属性引起的，该属性在这两个聚类中都不常见，但是在其中一个聚类中更少见。

步骤 5：对聚类进行标识。

最后要对聚类模型中的每一个聚类选择一个合适的标识，对于有数十个或者甚至上百个属性的模型，简略的标识比较好。有具体含义的标识通常来自于要对解决的实际问题的理解，以及对聚类引擎所挖掘的模式的理解。

对聚类进行标识非常简单，只要在分类关系图视图中，右击聚类节点，然后选择“重命名分类”。模型的标识对于理解该模型和将来使用该模型有重要的作用。比如分类 5 在农场的质量和收入上都高于其他分类，因此我们可以对分类 5 标识为“高质量高收入农场”，而对分类 1，由于其收入差额和其他分类比较起来最大，则可以标识为“待深入调查农场”。将划分到这个分类中的农场进行进一步调查。

异常检测
操作演示

二维码 9－1

扫描二维码 9－1，查看利用聚类挖掘算法进行异常检测的操作演示。

小　结

一个聚类就是一组数据对象的集合，集合内各对象彼此相似，各集合间的对象彼此相差较大。将一组对象中类似的对象组织成若干组的过程就称为聚类过程。

聚类质量可以根据对象差异性技术对结果进行评估，可以对不同数据类型进行计算，其中包括：间隔数值属性、二值属性、符号属性、顺序属性和比率数值属性，或是这些类型的组合。

聚类算法包括划分方法、层次方法、基于密度方法等。基于划分方法，首先创建k 个划分，k 为要创建的划分个数，然后利用一个循环定位技术通过将对象从一个划分移到另一个划分来改善划分质量。k-means 是一个典型的划分方法。层次方法创建一个层次以分解给定的数据集，该方法可以分为自上而下（分解）或自下而上（聚合）两种。

思考与练习

1. 简述聚类的基本概念。
2. 简述聚类分析在数据挖掘中的应用。
3. 请说出 k-means 算法的优点和缺点。

实　验

实验九　Microsoft 聚类挖掘实验

一、实验目的

掌握 Microsoft 聚类挖掘算法，并在数据库和 OLAP 上进行聚类挖掘。

二、实验内容

（1）将“浙江省 11 地市宏观数据.xls”文件中的 3 张表导入数据库中，分别为“按城市和行业分的地区生产总值构成”“行业表”“浙江省地市表”。导入完成后检查每张表的表名、列名和字段类型是否正确，要求字段中有 ID 的为整型，带小数的数字为数字类型（注意小数的位数），其他为字符型。扫描二维码 4－8，查看“浙江省 11 地市宏观数据.xls”数据文件。

浙江省11地市宏观数据

二维码 4－8

（2）在 Analysis Services 分析服务器上恢复实验二创建的多维数据集“按城市和行业门类分组的生产总值数据集”和相应维度（将保存的项目打开，重新处理和运行）。

（3）挖掘任务一：按 6 个主要经济指标将浙江省 11 个地市进行聚类。

（4）创建一个挖掘结构，在多维数据集“按城市和行业门类分组的生产总值数据集”上进行挖掘，维度表选择“浙江省城市维度”，输入列选择数据集中的 6 个指标值：总产出、增加值、劳动力报酬、生产税净额、固定资产折旧、营业盈余。

（5）根据 6 个指标值，将浙江省 11 个地市分成 3 个聚类，分别给出区域的命名和区域中的地市名称，以及对该区域发展状况的描述。

（6）挖掘任务二：对浙江省经济发达地区进行行业门类的挖掘。找出发达地区的支柱型行业门类和落后行业门类。

（7）创建一个挖掘结构，在多维数据集上进行挖掘，维度表选择“行业门类维度”，输入列选择 6 个指标值：总产出、增加值、劳动力报酬、生产税净额、固定资产折旧、营业盈余。同时对浙江省地区维度进行切片，选择经济发达的地市（挖掘任务一的结果）。

（8）依据挖掘结果自行设定聚类分组的数目。

三、实验报告

（1）描述实验目的。

（2）两个挖掘任务的挖掘结构和挖掘模型（截图）并做简单说明。

（3）两个挖掘结果的每个选项卡的截图，并做简单说明。

二维码 9－2

（4）分析经济发达地市支柱型行业门类的名称、特点（至少 3 个行业门类）。

（5）分析经济发达地市相对落后行业门类的名称、特点。

扫描二维码 9－2，查看实验九的操作演示。

时序数据和序列数据挖掘

时序数据，是指随时间变化而产生的数值或事件序列，如证券市场每日的波动、商业交易事务序列、看病治疗过程、网页读取序列等。近年来，时间序列数据挖掘主要集中在趋势分析、时序分析、序列模式和周期规则发现上面。而序列挖掘(也称序列模式挖掘)，是指从序列数据库中发现相对时间或者其他顺序所出现的高频率子序列。

本章将着重介绍以下内容:

- 时间序列模型
- Microsoft 的时序算法
- Microsoft 的序列聚类算法

第一节　时间序列模型

时间序列预测的常用方法包括回归预测模型、指数平滑模型和 ARIMA 模型等。本节主要介绍 ARIMA 的概念及实现的步骤。

一、ARIMA 模型

ARIMA 模型(autoregressive integrated moving average model)即为求和自回归移动平均模型，可以根据一个事件序列的历史数据对未来的数据进行预测，不需要另外的自变量，因而使用起来非常方便。根据模型设定的不同，ARIMA 模型可以简化为 AR 模型、MA 模型或者 ARMA 模型。

(1) AR 模型(也称自回归模型)，对于时间序列 $X_1, X_2, \cdots, X_t$，如果变量的观测值可以表示为其以前的 p 个观测值的线性组合加上随机误差项，如式(10.1)所示，则该模型被称为 p 阶自回归模型，用 AR(p)表示。模型中 φ_i 为自回归系数，ε_t 表示随机误差项。

$$X_t = \varphi_0 + \varphi_1 X_{t-1} + \varphi_2 X_{t-2} + \cdots + \varphi_p X_{t-p} + \varepsilon_t \tag{10.1}$$

(2) MA 模型(也称移动平均模型)，如果一个时间序列的观测值可以表示为当前和先前 q 个随机误差项的线性组合，如式(10.2)所示，则该模型称为 q 阶移动平均模型，用 MA(q)表示。模型中 μ 为时间序列的均值，a_i 表示相互独立的随机误差项。

$$X_t = \mu + a_t - \theta_1 a_{t-1} - \cdots - \theta_q a_{t-q} \tag{10.2}$$

(3) ARMA 模型，ARMA(p,q)是 AR(p)和 MA(q)模型的组合，其表达式如式(10.3)所示。

$$X_t = \varphi_0 + \varphi_1 X_{t-1} + \varphi_2 X_{t-2} + \cdots + \varphi_p X_{t-p} - \theta_1 a_{t-1} - \theta_2 a_{t-2} - \cdots - \theta_q a_{t-q} + a_t \tag{10.3}$$

(4) ARIMA 模型。根据 ARMA 建模思想，只有时间序列满足平稳性和可逆性的要求时上述模型才有意义。平稳的时间序列就是统计特性不随时间平移而变化的序列。如长期有持续的上升或下降趋势，或者随季节变动而呈现出规律性变化的时间序列一定是不平稳的。对于不平稳的时间序列，必须先转化为平稳的时间序列以后才能建立 ARMA 模型。其中差分是最常用的时间序列平稳化的手段。所谓差分，就是用时间序列的当前值减去前一个时间点的观测值，即 $X_t - X_{t-1}$。相隔 s 个时间间隔的差分为 $X_t - X_{t-s}$，一般用于周期为 s 的季节性数据。对于复杂的时间序列，可能需要进行 d 次差分才能使变换后的时间序列平稳。ARIMA 模型的建模过程就是先通过 d 阶的差分把不平稳的序列转化为平稳序列，再对差分后的序列建立 ARMA 模型。如公式(10.4)所示。

$$\begin{aligned} &Z_t = (1-B)^d X_t \\ &Z_t = \varphi_0 + \varphi_1 Z_{t-1} + \varphi_2 Z_{t-2} + \cdots + \varphi_p Z_{t-p} - \theta_1 a_{t-1} - \theta_2 a_{t-2} - \cdots - \theta_q a_{t-q} + a_t \end{aligned} \tag{10.4}$$

其中 B 表示后移算子。

从公式(10.4)可以知道一阶差分公式为：

$$(1-B)X_t = X_t - BX_t = X_t - X_{t-1} \tag{10.5}$$

二阶差分公式为：

$$(1-B)^2 X_t = (1-2B+B^2)X_t = X_t - 2BX_t + B^2 X_t = X_t - 2X_{t-1} + X_{t-2} \tag{10.6}$$

如果时间序列中包含季节成分，模型也需要包含季节差分、季节自相关和季节移动平均的项，这时的模型称为季节 ARIMA 模型。

二、建立 ARIMA 模型的步骤

一般来说，建立 ARIMA 模型需要以下几个步骤。

(1) 根据时间序列的图形或者其他方法对序列的平稳性进行判断。如果是包含长期趋势和周期性变化的时间序列一定是不平稳的。

(2) 对非平稳序列进行平稳化处理，一般使用差分的方法。在差分时需要确定差分的阶数，即 d 的取值。

(3) 对于差分后的平稳序列，根据时间序列模型的识别规则建立相应的模型，也就是确定模型中 p 和 q 的值。模型识别中最主要的工具是自相关函数和偏相关函数。自相关函数描述了时间序列的当前序列和滞后序列的相关系数。自相关函数和偏相关函数的图形可以帮助使用者初步判断时间序列所适合的模型形式和自回归、移动平均的阶数。

(4) 确定了模型中 d、p、q 的值，接下来就需要对模型中的 $p+q+1$ 个参数进行估计了。ARMA 模型的参数估计可以采用最小二乘估计或者极大似然估计等。参数估计的过程比较复杂,但借助于统计软件的帮助在实际应用中已不是一个问题。

(5) 估计出模型的参数后,通常需要借助于一些统计方法对模型中参数的显著性、拟合效果等进行检验和分析。对模型残差的自相关函数和偏相关函数进行分析是检验的重要内容,如果残差序列的自相关系数和偏相关系数在统计上都不显著,就可以认为模型是可以接受的。

(6) 通过检验的模型就可以用来进行预测了。预测通常通过统计软件来实现,手工计算对于包含 MA 项的模型来说困难比较大。

第二节 Microsoft 的时序算法

Microsoft 时序算法是一个新的预测算法,它结合了自动回归技术和决策树技术,所以也把该算法称为自动回归树(autoregression tree, ART)。一般在时间序列中,时间序列的观察点可以是连续的,也可以是离散的,Microsoft 时序算法只考虑时间增量是离散的情况。

一、自动回归

自动回归是一种常见的用来处理时间序列的技术。在自动回归过程中,x 在 t 时间的值 x_t 是 t 时间之前 x 的一系列值的一个函数,例如

$$X_t = f(X_{t-1}, X_{t-2}, X_{t-3}, \cdots, X_{t-n}) + \varepsilon_t \tag{10.7}$$

其中 X_t 是待研究的时间序列,n 是自动回归的阶,通常远远小于该序列的长度。最后一项 ε_t 代表噪声。

ART 算法中关键的步骤是:在内部将一个时间序列的单个事例转换到包含多个事例的表中。该处理过程如图 10-1 所示。在图 10-1 左边的表中包含两个时间序列(即两个事例),这两个时间序列分别表示每月牛奶和面包的销售额。图 10-1 右边的表是经过转换处

事例转换

Month	Milk	Bread
Jan-2005	5000	4500
Feb-2005	5200	4600
Mar-2005	5240	5130
Apr-2005	6390	6280
Mav2005	6750	6160
Jun-2005	6280	6560
July-2005	7680	7200
……		

ID	Milk(t-2)	Milk(t-1)	Milk(t_0)	Bread(t-2)	Bread(t-1)	Bread(t_0)
1	5000	5200	5240	4500	4560	5130
2	5200	5240	6390	4560	5130	6280
3	5240	6390	6750	5130	6280	6120
4	6390	6750	6280	6280	6120	6560
5	6750	6280	7680	6120	6560	7200
……						

图 10-1 事例转换

理之后的表。在该表中有 7 列,第一列是事例 ID,第二列是牛奶在 $t-2$ 时间槽的销售额,第三列是牛奶在 $t-1$ 时间槽的销售额,第四列是牛奶在 t_0 时间槽的销售额。最后 3 列包含有关面包的销售额信息,这 3 列与有关牛奶销售额的 3 列相类似。在右边表的每一行代表一个事例。Milk(t_0)和 Bread(t_0)是两个可预测列。因为决策树支持回归,所以我们能够使用

这种技术来对这两列进行预测。Milk($t-1$)、Milk($t-2$)、Bread($t-1$)、Bread($t-2$)是回归量。在 Microsoft 时序算法中，默认情况下，事例转换过程使用前面 8 个时间槽。

事例转换的一个优势：同一个挖掘模型中所有的时间序列都被转换到同一个表中。当使用决策树技术预测 Milk(t_0)的时候，Milk(t_0)或者 Bread(t_0)列除外的所有列都作为输入列。如果 Bread 销售额和 Milk 销售额之间有较强的关联关系，则这种相关性将会在函数 f 中显示出来。使用时间序列算法的目标是找到这个函数 f。

如果函数 f 是一个线性函数，则我们有如下的形式：

$$X_t = a_0 + a_1 X_{t-1} + a_2 X_{t-2} + \cdots + a_n X_{t-n} + \varepsilon_t \tag{10.8}$$

其中 a_i 是自动回归系数。

公式(10.8)模型被称为是自动回归(AR)，序列中当前项的值是通过序列中前面项的线性加权求和来进行估计的。项的权值是自动回归系数。确定自动回归系数最常见的方法是：建模得到的时间序列 X'_n 与观察得到的时间序列 X_n 之间的平均方差最小。

一个时间序列就是一个事例。例如，一年中牛奶每周的销售额形成的时间序列是一个事例，但一个挖掘模型可能包含多个时间序列。一个模型可能包含所有饮料产品销售额的时间序列，这些饮料产品包括牛奶、啤酒、果汁、碳酸饮料等等。并且，这些序列可能不是相互独立的，当序列之间有较强的关联关系时，Microsoft 时序算法可以识别出这些序列是相关序列。

二、自动回归树

使用 Microsoft 时序算法创建的模型是一个自动回归模型，在该模型中，函数 f 代表回归树，即自动回归树(ART)。图 10－2 显示了一棵使用图 10－1 中时间序列数据创建的回归树。回归树的第一个拆分条件是两个月前面包的销售额。如果两个月前面包的销售额超过 5000，则另一个拆分属性是上个月牛奶的销售额。在上个月牛奶的销售额少于 6000 的情况下，牛奶销售额的回归公式是：$3.02+0.72\times$Bread($t-1$)$+0.31\times$Milk($t-1$)。

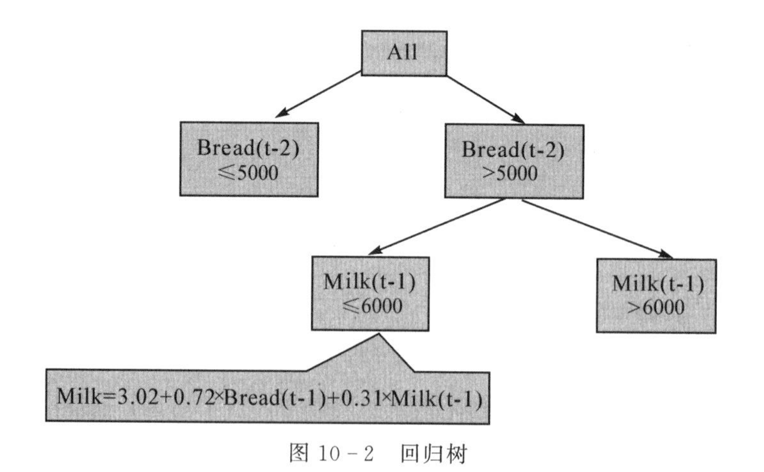

图 10－2　回归树

三、数据中的季节性处理

大多数时间序列都有季节性的模式。例如，一年中零售商店的销售旺季是国庆节或春节期间。

有许多技术可以处理季节性。大多数时序算法可以分解序列，并且独立地对待季节性。ART 使用一种简单的方式解决这种问题。在事例转换的步骤中，除了使用前面提到的默认的 8 个时间片之外，ART 算法还可以使用季节性参数 Periodicity_Hint 来增加历史数据点。在上述零售商店每个月销售额的示例中，季节性的周期是 12 个月（因为经过 12 个月会重复一次）。在周期为 12 的情况下，ART 在一个表中包含观察值 Milk($t-12$)、Milk($t-24$)、Milk($t-36$)、……、Milk($t-8\times12$)、Bread($t-12$)、Bread($t-24$)、Bread($t-36$)、……、Bread($t-8\times12$)。如果在数据中以年为周期的模式较强，则回归树将在拆分的时候使用这些观察值，并且在回归树节点的回归公式中也将使用这些观察值。

在一个序列中可能包含多个周期性提示的标志。例如，一个公司每年的收入可以按 12 个月为周期，也可以按 4 个季节为周期，因为最后一个季度的月收入可能比其他月的收入要高，所以可以按 4 个季度计算。当有多个周期性的时候，ART 算法基于季节性在经过转换的事例表中增加多个列。

如果没有指定周期性，则 Microsoft 时序算法将使用自动检测季节性的功能，该功能是内置的，并且基于快速傅立叶变换，快速傅立叶变换是一种高效的分析频率的方法。

注 意

> 当事例经过转换，并且收集了周期性的数据点之后，ART 算法处理的方法与决策树相似。此时可以直接使用 Microsoft 决策树算法来进行预测。

四、使用预测函数预测值

当一个时序模型处理完之后，该模型可以用来对未来进行预测，还可以对历史进行预测，用于检测模型的好坏。在 DMX（数据挖掘扩展插件语言）中，预测函数为 PredictTimeSeries。例如，PredictTimeSeries(Bread, 5)返回一个 5 行的表，分别表示接下来 5 个月 Bread 的销售额。

只有当看到该模型对过去的预测比较准确的时候，才能相信该模型对未来预测的结果。因此通过在该预测函数中使用负数作为参数来对以前的数据进行预测，这样就可以确定对未来预测的可靠性，例如，PredictTimeSeries(Bread，-10，-5)返回过去 5 到 10 个月面包预测的销售额。因为当前的模型经过了所有历史数据点的训练，所以对历史数据预测的精确度应该比对未来预测的精确度要高。

如果想了解时序算法如何对历史的数据进行预测，则应该使用 Historical_Model_Count 和 Historical_Model_Gap 参数。Historical_Model_Count 参数来指定要创建的历史模型的数量，Historical_Model_Gap 参数用来指定历史模型的时间增量。例如，在图 10－3 中显示了包含四个历史模型中的时间序列，历史模型的时间间隔是 30。当处理完挖掘模型之后，它包含五个模型，第一个模型的终点在 Time 为－120 的位置，最后一个模型的终点在 Time 为 Now 的位置。当预测在 Time 为－100 处的值时，隐式地使用第二个模型进行预测。然而，从用户的观点来看，只有一个时序模型。

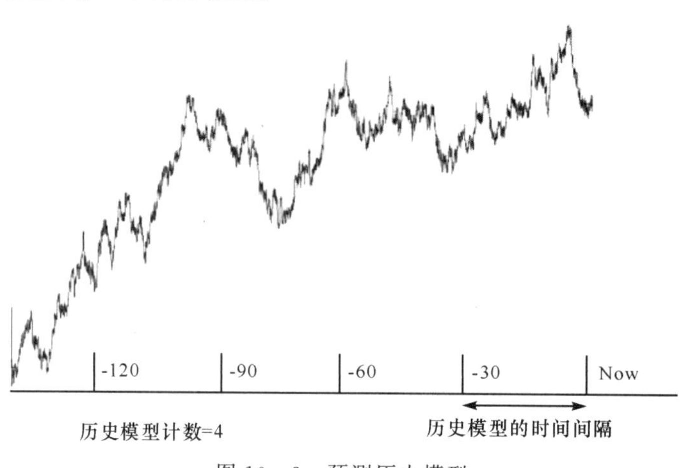

图 10－3　预测历史模型

第三节　Microsoft 时序算法示例

一、Microsoft 时序算法的可用参数

Minimum_Support：该参数用来指定每一个叶节点至少包含的事例数。例如，如果该参数值设置为 20，则任何拆分产生的子节点至少有 20 个事例，否则不能进行拆分。该参数的默认值是 10。如果训练的数据集包含很多的事例，则可能需要增加这个参数的值以免发生过度拆分（过度训练）。该参数与 Microsoft 决策树算法中的 Minimum_Support 参数是一样的。Minimum_Support 不会限制叶节点最初的事例数量，而是限制转换之后的事例数量。

Complexity_Penalty：该参数用来控制树的增长，该参数的数据类型是浮点型，范围在 0 到 1 之间。当它的值靠近 0 的时候，对树的增长有比较低的限制，因此，当模型训练完成之后，将会看到一棵非常大的树。

Historical_Model_Count：该参数的数据类型是整型。它用来定义所要构建的历史模型的数量。

Historical_Model_Gap：该参数的数据类型是整型。Historical_Model_Count 参数与这个参数关系比较紧密。该参数用来指定两个历史模型之间的时间间隔。

Periodicity_Hint：该参数用来为算法指定数据中的季节性信息。Periodicity_Hint 的数据类型是字符串型。它的形式是{n[, n]}，其中方括号里面的部分是可选择的，并且可以重复出现，n 是正数或者浮点数。当某一个公司的月收入按照年模式和季度模式计算的时候，Periodicity_Hint 参数应该设置为{12,4}。

Microsoft 时序算法对该参数非常敏感,因为该参数在模型训练的时候可以增加数据点。在大多数情况下,我们应该知道我们数据的周期性。我们也可以通过一个图形画出时间序列,它能够帮助我们确定周期性。一般来讲,提供多个周期提示会增加模型的精确度,但是同时也增加了模型训练的时间。

Auto_Detect_Periodicity:该参数的数据类型是浮点型,并且参数值的范围在 0 到 1 之间。该参数用来检测周期性。如果设置这个参数值靠近 1,则将会发现很多的周期模式,自动产生周期性提示。处理大量的周期性提示将有可能导致模型的训练时间非常长。如果将这个值设置为接近 0,则只对周期性明显的数据检测它的周期性。

Maximum_Series_Value:该参数用来为任何时间序列预测指定最大的约束。预测得到的值不能大于这个值。

Minimum_Series_Values:该参数用来为任何时间序列预测指定最小的约束。预测得到的值不能小于这个值。

Missing_Value_Substitution:该参数用来制定填充历史数据中的间隔的方法。默认情况下,数据中不规则的间隔或者不规则的边是不允许的。填充不规则的间隔或者不规则的边的方法是:使用以前的数值、平均值或者具体的数值常量。

二、建立时序挖掘模型

例 10.1 宽带利用率需求预测。宽带提供商的分析师为了预测带宽利用率,根据已有的 80 个市场 1999 年到 2003 年每个月的宽带使用情况,如表 10-1 所示,我们将使用时间序列建模来得到后 5 个月的宽带利用率预测值。

表 10-1 市场宽带利用率

时间	合计	市场_1	市场_2	市场_3	市场_4	市场_5	……
1999-01-01	536413	3750	11489	11659	4571	2205	……
1999-02-01	558797	3846	11984	12228	4825	2301	……
1999-03-01	582077	3894	12266	12897	5041	2352	……
1999-04-01	605332	4010	12801	13716	5211	2490	……
1999-05-01	630019	4147	13291	14647	5383	2534	……
1999-06-01	654694	4335	13828	15419	5496	2664	……
1999-07-01	678877	4554	14273	16108	5747	2738	……
1999-08-01	702958	4744	14664	16958	5885	2754	……
1999-09-01	727667	4885	15130	17642	6053	2874	……
……	……	……	……	……	……	……	……

建立模型前最好先对数据有大致了解,查看数据是否呈现季节性变化。虽然模型可以自动找出每个序列的最佳季节性或非季节性模型,但是当数据中不存在季节性时,通常可以通过将搜索对象限制为非季节性模型,从而更快地获得结果。在数据源视图中,找到"宽带

利用率时间序列”表，点击右键，选择“浏览数据”，BIDS 提供了浏览数据的很多方式，选择“透视图”选项卡，将时间拖至图形下方，市场 1 数据拖至图形中间，查看市场 1 的数据按时间的走势图，如图 10-4 所示。

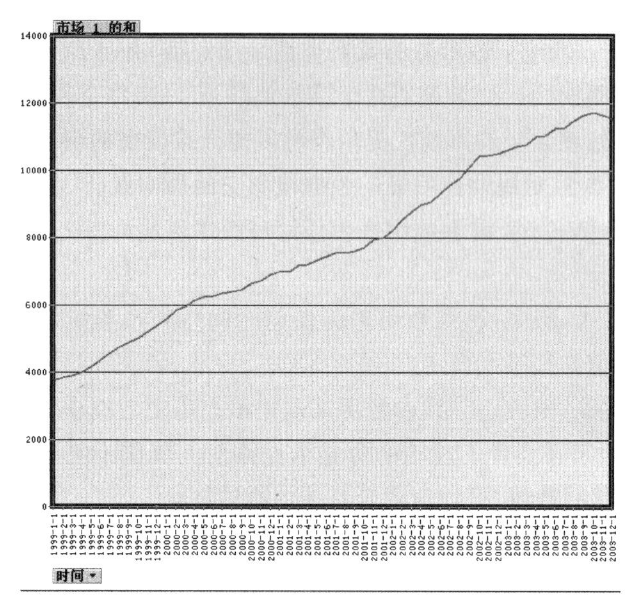

图 10-4　市场 1 宽带利用率趋势

从图 10-4 中可以看出市场 1 在 1999 年至 2003 年之间的宽带利用率呈上升趋势，并且没有明显的周期特征，因此在参数中也不用特别指明。可以分别查看市场 2、市场 3 等市场的走势图。

我们先单独对市场 1 进行预测，其他市场值均选择忽略，时间作为主键，市场 1 既作为输入也作为预测，挖掘结构如图 10-5 所示。挖掘算法选择 Microsoft_Time_Series。

挖掘结构 | 挖掘模型 | 挖掘模型查看器 | 挖掘准确性图表 | 挖掘

结构	宽带利用率时间序列
	Microsoft_Time_Series
合计	忽略
时间	Key
市场 1	Predict
市场 2	忽略
市场 3	忽略
市场 4	忽略
市场 5	忽略

图 10-5　市场 1 宽带利用率时间序列挖掘结构

三、模型内容和解释

使用 Microsoft 时序算法创建的模型是一个自动回归模型，在该模型中，函数 f 对应于一棵回归树，也称为自动回归树(ART)。模型通常包含一棵或者多棵树。每一棵树都有一个或者多个节点。每一个非叶节点都包含一个线性回归公式。

时序挖掘结果查看器包含两个选项卡：树选项卡和图表选项卡。树选项卡显示树的布局和模型的回归公式。图表选项卡以图形方式显示时间序列数据和对未来的预测值。

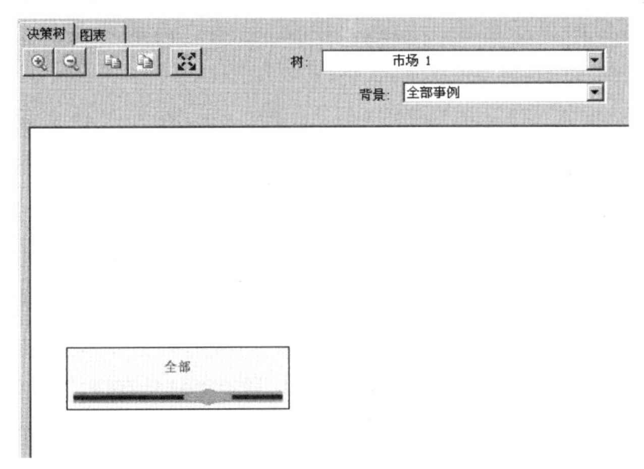

图 10－6　市场 1 宽带利用率决策树模型

图 10－6 显示了时序查看器的树选项卡。树选项卡中的树预测市场 1 的宽带利用率，其中的每一个叶节点都有带菱形的分布条。菱形的位置和宽度分别反映了处于给定节点的数据的平均值和标准差。在本模型中树只有一个根节点同时也是叶节点，没有任何分支，我们可以通过点击根节点在挖掘图例窗口中显示所得到的回归模型，如图 10－7 所示。挖掘图例窗口显示数据的剩余标准差和相关性系数。菱形的宽度反映了给定回归量的情况下所预测的变量的剩余(或条件)标准差。分布条的平方(分布条的宽度乘以分布条的宽度)反映了大家所熟悉的线性回归的 R-平方。

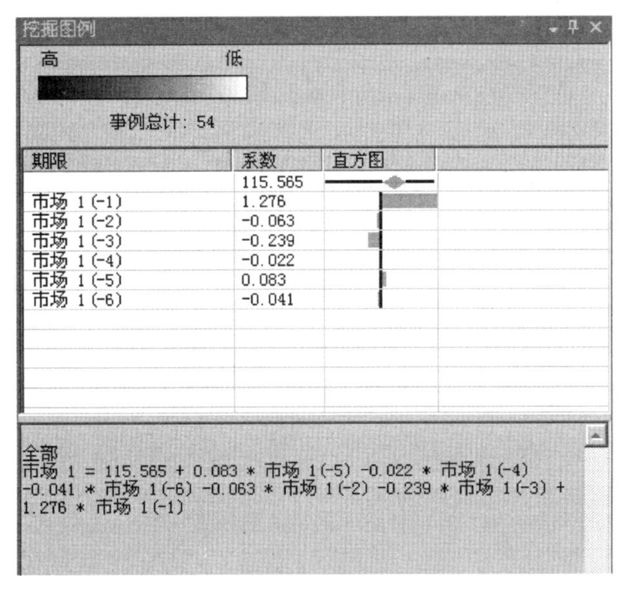

图 10－7　市场 1 回归模型挖掘图例

在挖掘图例窗口中的分布条对应于相关性系数。每一个分布条的长度与距离成比例，这个距离是：当相应的回归变量移动一个标准差时预测变量移动的距离。如果分布条的方向向右，则意味着回归量和预测变量是正向的关联关系。如果分布条的方向向左，则意味着回归量和预测变量是反向的关联关系。

在本挖掘图例窗口中显示市场 1 的回归模型，它通过前 6 个月的宽带使用率来预测下个月的数值。回归公式如下：

市场 1＝115.565 ＋ 0.085×市场 1(－5)－0.022×市场 1(－4)－0.041×市场 1(－6)－0.063×市场 1(－2)－0.239×市场 1(－3)＋ 1.276×市场 1(－1)

图 10－8 显示了时序查看器的图表选项卡。红色的图形表示每月市场 1 宽带的利用率。在该图形中有一根垂直的线，垂直线的左边实线表示历史的序列值，垂直线的右边虚线表示对将来的预测。我们可以使用预测步骤组合框来指定要在这个图中显示的将来的预测步骤数。在本例中我们预测了后 5 个月的宽带利用率的值。

用户也可以在图表选项卡中查看预测的偏差，选中“显示偏差”复选框就可以看到预测的偏差。图 10－9 显示了在预测得到的值上有偏差的图。通常，对于将来的预测越远，则预测的偏差越大。

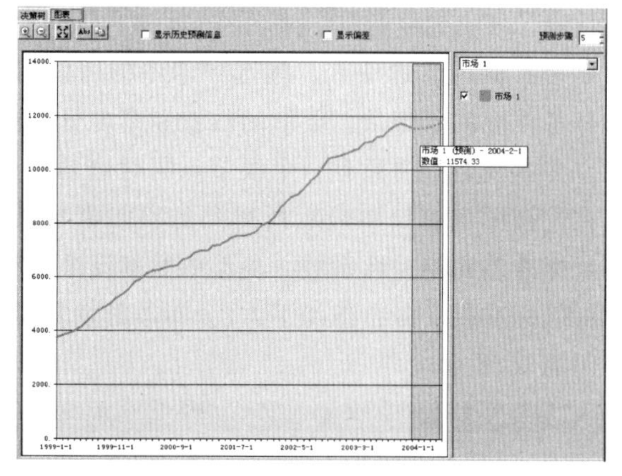

图 10－8　市场 1 宽带利用率预测图表

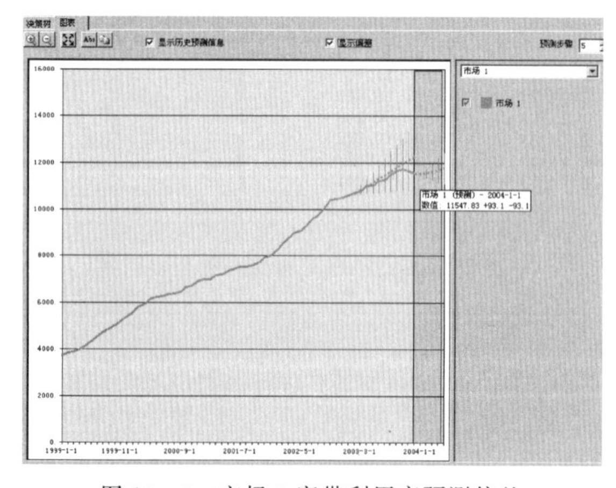

图 10－9　市场 1 宽带利用率预测偏差

扫描二维码 10-1，查看宽带利用率需求预测的操作演示。

二维码 10-1

第四节 Microsoft 的序列模式挖掘

序列模式挖掘是指挖掘与时间或其他序列有关的频繁发生模式。序列模式挖掘参数包括以下内容：

（1）时间序列 T 的时间长度。

（2）事件窗口 w：一系列在一段时间内发生的事件在特定的事件窗口中可以看成是一起发生的。如果一个事件窗口 w 等于序列 T，则属于普通的关联模式挖掘；若事件窗口 w 被设置为 0，则一个序列事件作为单个事件来处理；若事件窗 w 被设置为 0 与 T 总长度之间，则在此窗口内发生的事件被合在一起进行分析。

（3）事件发生的时间间隔 t。若 t 设为 0，则为连续时间序列。

序列模式挖掘还包括周期性分析，挖掘周期性模式，也就是在时序数据库中搜索重复出现的模式。所挖掘的周期模式包括：

①挖掘所有周期性模式：时间上的每一点都对时序中的周期性行为（模式）起作用。

②挖掘部分周期模式：在时间上的一些点但不是全部构成了周期性行为。

③挖掘循环关联规则：描述一组周期性发生事件间（所存在）关联的规则。

一、Microsoft 序列聚类算法

顾名思义，Microsoft 序列聚类算法是序列和聚类技术相结合的产物。设计它的目的是用于分析包含序列数据的大量事例，然后基于这些序列的相似性来将这些事例分类到类似的分组中。在序列聚类算法中，序列是指一系列离散的事件或状态。在一个序列中，离散状态的数目通常是有限制的。例如，一个学生在大学所选修的课程列表形成一个序列；Web 用户的一系列 URL 点击是一个序列；在购物篮示例中，如果我们不关心购买产品的顺序，则购物篮分析的商业问题是一个关联任务，如果我们关心购买产品的顺序，则购物数据形成一个序列，该问题就是一个序列任务。

序列聚类算法结合了两种技术：聚类和序列技术。聚类算法与第九章中的聚类相似，序列分析则采用了马尔可夫链模型。

安德列·马尔可夫（Andrei Markov）出生于 1856 年，是俄罗斯著名的数学家。由于他对马尔可夫链的贡献所以以其名字命名。马尔可夫链是随机变量的序列，在这些序列中未来的变量由当前的变量决定，但与当前状态从其前面的状态中产生的方式无关。

图 10-10 给出了一个 DNA 序列的马尔可夫链的示例。马尔可夫链包含一组状态。大多数状态会产生事件，但有些状态如 Begin 和 End 不会产生事件。

马尔可夫链还包含一个状态转移概率矩阵，存放了从给定状态转移到所有可能状态的概率。例如，$P(x_i = G \mid x_{i-1} = A) = 0.15$ 的意思是：给定状态 A，下一个状态是 G 的概率是0.15。Microsoft 序列聚类算法正是基于马尔可夫链模型来对序列事件进行建模。

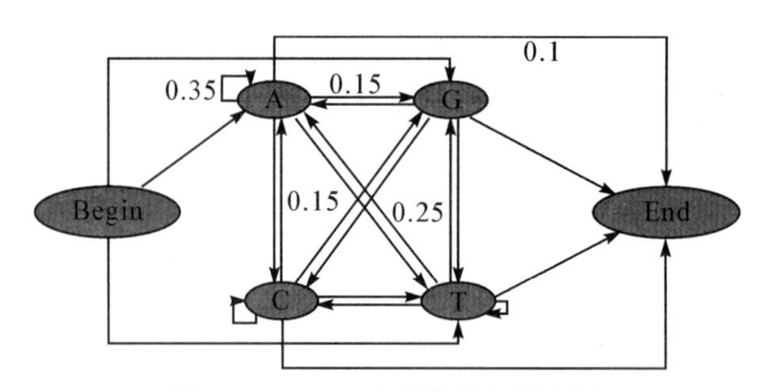

图 10-10　DNA 序列马尔可夫链

例 10.2　如图 10-10 所示为 4 个状态 A、C、G、T 的 DNA 序列，状态间的转移概率为：

$P(X_i = A \mid X_{i-1} = A) = 0.35$

$P(X_i = G \mid X_{i-1} = A) = 0.15$

$P(X_i = C \mid X_{i-1} = A) = 0.15$

$P(X_i = T \mid X_{i-1} = A) = 0.25$

$P(X_i = END \mid X_{i-1} = A) = 0.1$

马尔可夫链的重要属性之一是阶（order）。在马尔可夫链中，n 阶指明了一个状态的概率依赖前 n 个状态。最常见的马尔可夫链是 1 阶，即每个状态 x_i 的概率只依赖状态 x_{i-1}。我们可以通过一些方式来建立高阶的马尔可夫链，比如使用更多的空间来保存前 n 个状态。

k 个状态上的 n 阶马尔可夫链等价于 k^n 个状态上的 1 阶马尔可夫链。例如，用于 DNA 的 2 阶马尔可夫链模型可以认为是以下状态上的 1 阶马尔可夫链：AA、AC、AG、AT、CA、CC、CG、CT、GA、GC、GG、GT、TA、TC、TG 和 TT。状态的总数是 4^2。马尔可夫链的阶越高，用于处理所需要的内存和时间就越多。

对于任何给定的长度为 L 的序列 $x = \{x_1, x_2, x_3, \cdots, x_L\}$，我们都可以基于马尔可夫链来按以下方式计算一个序列的概率：

$$P(x) = P(x_L, x_{L-1}, \cdots, x_1)$$
$$= P(x_L \mid x_{L-1}, \cdots, x_1) P(x_{L-1} \mid x_{L-2}, \cdots, x_1) \cdots P(x_1) \tag{10.9}$$

在 1 阶的马尔可夫链中，因为每个 x_i 的概率只依赖于 x_{i-1}，所以，在这种情况下计算一个序列的概率时也可以使用下面的公式：

$$P(x) = P(x_L. x_{L-1}, \cdots, x_1)$$
$$= P(x_L \mid x_{L-1}) P(x_{L-1} \mid x_{L-2}) \cdots P(x_2 \mid x_1) P(x_1) \tag{10.10}$$

马尔可夫链记忆不同状态之间的转移概率。图 10-11 图形化地显示了 1 阶马尔可夫链的状态转移矩阵。表中的每个单元都对应两个状态之间转移的概率。网格中的概率是通过灰度等级来进行编码：概率越高，网格就越亮。

用于 1 阶马尔可夫模型的状态转移矩阵是 M×M 阶的，M 是序列中状态的数目。当 M

比较大时，状态转移矩阵也会非常大。当状态太多时，矩阵中的许多单元因为转移概率比较低，所以都是黑色的。优化矩阵存储的方法之一就是只存储超过某一特定阈值的转移概率。

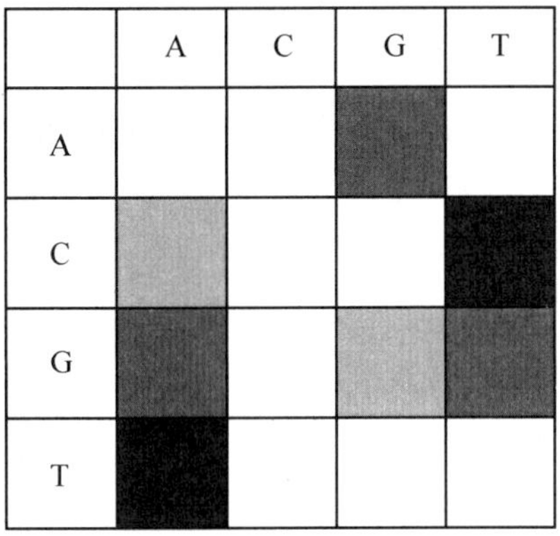

	A	C	G	T
A				
C				
G				
T				

图 10－11　状态转移矩阵

Microsoft 序列聚类算法采用了马尔可夫链的混合模型，首先，使用聚类的概率分布来随机选择特定的聚类，然后，依赖所选择的聚类，从对应于这个聚类的马尔可夫链产生一个序列，每个聚类对应一个不同的马尔可夫链。

我们在聚类算法中需要计算某个聚类中每个属性的概率，对于序列属性，我们将计算每个聚类的序列状态转移矩阵。例如，对应给定的序列 x，在给定的聚类 C 中的概率可以使用以下公式来计算：

$$P(x \mid C)= P(x_L \mid x_{L-1})P(x_{L-1} \mid x_{L-2})\cdots P(x_2 \mid x_1)P(x_1) \tag{10.11}$$

其中 $P(x_j \mid x_i)$是聚类 C 中从第 i 个状态转移到第 j 个状态的概率。

序列数据存储在嵌套表中，序列嵌套表必须包含一个键列，该列在建模过程中设为嵌套键。序列的键可以是任何可排序的数据类型，例如日期、整型和字符串。在 SQL Server 中，不支持单个模型中包含多个序列。

在序列聚类模型中，自然分组的数目不同于普通聚类模型中自然分组的数目。在普通的聚类中，我们倾向于使用$k<10$来构建聚类模型。当聚类的数目太大时，很难解释最后的结果。如果不同分组的数目确实很大，则一般通过执行多个步骤来构建聚类模型，并且在每一个步骤中，尽可能将序列分到较少数目的分组中。

在序列聚类模型中，当序列中的状态数目比较大时，会存在许多不同的聚类。例如，在 Web 导航的场景中，门户站点中的 URL 类别可能会超过上百个，第一个分组的 Web 客户主要在新闻类别中进行导航，第二个分组的客户集中于音乐和电影，而第三个分组的客户对头版和体育感兴趣。当聚类这些客户时，我们通常会得到与一般聚类模型相比数目更多的聚类。但是，基于这些模型的状态序列可以相对容易地解释这些模型。

在序列聚类算法处理期间的一个步骤是聚类分解。如果用户指定了数目比较少的聚类，同时在聚类中有不同类型的序列，则算法会将该聚类分解为多个更小的聚类。例如，如果一个聚类包含两组序列：电影→音乐→下载和新闻→体育，则在模型处理的最后阶段算法会将之分为两个聚类。

二、序列聚类挖掘示例

（一）序列聚类算法的参数

Microsoft 序列聚类算法有一些参数。这些参数用于控制聚类的数目、序列的状态等等。通过调整这些参数的设置，我们可以调整模型的精确度。以下是算法的一系列参数的描述。

Cluster_Count：在 Microsoft 序列聚类算法中，Cluster_Count 的定义与 Microsoft 聚类算法中 Cluster_Count 的定义相同。它定义了一个模型包含的聚类数目。将该值设置为 0 将导致算法自动选择用于预测的最佳聚类数目。Cluster_Count 的默认值是 0。

Minimum_ Support：在 Microsoft 序列聚类算法中，Minimum _ Support 的定义与 Microsoft 聚类算法中 Minimum_Support 的定义相同。它是一个整数。它指定了每个聚类中事例数目的最小值，从而避免聚类包含的事例太少。默认值是 10。

Maximum_States：在 Microsoft 序列聚类算法中，Maximum_States 的定义与 Microsoft 聚类算法中 Maximum_States 的定义相同。该参数指定聚类算法属性的状态数目的最大值。该参数是整数类型。默认值是 100；包含的状态数超过 100 的属性会调用特征选项。

Maximum_Sequence_States：Maximum_Sequence_States 定义了序列属性中状态数目的最大值。它是整数类型，默认值是 64，用户可以覆盖该值。如果序列数据包含的状态数超过 Maximum_Sequence_States，则会调用特征选择，该特征选择基于边缘模型中状态出现的频率。

（二）构建序列聚类模型

表 10－2 和表 10－3 是一个虚拟的客户访问网页的数据表。其中表 10－2 是客户信息表(customer)，只有一个 ID 信息，作为表的主键。表 10－3 是一个嵌套表“网页访问表(pageclick)”，记录了每个客户的访问页面的流程。URLCategory 列为页面内容关键字，SequenceID 列为访问页面的顺序：1，2，……

表 10－2　客户信息表(customer)

customerid
c877687
c877723
c877757
c877792
c877840
c877988
c878821
c878822
c878842
……

表 10－3　网页访问表(pageclick)

customerID	URLCategory	SequenceID
c877687	news	1
c877687	news	2
c877687	sports	3
c877687	news	4
c877687	weather	5
c877723	weather	1
c877723	sports	2
c877723	flight	3
c877723	hotel	4
……	……	……

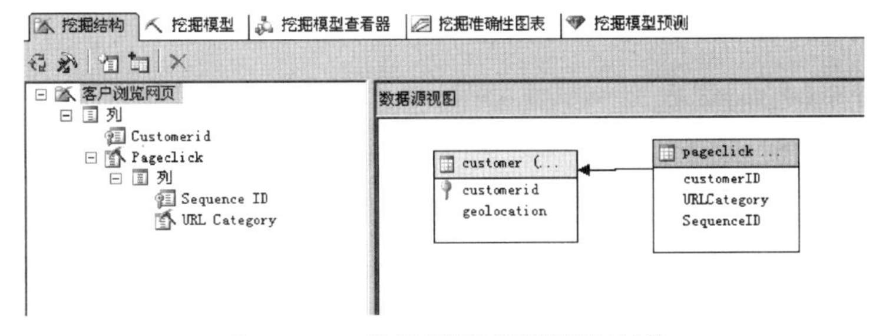

图 10－12　“网页浏览序列”挖掘结构

序列聚类挖掘结构比较特殊，它使用了两个表 customer 和 pageclick，其中 pagelick 表作为 customer 表的嵌套表，pagelick 表中的 customerID 为外键，与 customer 表的主键 customerID 关联。pageclick 表中的 sequenceID 作为挖掘结构中嵌套表的主键。挖掘结构如图 10－12 所示。

挖掘模型如图 10－13 所示，除了键列，URL 地址作为唯一的输入列，采用的挖掘算法为“Microsoft_Sequence_Clustering”。

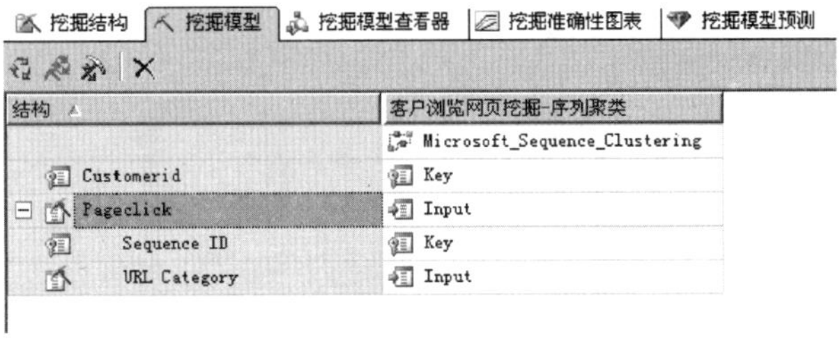

图 10－13　“网页浏览序列”挖掘模型

（三）解释挖掘结果

定义和处理了序列聚类模型之后，就可以使用序列聚类查看器来浏览模型的内容。序列聚类查看器包含5个选项卡：分类关系图、分类剖面图、分类特征、分类对比和状态转换。除状态转换选项卡以外(该选项卡图形化地显示每个聚类中的状态转移矩阵)，该查看器的总体设计与聚类算法查看器的总体设计非常相似。

图10－14显示了根据序列聚类挖掘的聚类结果，结果显示2个分类，在每个分类里客户的网页浏览顺序和页面内容具有相似性。

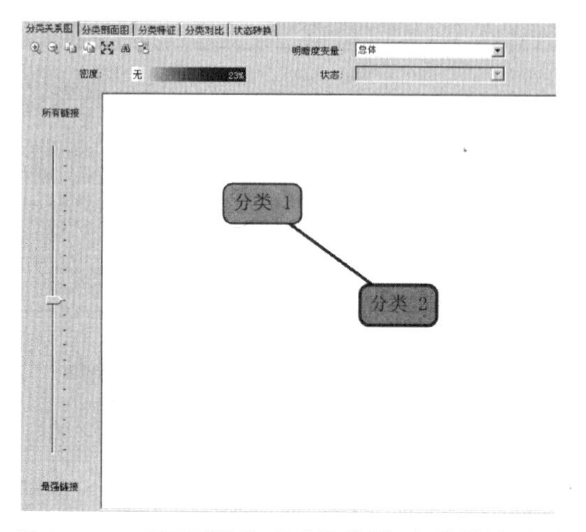

图10－14　“网页浏览序列聚类模型”分类关系图

同样地，我们需要观察分类剖面图，来详细了解每个分类中的属性值，图10－15显示了聚类的详细信息。每一列都表示一个聚类，每一行表示一个属性，每种不同的页面都用不同

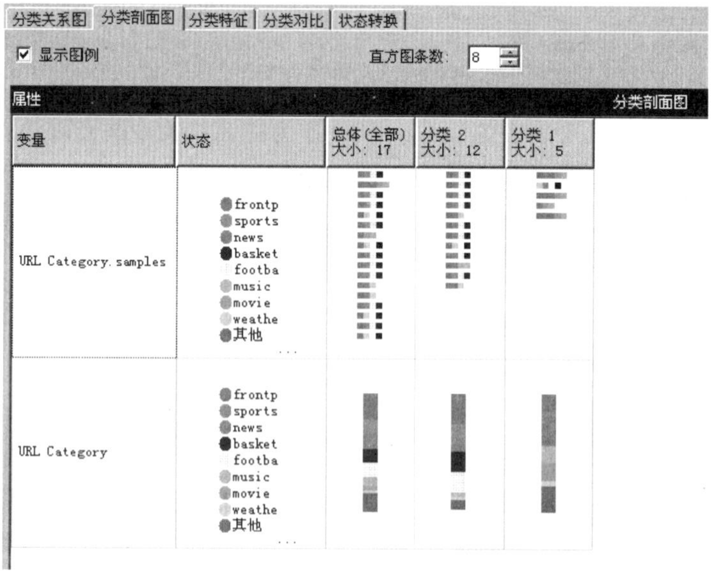

分类关系图　分类剖面图　分类特征　分类对比　状态转换

显示图例　　直方图条数：8

属性　　分类剖面图

变量	状态	总体(全部) 大小：17	分类 2 大小：12	分类 1 大小：5
URL Category.samples	frontp sports news basket footba music movie weathe 其他 ...			
URL Category	frontp sports news basket footba music movie weathe 其他 ...			

图10－15　“网页浏览序列聚类模型”分类剖面图

的颜色标记。在本例中，只有 URLCategory 一个属性，URL Category.Samples 行对分类中客户的浏览顺序做了详细的描述，在该行中每一个单元都包含序列的直方图。在直方图中的色块代表所浏览的页面，以浏览的顺序排列，这样每一条就形成一个序列状态。分类 1 包含了 5 个事例，而分类 2 有 12 个事例，这些都是来自训练事例的样例序列。在 URL Category 行中每个分类对所有被访问的页面进行了汇总统计。

浏览过可视化总体分类剖面图后，我们再对每个分类中的属性|值出现的概率进行进一步分析。与聚类模型的分类特征不同，它除了包含某个属性值的状态值统计，它还包含了状态转移的数据值统计。图 10－16 和图 10－17 分别为分类 1 和分类 2 的分类特征图。每一行都表示在当前分类中一个属性/值的频率(概率)。每个序列状态(包括 Start 和 End 事件)都被认为是序列属性的一个不同的值。例如，在分类 1 中最有可能的属性值是 Start→frontpage，它表示在聚类 1 中的大多数 Web 访问者都是以首页开始，同时，从天气和新闻开始访问也占一定比例。News 是另一个流行的 URL。而分类 2 中的客户更喜欢浏览足球、体育、篮球等页面，在状态转移中除了喜欢从首页开始浏览，也喜欢从首页切换至有关体育的页面。

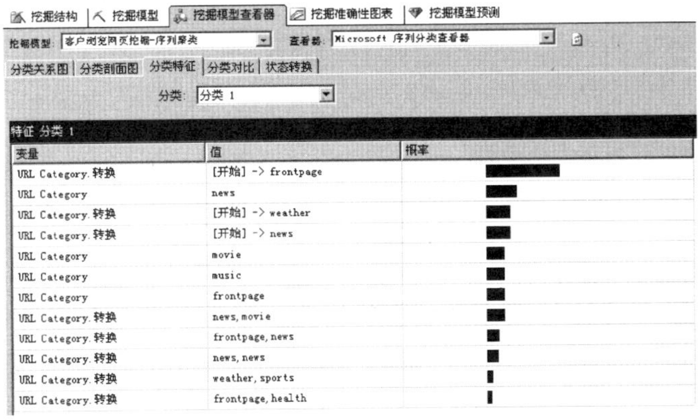

挖掘结构 | 挖掘模型 | 挖掘模型查看器 | 挖掘准确性图表 | 挖掘模型预测

挖掘模型: 客户浏览网页挖掘-序列聚类 查看器: Microsoft 序列分类查看器

分类关系图 | 分类剖面图 | 分类特征 | 分类对比 | 状态转换

分类: 分类 1

特征 分类 1

变量	值	概率
URL Category.转换	[开始] -> frontpage	
URL Category	news	
URL Category.转换	[开始] -> weather	
URL Category.转换	[开始] -> news	
URL Category	movie	
URL Category	music	
URL Category	frontpage	
URL Category.转换	news, movie	
URL Category.转换	frontpage, news	
URL Category.转换	news, news	
URL Category.转换	weather, sports	
URL Category.转换	frontpage, health	

图 10－16 “网页浏览”分类 1 分类特征

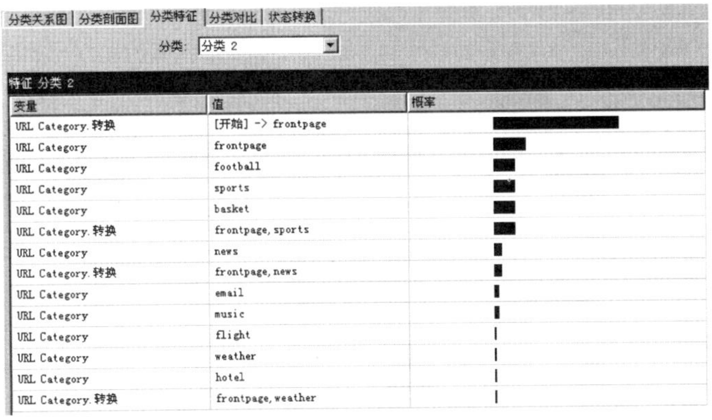

分类关系图 | 分类剖面图 | 分类特征 | 分类对比 | 状态转换

分类: 分类 2

特征 分类 2

变量	值	概率
URL Category.转换	[开始] -> frontpage	
URL Category	frontpage	
URL Category	football	
URL Category	sports	
URL Category	basket	
URL Category.转换	frontpage, sports	
URL Category	news	
URL Category.转换	frontpage, news	
URL Category	email	
URL Category	music	
URL Category	flight	
URL Category	weather	
URL Category	hotel	
URL Category.转换	frontpage, weather	

图 10－17 “网页浏览”分类 2 分类特征

分类对比图则将不同的分类进行对比，可以更直观地了解两个分类间的不同，或者将一个分类与其他所有不在该分类中的做比较，如图 10－18 所示。同样地，序列聚类的分类对比还包括了状态转换的统计概率。从图 10－18 中可以看出，分类 2 倾向于从体育切换至足球，而分类 1 更倾向于从体育切换至订购机票页面。

分类关系图 | 分类剖面图 | 分类特征 | 分类对比 | 状态转换

分类 1: 分类 1　　分类 2: 分类 2

分类 1 和 分类 2 的对比分数

变量	值	倾向于 分类 1	倾向于 分类 2
URL Category.转换	sports-> football		
URL Category.转换	sports-> flight		
URL Category.转换	weather-> sports		
URL Category.转换	weather-> flight		
URL Category.转换	news-> movie		
URL Category.转换	news-> email		
URL Category.转换	frontpage-> sports		
URL Category.转换	[开始]-> frontpage		
URL Category.转换	news-> news		
URL Category.转换	football-> basket		
URL Category.转换	frontpage-> health		
URL Category.转换	music-> music		
URL Category.转换	movie-> music		
URL Category.转换	frontpage-> news		
URL Category.转换	[开始]-> weather		
URL Category.转换	[开始]-> news		
URL Category	movie		

图 10－18　“网页浏览序列模型”分类对比

图 10－19 和图 10－20 分别显示了分类 1 和分类 2 的状态转换窗格。设计它的目的是用于显示每个聚类的序列导航模式。也可以在分类选择框中选择“总体(全部)”，显示所有的状态转换序列。每个节点都是一个序列状态，每条边都是两个状态之间的转换。每条边都有一个方向和权值。权值是状态转换的概率。从图 10-19 中可以看到，在分类 1 中客户的主要活动是 frontpage，news，movie，music，因为这些节点是使用最高的密度来着色的。从 movie 到 music 存在一个强连接。在那些位于分类 2 的客户中，则更集中在体育或球类运动页面的浏览中。

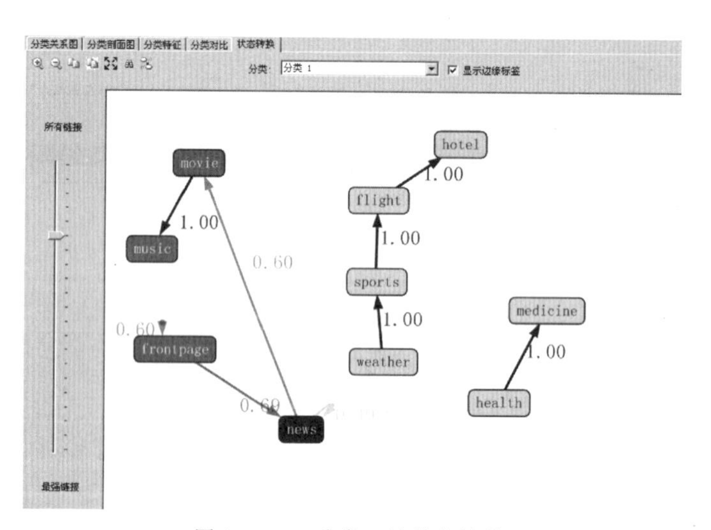

图 10－19　分类 1 的状态转移

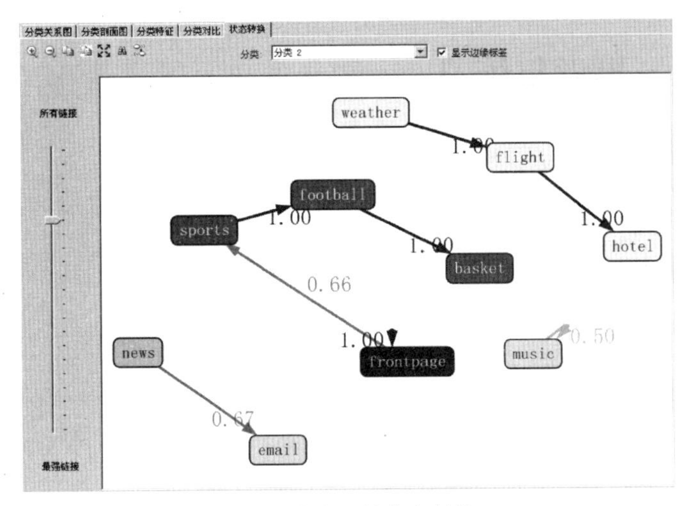

图 10-20　分类 2 的状态转换

扫描二维码 10-2，查看序列聚类挖掘示例的操作演示。

二维码 10-2

小　结

时序数据，是指随时间变化而产生的数值或事件序列。时间序列预测的常用方法包括回归预测模型、指数平滑模型和 ARIMA 模型等。ARMA 模型是时序方法中最基本的、实际应用最广的时序模型。但该模型适合平稳、正态、零均值的时序，因此对于实际生活中产生的非平稳数据首先需要进行差分处理，从而产生了 ARIMA 模型。

Microsoft 时序算法是一个新的预测算法，它结合了自动回归技术和决策树技术，所以也把该算法称为自动回归树。它通过事例转换将一个时间序列（事例）转换成由 n 个时间槽上的值组成的多行事例，这样就可以采用回归决策树来进行预测某个时间点的值。因此由 Microsoft 时序算法创建得到的模型将是一棵回归树。

序列挖掘（也称序列模式挖掘），是指从序列数据库中发现相对时间或者其他顺序所出现的高频率子序列。Microsoft 序列聚类算法是序列和聚类技术相结合的产物。设计它的目的是用于分析包含序列数据的大量事例，然后基于这些序列的相似性来将这些事例分类到类似的分组中。

Microsoft 序列聚类算法采用了马尔可夫链的混合模型。首先，使用聚类的概率分布来随机选择特定的聚类，然后，依赖所选择的聚类，从对应于这个聚类的马尔可夫链产生一个序列，每个聚类对应一个不同的马尔可夫链。

思考与练习

1. 简述时间序列预测的常用方法。
2. 简述序列模式挖掘的一般步骤。
3. 举例说明序列模式挖掘在商业领域中的应用。

实　验

实验十　时间序列数据挖掘实验

一、实验目的

熟练掌握时间序列数据挖掘，同时学习将事务数据表转化为数据挖掘的格式。

二、实验内容

订购事务表

二维码 10－3

（1）打开“订购事务表.xls”，阅读并理解数据内容和格式。扫描二维码 10－3，查看“订购事务表.xls”数据文件。

（2）创建 Microsoft 集成服务项目，使用 SSIS 包，将“订购事务表”转换成“5 个市场订购记录表”，格式如表 10－4 所示。

表 10－4　5 个市场订购记录表

字段名称	类型	说明
订购时间	日期型	订购的时间
市场 1	数值	对应 market 1 和时间的订购量
市场 2	数值	对应 market 2 和时间的订购量
市场 3	数值	对应 market 3 和时间的订购量
市场 4	数值	对应 market 4 和时间的订购量
市场 5	数值	对应 market 5 和时间的订购量

（3）SSIS 包创建大致步骤：创建一个数据流任务；在数据流任务中，创建一个 Excel 文件导入工具，读入源文件；创建一个分流工具，将 5 个市场的预订量分别导出；创建一个排序工具，分别对时间进行排序（在合并前先要进行排序），然后使用合并连接工具进行两两合并，最终将 5 个市场合并至一张表中；创建一个 OLE DB 工具，将结果导出至目标表“5 个市场订购记录表”中。

(4) 浏览市场 1 的数据分布，观察是否有周期特征。

(5) 用时间序列数据挖掘算法，仅将市场 1 作为输入进行挖掘，分析回归决策树，并用不同的参数对历史数据进行预测效果的对比。

(6) 用查询语句在分析服务器中预测后 5 个月市场 1 的预订量。

(7) 将市场 1 至市场 5 的预订量都作为输入，进行市场 1 的时间序列预测研究，分析其他 4 个市场对市场 1 的预定值的影响，通过对历史数据的预测结果与第四步的预测模型进行对比。

(8) 用查询语句在模型预测中预测后 5 个月市场 1 的预订量。

三、实验报告

(1) SSIS 项目打包。

(2) 数据库中表数据的浏览和截图，并做简单说明。

(3) 挖掘结构和挖掘模型建立过程和截图，并做简单说明。

(4) 预测未来 5 个月的预测值截图，并做简单说明。

扫描二维码 10－4，查看实验十的操作演示。

二维码 10－4

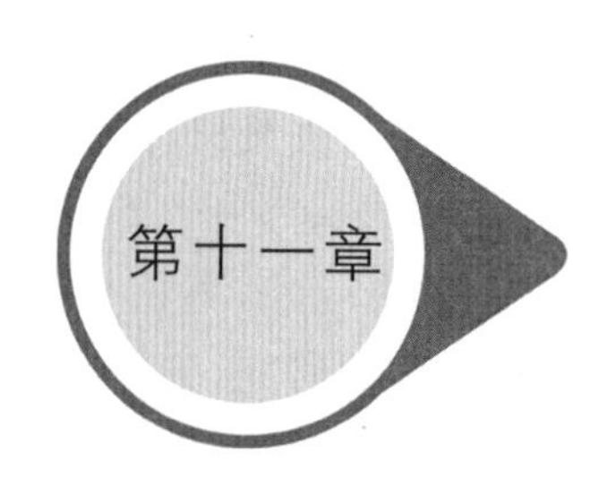

基于多维数据集的数据挖掘

在第四章，我们已经学习了什么是多维立方体，也了解了 OLAP 在商业智能中的作用，在大型立方体中，一些维通常包含数百万个成员，而事实表可以包含数十亿的事务记录。在如此大的立方体中仅凭借浏览的手段是很难发现有用的信息的。因此应用数据挖掘技术来从这些立方体中发掘出模式非常必要。

本章将着重介绍以下内容：

- OLAP 与数据挖掘之间的关系
- 如何在 OLAP 立方体上进行数据挖掘

第一节　OLAP 和数据挖掘之间的关系

OLAP 的核心技术是聚集计算，它回答的典型问题如下：

(1) 在华北地区过去 3 个月中饮料产品的总销售额是多少？

(2) 上个月在所有商店中销售量最多的前 10 种产品是哪些？

(3) 商店向男性和女性客户销售的产品数目各是多少？

(4) 在促销期间的每日销售额与平时的每日销售额有什么区别？

数据挖掘善于通过分析属性值之间的相关性来找出数据集中隐藏的模式。正如在前面章节所述，存在两种数据挖掘技术：有监督的和无监督的。有监督的数据挖掘需要用户指定目标属性和一组输入属性。典型的有监督的数据挖掘算法包括决策树算法、贝叶斯算法和神经网络算法。无监督的数据挖掘技术不需要拥有预测的属性。在无监督的数据挖掘技术中，聚类是比较好的示例。它将不同类别的数据点分成子组，从而在每个子组的数据点或多或少是类别相同的。

数据挖掘可以回答以下典型问题：

(1) 喜欢购买最新型号数码相机的客户有哪些特征？

(2) 为这个特定的客户推荐什么保险产品？

(3) 估计在后 3 个月中数码相机的销售额是多少？

(4) 应该如何对客户进行细分？

下面分 3 个方面介绍 OLAP 与数据挖掘之间的关系。

一、OLAP 在聚集数据方面给数据挖掘带来的好处

OLAP 和数据挖掘都是商业智能技术家族的重要成员。它们是相互补充的，并且可以从彼此的特征中得到好处，以提供深入分析的能力。由于 OLAP 具有数据聚集引擎，因此它可以通过数据转换步骤来帮助完成数据挖掘任务。在许多情况下，只能在聚集的数据中找出模式，而很难从事实表中直接发现模式。例如，对于许多数据挖掘算法来说，分析在城市级别的雪地防滑轮胎的销售额都较困难，因为城市太多了。然而，当将数据聚集到省级别，这些算法就可以容易地发现模式，如“雪地防滑轮胎销售最重要的因素是区域，在东北区域的人最有可能购买雪地防滑轮胎”。

注 意

在为大的零售客户开发数据挖掘项目时，他们提供的事实表中包括了过去几年的数千万个事务，他们的维表包含数千个项和数百个商店。商业问题可能是为商店的某个产品预测每周的销售额。如果通过关系数据库要花费 1 小时才能给出一项相关的销售额信息，而使用立方体只要花费 3 秒钟就可以获得相同的信息。如果有大量的事务数据而且挖掘模型需要聚集的数据，那么应该考虑使用 OLAP 技术来进行转换。

二、OLAP 需要数据挖掘来发现模式

立方体是结构良好的数据库。在一个维中常常包含数百万个成员，而在立方体中常常包含数千万个聚集的值。立方体中也包含隐藏的模式，如销售趋势、产品关联和客户细分等。OLAP 立方体需要数据挖掘技术来发现隐藏的信息。以下是一系列典型的关于 OLAP 立方体的商业问题，这些立方体都需要数据挖掘技术。

关于产品的购物篮分析：产品关联的购物篮分析是常见的销售问题。为了进行促销时的交叉销售，商店经理希望知道一起销售何种产品。

客户细分：商店经理也希望使用与客户相关的客户信息的度量来对客户进行分组。也可以在除客户维外的其他维上进行细分。例如，零售连锁店的销售部门可能希望基于商店的属性和销售额来对商店进行聚类。

客户分类：基于客户维中的客户属性和度量，可以构建分类类型的挖掘模型，以分析客户信息。例如，商店经理可能希望知道那些持有金卡的客户的个人信息。

销售趋势分析：基于历史的产品销售额，商店经理可能希望知道未来计划的销售额。例如，在浙江省所有商店的所有饮料下个月潜在的销售额是多少？

定位促销：假设商店推出了新款产品——新型的数码相机。商店经理希望知道哪些客户对购买这种产品最感兴趣。他可以应用数据挖掘技术来发现对购买数码相机感兴趣的客户的个人信息，然后发送邮件给具有相似个人信息的这些客户。

三、OLAP 挖掘与关系挖掘

OLAP 挖掘和关系挖掘的基本原理是相同的。OLAP 挖掘模型和关系挖掘模型使用相同的数据挖掘算法，唯一的区别在于挖掘列的绑定。OLAP 挖掘模型的挖掘列与维的属性、度量和度量组绑定，而不是与表列绑定。

因为 OLAP 立方体包含预先计算的聚集，所以可以非常有效地访问与度量绑定的属性。该信息也可以从关系表中派生出来，然而，这需要进行额外的数据转换步骤。除了聚集的数据，维在立方体中还包含层次，这些层次定义了属性之间的关系。在数据挖掘处理属性上卷时可以使用该层次的信息。

OLAP 挖掘模型常常包含嵌套表。构建 OLAP 挖掘结构的事例表总是来自一个维表，而嵌套表总是来自一个事实表，且将维的属性用作嵌套键。

理解 OLAP 挖掘模型最好的方法是以关系的方式来思考。图 11-1 提供了 OLAP 挖掘模型的关系视图。该模型基于客户的个人信息来对客户进行细分，例如年龄、性别、客户购买的产品清单和相关的数目。挖掘模型的部分属性直接来自客户信息表（维表），例如性别和年龄，还有一些属性来自嵌套表（销售事实表），例如数量（Unit_Sales 的聚集值）。通过查找键（Product_ID）连接 product 维表，product.name 是一个间接来自 sales_face 表的属性。

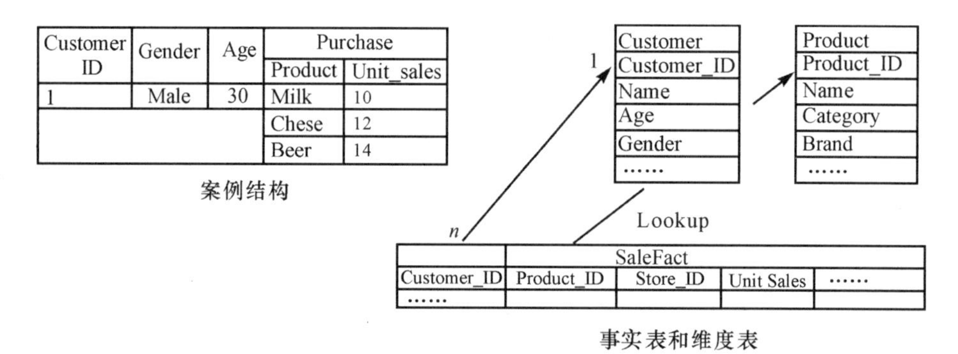

图 11-1　OLAP 挖掘模型关系视图

第二节　构建 OLAP 挖掘模型

与关系数据库包含了许多表类似，OLAP 数据库包含了许多立方体。立方体包含一组定义明确的维和度量，每个维包含一个或者多个层次。例如超市典型的“销售立方体”包含多个维，如客户维、产品维、时间维和门店维。时间维包含层次年—季度—月。该立方体也包含多个度量，如销售额、销售量、利润等等。

正是由于多维立方体具体以上特点，因此在进行数据挖掘时，针对多维立方体的挖掘结构和针对普通关系数据库所构建的挖掘结构有很大不同，下面分别介绍几种在 OLAP 上构建的挖掘结构和挖掘模型。

注 意

创建 OLAP 挖掘模型的最佳工具是数据挖掘向导和数据挖掘编辑器，只可以基于位于同一个 Analysis Services 数据库中的立方体来构建 OLAP 挖掘模型。在 SQL Server 2008 中，当涉及在 OLAP 立方体上创建挖掘模型时，就可使用 OLAP 立方体，而当涉及在关系数据表上创建的挖掘模型时，则可使用关系挖掘模型。

一、构建客户细分模型

要构建的第一个模型是关于客户细分的，我们希望通过客户的信息，如职业、婚姻状况、年收入等以及总的销售额来对客户进行分组，以便对其进行细分。客户信息是维的属性，而销售额是度量，该度量包含了每次客户购物金额的合计。在这个模型中，事例表是 Customer 维，没有嵌套表。

运行 BI Development Studio，新建一个商业智能项目 Adventure Works DW，数据源为 Adventure Works DW，网络销售和分销商销售的多维数据集和维度已创建完毕。用向导创建一个新的挖掘结构，在“选择定义方法”页面中选择“从现有多维数据集”选项，如图 11－2 所示。

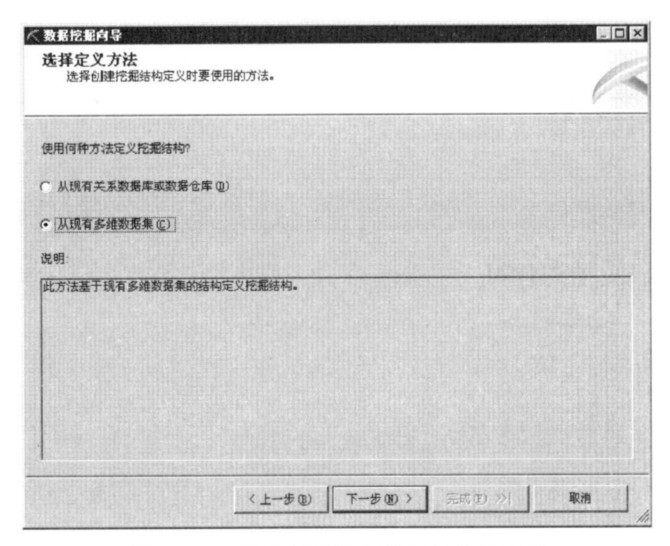

图 11－2　选择多维数据集作为挖掘对象

由于我们本次要做的是客户细分挖掘，所以选择 Microsoft 聚类分析算法作为挖掘算法。

下一步是指定维度，选择 Dim Customer，然后需要指定事例键。事例键可以选择维的主键，例如 CustomerID。也可以选择其他属性，如 Gender 作为事例键，这时，训练数据只有两个事例 Male 和 Female，那么挖掘结果将针对男性和女性。在本示例中，我们是对客户进行细分，所以选择 CustomerID 作为事例键，如图 11－3 所示。

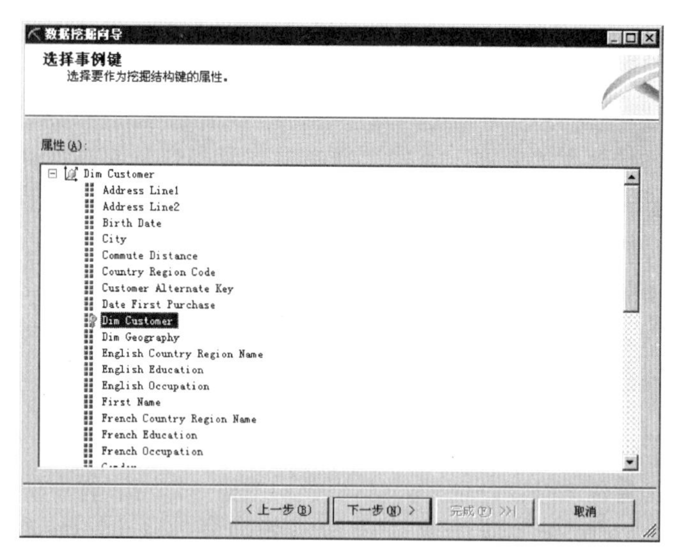

图 11－3　选择事例键

在指定事例键后，要从一组相关的维度属性和度量中选择事例级的属性，如图 11－4 所示。我们选择 Marital Status、Yearly Income、Occupation、Number Cars Owned、Number Children At Home 和度量 Sales Amount。因为聚类算法不需要可预测属性，因此所选择的列将全部作为输入。

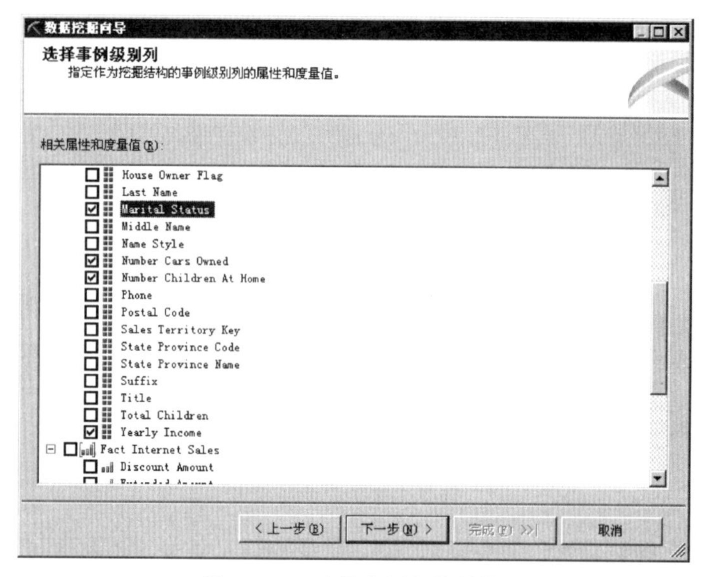

图 11－4　选择事例级的属性

注 意

在本例中，将维的主键作为事例键，因为维的其他属性都与维的主键之间有 1 对 n 的关系，所以可以选择维的其他任何属性作为挖掘模型的事例级属性。但也可以选择维的其他属性作为事例键，尤其是当属性间存在层次关系。如 Country→State→City→Customer，此时我们可以选择 City 作为事例键，而 Country、State 和 City 之间有 1 对 n 的关系，这样就可以选择 Country 和 State 作为输入属性来对 City 进行聚类。

二、创建基于嵌套表的购物篮模型

购物篮分析是流行的数据挖掘任务，在这个示例中，基于立方体来对纽约州的客户购买商品情况进行购物篮分析。使用的算法是 Microsoft 关联规则算法。

在开始构建模型之前，需要定义购物篮和项。因为模型是用于分析客户的购买行为的，所以购物篮的单位是客户。客户购买一组产品，其购买细节(被选购到购物篮中的商品)在建模时作为嵌套表。在 OLAP 挖掘模型中，事例表被映射到维度表 Customer，而嵌套表则被映射到度量组，如购买产品 ID，我们到维表 Product 中查找出相应的产品名称，这里作为度量组的查找表的维表称为嵌套维表。在本示例中，事例表为 Customer 维，而嵌套维表则为 Product 维。

在上例所创建的项目中，创建一个新的挖掘结构。选择 Customer 维作为事例表，并且选择 Customer 主键作为事例键。因为要分析的是客户所购买的产品，而对客户本身的信息不予关注，因此客户维的其他属性均无须选择。点击“添加嵌套表”按钮，选择 Product 维作为嵌套表，ProductID 作为嵌套键，如图 11－5 所示。

注 意

也可以选择 Product 维表中的其他属性如 Brand 作为嵌套键，这样，我们将对客户购买的品牌分析，而不是产品之间的关联。

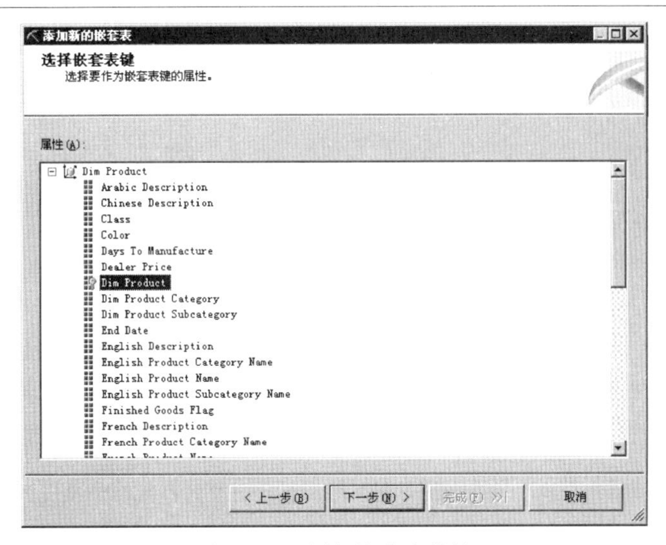

图 11－5 添加嵌套表的键

因为该模型只是用于分析产品之间的关联，所以嵌套表中没有必要包括其他属性，而且也不需要添加其他的嵌套表。在图 11－6 中显示了挖掘结构，可以看见只有 ProductID 作为输出列。

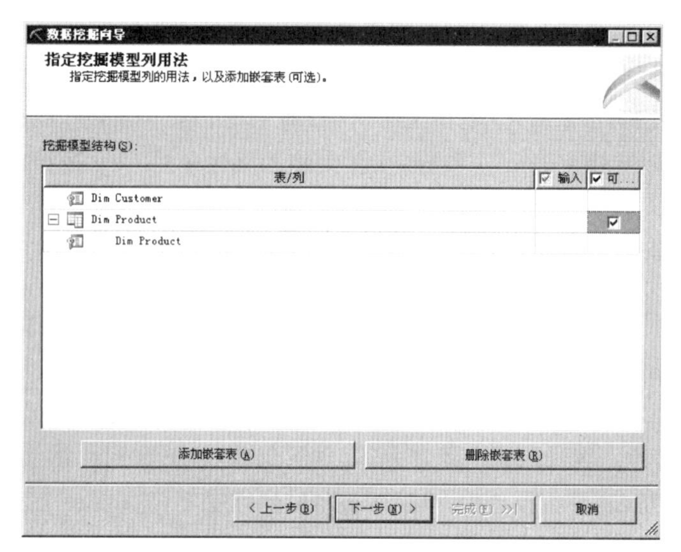

图 11－6　购物篮分析的挖掘结构

在定义了挖掘结构之后，向导会提示对源立方体进行切片。由于本例是分析纽约州客户的交叉销售模式，因此我们选择 Dim Customer，找到 State Province Name 属性，运算符为“等于”，点击下拉框找到“New York”，如图 11－7 所示。

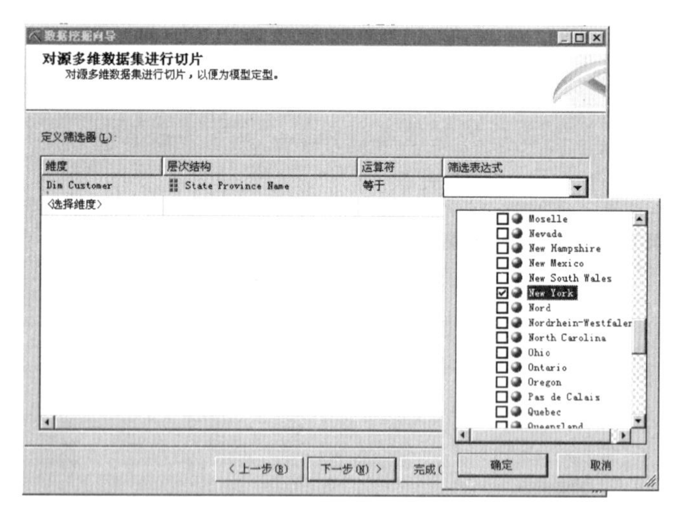

图 11－7　对立方体进行切片

现在，对模型的定义已经完成，修改适当的挖掘结构和模型的名称后，即可以进行处理。

注 意

在本例中,对客户购买商品的时间没有进行限制,即如果客户在 3 月购买了一瓶啤酒,然后又在 9 月购买了一些尿布,那么因为没有指定时间的约束,所以该模型认为啤酒和尿布是有关联的。解决这个问题有两种方法,第一种方法是使用立方体切片将购买的时间限制到给定的某一日,因为这种方法只是基于一天,显然很难发现某种模式。第二种方法是在立方体上添加事务维,从而在事务表中的每一行都包含事务 ID。然后指定事例表为事务维(即键列由客户 ID 变成了事务 ID,因为事务 ID 是针对每次的购物事件创建的,而与客户无关),嵌套表为 Product 维表。通过这种方式来分析每个事务内的购买模式。

事实上,购物篮分析不受限于客户购买商品的情况,我们可以通过灵活地指定事例表和嵌套表来对不同的商业问题进行建模。例如,如果希望分析客户倾向于进行购物的商店,则可以将 Customer 维设置为事例表,而将 Store 设置为嵌套表;如果希望分析每个商店不同促销之间的关系,则可以将 Store 设置为事例表,而将 Promotion 维设置为嵌套表。

三、创建销售预测模型

预测也是数据挖掘另一个重要的任务。立方体通常包含时间维,立方体用户自然会询问立方体度量的预测值。例如,在后 3 个月纽约州的商店将销售多少瓶红酒? 在后两年中每个商店可以有多少营业额?

在本例中,使用 Microsoft 时序算法在 Reseler Sales 立方体上创建挖掘模型,模型的目标是对每个商店的某个月 Order Quantity、Sales Amount 和 Total Product Cost 进行预测。

因为模型用于预测每个商店的销售额,所以事例维是 Reseler 维表。选择维的主键 Dim Reseler 作为事例键,如图 11-8 所示。

图 11-8 选择 Dim Reseler 维表的主键作为事例键

由于在分销商表中不包含时间属性，因此需要在添加嵌套表中选择时间维度表 Order date。并选择其中的时间键 Dim Time 作为嵌套键，如图 11－9 所示。时间键是针对不同年份、月份和日期生成的唯一的递增的序列。

图 11－9　时间键作为嵌套表键

由于我们要对度量值进行预测，所以需要选择适当的度量值既作为输入又作为可预测量，如图 11－10 所示。选中 Order Quantity、Sales Amount、Total Product Cost 这 3 个度量。我们知道 Microsoft 时序算法的特点是在多个序列之间进行交叉预测，即如果 Order Quantity 与 Sales Amount 有较强的相关性，那么算法将会发现该模式，使用 Order Quantity 来预测 Sales Amount。

图 11－10　选择需要预测的度量作为时序

Dim Reseler 表中有 701 个分销商，如果全部进行预测，则时序将达到 701×3＝2103 个。所以我们需要选择某个分销商来进行预测。在定义多维数据集切片时，我们对选择分销商 ID 为 189 来进行预测。数据立方体可能包含多年的数据，但一些数据可能太陈旧了，同时为了计算速度的加快，所以不需要模型输入所有的历史数据，这样对预测没有太大影响。例如，如果证券交易数据库拥有 10 多年的历史数据，那最初 5 年的数据最有可能对预测没有用处。所以只使用最近 2 年的数据在时间维上对立方体进行切片，如图 11－11 所示。

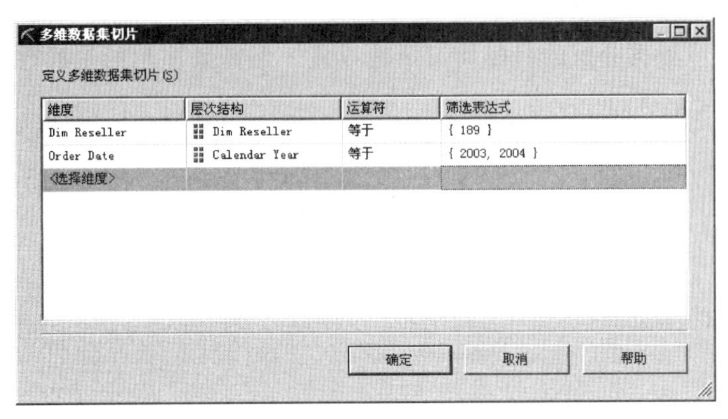

图 11－11　指定时间帧来确定训练数据的长度

注　意

在大多数立方体中具有时间维，但这些时间维很可能包含代表未来时间单位的成员。如果不对时间维进行切片，那么在训练数据中将包括未来时间成员，因为这些未来时间还没有对应的度量值，所以在默认情况下，OLAP 挖掘模型在处理期间将以 0 来替换这些 null 值。如果没有对立方体进行切片，则构建的模型将会产生偏差。

如果序列中有些时间帧缺乏数据，则在处理模型时会报错，需要在模型参数中设置 MISSING_VALUE_SUBSTITUTION 参数，如图 11－12 所示。指定空缺值以空、前值或者平均值代替。

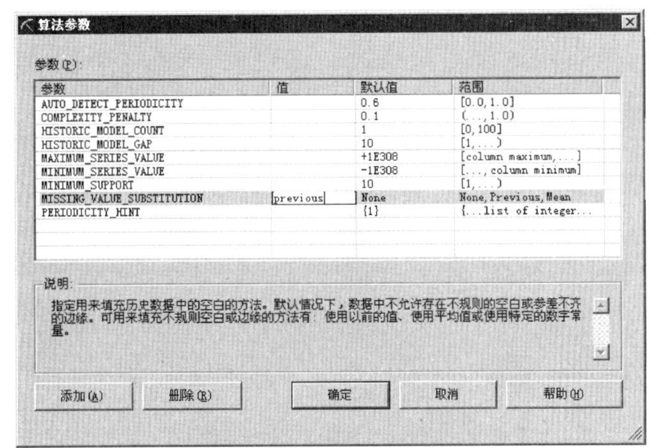

图 11－12　设置空缺值参数值

二维码 11－1

扫描二维码 11－1，查看构建 OLAP 挖掘模型示例的操作演示。

小　结

本章主要介绍了如何对多维立方体进行挖掘。多维立方体和关系数据库中的数据存放形式有所不同，所以在构造挖掘模型时，更多的是采用事例表和嵌套表的形式，在设置事例键和嵌套键时，可以根据分析的目标而灵活地设置。但需要注意的是属性值和键值之间需要有 1 对 n 的对应关系。

参考文献

LARSON B. Microsoft SQL Server 2005 商业智能实现[M].赵志恒,武海锋,译.北京：清华大学出版社,2008.

HAN J W, KAMBER M, PEI J.数据挖掘概念与技术[M].3 版.范明,孟小峰,译.北京：机械工业出版社,2012.

MUNDY J, THOMTHWAITE M, KIMBALL R.数据仓库工具箱——面向 SQL Server 2005 和 Microsoft 商业智能工具集[M].闫雷鸣,冯飞,译.北京：清华大学出版社,2007.

LANGIT L, GOFF K, MAURI D,et al.SQL Server 2008 商业智能完美解决方案[M].张猛,杨越,朗亚妹,等译.北京：人民邮电出版社,2010.

TANG Z H, MACLENNAN J.数据挖掘原理与应用：SQL Server 2005 数据库[M].邝祝芳,焦贤龙,高升,译.北京：清华大学出版社,2007.

邵峰晶,于忠清,王金龙,等.数据挖掘原理与算法[M].2 版.北京：科学出版社,2009.

王欣,徐腾飞,唐连章,等.SQL Server 2005 数据挖掘实例分析[M].北京：水利水电出版社,2008.

谢邦昌.商务智能与数据挖掘 Microsoft SQL Server 应用[M].北京：机械工业出版社,2008.

姚家奕.数据仓库与数据挖掘技术原理及应用[M].北京：电子工业出版社,2009.

张公让.商务智能与数据挖掘[M].北京：北京大学出版社,2010.

赵卫东.商务智能[M].北京：清华大学出版社,2009.

周根贵.数据仓库与数据挖掘[M].2 版.杭州：浙江大学出版社,2011.

朱德利.SQL Server 2005 数据挖掘与商业智能完全解决方案[M].北京：电子工业出版社,2007.

图书在版编目(CIP)数据

商业智能原理与应用 / 鲍立威，蔡颖编著. —2 版.
—杭州：浙江大学出版社，2020.2
ISBN 978-7-308-18824-1

Ⅰ.①商… Ⅱ.①鲍…②蔡… Ⅲ.①关系数据库—
数据库管理系统 Ⅳ.①TP311.138

中国版本图书馆 CIP 数据核字（2019）第 000751 号

商业智能原理与应用(第二版)
鲍立威　蔡　颖　编著

责任编辑　李　晨
责任校对　高士吟
封面设计　春天书装
出版发行　浙江大学出版社
（杭州市天目山路 148 号　邮政编码 310007）
（网址：http://www.zjupress.com）
排　　版　杭州林智广告有限公司
印　　刷　嘉兴华源印刷厂
开　　本　787mm×1092mm　1/16
印　　张　21.75
字　　数　500 千
版 印 次　2020 年 2 月第 2 版　2020 年 2 月第 1 次印刷
书　　号　ISBN 978-7-308-18824-1
定　　价　60.00 元

浙江大学出版社市场运营中心联系方式：(0571) 88925591；http://zjdxcbs.tmall.com

ZHEJIANG UNIVERSITY PRESS
浙江大学出版社

互联网+教育+出版

立方书

教育信息化趋势下，课堂教学的创新催生教材的创新，互联网+教育的融合创新，教材呈现全新的表现形式——教材即课堂。

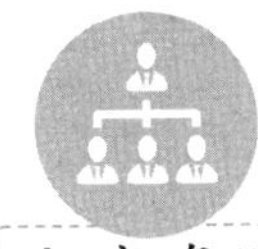

轻松备课　分享资源　发送通知　作业评测　互动讨论

“一本书”带来“一个课堂”　教学改革从“扫一扫”开始

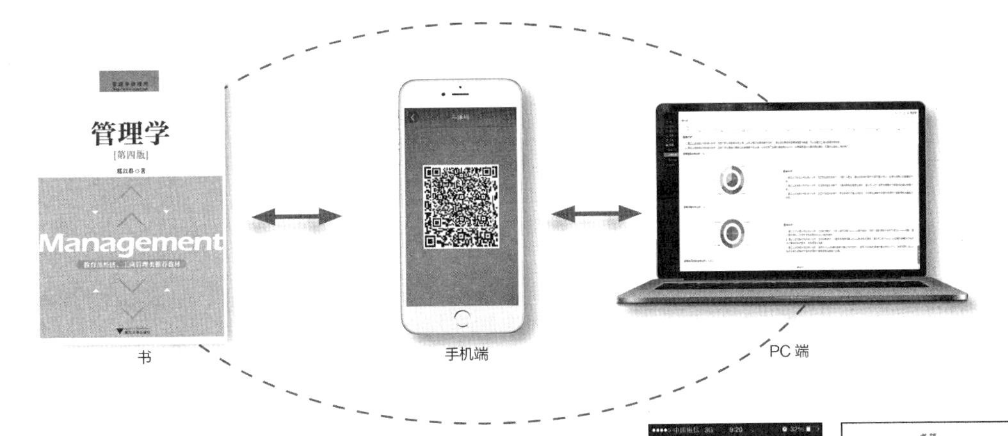

打造中国大学课堂新模式

【创新的教学体验】

开课教师可免费申请“立方书”开课，利用本书配套的资源及自己上传的资源进行教学。

【方便的班级管理】

教师可以轻松创建、管理自己的课堂，后台控制简便，可视化操作，一体化管理。

【完善的教学功能】

课程模块、资源内容随心排列，备课、开课，管理学生、发送通知、分享资源、布置和批改作业、组织讨论答疑、开展教学互动。

扫一扫 下载APP

教师开课流程

- 在APP内扫描**封面**二维码，申请资源
- 开通教师权限，登录网站
- 创建课堂，生成课堂二维码
- 学生扫码加入课堂，轻松上课

网站地址：www.lifangshu.com
技术支持：lifangshu2015@126.com；电话：0571-88273329